Software Design plus

改訂
Hinemos
統合管理
［実践］入門

澤井健、倉田晃次、設楽貴洋、石崎智也
小泉界、阪田義浩、石黒淳 ［著］

技術評論社

●本書をお読みになる前に

　本書に記載された内容は、情報の提供のみを目的としています。したがって、本書を用いた運用は、必ずお客様自身の責任と判断によって行ってください。これらの情報の運用の結果について、技術評論社および著者はいかなる責任も負いません。

　本書記載の情報は、2019年10月のものを掲載していますので、ご利用時には、変更されている場合もあります。ソフトウェアはバージョンアップされる場合があり、本書での説明とは機能内容や画面図などが異なってしまう場合もあり得ます。また、ご利用環境（ハードウェアやOS）などによって、本書の説明とは機能内容や画面図などが異なってしまう場合があります。

　以上の注意事項をご承諾いただいた上で、本書をご利用願います。これらの注意事項をお読みいただかずに、お問い合わせいただいても、技術評論社および著者は対処しかねます。あらかじめご承知おきください。

●商標、登録商標について

　本文中に記載されている製品名、会社名等は、関係各社の商標または登録商標です。

はじめに

　本書は、これからソフトウェアを使ってITシステムの運用管理を始めたい人や、Hinemosについて詳しく知りたい方を対象に執筆しています。

　Hinemosの機能の紹介、簡単な使い方については公式ドキュメントに記載されていますが、より実践的に使うためには、Hinemosにおける設計の考え方、設定方法を理解していないと、なかなか使いこなすことができないと思います。そういったユーザのために、本書ではより具体的に、想定される事例に基づいて入力パラメータの例を記載し、ユーザ自ら手を動かして実際に利用できることを重視しました。

　本書で扱うHinemosは、執筆時点の最新バージョンであるHinemos ver.6.2です。Hinemos ver.6.2は、ver.6シリーズを通して、同じベースアーキテクチャの元で機能拡張されたバージョンです。そのため、多くの機能はver.6シリーズを通して利用できます。対象となる機能をすべて利用するには、Hinemosサブスクリプションが必要です。Hinemosサブスクリプションとは、エンタープライズシステムの運用管理にHinemosをご利用いただく際、ご活用いただけるソフトウェア・アップデート・トレーニング・サポートをまとめてご利用いただくことが可能となる権利です。エンタープライズ機能、クラウド管理・VM管理機能、ミッションクリティカル機能なども利用できます。

　本書は9部構成になっています。第1部では、統合運用管理ソフトウェアの重要性から、Hinemosの歴史、機能などの概要を説明します。第2部では、まずHinemosを体感してみよう、という方向けのセットアップ方法や、監視やジョブの基本的な使い方、Hinemosを扱うエンジニアや運用担当者が行う業務を解説します。第3部から第7部までは、Hinemosの個々の機能におけるユースケースや設定例を解説します。特に順序はありませんが、第3部を先に押さえておくと、他の部が読みやすいと思います。他の章・節へのリンクは適宜記載しているため、気になる機能の章・節からお読みいただいてけっこうです。第8部から第9部では、Hinemosの設計や運用を行うにあたっての、より本格的なノウハウを解説します。

　最後に、本書を執筆するにあたって出版までご支援いただいた技術評論社の池本様に感謝申し上げます。本書の内容が、多くのHinemos運用管理者の日常業務の助けになればさいわいです。

令和1年11月1日

（監修）　澤井　健

本書に寄せて

2004年春、私は複数のサーバで構成されているシステムをより簡単に運用できることを主力コンセプトとして、Hinemosの開発企画を打ち立てました。

その後システム環境は、仮想化技術を導入し、クラウドの時代に進化し続けています。

Hinemosも主力コンセプトはそのままに、さまざまなシステム環境の進化に追随した最適な機能を搭載し続け、今日では大小さまざまなシステムの運用基盤として多くの方々にご活用いただけるようになりました。

このたび、Hinemosに関わる多くの方々のお役に立つすばらしい書籍が刊行されること、非常にうれしく思っております。

これからもHinemos並びに、関連ビジネスがさらに発展することを心より祈願いたします。

トリート・エフ合同会社　代表執行役員社長　藤塚勤也

昨今、ITの活用がビジネスを牽引する中で、システムを安定的に運用し、運用を通じてシステムを進化させることが重要となっています。

人手に頼らずに運用を自動化できるツール、そしてツールを適切に使いこなし、効率的にシステムを運用できるエンジニアが求められています。

Hinemosも10年以上の年月をかけ、非常に高機能なツールへと進化してきました。ありがたいことにユーザも増え、使いこなすための指南書が要望されることも増えました。

本書は、そんな要望に応えるべく、日ごろからHinemosの開発、導入を手掛けるエンジニアたちが情熱を持って書き上げた1冊となっております。

運用課題の解決にチャレンジされるみなさまの一助となればさいわいです。

NTTデータ先端技術株式会社　Hinemosプロダクトマネージャ　大上貴充

目次

はじめに iii
本書に寄せて iv
本書で使用している用語の基礎知識 xxiii

第1部　導入

第1章　統合運用管理ソフトウェアHinemosとは 1
- 1.1 ITシステムの運用管理の重要性 2
- 1.2 統合運用管理ソフトウェアとは 2
  - 1.2.1 データの収集と蓄積 2
  - 1.2.2 監視・性能管理 3
  - 1.2.3 自動化 3
  - 1.2.4 統合運用管理ソフトウェアの導入メリット 3
- 1.3 統合運用管理ソフトウェアHinemosとは 4
  - 1.3.1 Hinemosの歴史と実績 4
  - 1.3.2 Hinemosの特徴・機能 7

第2部　スタートアップ

第2章　Hinemosスタートアップ 11
- 2.1 インストールの準備 12
  - 2.1.1 Hinemosを構成するコンポーネント 12
  - 2.1.2 Hinemosの各コンポーネントのシステム要件 13

	2.1.3	本書で使用する環境	17
	2.2	**インストール**	**19**
	2.2.1	Hinemosマネージャのインストール	19
	2.2.2	Webクライアントのインストール	25
	2.2.3	Hinemosエージェント（Linux版）のインストール	29
	2.2.4	Hinemosエージェント（Windows版）のインストール	32
	2.3	**Hinemosの基礎的な操作方法**	**38**
	2.3.1	ログイン	39
	2.3.2	画面構成と用語説明	40
	2.4	**リポジトリ登録をしてみよう**	**43**
	2.4.1	管理対象のノード登録	43
	2.5	**監視をしてみよう**	**45**
	2.5.1	ネットワーク疎通を監視する	46
	2.6	**ジョブを実行してみよう**	**50**
	2.6.1	ジョブの登録と手動実行	50

第3章　オペレータの運用イメージ **55**

	3.1	**運用者の対応**	**56**
	3.2	**日々の運用業務**	**56**
	3.2.1	通知を受けてステータスとイベントを確認	57
	3.2.2	問題への対処とイベントの状態更新	58
	3.3	**定期的な運用業務**	**59**
	3.3.1	収集した数値情報のファイル出力	60
	3.3.2	文字列情報を外部サービスへ転送	61
	3.3.3	定期的なメンテナンス	61

第4章　SEの設計の段取り **63**

	4.1	**各工程の概要**	**64**

4.2	基本設計 64
	4.2.1 ネットワークやハードウェアなどの環境面の設計を併せて行う 65
	4.2.2 運用者の役割ごとの参照範囲や操作内容を意識する 65
4.3	詳細設計 66
	4.3.1 各設定のIDの命名規則を明確にする 66
	4.3.2 スコープを意識して設計を行う 68
4.4	環境構築 70
4.5	単体試験 70
4.6	結合試験 70
4.7	運用 71

第3部　共通基本機能

第5章　共通基本機能の概要 73

5.1 共通基本機能の全体像 74

5.2 共通基本機能の各機能 75

第6章　リポジトリ 77

6.1 管理対象とリポジトリ 78

6.2 管理対象の登録「ノード」.. 79

　　6.2.1 ノードサーチによるノード登録 79

　　6.2.2 デバイスサーチによるノード登録 80

　　6.2.3 手動入力 81

　　6.2.4 自動デバイスサーチによるノード情報の最新化 81

　　6.2.5 ノードプロパティについて 82

6.3 管理対象のグループ化「スコープ」... 84

　　6.3.1 スコープの作成 84

　　6.3.2 スコープへのノードの割当て 85

vii

		6.3.3	あらかじめ用意されたスコープ「組み込みスコープ」	86
		6.3.4	スコープの視覚化「ノードマップ」	87
	6.4	自動化・高度な監視に必要な「エージェント」		88
	6.5	パッケージとハードウェア構成の管理「構成情報管理」		89
		6.5.1	構成情報取得の設定	90
		6.5.2	最新の構成情報の表示	93
		6.5.3	構成情報の検索	93

第7章　通知 97

通知機能と他機能の関連について 98

	7.1	通知機能の概要		98
		7.1.1	通知の種類	98
		7.1.2	通知の基本設定	100
		7.1.3	設定例で使用する監視設定	105
	7.2	ログを表示「イベント通知」		106
		7.2.1	イベント通知	107
		7.2.2	例題1. 障害イベント／復旧イベントの発生	109
		7.2.3	例題2. イベントへのコメント登録	110
		7.2.4	例題3. イベントの確認作業	110
		7.2.5	例題4. イベントのCSVダウンロード	111
	7.3	最新状態を表示「ステータス通知」		112
		7.3.1	ステータス通知	113
		7.3.2	例題1. サーバのネットワーク疎通状態の表示	115
		7.3.3	例題2. 定期的なメッセージが途絶えたときの表示	115
	7.4	障害発生時にメールを送信する「メール通知」		116
		7.4.1	メール通知	117
		7.4.2	メールテンプレート	119

7.4.3	例題1. メール送信	120

7.5 他システムへメッセージ送信「ログエスカレーション通知」 122

7.5.1	ログエスカレーション通知	122
7.5.2	例題1. syslogサーバにログエスカレーションする	126

7.6 自動復旧などを実行する「ジョブ通知」「環境構築通知」 127

7.6.1	ジョブ通知	127
7.6.2	例題1. プロセス障害発生時に再起動する（ジョブ通知）	129
7.6.3	環境構築通知	131
7.6.4	例題2. プロセス障害発生時に再起動する（環境構築通知）	133

7.7 他システムに連携する「コマンド通知」「イベントカスタムコマンド」...............134

7.7.1	コマンド通知	135
7.7.2	例題1. 簡単なRESTサービスへの連携を行う（コマンド通知）	137
7.7.3	例題2. 障害発生時に警告灯を点灯させる	138
7.7.4	イベントカスタムコマンド	139
7.7.5	例題3. 簡単なRESTサービスへの連携を行う（イベントカスタムコマンド）	141

第8章　カレンダ 143

8.1 カレンダの概要 144

8.2 カレンダの作成と確認 144

8.2.1	例題1. 日曜日だけ動作しないカレンダとシステムログ監視への設定	144
8.2.2	例題2. 勤務時間だけ動作するカレンダ	147
8.2.3	例題3. 繰り返し利用可能なカレンダパターン	148

8.3 さまざまなカレンダの設定例 148

8.3.1	例題4. 複数のカレンダ詳細の組み合わせ	148
8.3.2	例題5. 第一日曜日の翌日	149
8.3.3	例題6. 24時を超えた時刻の設定（48時間制スケジュールの設定）	150

8.3.4	例題7. 月末	150
8.3.5	例題8. 月末最終営業日（振り替えの設定）	151
8.3.6	例題9. 隔週	152

第9章 ユーザ管理と権限管理 153

9.1	Hinemosにおけるユーザ管理の考え方について	154
9.1.1	ユーザとロール	155
9.1.2	システム権限	156
9.1.3	オーナーロール	157
9.1.4	オブジェクト権限	158
9.2	ユーザとシステム権限管理	161
9.2.1	ユーザの作成	163
9.2.2	ユーザのパスワード管理	164
9.2.3	ロールの作成	164
9.2.4	ロールのシステム権限管理	165
9.3	オーナーロールとオブジェクト権限によるマルチユーザ管理	166
9.3.1	各設定へのオブジェクト権限の設定	168
9.3.2	オブジェクト権限による履歴の参照	169
9.4	まとめ	170

第4部 監視・性能

第10章 監視・性能の概要 173

10.1	監視・性能の全体像	174
10.1.1	監視の分類① 判定方法	175
10.1.2	監視の分類② 監視契機	176
10.2	監視・性能の機能	177
10.2.1	監視の機能	177

10.2.2	性能の機能	182
10.2.3	例題共通の設定	183

第11章 死活監視 185

11.1 ネットワーク疎通の監視 186

11.1.1 PING監視 186

11.1.2 例題1. Linux サーバのネットワーク疎通の監視 189

11.2 SNMPTRAPの監視 189

11.2.1 SNMPTRAP監視 189

11.2.2 例題1. MIBファイルのインポート 194

11.2.3 例題2. OIDが登録されているSNMPTRAPの監視 197

第12章 リソース状況の監視 199

12.1 サーバやネットワーク機器のリソースの監視 200

12.1.1 リソース監視 200

12.1.2 例題1. CPU使用率の監視 205

12.2 将来予測と変化量の監視 206

12.2.1 将来予測の監視 207

12.2.2 例題1. 将来予測の例題 211

12.2.3 変化量の監視 213

12.2.4 例題2. 変化量の例題 216

第13章 ミドルウェアやプロセスの状態監視 219

13.1 Webサーバの監視 220

13.1.1 HTTP監視（数値・文字列） 220

13.1.2 例題1. Apacheの状態の監視 224

13.1.3 HTTP監視（シナリオ） 225

13.1.4 例題2. 簡単なログインページの監視 229

xi

| 13.2 | データベース（RDBMS）の監視 | 233 |

| 13.2.1 | SQL監視 | 233 |

| 13.2.2 | 例題1. PostgreSQLの応答の監視 | 238 |

| 13.3 | 起動プロセス数の閾値監視 | 238 |

| 13.3.1 | プロセス監視 | 239 |

| 13.3.2 | 例題1. Linuxサーバのcrondプロセスを監視する | 242 |

| 13.4 | Windowsサービスの監視 | 243 |

| 13.4.1 | Windowsサービス監視 | 244 |

| 13.4.2 | 例題1. IISの監視 | 246 |

| 13.5 | Javaプロセスの監視 | 246 |

| 13.5.1 | JMX監視 | 247 |

| 13.5.2 | 例題1. 使用済みヒープメモリの監視 | 248 |

第14章　システムログやメッセージの監視 251

| 14.1 | システムログ監視、ログファイル監視、Windowsイベント監視の違い | 252 |

| 14.2 | システムログ（syslog）の監視 | 253 |

| 14.2.1 | システムログ監視 | 253 |

| 14.2.2 | 例題1. システムログ（syslog）を監視する | 256 |

| 14.3 | ログファイルの監視 | 257 |

| 14.3.1 | ログファイル監視 | 258 |

| 14.3.2 | 例題1. Apacheのアクセスログの監視 | 262 |

| 14.3.3 | 例題2. ファイル名に日付があるログの監視 | 264 |

| 14.4 | Windowsイベントの監視 | 265 |

| 14.4.1 | Windowsイベント監視 | 265 |

| 14.4.2 | 例題1. eventcreateコマンドで作成したWindowsイベントを監視する | 268 |

| 14.5 | ログデータの収集 | 270 |

| 14.5.1 | 文字列データの収集とログフォーマット | 270 |

14.5.2　例題1. ログファイルの収集蓄積 271

14.6　ログ件数の監視 272

14.6.1　ログ件数監視 272

14.6.2　例題1. ApacheへのアクセスでHTTPステータスコード404となった件数を
監視する 275

第15章　高度な監視 277

15.1　相関係数監視 278

15.1.1　相関係数監視 278

15.1.2　例題1. CPU使用率とメモリ使用率の相関関係を監視する 282

15.2　収集値統合監視 284

15.2.1　収集値統合監視 284

15.2.2　例題1. CPU使用率とメモリ使用率が同時に高騰したことを検知する
.... 287

第16章　監視のカスタマイズ 291

16.1　SNMP監視 292

16.1.1　SNMP監視 292

16.1.2　例題1. ネットワークインターフェースのUp/Downを監視する 294

16.2　カスタム監視 295

16.2.1　カスタム監視 296

16.2.2　例題1. デバイスごとのディスクビジー率を監視する 299

16.3　カスタムトラップ監視 300

16.3.1　カスタムトラップ監視 300

16.3.2　例題1. コマンドを実行してカスタムトラップ監視で検知する 304

第17章　性能機能 307

17.1　性能機能の概要 308

xiii

| 17.1.1 | 監視の性能データ | 308 |
| 17.1.2 | ジョブの性能データ | 309 |

17.2 性能グラフ 310

17.2.1	例題1. リソース監視結果の性能グラフ表示	310
17.2.2	例題2. ジョブ実行結果の性能グラフ表示	312
17.2.3	例題3. 性能情報のダウンロード	314

第5部　収集・蓄積

第18章　収集・蓄積の概要 317

18.1 収集・蓄積の全体像 318

18.2 収集・蓄積の機能 319

第19章　バイナリデータの収集 323

19.1 バイナリデータ収集の仕組み 324

19.2 バイナリデータ収集の実施 325

19.3 バイナリデータ収集の確認 326

第20章　パケットキャプチャ 329

20.1 パケットキャプチャの仕組み 330

20.2 パケットキャプチャの実施 331

20.3 パケットキャプチャの確認 331

第21章　ビッグデータ基盤への連携 333

21.1 ビッグデータ基盤への連携例 334

21.2 Fluentdを使ったElasticsearchとKibanaとの連携 334

21.2.1	Elasticsearchのセットアップ	335
21.2.2	Kibanaのセットアップ	336
21.2.3	Fluentdのセットアップ	337

| | 21.2.4 | Hinemosの転送設定 | 338 |

第6部　自動化

第22章　自動化の概要 ... 339

	22.1	自動化の全体像	340
	22.2	自動化の機能	340
		22.2.1	環境構築機能（構築の自動化）	340
		22.2.2	ジョブ機能（業務の自動化）	341
		22.2.3	Runbook Automation（運用の自動化）	341

第23章　構築の自動化 ... 343

	23.1	Hinemosによる構築自動化の概要	344
	23.2	環境構築の構成	345
		23.2.1	環境構築設定	345
		23.2.2	環境構築ファイル	345
		23.2.3	環境構築モジュール	345
	23.3	環境構築の実行方法	347
	23.4	例題1. Webサーバの構築	347
		23.4.1	環境構築機能を利用するための前提条件	348
		23.4.2	環境構築設定の登録	349
		23.4.3	Webサーバの構築確認	352
	23.5	例題2. 仮想マシンの構築	353
		23.5.1	VirtualBoxおよびVagrantのインストール	353
		23.5.2	環境構築機能を利用するための前提条件	353
		23.5.3	環境構築設定の登録	354
		23.5.4	仮想マシンの構築確認	356

第24章　業務の自動化 359

24.1	Hinemosによる業務自動化の概要	360
24.2	ジョブ機能のパースペクティブ	361
24.3	ジョブ入門	362
	24.3.1　ジョブの登録と手動実行	362
	24.3.2　ジョブのスケジュール実行	366
	24.3.3　複数ジョブの順次実行	368
24.4	ジョブ機能の全体像	371
	24.4.1　ジョブの実行方法	372
	24.4.2　ジョブの状態	372
	24.4.3　ジョブの制御	372
	24.4.4　大規模なジョブネット	374
	24.4.5　他機能との連携	374
24.5	ファイルの変更検知によるジョブ実行	376
24.6	ジョブのスキップ	377
24.7	ジョブの保留	379
24.8	実行中のジョブに対する操作	380
24.9	開始遅延	382
24.10	終了遅延	384
24.11	多重度と同時実行制御	387
	24.11.1　多重度制御	387
	24.11.2　同時実行制御	388
24.12	ジョブ優先度	391
24.13	ジョブネットのさまざまな構成	393
	24.13.1　バックアップと再起動	393
	24.13.2　商品情報アップデート	395

xvi

24.14 複雑なジョブネットの終了判定 396

    24.14.1 ジョブ（単一ノード）の終了判定 396

    24.14.2 ジョブ（複数ノード）の終了判定 397

    24.14.3 ジョブネットの終了判定 397

24.15 カレンダ機能との連携 400

24.16 監視結果からのジョブ実行 403

24.17 スクリプトを配布してのコマンドジョブ実行 406

24.18 コマンドジョブ終了時の変数の利用 407

24.19 ジョブ変数を待ち条件に利用 408

24.20 コマンドジョブでの環境変数の利用 409

24.21 参照ジョブ／参照ジョブネット 409

24.22 セッション横断ジョブを待ち条件に利用 411

24.23 監視ジョブの利用 412

第25章 運用の自動化 415

25.1 Hinemosによる運用自動化の概要 416

25.2 例題：DB障害時の情報取得と復旧 418

    25.2.1 PostgreSQLのインストール 419

    25.2.2 DB障害時の情報取得と復旧のワークフロー 419

    25.2.3 DB障害時の情報取得と復旧のワークフローの設定手順 420

    25.2.4 DB障害時の情報取得と復旧のワークフローの動作確認 424

第7部　仮想化・クラウドの運用管理

第26章 仮想化・クラウド管理の概要 429

26.1 仮想化・クラウド管理の全体像 430

26.2 仮想化・クラウド管理の機能 431

xvii

第27章　AWSの監視と運用自動化 433

　　27.1　アカウントの登録とAWS環境の監視 434

　　27.2　EC2とエージェントの自動検知 438

　　27.3　CloudWatchと連携したリソース監視 440

　　27.4　EC2の起動停止とジョブ連携 442

　　27.5　AWS環境における課金配賦管理 445

第28章　Azureの監視と運用自動化 449

　　28.1　アカウントの登録とAzure環境の監視 450

　　28.2　Azure環境における提供機能と機能差分 451

第29章　VMwareの監視と運用自動化 453

　　29.1　アカウントの登録とVMware環境の監視 454

　　29.2　VMware環境における提供機能と機能差分 455

第30章　Hyper-Vの監視と運用自動化 457

　　30.1　アカウントの登録とHyper-V環境の監視 458

　　30.2　Hyper-V環境における提供機能と機能差分 458

第8部　本格的な運用

第31章　内部データベースのメンテナンスとバックアップ 461

　　31.1　履歴情報の削除 462

　　31.2　バックアップとリストア 463

　　　　31.2.1　内部データベースのバックアップ 464

　　　　31.2.2　内部データベースのリストア 466

　　31.3　再構成 467

xviii

第32章 ログファイルと監査証跡 469

　32.1　Hinemosのログファイル 470

　32.2　Hinemosマネージャのログファイル定期削除 470

　32.3　Hinemosエージェントのログファイル定期削除 471

　32.4　Hinemosの監査証跡 473

　　　32.4.1　操作ログの設定 473

第33章 セルフチェック機能 477

　33.1　Hinemosのセルフチェック機能とは 478

　33.2　セルフチェック機能の前提条件 480

　33.3　INTERNALイベント 481

　33.4　Hinemosマネージャ死活検知 482

第34章 バージョン互換性とバージョンアップ 483

　34.1　Hinemosのバージョン互換性 484

　34.2　Hinemosマネージャのマイナーバージョンアップ 484

　34.3　Hinemosエージェントのマイナーバージョンアップ 485

　34.4　Hinemos Webクライアントのマイナーバージョンアップ 485

　34.5　Hinemosのメジャーバージョンアップ 486

第35章 レポート報告 487

　35.1　Hinemosレポーティングの機能概要 488

　35.2　レポート作成とメール配信 488

　　　35.2.1　テンプレートセットの作成 488

　　　35.2.2　スケジュールの作成 489

　　　35.2.3　レポートのメール配信 491

　　　35.2.4　レポートのサイズ 492

第36章 運用管理マネージャの可用性向上 493

36.1	Hinemosのミッションクリティカル機能 494
36.2	ミッションクリティカル機能のアーキテクチャ 494
36.3	ミッションクリティカル機能へのエージェント接続 495
36.4	ミッションクリティカル機能へのクライアント接続 496
36.5	障害発生後の復旧方法 496

第37章 運用管理マネージャの拡張 501

37.1	マネージャの多段構成 502
	37.1.1 子マネージャ 503
	37.1.2 親マネージャ 503
37.2	マネージャ多段構成の設定方法 503
	37.2.1 子マネージャの設定 503
	37.2.2 親マネージャの設定 506
37.3	マルチマネージャ接続 507

第9部 サイジングとチューニング

第38章 サイジング 509

38.1	Hinemos各コンポーネントのサイジングの考え方 510
	38.1.1 Hinemosマネージャのサーバ分割を検討するケース 510
38.2	CPUのサイジング 513
38.3	メモリのサイジング 514
38.4	ディスク容量のサイジング 514

第39章 チューニング 517

| 39.1 | Hinemosで起こりうる性能問題とその対処法 .... 518 |
| 39.2 | 監視機能のチューニング .... 519 |

| 39.3 | 通知機能のチューニング | 520 |
| 39.4 | ジョブ機能のチューニング | 521 |

コラム

メジャーリリースとサポートサイクル	6
イベント履歴と性能情報の使い分け	59
ファイアウォールの設計	65
機能ごとのIDの命名規則例	67
スコープ設計のポイント	69
ノードサーチ／デバイスサーチに失敗する場合	82
エージェントが認識されない場合	89
［監視履歴［イベント］］ビューの受信日時と出力日時	112
［監視履歴［ステータス］］ビューの最終変更日時と出力日時	116
メール送信が遅い	122
コマンド通知の実行確認	139
監視を組み合わせての利用	176
監視を無効とする手段	184
Hinemosの正規表現	184
SNMPのバージョンによる違い	193
MIBファイルインポート時のエラーについて	196
SNMPTRAPを検出できない場合の切り分け方法	197
Linuxのファイルシステム使用率とdfコマンドの違い	206
表示名を使ってデバイス別の監視項目を揃えよう	206
将来予測監視と変化量監視はすべての数値監視で使える	207
HTTPSの監視について	223
SQL監視で利用可能なDBMS	237
マルチプロセス構成のプロセスの監視	243
HinemosマネージャのJMX監視	249
ファイアウォールを介したJMX監視	249
Linuxサーバでのシステムログ監視	252
Hinemosマネージャに送信されてきたsyslogをすべて監視する方法	257
ログローテーションの方式について	258

ファイルの追記	265
正の相関と負の相関	281
収集値統合監視のユースケース	287
SNMP監視で重要度が「不明」になってしまうとき	294
カスタマイズ用の監視の選び方	305
簡易な性能分析	312
パケットキャプチャの一時ファイル	330
環境変数とカレントディレクトリ	365
ジョブIDの付与	371
ジョブの設計	398
承認ジョブの承認画面へのリンクアドレス	428
AWSのプラットフォーム監視と大規模障害	436
ロールごとのクラウドアカウントの切替え	437
リソースの自動検知のチューニング	439
クラウドの提供するモニタリングサービス	441
監視項目の判定	441
EC2の起動・停止を制御するメリット	444
クラウド管理機能以外のAWSへの取り組み	447
Azureのサービスプリンシパル	450
Azureのプラットフォーム監視	451
Hyper-Vのプラットフォーム監視	459
バックアップデータのサイズ	467
ログローテーションのデフォルトの動作が違う理由	473
セルフチェックとリソース監視の違い	481
セルフチェックと可用性	482
メジャーバージョン間のエージェント互換性のメリット	484
レポートテンプレートのメリットとデメリット	492
Cluster Controllerの役割	495
クラウド環境でミッションクリティカル機能を使用する場合の注意事項	498
仮想化環境でミッションクリティカル機能を使用する場合の注意事項	498
冗長化構成サーバに対する監視／ジョブ実行	498
Hinemosのサイジングはマネージャが中心	510
OSのスワップ領域は必須	514
索引	522

本書で使用している用語の基礎知識

本書で使用しているHinemosおよびHinemosに関する技術的な用語を説明します。

- **運用管理サーバ**
  システム構成のリポジトリを一元的に管理し、管理対象機器の死活監視や、サーバ間を跨ったジョブネットの実行制御といったシステム全体の運用を担う役割のサーバ。

- **Hinemos マネージャ**
  Hinemosの根幹となる機能を持つHinemosのコンポーネントの1つ。運用管理サーバにインストールする。

- **Hinemos エージェント**
  Hinemosの監視対象にインストールすることで、高度な監視やジョブの実行制御が可能になるHinemosのコンポーネントの1つ。

- **Hinemos Webクライアント**
  運用管理者、オペレータがHinemosを操作するために使用するブラウザで表示するインターフェース。運用管理サーバにインストールする。

- **Hinemos コンポーネント**
  Hinemosを構成する要素のHinemosマネージャ、Hinemosエージェント、Hinemos Webクライアントを指す。

- **リポジトリ**
  Hinemosの管理対象のサーバ、ネットワーク機器、ストレージ装置などのIPネットワーク機器の情報を登録するデータベース。

- **ノード**
  Hinemosのリポジトリに登録する管理対象。サーバ、ネットワーク機器、ストレージ装置などをノードとしてリポジトリに登録し、このノードに対して監視やジョブを実行する。

- **スコープ**
  ノードをグループでまとめたもの。スコープ単位で監視やジョブを実行できるため、Webサーバのノードを集めたスコープといった、特徴ごとにスコープを作成する。

- **ファシリティID／ファシリティ名**
  ノードやスコープをリポジトリに登録する際の共通の識別子（ID）と名前。ノードやスコープを通して、このIDはユニークである必要がある。

- **監視**
  システムの正常性や障害のチェックをするHinemosの機能。

- **通知**
  システムの正常性や障害をユーザに伝えるHinemosの機能。

- **重要度**
  Hinemosから通知をする際、障害が発生しているか、正常な状態かを識別するための重要さの段階。危険、警告、情報、不明の4段階がある。

- **ジョブ**
  複数のサーバ上で処理（スクリプト、コマンドなど）を順番に定期的に実行するHinemosの機能。コマンドやスクリプトを実行するもの自体も指す。

- **ジョブネット**
  ジョブやジョブネットをグルーピングするもの。

- **ジョブユニット**
  ジョブやジョブネットをグルーピングするもののうち、最上位のジョブネットとなり、ジョブの閲覧権限が設定可能なもの。

- **パースペクティブ**
  Hinemosクライアントで表示する画面の単位。たとえば、監視設定を行う場合は、監視設定パースペクティブを表示すると、監視設定に関するビューがすべて表示される。

- **ビュー**
  Hinemosクライアントのパースペクティブ上に表示する画面の単位。たとえば、監視設定の一覧を確認したい場合は、[監視設定[一覧]]ビューを表示する。

- **ダイアログ**
  Hinemosクライアントで登録や変更などの操作を行った場合に表示されるウィンドウ画面。

第**1**部 導入

第**1**章

統合運用管理ソフトウェア Hinemosとは

第 1 章　統合運用管理ソフトウェア Hinemos とは

　本章では、現在の複雑化する IT システムに対して統合運用管理ソフトウェアを導入することの必要性と、これを実現する日本発のオープンソースソフトウェアである Hinemos について説明します。

　IT システムを取り巻く現状や統合運用管理ソフトウェアの特徴と導入メリットを踏まえたうえで、Hinemos の開発経緯および最新バージョンまでの歴史と実績、その基本機能やアーキテクチャなどの基礎知識について解説します。

1.1　IT システムの運用管理の重要性

　システム運用現場では今、効率化によるコスト削減や安定稼動を実現する「守りの運用」に加え、新技術を活用することでシステムの課題を的確に把握し、改善につなげる「攻めの運用」が求められています。

　IT システムの多くはオープン化に伴い、単機能単一サーバといった機能分散により、システム構成が複雑になりました。これに対して、仮想化技術を活用したサーバ集約や、アジリティの向上が期待できるクラウドといった新しい環境が台頭してきました。

　そこで最初に、IT システムを使って業務を効率化する SoR（System of Record：守りの IT）の中で、さまざまなインフラ環境を活用してコスト削減や安定稼動を実現する取り組みが進められてきました。しかし昨今では、こういった環境や IoT などの新技術を活かして新たな価値を生み出す SoE（System of Engagement：攻めの IT）も求められるようになってきました。

　この多様化・複雑化する IT システムの運用は、残念ながら多くの作業を人手に頼っており、属人化してしまっているのが現状です。システム運用自体を IT で効率化する必要に迫られており、その実現にはツールの導入が不可欠です。現在の IT システムを効率的に運用するには、さまざまなプラットフォーム、ミドルウェア、アプリケーション、サービスに対応した「統合運用管理ソフトウェア」が必要となります。

1.2　統合運用管理ソフトウェアとは

　本節では、IT システムの効率的な運用に求められる機能および、これらをすべて併せ持つ統合運用管理ソフトウェアを導入するメリットを解説します。

1.2.1　データの収集と蓄積

　IT システムの運用状況の把握や分析、運用の効率化、自動化を行うためにまず必要となるのが、IT システムのあらゆるデータを収集して蓄積することです。一般的には、サーバやネットワーク機器、ストレージ装置などの性能データ、ミドルウェアの出力するログ、ネットワークパケットやアプリケーションの出力するバイナリデータのダンプファイルなどが対象となります。また、仮想化環境やクラウド環境では、各ベンダの提供する専用の API から取得する必要がある情報もあります。他にも、スマートフォンなどの端末情報、センサーデータ、OS の構成情報やパッケージ・プログラム情報など、収集対象はかなり広い範囲に渡るため、用途に縛られずに収集できる機能が必要となります。

　収集・蓄積したデータは見える化の他にも、監視や性能管理、自動化のインプットなどに利用され、ビッグデータ基盤や機械学習・AI 基盤などにも連携することで、さらなる運用改善につなげることができます。

2

1.2.2 監視・性能管理

ITシステムの効率的な運用のためには、リアルタイムの運用状況の把握や見える化が重要となります。まず、プラットフォーム、ミドルウェア、アプリケーション、サービスといったさまざまなレイヤにおける死活状態を把握するための、さまざまな監視の手段が必要です。さらに、単なる死活状態を見るだけではなく、複数の監視結果の組み合わせ条件や相関など、より個々のシステムに適した厳密な状態把握のための機能も必要になります。

性能データについては、グラフなどによる見える化も重要です。折れ線グラフ、円グラフ、散布図などの用途に合わせたリアルタイムの視覚化とともに、変化量や過去データからの将来予測といった補助的な機能も必要になります。

監視や性能分析の結果をオペレータの見る画面へ表示するだけでなく、警告灯点灯、メールの送信、他システムへの連携、障害復旧の定型処理の起動などをシームレスに行うことも必要です。

1.2.3 自動化

自動化は、ITシステム運用の効率化に欠かせない重要な要素です。

例として、まずOS環境のセットアップの自動化が挙げられます（構築自動化）。DevOpsの流行により一般化したアプリケーションやミドルウェアのインストール／設定の自動化や、セキュリティアナウンスに対する早急なパッチ配布といったことを実現する必要があります。

ジョブ管理と呼ばれる、複数のサーバ機器に跨がった処理フロー（ジョブネット）を管理する機能も求められます。単一サーバ内に閉じた処理では、OSが基本機能として自サーバ内のタスク管理・タスクスケジュール管理の機能を備えていますが、複数サーバ間を跨がった処理では専用の機能が必要です。業務カレンダに従ってジョブネットをスケジュール的に起動させ、各処理の成功・失敗の把握から開始・終了の遅延監視まで、非常に多くの管理機能を使って業務処理の自動化を行います（業務自動化）。

Runbook Automation（RBA）と呼ばれる手順書（Runbook）の自動化（Automation）、つまり運用オペレーションを自動化する機能（運用自動化）も重要です。運用オペレーションの自動化では、定型作業の他にも決定権者への承認行為や作業実施時の証跡取得などをフォローする機能が必要になります。

1.2.4 統合運用管理ソフトウェアの導入メリット

「収集・蓄積」「監視・性能管理」「自動化」のそれぞれについて、どのような機能が求められるのか解説しました。

これらの機能は互いに関連する関係にあり、「収集・蓄積」したデータを「監視・性能管理」に活用し、これをもって「自動化」につなげ、その影響を再び「収集・蓄積」を通して次につなげていくというサイクルが重要になってきます。しかし、運用管理ソフトウェアの世界では、オープンソースソフトウェア／商用製品を問わず単機能ツール（ログ管理ツール、監視ツール、ジョブ管理ツールなど）が非常に多いのが現状です。

単機能ツールを組み合わせて使う場合、ツールごとにGUI画面が別になり、操作方法や機能用語も異なります。ツール間の連携も検討しなければなりません。設計・導入するSEの負担も、サービス開始後のオペレータの負担も大きく、結果として非効率になってしまいます。

そのため、ITシステムの運用効率化には、これらすべての機能を併せ持つような「統合運用管理ソフトウェア」を選定することも重要になります。

1.3 統合運用管理ソフトウェア Hinemos とは

　Hinemosは、監視機能やジョブ管理機能などの従来から運用管理ソフトウェアに求められてきた基本機能を提供するとともに、システムの多種多様なデータを「収集・蓄積」し、それらを「見える化・分析」することで、システムに対する各種アクションの「自動化・自律運用」を行う「運用アナリティクス」を実現します（**図1.1**）。

図1.1 運用アナリティクス

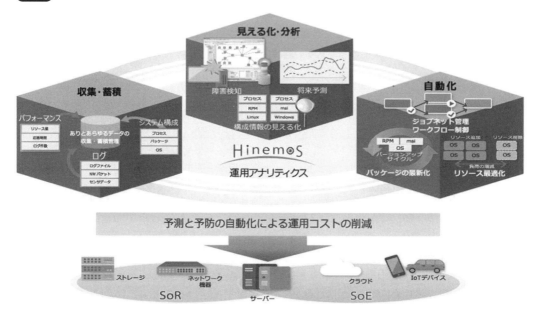

1.3.1　Hinemos の歴史と実績

歴史

　Hinemosは2004年にNTTデータの藤塚 勤也らの企画のもと、独立行政法人 情報処理推進機構（以下、IPA）のオープンソースソフトウェア活用基盤整備事業の成果として生まれました。

```
オープンソースソフトウェア活用基盤整備事業　2004年度（平成16年度）成果報告集
http://www.ipa.go.jp/about/jigyoseika/04fy-pro/open.html
```

当時、オープンソースソフトウェア（以下、OSS）を利用した運用管理では、「監視管理」「性能管理」などの機能に特化したOSS製品を組み合わせて利用する必要がありました。また、「ジョブ管理」のように複数のサーバに跨がった操作や、一括した操作ができる代表的な製品は存在しませんでした。そのような状況において、個別に扱われていた既存のOSS製品をうまく連携させて不足している機能を補い、「統合運用管理」をワンパッケージで可能にするソフトウェアとして生まれたのがHinemosの初版（ver1.0）です。

Hinemosのver1.0は2005年9月にリリースされました。最近では、2019年4月にver6.2がリリースされています。

バージョン表記

Hinemosのバージョン表記は、3つのバージョン番号の数字「x.y.z」からなります（図1.2）。

図1.2 Hinemosのバージョン表記

xとyはメジャーバージョン番号です。ver6.2では「6」と「2」が該当します。最後のzはマイナーバージョン番号です。ver6.2.1では「1」が該当します。

メジャーバージョン番号は、機能や仕様が変更する場合に採番されるバージョン番号です。そのため、メジャーバージョンアップの際には、大きな機能追加やアーキテクチャの改善が施されます。メジャーバージョンを跨ぐバージョンアップにおける設定の移行については、これを簡易に実現するバージョンアップツールが提供されています。

メジャーバージョンのうち、先頭の数字はHinemosマネージャの動作するOSプラットフォームやアーキテクチャなどが大きく変更された場合、または当該バージョンのシリーズコンセプトが変更になった場合に採番されます。2番目の数字は、Hinemosマネージャの動作するOSプラットフォームやアーキテクチャなどは維持したまま、または、1番目の数字のバージョンのシリーズコンセプトを維持したまま、機能追加や機能・仕様改善を行った場合に採番されます。

マイナーバージョン番号は、同一メジャーバージョン番号内での不具合修正や性能改善などを行ったメンテナンスリリースに採番される番号です（ただし、各種の不具合修正を行う際に、仕様や機能の変更・改善が含まれるケースもあります）。そのため、原則的には設定の移行が可能であり、前バージョンからの設定のバックアップを使用したバージョンアップが可能です。

メジャーリリースとサポートサイクル

　Hinemosの初期のメジャーバージョンでは、半年ごとのメジャーリリースにより機能の拡充が行われていました。しかし、商用利用が進むことに伴って、メジャーリリースのサイクルは長くなり、安定した保守サポートを提供する方向へと変わっていきました。ver3.2以降は、1〜2年のサイクルでメジャーリリースを行っています。

- メジャーリリースのサイクル……1〜2年

　Hinemosサブスクリプションに提供されるサポート期間は、ver.4.0までは7年間でしたが、ver.4.1からは10年間に変更されました。

- 保守サービスのサイクル（〜ver.4.0）
  - 通常保守サービス…………3年
  - 延長保守サービス…………2年
  - 特別延長保守サービス……2年
- 保守サービスのサイクル（ver.4.1〜）
  - 通常保守サービス…………5年
  - 延長保守サービス…………3年
  - 特別延長保守サービス……2年

　マイナーバージョンアップは数ヵ月から半年ほどの単位で行われます。マイナーバージョンの間の不具合は、「累積パッチ」という形で、マイナーバージョンアップより短い周期で提供されます。

ライセンス

　Hinemosのライセンスは「GNU General Public License v2（以下、GPLライセンス）」です。GPLライセンスには、商用利用や再頒布、ソースコードの入手が可能といった特徴があります。

公式情報

　Hinemosの公式情報は、Hinemosポータルサイトに公開されます。製品紹介、リリース情報、イベント情報、取扱店情報、技術情報、雑誌記事掲載情報など、さまざまな情報が掲載されます。

```
Hinemosポータルサイト
http://www.hinemos.info/
```

公式イベント

Hinemos の公式イベントや公式プログラムとして、以下のようなものがあります。

● セミナー

Hinemos の基本的な機能紹介や入手方法、提供されるサービスの紹介を毎月行っています。製品発表セミナーや地方開催セミナーもあります。

```
https://www.hinemos.info/seminar/introduction
```

● トレーニングコース

Hinemos の機能や使い方を体系的に習得するためのトレーニングコースが用意されています。座学、ハンズオン形式、オンライン形式などがあります。

```
https://www.hinemos.info/training
```

● 技術者認定プログラム

Hinemos を用いたシステム運用設計や環境構築に携わる技術者の方のための、Hinemos 技術者認定プログラムがあります。

```
https://www.hinemos.info/support/certificate
```

● Hinemos World

Hinemos 最大のイベントとして毎年秋に開催されています。最新のリリース情報、関連ソリューション、採用事例などのプレゼンテーションや展示が行われます。

実績

Hinemos の初版である ver1.0 リリースから 10 年以上経過した現在、国内外を問わず多くの導入実績があります。

● Hinemos 導入事例

製造業、電気・ガス業、電気機器、情報通信業、金融・保険業、サービス業、官公庁・自治体など業種や業態を問わず、多くのユーザに利用されています。

```
https://www.hinemos.info/case
```

● Hinemos 取扱店

Hinemos サブスクリプションの取扱店も多数登録されています。

```
https://www.hinemos.info/dealer
```

1.3.2 Hinemos の特徴・機能

Hinemos の特徴

Hinemos には次のような特徴があります。

● 全機能ワンパッケージ

　Hinemosは、統合運用管理に必要な機能をワンパッケージで提供する統合運用管理ソフトウェアです。単なる監視ツール、ジョブ管理ツールではありません。

　全機能を統一インターフェースで操作でき、複雑なパッケージ構成の検討や機能間連携の実現方法、複数ツールの使いこなしなどにも悩むことなく、システムの統合運用管理を実現可能です。

● 日本製・グローバル対応

　Hinemosは、NTTデータ先端技術が開発・維持を行う日本製ソフトウェアです。海外製品で実現可能な運用要件はもちろん、日本国内のシステムならではの運用要件を満たす機能を完備しています。また、マルチリージョンでの利用を前提とした言語切替機能を備え、ドキュメントやサポートなどの各種サービスは日本語・英語の両言語で利用可能です。

　日本製品ならではの機能やサービスを、グローバルでも活用できます。

● オペレータ向けの簡単な操作性

　システム運用管理をエンジニアが担うことが多い海外の運用管理製品と異なり、運用オペレータによる日常操作を前提とした、シンプルで直感的な操作性を提供します。

　統合運用管理の実現に当たって、高度な知見やノウハウを有するエンジニアによる複雑な設定操作は不要です。統合運用管理に必要な設定や運用操作はすべて、直感的なGUIで簡易に実現可能です。

● 仮想化・クラウド対応

　Hinemosの対応OSが動作するさまざまな仮想化・クラウド環境に対応しています。特にジョブ管理製品は、仮想化・クラウド環境での動作サポートが限定的であることが多い中で、Hinemosは多くの仮想化・クラウド環境にいち早く対応しています。

　また、仮想化・クラウド環境ならではの運用を実現する専用機能も有しています。

Hinemosの機能

　Hinemosは、3大機能である「収集・蓄積」「監視・性能管理」「自動化」と、それを支える「共通基本」機能を備えています（図1.3）。

図1.3　Hinemosの基本的な機能構成

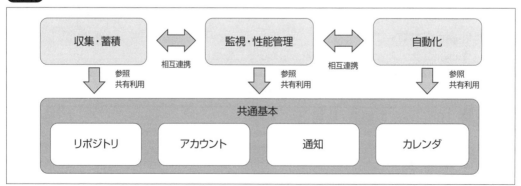

- **共通基本機能**

  本書では、第3部で本機能を解説します。

- **収集・蓄積機能**

  本書では、第5部で本機能を解説します。

- **監視・性能管理機能**

  本書では、第4部で本機能を解説します。

- **自動化機能**

  本書では、第6部で本機能を解説します。

また、次の機能によりエンタープライズシステムにおけるさまざまな運用課題を解決します。

- **エンタープライズ機能**

  エンタープライズシステムの見える化・運用効率化を実現する機能で、次の機能からなります。

  - **ノードマップ機能**

    二次元マップとして表現されたシステム構成図上で、ノード・スコープの状態を可視化します。ノード・スコープの状態は、マップ上に配置されるアイコンの色で確認できます。システムの状態確認に利用するマップ上のアイコン配置や背景画像は、自由にカスタマイズ可能です。

  - **ジョブマップ機能**

    ジョブ定義(設定)、ジョブフローの二次元マップ上での可視化を可能とします。ビューア機能を用いたマップ上でのジョブ実行状況把握や、エディタ機能を用いた直感的なジョブ定義操作を、マップ上でのマウス操作で行うことが可能です。

  - **レポート機能**

    蓄積された運用結果を用いたシステム稼動状況レポートの自動生成・自動配信を実現します。仮想化・クラウド専用のレポートテンプレートなど、製品に付随する幅広いテンプレートを活用できます。テンプレートの組み換えは簡易な操作で実現できます。また、レポートフォーマットを自由かつ容易にカスタマイズできます。

  - **Excelインポート・エクスポート機能**

    Hinemos上の設定エクスポート／インポート、Excelファイル上での閲覧・編集を実現します。エクスポートした設定データは、Excelファイル上にパラメータシート形式で表現されます。Excelファイル上で変更した各種設定をHinemosにインポートする際は、既存データとの差分チェックを行ったり差分インポートが可能です。

- **VM・クラウド管理機能**

  仮想化・クラウド環境を利用するメリットを最大化する専用機能です。本書では、第7部で本機能を解説します。

- **ミッションクリティカル機能**

  ミッションクリティカルシステムの運用管理に対応するためのHinemos自身を冗長化する機能です。本書では、第8部で本機能を解説します。

第 1 章 統合運用管理ソフトウェア Hinemos とは

● ユーティリティツール

Hinemos の運用を効率化する各種ツールセットです。

● インシデント管理連携ツール

Hinemos で検知・生成したイベント情報のインシデント管理ツール（ServiceNow、Redmine、Jira Service Desk）連携を実現します。各種ツール上でのインシデント起票の自動化やナレッジへの関連付けを実現し、ITIL ベースでの運用管理を容易に実現します。

● コマンドラインツール

Hinemos に対するすべての操作をコマンド（CUI）で実現します。Hinemos そのものに対する GUI 操作を、プログラムやスクリプトより機械的に実行制御することが可能となります。Hinemos のジョブ機能と組み合わせることで、業務フローの中で Hinemos を制御（設定の追加・削除や有効・無効化など）するといったことも可能になります。

● バージョンアップツール

旧メジャーバージョンの設定データを新メジャーバージョンの設定データにコンバートできます。複数メジャーバージョンを跨ぐバージョンアップにも対応しています。

● メンテナンス用スクリプト集

内部データベースの履歴データを CSV ファイルに直接エクスポートするなど、Hinemos 自身に対するメンテナンスなどの操作効率化・自動化を実現します。

第2部 スタートアップ

第2章

Hinemos
スタートアップ

本章では、Hinemosを構成する3つのコンポーネント（要素）と導入時のシステム要件を解説します。また、本書を通して解説で使用するシステム構成とインストール方法について解説します。

2.1　インストールの準備

Hinemosのインストールを行う前に、Hinemosを構成する3つのコンポーネントと、それらのコンポーネントのシステム要件を解説します。また、本書で使用する環境とシステム構成を説明します。

2.1.1　Hinemosを構成するコンポーネント

Hinemosは、監視やジョブを制御する「Hinemosマネージャ」、管理対象サーバでジョブを実行したりログファイルを監視する「Hinemosエージェント」、ユーザが設定や結果を確認するインターフェース「Hinemosクライアント」の3つのコンポーネントで構成されます。

これらの構成要素の関係は図2.1のとおりです。

図2.1　Hinemosの構成要素

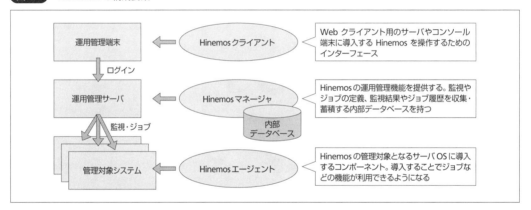

Hinemosマネージャ

システムの運用管理では、一般的にシステム構成をリポジトリとして一元的に管理し、管理対象機器の死活監視や、サーバ間を跨ったジョブネットの実行制御を行います。このようなシステムの監視やジョブを制御する、いわゆる「運用管理サーバ」に導入するHinemosの心臓部的なコンポーネントがHinemosマネージャです。

Hinemosの設定や監視結果、ジョブ実行履歴は、Hinemosマネージャ内にある内部データベースに蓄積され、運用管理者はHinemosクライアントからその情報を確認することができます。また、通知機能を利用して他の運用システムと連携することも可能です。

Hinemosの基本機能はすべてHinemosマネージャに集約されています。そのため、Hinemosマネージャを導入した1台のサーバがあれば、それ以外の複雑な環境構築をせずにすべての基本機能が利用できます。

Hinemosマネージャへの操作や設定変更はHinemosクライアントを介して行います。

Hinemos クライアント

　Hinemos クライアントは、運用管理者が Hinemos マネージャを操作するためのユーザインターフェースです。管理対象サーバの登録、監視やジョブフローの定義、障害検知のための通知設定などが Hinemos クライアントから行えます。運用管理者が運用端末にインストールして使用する Hinemos リッチクライアントと、ブラウザから Web 経由でアクセスする Hinemos Web クライアント(以降は Web クライアントと表記)の2つがあります。監視やジョブの設定情報は Hinemos クライアントで保持しておらず、これらは Hinemos マネージャの内部データベースに蓄積されます。

　Hinemos マネージャは Web サービス API を通じて操作ができる仕組みになっています。Hinemos クライアントはその Web サービスを通じて Hinemos マネージャをコントロールする運用管理者のためのインターフェースと言えます。この Web サービスの通信は HTTP／HTTPS で行われるため、Hinemos マネージャとの間に WAN を介在した環境での運用も可能です。

Hinemos エージェント

　Hinemos エージェントは、管理対象サーバ上でのジョブ制御やログファイルの監視など、Hinemos の一部の高度な機能を使用するために必要なコンポーネントです。また、Hinemos エージェントをインストールすると、Hinemos の機能で必要な OS の環境設定も行います。

　Hinemos の多くの機能はエージェントレスで利用可能ですが、**表2.1** の機能を利用する場合は、管理対象サーバに Hinemos エージェントを導入する必要があります。

表2.1 Hinemos エージェントの導入により利用できる機能

機能	説明
構成情報管理	管理対象のハードウェア情報など、サーバの各種情報を定期的に取得する
カスタム監視	Hinemos エージェントで実行したコマンドの結果を監視する
ログファイル監視	ログファイルを監視する
Windows イベント監視	Windows イベントをパターンマッチで監視する
エージェント監視	Hinemos エージェントの死活状態を監視する
バイナリファイル監視	バイナリファイルを監視する
パケットキャプチャ監視	ネットワークカードが送受信したパケットを監視する
ジョブ管理	指定されたジョブのコマンドを実行する

　Hinemos エージェントは、それ自体に複雑な機能は持っておらず、Hinemos マネージャからの制御により動作する単純なプログラムです。動作も軽量であり、メンテナンスは特に必要ありません。

2.1.2　Hinemos の各コンポーネントのシステム要件

　Hinemos を動作させるために必要なシステム要件を解説します。

　各コンポーネントの対応 OS として Linux や Windows Server などの基本的な OS の他にも、新 OS に対して順次拡張を行っています。対応 OS の詳細については、インストールマニュアルを確認してください。

Hinemos マネージャのシステム要件

　Hinemos マネージャは、Linux と Windows の両方のサーバ OS に対応しています。本書では、CentOS

第 2 章　Hinemos スタートアップ

7 に Hinemos マネージャをインストールします。

　Hinemos マネージャを動作させるために最低限必要となるハードウェアのシステム要件を**表2.2**に示します。

表2.2　Hinemos マネージャのハードウェアのシステム要件

CPU	2GHz、1コア以上
メモリ（監視台数100台未満）	512MB以上
メモリ（監視台数100台以上）	1GB以上
HDD	5GB以上
ネットワークコントローラ	1個以上

　Hinemos マネージャの負荷は、監視項目数、監視間隔、ジョブの同時実行数、通知数によって大きく異なります。また、トラップ型の監視では Hinemos マネージャに到達する SNMPTRAP 数、syslog メッセージ数などにも影響します。これらによる負荷が多いときには、より性能の良い CPU や、より多くのメモリが必要です。

　また、内部データベースに蓄積する監視イベントやジョブ実行履歴が多い場合には、大容量の HDD が必要です。詳細は「第38章　サイジング」を参照してください。

　本書で導入する Linux 環境の Hinemos マネージャには、CentOS の最小インストール（minimal）を基準として、**表2.3**のソフトウェアとライブラリが必要です。

表2.3　Hinemos マネージャ（Linux 版）で必要なソフトウェアとライブラリ

ソフトウェア／ライブラリ	条件
java-1.8.0-openjdk[注1]	必須[注2]
java-1.8.0-amazon-corretto-devel	必須[注2]
HinemosJRE[注3]	必須[注2]
vim-common	必須
net-snmp	セルフチェック機能の一部で必須
net-snmp-utils	セルフチェック機能の一部で必須
vlgothic-fonts	レポーティング機能で必須
vlgothic-p-fonts	レポーティング機能で必須
curl	VM 管理機能およびクラウド管理機能で必須
python 2.7	VM 管理機能およびクラウド管理機能で必須
python-suds	VM 管理機能およびクラウド管理機能で必須

注1　1.8.0.161以降を推奨します。
注2　いずれか1つをインストールする必要があります。
注3　HinemosJRE は、Hinemos の開発元である NTT データ先端技術が提供する OpenJDK をベースとした Hinemos 専用の Java です。

Web クライアントのシステム要件

　Web クライアントは、Hinemos マネージャと同様に Linux 環境と Windows 環境の両方の OS に対応しています。本書では、Hinemos マネージャと同じ CentOS 7 に Web クライアントをインストールします。

　Web クライアントを動作させるために最低限必要となるハードウェアのシステム要件を**表2.4**に示します。

14

2.1 インストールの準備

表2.4 Webクライアントのハードウェアのシステム要件

CPU	2GHz、1コア以上
メモリ	1GB以上
HDD	1GB以上（Hinemosに関する部分だけ）
ネットワークコントローラ	1個以上
ディスプレイ解像度	1280×1024以上

本書で導入するLinux環境のWebクライアントには、CentOSの最小インストール（minimal）を基準として、**表2.5**のソフトウェアとライブラリが必要です。

表2.5 Webクライアント（Linux版）で必要なソフトウェアとライブラリ

ソフトウェア／ライブラリ	条件
java-1.8.0-openjdk	必須[注1]
java-1.8.0-amazon-corretto-devel	必須[注1]
HinemosJRE	必須[注1]
unzip	必須
vlgothic-p-fonts	日本語環境で必須

注1 いずれか1つをインストールする必要があります。

Hinemosエージェントのシステム要件

Hinemosエージェントは、LinuxやWindowsの各OSの他、UNIXサーバやz/Linuxといった幅広い環境に対応しています。

本書では、CentOSとWindows Server 2019それぞれにHinemosエージェントをインストールします。

Hinemosエージェントを動作させるために最低限必要なハードウェアのシステム要件を**表2.6**に示します。Hinemosエージェントは同一サーバに複数インストールできます。2つ以上のHinemosエージェントをインストールする場合は、**表2.6**の要件だけでは十分ではないことに注意してください。また、Hinemosエージェントからジョブとして起動するコマンドやプログラムで必要なサーバスペックもこの表には含まれていません。

表2.6 Hinemosエージェントのハードウェアのシステム要件

CPU	1GHz、1コア以上
メモリ	256MB以上
HDD	1GB以上（Hinemosに関する部分だけ）
ネットワークコントローラ	1個以上

本書で導入するLinux環境のHinemosエージェントには、CentOSの最小インストール（minimal）を基準として、**表2.7**のソフトウェアとライブラリが必要です。

第2章　Hinemos スタートアップ

表2.7　Hinemosエージェント（Linux版）で必要なソフトウェアとライブラリ

ソフトウェア／ライブラリ	条件
java-1.7.0-openjdk	必須[注1]
java-1.8.0-openjdk	必須[注1]
java-1.8.0-amazon-corretto-devel	必須[注1]
HinemosJRE[注2]	必須[注1]
net-snmp	SNMPプロトコル（デフォルト）の監視機能（リソース監視、プロセス監視）で必須
net-snmp-libs	SNMPプロトコル（デフォルト）の監視機能（リソース監視、プロセス監視）で必須
net-snmp-utils	構成情報管理機能で必須
libpcap（1.5以降）	パケットキャプチャ監視で必須

注1　いずれか1つをインストールする必要があります。
注2　HinemosJREは、Hinemosの開発元であるNTTデータ先端技術が提供するOpenJDKをベースとしたHinemos専用のJavaです。

　また、Windows環境のHinemosエージェントには、Windows Server Standard（デスクトップエクスペリエンス）を基準として、**表2.8**のソフトウェアとライブラリが必要です。

表2.8　Hinemosエージェント（Windows版）で必要なソフトウェアとライブラリ

ソフトウェア／ライブラリ	条件
Oracle Java SE 7	必須[注1]
Oracle Java SE 8	必須[注1]
Amazon Corretto 8	必須[注1]
HinemosJRE[注2]	必須[注1]
SNMP Service	SNMPプロトコル（デフォルト）の監視機能（リソース監視、プロセス監視）で必須
WinRM	Windowsサービス監視で必須
WinPcap（4.1以降）	パケットキャプチャ監視で必須
Microsoft Visual C++ Runtime[注3]	パケットキャプチャ監視で必須
Windows PowerShell	環境構築機能および構成情報管理機能で必須

注1　いずれか1つをインストールする必要があります。
注2　HinemosJREは、Hinemosの開発元であるNTTデータ先端技術が提供するOpenJDKをベースとしたHinemos専用のJavaです。
注3　Windowsのバージョンによって必要なバージョンが異なります。本書ではWindows Server 2019を使用するためMicrosoft Visual C++ Runtime 2010が必要となります。

その他機器のシステム要件

　Hinemosマネージャからネットワークで到達可能なIPネットワーク機器であれば、Hinemosの管理対象とすることができます。また、SNMPやsyslogに対応している機器の場合は、PING監視のような死活監視以上の高度な監視が可能です。

2.1.3 本書で使用する環境

OS

本書の解説で使用するOS環境は**表2.9**のとおりです。次の節でこのOS環境にHinemosをインストールしていきます。

表2.9 解説で使用するインストール環境

OS名
CentOS 7.6 (64bit)
Windows Server 2019

Windows 10を1台、CentOSを2台、Windows Server 2019を1台、計4台のサーバ/PCの環境でサーバ構成を組みます。それぞれのホスト名をClient、Manager、LinuxAgent、WindowsAgentとします。各サーバ/PCの役割を**図2.2**、**表2.10**に示します。すべてのサーバ/PCで時刻同期の設定がされているものとします。

図2.2 サーバ構成（概要）

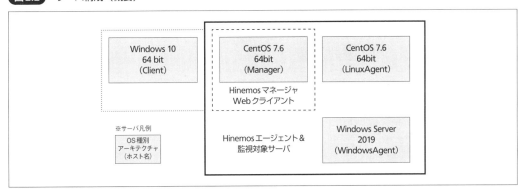

表2.10 サーバ構成（詳細）

OS	ホスト名	IPアドレス	用途	インストールするコンポーネント
Windows 10 x64	Client	192.168.0.1	運用管理端末	
CentOS 7.6 x64	Manager	192.168.0.2	運用管理サーバ	Hinemosマネージャ（Linux版） Webクライアント（Linux版） Hinemosエージェント（Linux版）
CentOS 7.6 x64	LinuxAgent	192.168.0.3	管理対象サーバ	Hinemosエージェント（Linux版）
Windows Server 2019	WindowsAgent	192.168.0.4	管理対象サーバ	Hinemosエージェント（Windows版）

CentOSは、**表2.11**でインストールした環境とします。

第 2 章　Hinemos スタートアップ

表2.11　CentOS のインストール設定

項目	設定
言語	日本語
キーボード	日本語
ストレージデバイス	基本ストレージデバイス
ホスト名	（前述のサーバ構成の通り）
タイムゾーン	アジア／東京
root パスワード	hinemos
インストールタイプ	すべての領域を使用する
ベース環境	最小限のインストール

　また、Hinemos の各コンポーネントが動作するサーバには、「2.1.2　Hinemos の各コンポーネントのシステム要件」に記載したソフトウェアとライブラリをそれぞれインストールしてください。

Hinemos

　2019 年 8 月現在の Hinemos の最新版である ver.6.2.2 を利用して解説します。

　Hinemos のインストールパッケージや各機能で必要となるパッケージは、Hinemos カスタマーポータルから入手可能です。

　本書で必要となるインストールパッケージやファイルの一覧を記載します。

■Hinemos マネージャ（Linux 版）

- hinemos-6.2-manager-6.2.2-1.el7.x86_64.rpm
- patch_manager_activation_for6.2.x_yyyymmdd.tar.gz
- yyyymm_xxx_enterprise
- hinemos-6.2-manager-xcloud-aws-6.2.b-1.el.noarch.rpm
- hinemos-6.2-manager-xcloud-azure-6.2.b-1.el.noarch.rpm
- hinemos-6.2-manager-xcloud-vsphere-6.2.b-1.el.noarch.rpm
- hinemos-6.2-manager-xcloud-hyper-v-6.2.b-1.el.noarch.rpm
- yyyymm_xxx_xcloud

■Web クライアント（Linux 版）

- hinemos-6.2-web-6.2.2-1.el7.x86_64.rpm
- hinemos-6.2-web-xcloud-aws-6.2.b-1.el.noarch.rpm
- hinemos-6.2-web-xcloud-azure-6.2.b-1.el.noarch.rpm
- hinemos-6.2-web-xcloud-vsphere-6.2.b-1.el.noarch.rpm
- hinemos-6.2-web-xcloud-hyper-v-6.2.b-1.el.noarch.rpm

■Hinemos エージェント（Linux 版）

- hinemos-6.2-agent-6.2.2-1.el.noarch.rpm

■Hinemos エージェント（Windows 版）

- HinemosAgentInstaller-6.2.2_win.msi

2.2 インストール

2.2 インストール

本節では、「2.1.3　本書で使用する環境」で示したシステム構成に従い、Hinemos マネージャ、Hinemos エージェント、Web クライアントのインストール方法について解説します。

2.2.1 Hinemos マネージャのインストール

ホスト名が Manager である CentOS へ Hinemos マネージャをインストールします。

インストール前の準備（OS）

■ firewalld の無効化

OS をインストールした直後のデフォルトの firewalld の設定では、Web クライアントや Hinemos エージェント、各監視サーバへの通信が抑制されます。

商用環境では必要に応じてファイアウォールなどで別途通信制御を行う必要がありますが、本書では、まずは簡易に機能を扱うために、firewalld を無効化した環境をベースに作業を行います。CentOS 7.6 ではデフォルトで firewalld が有効なので、図2.3 のコマンドで firewalld を無効化し、OS 起動時にサービスが起動しないように systemctl で設定を行います。

firewalld による通信制御を行いたい場合は、第 4 章のコラム「ファイアウォールの設計」を参照してください。

図2.3 firewalld の無効化

```
(root) # systemctl stop firewalld
(root) # systemctl disable firewalld
Removed symlink /etc/systemd/system/multi-user.target.wants/firewalld.service.
Removed symlink /etc/systemd/system/dbus-org.fedoraproject.FirewallD1.service.
(root) # systemctl list-unit-files | grep firewalld
firewalld.service                       disabled
```

■ SELinux の無効化

Hinemos を動作させる環境は、SELinux を無効にしてください。/etc/selinux/config の中の SELINUX 変数が disabled となっているかを確認してください（図2.4）。enforcing や permissive となっている場合は、disabled に変更して OS を再起動します（SELinux の有効／無効の切り替えは、必ず OS の再起動が必要です）。

図2.4 SELinux の無効化設定

```
(root) # cat /etc/selinux/config

# This file controls the state of SELinux on the system.
# SELINUX= can take one of these three values:
#     enforcing - SELinux security policy is enforced.
#     permissive - SELinux prints warnings instead of enforcing.
```

第2章　Hinemos スタートアップ

```
#     disabled - No SELinux policy is loaded.
SELINUX=disabled
# SELINUXTYPE= can take one of three values:
#     targeted - Targeted processes are protected,
#     minimum - Modification of targeted policy. Only selected processes are protected.
#     mls - Multi Level Security protection.
SELINUXTYPE=targeted
```

■ snmpd の起動

Hinemosマネージャは、Hinemosマネージャが動作するOSのファイルシステム使用量などの状態を
セルフチェック機能で監視します。この監視はsnmpdを経由して行いますので、snmpdのサービスを有
効化します（**図2.5**）。

図2.5　snmpdの有効化

```
(root) # systemctl list-unit-files | grep snmpd
snmpd.service                        disabled
(root) # systemctl enable snmpd
Created symlink from /etc/systemd/system/multi-user.target.wants/snmpd.service to /usr/lib/systemd/
➡system/snmpd.service.
(root) # systemctl is-enabled snmpd
snmpd.service                        enabled
(root) # systemctl start snmpd
```

■ snmptrapd の停止

Hinemosマネージャは、SNMPTRAP監視で外部のサーバやネットワーク機器から送信されてきた
SNMPTRAPを受信し、監視を行います。

SNMPTRAPの受信はHinemosマネージャ自体が行います。HinemosマネージャでSNMPTRAP監視
を使用する場合にOSのsnmptrapdが起動していると、snmptrapdと使用するポート番号が重複してしまい、
HinemosのSNMPTRAP監視が動作しません。**図2.6**のとおり、snmptrapdのサービスを無効化します。

図2.6　snmptrapdの無効化

```
(root) # systemctl list-unit-files | grep snmptrapd
snmptrapd.service                    enabled
(root) # systemctl disable snmptrapd
Removed symlink /etc/systemd/system/multi-user.target.wants/snmptrapd.service.
(root) # systemctl list-unit-files | grep snmptrapd
snmptrapd.service                    disabled
(root) # systemctl stop snmptrapd
```

もしsnmptrapdを使用する必要がある場合は、HinemosマネージャまたはsnmptrapdのSNMPTRAP
の受信用ポート番号を変更し、用途に合わせてSNMPTRAPの送信元の設定も適切なポート番号に送信
するように設定を変更してください。

インストール

Hinemosマネージャ本体のインストールには次のパッケージが必要です。

- hinemos-6.2-manager-6.2.2-1.el7.x86_64.rpm

Hinemosマネージャのインストールパッケージは、/tmp/pkgに配置されているものとします。

- /tmp/pkg/hinemos-6.2-manager-6.2.2-1.el7.x86_64.rpm

rootユーザで/tmp/pkg/ディレクトリに移動し、rpmコマンドでインストールします(**図2.7**)。

図2.7 Hinemosマネージャのインストール

```
(root) # cd /tmp/pkg/
(root) # rpm -ivh hinemos-6.2-manager-6.2.2-1.el7.x86_64.rpm
準備しています...              ################################## [100%]
更新中 / インストール中...
   1:hinemos-6.2-manager-0:6.2.2-1.el7################################## [100%]
Created symlink from /etc/systemd/system/multi-user.target.wants/hinemos_manager.service to /usr/lib/
➡systemd/system/hinemos_manager.service.
Created symlink from /etc/systemd/system/multi-user.target.wants/hinemos_pg.service to /usr/lib/
➡systemd/system/hinemos_pg.service.
```

インストール時に自動起動の設定も自動で行われるため、サービス登録などを個別に行う必要もありません。**図2.8**のようにOSのサービスとして登録されていることが確認できます。

図2.8 Hinemosマネージャのサービス登録の確認

```
(root) #systemctl list-unit-files | grep hinemos
hinemos_manager.service                enabled
hinemos_pg.service                     enabled
```

エンタープライズ機能の有効化

エンタープライズ機能の有効化には、サブスクリプションに含まれる次のパッチとアクティベーションキーファイルが必要となります。

- patch_manager_activation_for6.2.x_yyyymmdd.tar.gz
- yyyymm_xxx_enterprise

Hinemosマネージャのインストールに引き続き、必要なファイルは/tmp/pkgに配置されているものとします。

tarコマンドでパッチを展開し、パッチとアクティベーションキーファイルを必要なディレクトリにコピーして配置します(**図2.9**)。

図2.9 エンタープライズ機能のセットアップ

```
(root) # tar -zxvf patch_manager_activation_for6.2.x_yyyymmdd
```

第2章　Hinemos スタートアップ

```
patch_manager_activation_for6.2.x_yyyymmdd/
patch_manager_activation_for6.2.x_yyyymmdd/Publish.jar
patch_manager_activation_for6.2.x_yyyymmdd/README.txt
(root) # cp -p /tmp/pkg/patch_manager_activation_for6.2.x_yyyymmdd/Publish.jar /opt/hinemos/lib/
(root) # chown hinemos:hinemos /opt/hinemos/lib/Publish.jar
(root) # cp -p /tmp/pkg/yyyymm_xxx_enterprise /opt/hinemos/etc/
```

■ クラウド管理機能のセットアップ

第27章および第28章でクラウド管理機能を利用する場合は、追加で機能を有効化します。

クラウド管理機能のセットアップには、サブスクリプションに含まれる次のインストールパッケージとアクティベーションキーファイルが必要となります。

- hinemos-6.2-manager-xcloud-aws-6.2.b-1.el.noarch.rpm
- hinemos-6.2-manager-xcloud-azure-6.2.b-1.el.noarch.rpm
- yyyymm_xxx_xcloud（VM管理機能のキーファイルと共通）

Hinemosマネージャのインストールに引き続き、必要なファイルは/tmp/pkgに配置されているものとします。

rpmコマンドでパッケージをインストールし、アクティベーションキーファイルを必要なディレクトリにコピーして配置します（**図2.10**）。

図2.10　クラウド管理機能のセットアップ

```
(root) # rpm -ivh hinemos-6.2-manager-xcloud-aws-6.2.b-1.el.noarch.rpm
準備しています...               ################################# [100%]
更新中 / インストール中...
   1:hinemos-6.2-manager-xcloud-aws-0:################################# [100%]
(root) # rpm -ivh hinemos-6.2-manager-xcloud-azure-6.2.b-1.el.noarch.rpm
準備しています...               ################################# [100%]
更新中 / インストール中...
   1:hinemos-6.2-manager-xcloud-azure-################################# [100%]
(root) # cp -p /tmp/pkg/yyyymm_xxx_xcloud /opt/hinemos/etc/
```

■ VM 管理機能の有効化

第29章および第30章でVM管理機能を利用する場合は、追加で機能を有効化します。

VM管理機能の有効化には、サブスクリプションに含まれる次のインストールパッケージとアクティベーションキーファイルが必要となります。

- hinemos-6.2-manager-xcloud-vsphere-6.2.b-1.el.noarch.rpm
- hinemos-6.2-manager-xcloud-hyper-v-6.2.b-1.el.noarch.rpm
- yyyymm_xxx_xcloud（クラウド管理機能のキーファイルと共通）

Hinemosマネージャのインストールに引き続き、必要なファイルは/tmp/pkgに配置されているものとします。

rpmコマンドでパッケージをインストールし、アクティベーションキーファイルを必要なディレクトリにコピーして配置します（**図2.11**）。

図2.11 VM管理機能のセットアップ

```
(root) # rpm -ivh hinemos-6.2-manager-xcloud-vsphere-6.2.b-1.el.noarch.rpm
準備しています...              ################################### [100%]
更新中 / インストール中...
    1:hinemos-6.2-manager-xcloud-vspher################################### [100%]
(root) # rpm -ivh hinemos-6.2-manager-xcloud-hyper-v-6.2.b-1.el.noarch.rpm
準備しています...              ################################### [100%]
更新中 / インストール中...
    1:hinemos-6.2-manager-xcloud-hyper-################################### [100%]
(root) # cp -p /tmp/pkg/yyyymm_xxx_xcloud /opt/hinemos/etc/
```

Hinemosマネージャの起動

OSのサービスとして登録したHinemosマネージャを起動します（**図2.12**）。

図2.12 Hinemosマネージャの起動

```
(root) # service hinemos_manager start
Redirecting to /bin/systemctl start  hinemos_manager..service
```

serviceコマンドはHinemosマネージャの起動処理が開始できれば正常終了します。そして、バックグラウンドでHinemosマネージャの各種プロセスの起動処理が行われ、数十秒で起動が完了します。

Hinemosマネージャのログはhinemos_manager.logに出力されます。正常に起動した場合は、ERRORなどは発生せずに「Hinemos Manager Started in 20s:60ms」などと出力されます。「16s:274ms」はHinemosマネージャの起動処理にかかった時間を示します。この時間は環境や状況により異なります（**図2.13**）。

図2.13 Hinemosマネージャの起動時のログ出力

```
(root) # tail -f /opt/hinemos/var/log/hinemos_manager.log
2019-07-09 18:46:33,540 INFO  [com.clustercontrol.plugin.impl.WebServicePlugin] (main) publish
➡http://10.2.9.67:8081/HinemosWS/AgentNodeConfigEndpoint
2019-07-09 18:46:33,643 INFO  [com.clustercontrol.plugin.HinemosPluginService] (main) activating
➡plugin - com.clustercontrol.plugin.impl.InfraPlugin
2019-07-09 18:46:33,647 INFO  [com.clustercontrol.plugin.HinemosPluginService] (main) activating
➡plugin - com.clustercontrol.plugin.impl.SystemLogPlugin
2019-07-09 18:46:33,647 INFO  [com.clustercontrol.plugin.HinemosPluginService] (main) activating
➡plugin - com.clustercontrol.plugin.impl.WebServiceStartHTTPSPlugin
2019-07-09 18:46:33,647 INFO  [com.clustercontrol.plugin.HinemosPluginService] (main) activating
➡plugin - com.clustercontrol.plugin.impl.SchedulerPlugin
2019-07-09 18:46:33,654 INFO  [com.clustercontrol.plugin.HinemosPluginService] (main) activating
➡plugin - com.clustercontrol.plugin.impl.SelfCheckPlugin
2019-07-09 18:46:33,656 INFO  [com.clustercontrol.plugin.HinemosPluginService] (main) activating
➡plugin - com.clustercontrol.plugin.impl.HubPlugin
```

第 2 章　Hinemos スタートアップ

```
2019-07-09 18:46:33,767 INFO  [com.clustercontrol.hub.util.StringDataIdGenerator] (main) init() : Not
➡found id, so start from 0.
2019-07-09 18:46:33,780 INFO  [com.clustercontrol.hub.session.HubControllerBean] (main) init() :
➡Initialize TransferFactory(fluentd)
2019-07-09 18:46:33,789 INFO  [com.clustercontrol.HinemosManagerMain] (main) Hinemos Manager Started
➡in 16s:274ms
```

　service コマンドで Hinemos マネージャの JavaVM と内部データベース (PostgreSQL) が起動しているかどうかをそれぞれ確認できます (**図2.14**、**図2.15**)。

図2.14　Hinemos マネージャの起動確認

```
(root) # service hinemos_manager status
Redirecting to /bin/systemctl status  hinemos_manager.service
● hinemos_manager.service – Hinemos Manager
   Loaded: loaded (/usr/lib/systemd/system/hinemos_manager.service; enabled; vendor preset: disabled)
   Active: active (running) since 火 2019-07-09 18:45:59 JST; 1min 26s ago
  Process: 68764 ExecStop=/opt/hinemos/bin/jvm_stop.sh (code=exited, status=0/SUCCESS)
  Process: 69011 ExecStart=/opt/hinemos/bin/jvm_start.sh -W (code=exited, status=0/SUCCESS)
 Main PID: 69072 (java)
   CGroup: /system.slice/hinemos_manager.service
           mq69072 /usr/lib/jvm/jre-1.8.0-openjdk/bin/java -Djdk.xml.entityEx...

 7月 09 18:45:57 node-009-067 systemd[1]: Starting Hinemos Manager...
 7月 09 18:45:58 node-009-067 jvm_start.sh[69011]: waiting for Java Virtual ...
 7月 09 18:45:59 node-009-067 jvm_start.sh[69011]: Java Virtual Machine star...
 7月 09 18:45:59 node-009-067 systemd[1]: Started Hinemos Manager.
Hint: Some lines were ellipsized, use -l to show in full.
```

図2.15　内部データベース (PostgreSQL) の起動確認

```
(root) # service hinemos_pg status
Redirecting to /bin/systemctl status  hinemos_pg.service
● hinemos_pg.service – Hinemos PostgreSQL
   Loaded: loaded (/usr/lib/systemd/system/hinemos_pg.service; enabled; vendor preset: disabled)
   Active: active (running) since 火 2019-07-09 18:45:57 JST; 2min 22s ago
  Process: 68981 ExecStop=/opt/hinemos/postgresql/bin/pg_ctl stop -w -t ${PGTIMEOUT} -s -D ${PG_DATA}
➡-m ${PGSHUTDOWNMODE} (code=exited, status=0/SUCCESS)
  Process: 69000 ExecStart=/opt/hinemos/postgresql/bin/pg_ctl start -w -t ${PGTIMEOUT} -s -D ${PG_DATA}
➡-l ${PGLOGFILE} (code=exited, status=0/SUCCESS)
 Main PID: 52435 (code=exited, status=0/SUCCESS)
   CGroup: /system.slice/hinemos_pg.service
           tq69002 /opt/hinemos/postgresql/bin/postgres -D /opt/hinemos/var/d...
           tq69003 postgres: logger process
           tq69005 postgres: checkpointer process
           tq69006 postgres: writer process
           tq69007 postgres: wal writer process
           tq69008 postgres: autovacuum launcher process
```

2.2 インストール

```
        tq69009 postgres: stats collector process
        tq69124 postgres: hinemos hinemos 127.0.0.1(48784) idle
        tq69126 postgres: hinemos hinemos 127.0.0.1(48786) idle
        tq69128 postgres: hinemos hinemos 127.0.0.1(48788) idle
        tq69130 postgres: hinemos hinemos 127.0.0.1(48790) idle
        tq69132 postgres: hinemos hinemos 127.0.0.1(48792) idle
        tq69142 postgres: hinemos hinemos 127.0.0.1(48802) idle
        tq69144 postgres: hinemos hinemos 127.0.0.1(48804) idle
        tq69146 postgres: hinemos hinemos 127.0.0.1(48806) idle
        tq69148 postgres: hinemos hinemos 127.0.0.1(48808) idle
        mq69150 postgres: hinemos hinemos 127.0.0.1(48810) idle

7月 09 18:45:56 node-009-067 systemd[1]: Starting Hinemos PostgreSQL...
7月 09 18:45:57 node-009-067 systemd[1]: Started Hinemos PostgreSQL.
```

Hinemosマネージャに関連するプロセスのPIDファイルは**表2.12**のとおりです。

表2.12 Hinemosマネージャ関連のPIDファイル

プロセス	PIDファイル	用途
Javaプロセス	/opt/hinemos/var/run/jvm.pid	Hinemosマネージャのメインプロセス
PostgreSQL	/opt/hinemos/var/data/postmaster.pid	Hinemosマネージャの内部データベース

2.2.2 Webクライアントのインストール

ホスト名がManagerであるCentOSへWebクライアントをインストールします。Webクライアントは
Hinemosマネージャとは別のサーバでも構築可能ですが、「2.1.3　本書で使用する環境」に記載したとお
り運用管理サーバ上に構築します。

インストール前の準備（OS）

今回はHinemosマネージャとWebクライアントを同じサーバにインストールするため、個別にインスト
ール前の準備を行う必要はありません。

インストール

Webクライアント本体のインストールには次のパッケージが必要です。

● hinemos-6.2-web-6.2.2-1.el7.x86_64.rpm

Webクライアントのインストールパッケージは、/tmp/pkgに配置されているものとします。

● /tmp/pkg/hinemos-6.2-web-6.2.2-1.el7.x86_64.rpm

rootユーザで/tmp/pkg/ディレクトリに移動し、rpmコマンドでインストールします（**図2.16**）。

25

第2章 Hinemos スタートアップ

図2.16 Webクライアントのインストール

```
(root) # cd /tmp/pkg/
(root) # rpm -ivh hinemos-6.2-web-6.2.2-1.el7.x86_64.rpm
準備しています...                    ################################# [100%]
更新中 / インストール中...
    1:hinemos-6.2-web-0:6.2.2-1.el7    ################################# [100%]
Created symlink from /etc/systemd/system/multi-user.target.wants/hinemos_web.service to /usr/lib/
➡systemd/system/hinemos_web.service.
```

インストール時に自動起動の設定も自動で行われるため、サービス登録などを個別に行う必要もありません。**図2.17**のようにOSのサービスとして登録されていることが確認できます。

図2.17 Webクライアントのサービス登録の確認

```
(root) #systemctl list-unit-files | grep hinemos_web
hinemos_web.service                    enabled
```

クラウド管理機能のセットアップ

第27章および第28章でクラウド管理機能を利用する場合は、追加で機能を有効化します。

クラウド管理機能のセットアップには、サブスクリプションに含まれる次のインストールパッケージが必要となります。

- hinemos-6.2-web-xcloud-aws-6.2.b-1.el.noarch.rpm
- hinemos-6.2-web-xcloud-azure-6.2.b-1.el.noarch.rpm

Webクライアントのインストールに引き続き、必要なファイルは/tmp/pkgに配置されているものとします。

rpmコマンドでパッケージをインストールします(**図2.18**)。

図2.18 クラウド管理機能のセットアップ

```
(root) # rpm -ivh hinemos-6.2-web-xcloud-aws-6.2.b-1.el.noarch.rpm
準備しています...                    ################################# [100%]
更新中 / インストール中...
  1:hinemos-6.2-web-xcloud-aws-0:6.2.################################# [100%]
(root) #  rpm -ivh hinemos-6.2-web-xcloud-azure-6.2.b-1.el.noarch.rpm
準備しています...                    ################################# [100%]
更新中 / インストール中...
  1:hinemos-6.2-web-xcloud-azure-0:6.################################# [100%]
```

VM 管理機能のセットアップ

第29章および第30章でVM管理機能を利用する場合は、追加で機能を有効化します。

VM管理機能のセットアップには、サブスクリプションに含まれる次のインストールパッケージが必要となります。

- hinemos-6.2-web-xcloud-vsphere-6.2.b-1.el.noarch.rpm
- hinemos-6.2-web-xcloud-hyper-v-6.2.b-1.el.noarch.rpm

Webクライアントのインストールに引き続き、必要なファイルは/tmp/pkgに配置されているものとします。

rpmコマンドでパッケージをインストールします（図**2.19**）。

図2.19 VM管理機能のセットアップ

```
(root) # rpm -ivh hinemos-6.2-web-xcloud-vsphere-6.2.b-1.el.noarch.rpm
準備しています...                ################################# [100%]
更新中 / インストール中...
   1:hinemos-6.2-web-xcloud-vsphere-0:################################# [100%]
(root) # rpm -ivh hinemos-6.2-web-xcloud-hyper-v-6.2.b-1.el.noarch.rpm
準備しています...                ################################# [100%]
更新中 / インストール中...
   1:hinemos-6.2-web-xcloud-hyper-v-0:################################# [100%]
```

Webクライアントの起動

OSのサービスとして登録したWebクライアントを起動します（図**2.20**）。

図2.20 Webクライアントの起動

```
(root) # service hinemos_web start
Redirecting to /bin/systemctl start  hinemos_web.service
```

serviceコマンドはWebクライアントの起動処理が開始できれば正常終了します。そして、バックグラウンドでWebクライアントのプロセスの起動処理が行われます。

Webクライアントの起動後は、Webブラウザから対象のサーバにアクセスします（図**2.21**）。

図2.21 Webブラウザへの入力例

Webクライアントのログインダイアログが表示されますので、Hinemosマネージャが起動している状態でHinemosマネージャへのログイン情報を入力し、[ログイン]ボタンをクリックします（図**2.22**、表**2.13**）。

図2.22 Webクライアントのログインダイアログ

表2.13　ログインダイアログの入力項目

ユーザID	hinemos（デフォルトで用意されているユーザ）
パスワード	hinemos（hinemosユーザの初期パスワード）
接続先URL	http://192.168.0.2:8080/HinemosWS/
マネージャ名	マネージャ1

ログインが成功すると、確認ダイアログが表示されます（**図2.23**）。［OK］ボタンをクリックすると、Webクライアントの初期画面に遷移します。

図2.23　Webクライアントのログイン成功ダイアログ

なお、Hinemosマネージャが利用するOpenJDKのバージョンが古い（1.8.0.151以前）場合、インストール後のデフォルトの状態ではOpenJDKの既知の不具合の影響によりログインに失敗します。その場合はOpenJDKをバージョンアップするか、管理者ガイドの内容（「Hinemos ver.6.2 管理者ガイド」の「3.1.12 待ち受けアドレスの変更」）に従ってHinemosマネージャの待ち受けアドレスを変更してください。

Webクライアントの初期画面では、スタートアップのパースペクティブが表示されます。右下に接続先のHinemosマネージャ名などの接続情報が表示されていることを確認してください（**図2.24**）。

図2.24　Webクライアントの初期画面

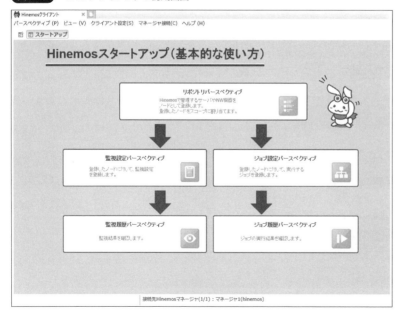

2.2.3　Hinemos エージェント（Linux 版）のインストール

ホスト名がLinuxAgentであるCentOSへHinemosエージェントをインストールします。

インストール前の準備（OS）

■ firewalld の無効化

Hinemosマネージャを動作させるManagerと同様に、簡易に機能を扱うために、firewalldを無効化した環境をベースに作業を行います。設定方法は「2.2.1　Hinemosマネージャのインストール」を参照してください。

■ snmpd の起動

Hinemosマネージャからプロセス監視やリソース監視を行う場合は、管理対象側のLinuxサーバのsnmpdが起動している必要があります。

また、Linuxのsnmpdのデフォルトの設定値ではアクセス制御の設定の問題により、必要な情報にリモートからアクセスできません。Hinemosエージェントのインストール時に、インストーラはsnmpdの設定ファイルに必要な設定を追記してsnmpdを再起動します。ただし、インストーラではsnmpdサービスの有効化は行われません。OS起動時にsnmpdを自動で起動させるには、別途systemctlコマンドで設定する必要があります。設定方法は「2.2.1　Hinemosマネージャのインストール」を参照してください。

- snmpdの設定ファイル …… /etc/snmp/snmpd.conf

■ rsyslog の起動

LinuxへのHinemosエージェントのインストール時に、インストーラはそのLinuxサーバのシステムログをHinemosマネージャサーバに転送する設定をrsyslogの設定ファイルに追記し、rsyslogを再起動します。

- rsyslogの設定ファイル …… /etc/rsyslog.conf

インストーラ側ではrsyslogのサービスを有効化しませんので、rsyslogのサービスが無効化されている場合は有効化しておくことを推奨します（**図2.25**）。

図2.25　rsyslogの有効化

```
(root) # systemctl list-unit-files | grep rsyslog
rsyslog.service                      enabled
```

インストール

Hinemosエージェントのインストールには次のパッケージが必要です。

- hinemos-6.2-agent-6.2.2-1.el.noarch.rpm

Hinemosエージェントのインストールパッケージは、/tmp/pkgに配置されているものとします。

rootユーザで/tmp/pkg/ディレクトリに移動し、rpmコマンドでインストールします（**図2.26**）。

インストール時にHinemosマネージャのIPアドレスまたはホスト名を指定することで、インストーラが自動で接続先の設定を行います。

図2.26 Hinemosエージェントのインストール

```
(root) # cd /tmp/pkg/
(root) # HINEMOS_MANAGER=192.168.0.2 rpm -ivh hinemos-6.2-agent-6.2.2-1.el.noarch.rpm
準備しています...               ################################# [100%]
更新中 / インストール中...
   1:hinemos-6.2-agent-0:6.2.2-1.el   ################################# [100%]
Redirecting to /bin/systemctl status rsyslog.service
Redirecting to /bin/systemctl restart rsyslog.service
```

インストール後の設定

■接続先マネージャの確認

インストール時に指定されたHinemosマネージャのIPアドレスをHinemosエージェントの設定ファイルに反映します。本設定が正しく追記されていることを確認してください（**リスト2.1**）。

- 設定ファイル …… /opt/hinemos_agent/conf/Agent.properties

リスト2.1 Agent.propertiesに反映された設定

```
managerAddress=http://192.168.0.2:8081/HinemosWS/
```

■snmpd の設定の確認

Linux用Hinemosエージェントのインストーラは、snmpdの設定ファイルの末尾に**リスト2.2**のようにOID.1.3.6.1以下へのアクセス許可を追加します。本設定が正しく追記されていることを確認してください。

- 設定ファイル …… /etc/snmp/snmpd.conf

リスト2.2 snmpdへの追記設定

```
view    systemview    included    .1.3.6.1
```

■rsyslog の設定の確認

Linux用Hinemosエージェントのインストーラは、rsyslogの設定ファイルにHinemosマネージャへのシステムログをTCP(@@)で転送する設定を追記します。本設定が正しく追記されていることを確認してください（**リスト2.3**）。

- 設定ファイル …… /etc/rsyslog.d/rsyslog_hinemos_agent.conf

2.2 インストール

リスト2.3 rsyslogの追加設定

```
#
# Hinemos Agent 6.2  (for syslog monitoring)
#
*.info;mail.none;authpriv.none;cron.none                    @@192.168.0.2:514
```

■ Hinemos エージェントの起動

OSのサービスとして登録したHinemosエージェントを起動します（**図2.27**）。

図2.27 Hinemosエージェントの起動

```
(root) # service hinemos_agent start
Starting hinemos_agent (via systemctl):                          [  OK  ]
```

serviceコマンド自体はすぐに応答が返ってきますが、バックグラウンドでHinemosエージェントの起動処理が動きます。起動処理は数秒で完了します。

Hinemosエージェントのログはagent.logに出力されます。正常に起動した場合は、ERRORなどは発生せずに「Hinemos Agent started」と出力されます（**図2.28**）。

図2.28 Hinemosエージェントの起動時のログ出力

```
(root) # tail -f  /opt/hinemos_agent/var/log/agent.log
2019-07-10 20:17:52,670 INFO  [main] [com.clustercontrol.agent.Agent] starting Hinemos Agent...
2019-07-10 20:17:52,671 INFO  [main] [com.clustercontrol.agent.Agent] java.vm.version = 25.102-b14
2019-07-10 20:17:52,671 INFO  [main] [com.clustercontrol.agent.Agent] java.vm.vendor = Oracle
➡Corporation
2019-07-10 20:17:52,671 INFO  [main] [com.clustercontrol.agent.Agent] java.home = /usr/lib/jvm/java-
➡1.8.0-openjdk-1.8.0.102-4.b14.el7.x86_64/jre
… (省略) …
2019-07-10 20:17:53,364 INFO  [main] [com.clustercontrol.agent.Agent] Hinemos Agent started
```

serviceコマンドでHinemosエージェントが起動しているかどうかを確認できます（**図2.29**）。

図2.29 Hinemosエージェントの起動確認

```
(root) # service hinemos_agent status
Hinemos Agent (PID 126106) is running...
```

HinemosエージェントのプロセスのPIDファイルは**表2.14**のとおりです。

表2.14 Hinemosエージェント関連のPIDファイル

プロセス	PIDファイル	用途
Javaプロセス	/var/run/hinemos_agent.pid	Hinemosエージェントのメインプロセス

2.2.4 Hinemosエージェント（Windows版）のインストール

ホスト名がWindowsAgentであるWindowsへHinemosエージェントをインストールします。

インストール前の準備（OS）

■ Windowsファイアウォールの無効化

OSインストール直後のデフォルトのWindowsファイアウォールの設定では、Hinemosマネージャへの通信が抑制されます。本書では、Hinemosマネージャと同様に簡易に機能を扱うために、Windowsファイアウォールを無効化した環境をベースに作業を行います。

商用環境では必要に応じてファイアウォールなどで別途通信制御を行う必要があります。

［スタート］→［コントロールパネル］から［Windowsファイアウォール］を選択し、すべて無効にしてください。

■ SNMP Serviceの有効化

Windowsサーバのプロセス監視とリソース監視もSNMP経由で行います。リソース監視のうち、一部の情報（UCD-MIBに該当する情報）については、Windowsではデフォルトで取得できません。そのため、Hinemosエージェントのインストーラは、インストール時にHinemosエージェントだけでなく、SNMP拡張エージェントもインストールします。SNMP拡張エージェントがHinemosのリソース監視に必要な情報を取得可能にします。

Windows Server 2019のインストール後のデフォルトの環境ではSNMP Serviceが利用できない状態のため、まず、これを利用できるように設定します。

［スタート］→［サーバーマネージャー］をクリックし、［サーバーマネージャー］のダイアログを表示します（**図2.30**）。

図2.30 サーバマネージャ（初期表示）

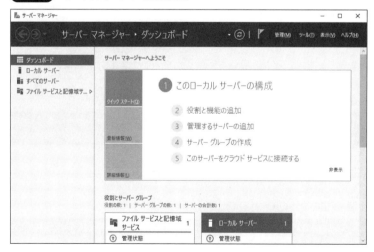

上部のメニューから[管理(M)]をクリックし、表示されたプルダウンから[機能と役割の追加]をクリックして[役割と機能の追加ウィザード]を表示します(図2.31)。

図2.31 役割と機能の追加ウィザード

画面の指示に従い[機能の選択]まで進め、機能の一覧から[SNMPサービス]を探してチェックします(図2.32)。

図2.32 役割と機能の追加ウィザード 機能の選択

[SNMPサービス]をチェックするとダイアログが表示されるため、内容を確認後、[機能の追加]をクリックします(図2.33)。

図2.33 役割と機能の追加ウィザード 確認ダイアログ

その後は確認画面まで操作を進め、[インストール]ボタンをクリックしてインストールを完了させます。すでにインストール済みの場合は、この操作は必要ありません。

これが完了すると、Windowsサービスの中に[SNMP Service]が表示されます。

[スタート]→[Windows 理ツール]→[サービス]をクリックし、[サービス]のダイアログを表示します(**図2.34**)。

図2.34 WindowsサービスのSNMP Service

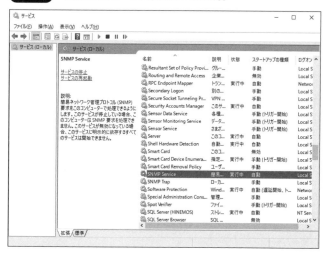

SNMP Serviceのデフォルトの設定では、リモートサーバからアクセスができません。[SNMP Service]サービスを右クリックして[プロパティ]をクリックし、[SNMP Serviceのプロパティ]ダイアログを表示します。[セキュリティ]タブにある、[受け付けるコミュニティ名]とアクセスを許可するホストを指定します(**図2.35**)。

2.2 インストール

図2.35 WindowsサービスのSNMP Serviceのプロパティ

本書では、図2.35のようにコミュニティ名を「public」とし、すべてのホストからSNMPパケットを許可する設定としています。

インストール

Hinemosエージェントのインストールには次のパッケージが必要です。

- HinemosAgentInstaller-6.2.2_win.msi

Hinemosエージェントのインストールパッケージは、デスクトップに配置されているものとします。

Hinemosエージェントのインストールは、msiのインストーラに従い対話的に行います。なお、日本語と英語のインストーラには分かれていません。

Hinemosエージェントのインストールは Administratorユーザ、または管理者権限を持つWindowsユーザで実行します。本書では、Administratorユーザで操作を行います。

まず、HinemosAgentInstaller-6.2.2_win.msiを実行してインストーラを起動します（**図2.36**）。

図2.36 Hinemosエージェントのインストール（1）

35

[Next]をクリックすると、Hinemosエージェントのライセンスの同意を求める画面が表示されます（図2.37）。HinemosはGPL v2のライセンスで公開されています。

内容を確認したら[I accept the terms in the License Agreement]にチェックを入れて、[Next]をクリックします。

次に、HinemosマネージャサーバのIPアドレスを入力する画面に遷移します（図2.38）。

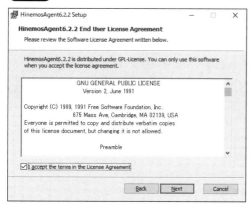

図2.37 Hinemosエージェントのインストール（2）

図2.38 Hinemosエージェントのインストール（3）

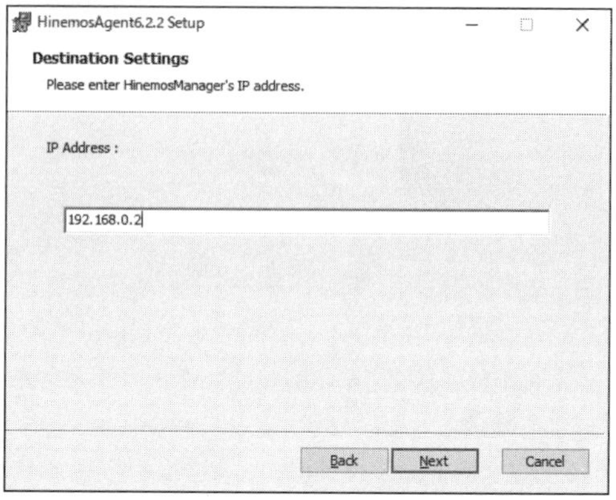

HinemosマネージャサーバのIPアドレスを入力して、[Next]をクリックします。

次に、Hinemosエージェントのインストール先ディレクトリの設定の画面に移ります（図2.39）。

インストール先ディレクトリを変更する場合は[Browse...]ボタンをクリックしてインストール先ディレクトリを指定します。特に変更する必要がなければ、[Next]をクリックします。

次に、Hinemosエージェントのインストールの最終確認の画面が表示されます（図2.40）。

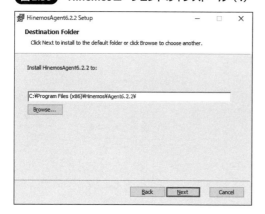
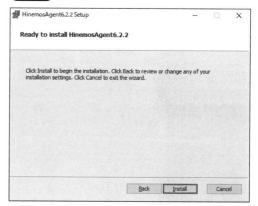

図2.39 Hinemosエージェントのインストール（4）

図2.40 Hinemosエージェントのインストール（5）

[Install]をクリックすると、これまで行ってきた設定に従い、インストールが開始されます。インストールが終了すると、ウィザード終了の画面に遷移しますので、[Finish]をクリックしてインストーラを終了します（図**2.41**）。

図2.41 Hinemosエージェントのインストール（6）

インストール後の設定
■Hinemos エージェントのサービス化の設定

Windows用Hinemosエージェントのインストーラでは、Linux用インストーラと異なり、OSのサービス化を手動で実行する必要があります。Hinemosエージェントをインストールしたディレクトリのbinフォルダ配下にある**RegistAgentService.bat**を実行して、HinemosエージェントをWindowsサービスに登録してください。

実行するとコマンドプロンプトが起動します。処理が完了したらキーの入力を求められるので、Enterキーを押下して終了します（図**2.42**）。

図2.42 Hinemosエージェントのサービス化

Hinemosエージェントがサービスとして登録されたことを確認する場合は、[スタート]→[Windows管理ツール]→[サービス]をクリックして[サービス]を表示します。サービスの一覧の中に[HinemosAgent]というサービスが追加されていることを確認します(**図2.43**)。見つからない場合はF5キーを押下して画面を更新してください。

図2.43 Hinemosエージェントのサービス化（サービス一覧より）

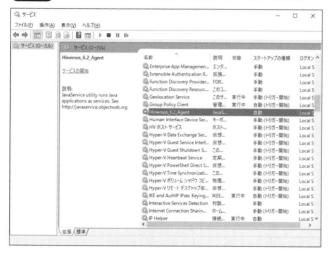

Hinemosエージェントの起動

[スタート]→[Windows管理ツール]→[サービス]をクリックして[サービス]を表示します。サービスの一覧の中にある[HinemosAgent]を起動してください。

Hinemosエージェントのログはagent.logに出力されます。正常に起動した場合は、ERRORなどは発生せずに「Hinemos Agent started」と出力されます(**図2.44**)。

図2.44 Hinemosエージェントの起動時のログ出力

```
(C:\Program Files (x86)\Hinemos\Agent6.2.2\var\log\agent.log)
2019-07-11 18:38:29,103 INFO  [main] [com.clustercontrol.agent.Agent] starting Hinemos Agent...
2019-07-11 18:38:29,103 INFO  [main] [com.clustercontrol.agent.Agent] java.vm.version = 25.211-b12
2019-07-11 18:38:29,103 INFO  [main] [com.clustercontrol.agent.Agent] java.vm.vendor = Oracle
➡Corporation
2019-07-11 18:38:29,103 INFO  [main] [com.clustercontrol.agent.Agent] java.home = C:\Program Files\
➡Java\jdk1.8.0_211\jre
…（省略）…
2019-07-11 18:38:29,759 INFO  [main] [com.clustercontrol.agent.Agent] Hinemos Agent started
```

2.3 Hinemosの基礎的な操作方法

本節では、HinemosのインターフェースであるHinemosクライアントの使い方として、ログイン方法と画面構成を通じて、Hinemosの基礎的な操作方法を解説します。

また、監視やジョブなど統合運用管理を行う対象のサーバ機器やネットワーク装置を表す「ノード」や、それらをグループ化する「スコープ」を登録するリポジトリ管理機能の使い方について、具体的な設定内容を交えて解説します。

2.3.1 ログイン

本書ではWebクライアントを利用するため、運用管理端末のPCのWebブラウザからWebクライアントがインストールされているサーバに対して接続します。

ブラウザで接続すると、最初に[接続[ログイン]]ダイアログが表示されます。Hinemosインストール直後はhinemosユーザだけが存在します。hinemosユーザの初期パスワードはhinemosです。

hinemosユーザはあらゆる権限を持ったユーザとして用意されています。そのため、実際に運用を開始する前にパスワードを変更することをおすすめします。

「2.2.2　Webクライアントのインストール」でログインしたときと同様に、表2.15の値を入力して[ログイン]ボタンをクリックしてください。

表2.15 ログインダイアログの入力項目

ユーザID	hinemos（デフォルトで用意されているユーザ）
パスワード	hinemos（hinemosユーザの初期パスワード）
接続先URL	http://192.168.0.2:8080/HinemosWS/
マネージャ名	マネージャ1

ログインが成功すると、図2.45のような初期画面が表示され、画面右下にHinemosマネージャにログインしているユーザと、接続先のHinemosマネージャ名が表示されます。

図2.45 Hinemosクライアント初期画面

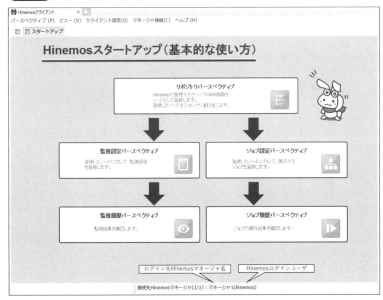

2.3.2 画面構成と用語説明

以降で登場するHinemosクライアントの各部位の名称と位置付けを説明します。

メニュー

Hinemosクライアント画面の上部に表示されるウィンドウメニューです。図2.46のようなメニューがあります。

図2.46 Hinemosクライアントのメニュー

- パースペクティブ …… パースペクティブ(後述)を開いたり、保存する際に選択します
- ビュー ………………… 各機能のビュー(後述)を、今表示しているパースペクティブに追加したい場合に選択します
- クライアント設定 …… Hinemosマネージャの設定ではなく、Hinemosクライアント自体の設定が行えます。各ビューの自動更新周期や表示件数、接続タイムアウトなどの値を設定します
- マネージャ接続 ……… Hinemosマネージャへのログイン／ログアウトを行います
- ヘルプ ………………… Hinemosのマニュアルを表示します

パースペクティブ

Hinemosクライアントでは機能単位に画面レイアウトが用意されています。この画面レイアウトを「パースペクティブ」と呼びます。パースペクティブの一覧は、メニューバーの[パースペクティブ]を選択すると表示されます(図2.47)。

図2.47 パースペクティブ

各パースペクティブには機能ごとに使いやすいように必要なビューがあらかじめ配置されています。それらのビューは、追加や削除をしたり、ドラッグ＆ドロップでサイズや位置をカスタマイズしたりすることができます。また、そのレイアウトを保存しておくことができます。

パースペクティブの保存方法は、パースペクティブのタブ上で右クリックし、表示されるメニューの［Save As...］をクリックし、パースペクティブの別名保存ダイアログの名前（Name）の入力欄に任意の名前を入力して保存します（図2.48）。

図2.48 パースペクティブの別名保存ダイアログ

ビュー

Hinemosクライアントは「ビュー」という単位で設定の一覧を表示したり、その設定に対する操作（アクション）を行ったりする機能を持ちます。ビューには一般的に、ビュータイトル、ヘッダ、フッタ、ビューアクションがあります（図2.49）。

図2.49 ビューの構成

■ビュータイトル

ビュー左上に表示されます。ビュータイトルの命名規則は、［機能名［ビューの詳細］］となっています。たとえば、リポジトリ機能のノード一覧を表示するビューの場合、ビュータイトルは［リポジトリ［ノード］］ビューとなります。

第2章 Hinemos スタートアップ

■ビューヘッダ

ビューのヘッダ情報です。他ビューと連携して表示する場合、または同一ビュー内のツリーを選択して一覧を表示する場合に、どの内容を表示しているかを示します。

■ビューフッタ

ビューのフッタ情報です。設定や履歴などの表示件数を表示します。

■ビューアクション（ボタン、メニュー）

そのビュー内で操作可能なアクションをビューアクションと呼びます。ビューの右上に列挙されるボタン（**図2.50**）または、ビュー内を右クリックするとプルダウンで表示されるメニュー（**図2.51**）から選択が可能です。

図2.50 ビューアクション（ボタン）

図2.51 ビューアクション（メニュー）

作成、変更、削除、更新、オブジェクト権限設定など、複数のビューで標準的に使用しているビューアクションのアイコンを**表2.16**に示します。

表2.16 標準アイコン

アイコン	ボタン名	説明
 ✚	作成	設定を作成する
 ✎	変更	設定を変更する
 ✖	削除	設定を削除する
 ◆	オブジェクト権限の設定	設定のオブジェクト権限を編集する
 ⟳	更新	ビューを更新する
 📋	コピー	設定をコピーする
 🔖	フィルタ	一覧に表示する内容を絞り込むためのフィルタを設定する
 ☑	有効	設定を有効にする
 ☐	無効	設定を無効にする

> **ダイアログ**

メニューバーやビューアクションから起動するHinemosクライアント上の別ウィンドウ画面を「ダイアログ」と呼びます。ダイアログタイトルの命名規則は、［機能名［ダイアログの詳細］］となっています。たとえば、このあとで実際に操作するリポジトリ機能のノードを作成・変更するダイアログの場合、ダイアログタイトルは［リポジトリ［ノードの作成・変更］］ダイアログとなります。

2.4　リポジトリ登録をしてみよう

　Hinemosではサーバ機器やネットワーク装置などの1つ1つの管理対象を「ノード」と呼びます。ノードは、用途、OS、プロダクト、システムなどのカテゴリで自由にグループ化することができ、このグループを「スコープ」と呼びます。

　Hinemosはこのノードとスコープをリポジトリに登録し、監視やジョブの実行対象として各種機能から選択できます。

　Hinemosを初めて使用する人がHinemosクライアントからHinemosマネージャに接続して最初に行う作業は、管理対象をノードとしてリポジトリに登録することです。具体的には、Client（Windows PC）を除くManager（Linuxサーバ）、LinuxAgent（Linuxサーバ）、WindowsAgent（Windowsサーバ）の3台をノードとして登録します。

2.4.1　管理対象のノード登録

　リポジトリの管理は、Hinemosクライアントの［リポジトリ］パースペクティブで行います。メニューバーの［パースペクティブ（P）］→［監視設定］をクリックし、［リポジトリ］パースペクティブを表示します（**図2.52**）。

図2.52　［リポジトリ］パースペクティブ（初期表示）

［リポジトリ［ノード］］ビューの［作成］アクションから、リポジトリにノードを登録してみます。［リポジトリ［ノード］］ビューの［作成］アクションをクリックすると、［リポジトリ［ノードの作成・変更］］ダイアログが表示されます。このダイアログに必要な情報（ノードプロパティに該当）を入力して［登録］ボタンをクリックすると、ノードがリポジトリに登録されます（**図2.53**）。

図2.53 ［リポジトリ［ノードの作成・変更］］ダイアログ

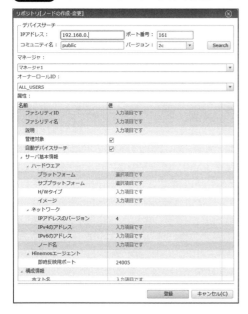

この［リポジトリ［ノードの作成・変更］］ダイアログの中で入力が必須となるノードプロパティは次のとおりです。必須入力項目はピンクのセルで表示されます。

- ファシリティID
- ファシリティ名
- プラットフォーム
- IPアドレス（［IPv4のアドレス］または［IPv6のアドレス］のいずれか片方のみ）
- ノード名

ノードプロパティは手動入力以外に、デバイスサーチを利用した自動入力が可能です。本書で構築した環境では、Manager、LinuxAgent、WindowsAgentはすでにデバイスサーチが利用できる環境になっています。まずは、Hinemosマネージャ自身であるLinuxサーバをManagerというノードとして登録してみます。

［リポジトリ［ノードの作成・変更］］ダイアログの上部の［デバイスサーチ］と表示された枠の中に**表2.17**の4つの項目を入力して［Search］ボタンをクリックしてください。

表2.17　Managerの登録

項目名	値
IPアドレス	192.168.0.2
ポート番号	161
コミュニティ名	public
バージョン	2c

　すると、SNMPで取得可能なノードプロパティが自動で入力されます。[ファシリティID]と[ファシリティ名]には、サーバのホスト名と同じ「Manager」が自動入力されます。あとは、[登録]ボタンをクリックすればノードの登録が完了します(**図2.54**)。

　同様に、LinuxAgentとWindowsAgentも**表2.17**のIPアドレスの部分だけを変更し、デバイスサーチを利用してノードを登録してみてください。3台ともノード登録が終わると、**図2.55**のように[リポジトリ[ノード]]ビューに3台のノードが一覧で表示されます。1台のノードをクリックすると、右ペインに表示されている[リポジトリ[プロパティ]]ビューに対象ノードの[ノードプロパティ]が一覧で表示されますので、確認してください。

図2.54　Managerのプロパティ

図2.55　リポジトリパースペクティブ（ノード登録直後）

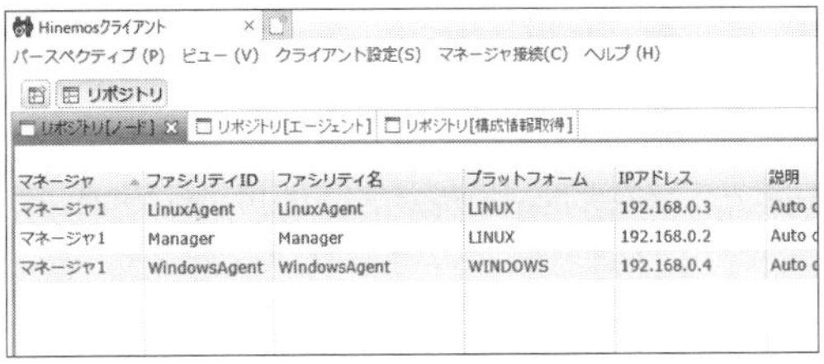

2.5　監視をしてみよう

　Hinemosで監視をする場合、通知と監視設定を登録する必要があります。本節では入門編として、デフォルトで登録されている通知設定(ステータス通知、イベント通知)や組み込みスコープを利用して、簡単な監視設定を作成してみます。監視機能についてより詳しく知りたい方は、「第4部　監視・性能」を参照してください。

2.5.1 ネットワーク疎通を監視する

今回は、「ネットワークにおいて通信が正常に行われているか」および「そのネットワークを利用するためのデバイス（ネットワークアダプタ）でパケットが正常に交換されているか」を監視するPING監視を作成します。PING監視は、Hinemosマネージャから管理対象の機器へPING（ICMPパケット）を送信し、想定する時間内に応答があるか、またはパケットの紛失率が想定する範囲内かどうかを監視します。

ネットワーク疎通の監視の設定

■目標
Hinemosマネージャサーバと管理対象のサーバ間のネットワーク疎通を監視する設定をします。次に、通信が切断されて疎通が取れなくなったときと接続が復旧したときに、Hinemosクライアント上にどのように表示されるかを確認します。

■準備
ネットワーク疎通監視を行うには、次の条件が満たされている必要があります。

- 管理対象のノードが登録されていること
  ノードの登録方法は前節「2.4.1　管理対象のノード登録」を参照してください

■設定方法
ネットワーク疎通監視の設定方法は次のとおりです。

（1）パースペクティブを表示する
　　メニューバーの［パースペクティブ（P）］→［監視設定］をクリックし、［監視設定］パースペクティブを表示します

（2）PING監視ダイアログを表示する
　　［監視設定］パースペクティブの［監視設定［一覧］］ビューの［作成］（ ✚ ）ボタンをクリックし、［監視種別］ダイアログから［PING監視（数値）］を選択して［次へ］ボタンをクリックします（図2.56）

図2.56　監視種別［PING監視（数値）］を選択

(3) PING監視を登録する

［ping［作成・変更］］ダイアログで図2.57、表2.18のように入力します。必須入力項目はピンクのセルで表示されます

図2.57 PING監視の設定

表2.18 ［ping［作成・変更］］ダイアログの設定

項目				設定内容
監視項目ID				「PING-0001」と入力する
説明				「LinuxサーバのPING監視」と入力する（任意入力項目）
オーナーロールID				「ALL_USERS」を指定する
スコープ				「OS別スコープ（OS）→Linux（Linux）」スコープを指定する
条件	間隔			［5分］を選択する
	カレンダID			今回は指定しない
	チェック設定	回数		「2」回を入力する
		間隔		「2000」ミリ秒を入力する
		タイムアウト		「5000」ミリ秒と入力されていることを確認する
監視[注1]	監視			チェックを入れる
	判定	情報	応答時間	「1000」未満と入力されていることを確認する
			パケット紛失	「1」未満と入力されていることを確認する
		警告	応答時間	「3000」未満と入力されていることを確認する
			パケット紛失	「51」未満と入力されていることを確認する
	通知	通知ID／タイプ		［EVENT_FOR_POLLING］と［STATUS_FOR_POLLING］を選択する
	アプリケーション			「Linuxサーバ」と入力する（任意入力項目）
収集	収集			今回はチェックを入れない
	収集値表示名			収集しないためそのままにする
	収集値単位			収集しないためそのままにする

注1 今回は[基本]タブ内の設定だけ行うため、[将来予測]や[変化量]のタブの内容を変更する必要はありません。

第 2 章　Hinemos スタートアップ

■ ネットワーク疎通の監視

■監視結果の確認

　PING監視の設定の登録後、監視間隔で指定した5分以内に最初のPING監視が動作します。ただし、監視結果の重要度が[情報]になっている場合は、この時点では[監視履歴[ステータス]]ビューや[監視履歴[イベント]]ビューには何も通知されません。これは今回の設定で利用したデフォルトの通知設定である[EVENT_FOR_POLLING]や[STATUS_FOR_POLLING]の設定によるものです(通知の詳細は第7章を参照してください)。

　監視結果の重要度が[危険]になっている場合は、[監視履歴[ステータス]]ビュー上で重要度[危険]の通知が行われます。この場合は、Hinemosマネージャと管理対象の間のネットワークが遮断されていることになります。次の点を確認してください。

- 物理サーバ同士であればケーブルがつながっていること、NICの設定、IPの割当てが正しいこと
- Hinemosマネージャが動作しているサーバと管理対象サーバのファイアウォールなどの設定により、ICMP通信が遮断されていないこと
- PING監視の設定「PING-0001」の「スコープ」で指定したノードのIPアドレスに誤りがないこと

　たとえば、Hinemosマネージャの動作するサーバで**図2.58**のコマンドを実行することで、ネットワーク的に疎通ができているか、Hinemosの設定に問題があるかを切り分けることができます。

図2.58　PING監視の確認

```
# ping {対象のノードのIPアドレス}
```

■障害の発生

　障害が発生したことを想定し、LinuxAgentサーバのイーサネットケーブルを抜く、またはNICをダウンさせるコマンド(ifdownなど)を使用して、ManagerサーバとLinuxAgentサーバ間の接続を意図的に切断します(**図2.59**)。なお、ManagerサーバのNICをダウンさせないでください。Webクライアントから接続できなくなります。

図2.59　ifdownコマンドの例

```
# ifdown ens192
```

■異常時の監視結果の確認

　[監視]パースペクティブの[監視履歴[イベント]]ビューで、**図2.60**のようにLinuxAgentから重要度[危険]のイベントが出力されれば成功です。

図2.60　PING監視 異常時の監視結果（イベント）

マネージャ	受信日時	重要度	出力日時	プラグインID	監視項目ID	監視詳細	ファシリティID	スコープ	アプリケーション	メッセージ	確認	確認ユーザ
マネージャ1	2019/08/30 19:35:52	危険	2019/08/30 19:35:45	MON_PNG_N	PING-0001		LinuxAgent	LinuxAgent	Linuxサーバ	Packets: Sent = 2, Received...	未確認	
マネージャ1	2019/08/30 19:20:52	情報	2019/08/30 19:20:45	MON_PNG_N	PING-0001		Manager	Manager	Linuxサーバ	Packets: Sent = 2, Received...	未確認	

48

出力されたイベントをダブルクリックして[監視[イベントの詳細]]ダイアログを表示し、イベントの詳細を確認します(**図2.61**)。異常が発生したら、メッセージおよびオリジナルメッセージに原因の特定に役立つ情報が書かれていることがありますので、確認するようにしてください。

図2.61 PING監視 異常時の監視結果(イベントの詳細)

「オリジナルメッセージ」という項目は、値をクリックしたときに表示される[...]ボタンをクリックして内容を確認できます(**図2.62**)。

図2.62 PING監視 異常時の監視結果(イベントの詳細のオリジナルメッセージ)

[監視履歴[ステータス]]ビューにも危険を示すステータス通知が出力されていることを確認します(**図2.63**)。

図2.63 PING監視 異常時の監視結果(ステータス)

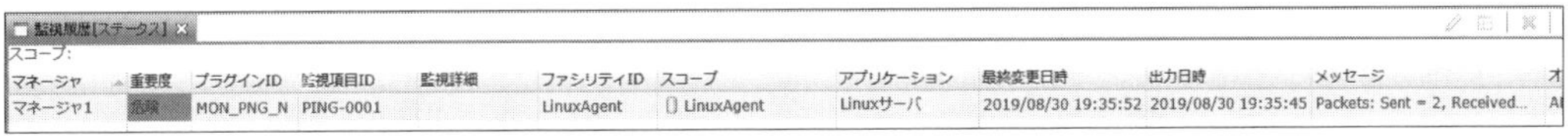

第 2 章　Hinemos スタートアップ

■障害の復旧

　障害が復旧したことを想定し、切断していたイーサネットケーブルを挿す、もしくは ifup コマンドを利用してネットワーク疎通が正常に行えるようにします（**図 2.64**）。数分後、［監視［イベント］］ビューには復旧したことを示す重要度［情報］のイベントが通知されることを確認します（**図 2.65**）。

図 2.64　**ifup** コマンドの例

```
# ifup ens192
```

図 2.65　**PING 監視 復旧後の監視結果（イベント）**

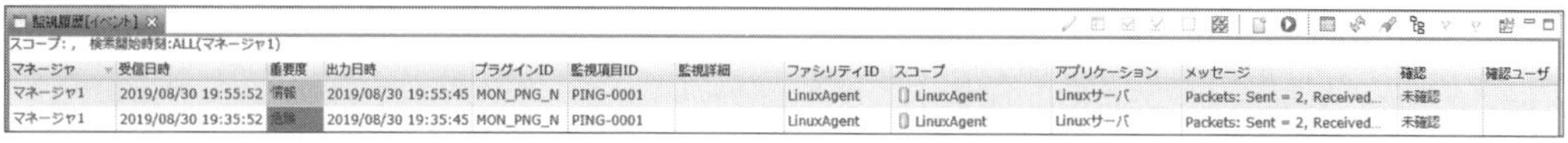

　［監視［ステータス］］ビューは重要度［危険］が消えて現在異常が発生していないことを確認します。なお、重要度［危険］が消えるまでの時間はステータス通知の"ステータス情報の存続期間"の設定に依存します。今回設定した［STATUS_FOR_POLLING］はデフォルトで「30 分」になっているので、復旧してから表示が消えるまでに 30 分かかります。

2.6　ジョブを実行してみよう

　本節では、簡単なジョブの作り方と実行方法について説明していきます。詳しいジョブの活用方法は第 24 章を参照してください。

2.6.1　ジョブの登録と手動実行

　ここでは一番単純な、単一のジョブを動作させる例を紹介します。Hinemos でジョブ機能を利用する場合は、［ジョブ］パースペクティブから操作をします。Hinemos クライアントのメニュー→［パースペクティブ（P）］→［ジョブ設定］をクリックし、［ジョブ設定］パースペクティブを表示します。**図 2.66** にあるように、ジョブ登録や実行契機登録が可能なパースペクティブが表示されます。

■ ジョブの登録

　［ジョブ設定［一覧］］ビューを利用してジョブの登録をします。初めに、ジョブの中で最上位となるジョブユニットを作成します。［ジョブ設定［一覧］］ビューの左側に表示されている［ジョブ］配下の［マネージャ］を右クリックして、ジョブユニットの作成を選択します。

　［ジョブ［ジョブユニットの作成・変更］］ダイアログでは、さまざまな項目が設定できます。最低限、ピンク色のボックスだけ入力すれば問題ないので、ここではとりあえず、ジョブ ID とジョブ名の 2 箇所だけ入力します。ジョブ ID を「01_jobunit」として、ジョブ名は「01_ジョブユニット」と入力します（**図 2.67**、**表 2.19**）。

50

2.6 ジョブを実行してみよう

図2.66 [ジョブ設定] パースペクティブ

図2.67 ジョブユニット作成

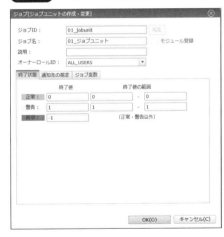

表2.19 ジョブユニットの設定

項目名	設定値
ジョブID	01_jobunit
ジョブ名	01_ジョブユニット

51

第 2 章　Hinemos スタートアップ

　次にジョブネットを作成します。先ほど作成した[01_ジョブユニット]を右クリックして、ジョブネットの作成を選択します。

　先ほどのジョブユニットと似たようなダイアログが出てきますが、こちらもとりあえず、ジョブIDとジョブ名の2箇所だけ入力します。例として、ジョブIDを「0101_jobnet」として、ジョブ名は「0101_ジョブネット」と入力して[OK]ボタンをクリックします（**図2.68**、**表2.20**）。

図2.68　ジョブネット作成

表2.20　ジョブネットの設定

項目名	設定値
ジョブID	0101_jobnet
ジョブ名	0101_ジョブネット

　次はコマンドジョブの作成です。[0101_ジョブネット]を右クリックして、コマンドジョブの作成を選択します。

　まずは、先ほどのジョブネットと同じようにジョブIDとジョブ名の2箇所を入力します。例として、ジョブIDを「010101_job」として、ジョブ名は「010101_ジョブ」と入力します。

　次にコマンドジョブをどのサーバで実行するのか入力します。ダイアログ内の[コマンド]タブを選択し、実行スコープの[参照]ボタンをクリックします。リポジトリツリーが出てくるので、エージェントが動作しているノードとしてLinuxAgentノードを選択します。Hinemosでは、ノードだけでなく、スコープ配下のノードすべてに対してジョブを実行することもできますが、ここではノードに対するジョブを実行することとします。

　次は、ジョブとして実行するコマンド（もしくはスクリプト）を入力します。ここでは実行コマンドのテキストボックスに「hostname」と入力します。

　最後に、hostnameコマンドを実行するユーザ（実効ユーザ）を選択します。ここでは、エージェント起動ユーザを選択します。

すべて入力したら、[OK]ボタンをクリックします（図**2.69**、表**2.21**）。

図2.69 コマンドジョブ作成

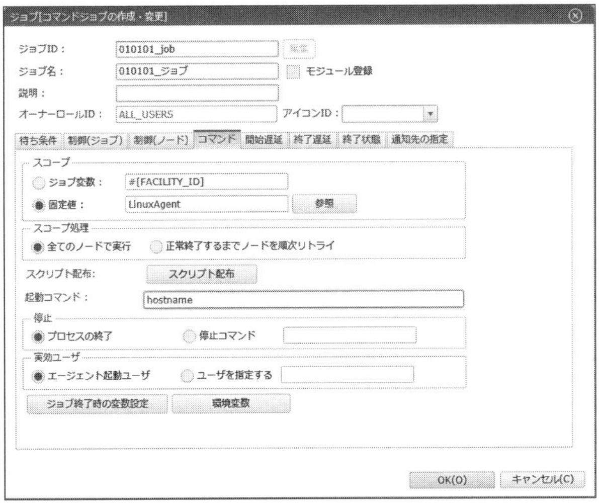

表2.21 コマンドジョブの設定

項目名	設定値
ジョブID	010101_job
ジョブ名	010101_ジョブ
スコープ	LinuxAgent
起動コマンド	hostname
実効ユーザ	エージェント起動ユーザ

　ここまでで、ジョブユニット、ジョブネット、コマンドジョブを作成しました。最後にジョブの変更内容をHinemosマネージャ上に登録する必要があります。[登録]ボタンをクリックして、変更内容を確定させます。

ジョブ実行

　ジョブを実行させる前に、実行対象のサーバで、ジョブが動作可能であることを確認します。Hinemosでジョブを動作せるためには、Hinemosエージェントが動作していて、Hinemosマネージャと接続している必要があります。

　Hinemosエージェントが Hinemosマネージャと接続していることを確認するためには、[リポジトリ]パースペクティブの[リポジトリ[エージェント]]ビューに該当のノードが存在することを確認します。今回の場合は、LinuxAgent ノードでジョブを実行するので、[リポジトリ[エージェント]]ビューに LinuxAgent が表示されていることを確認してください。

　Hinemosエージェントが接続されていることを確認したら、ジョブを実行します。[01_ジョブユニット]を右クリックして、[実行]を選択します。すると、図**2.70**のようなダイアログが出るので、[実行]をクリックしてジョブを開始します。

図2.70 手動実行の確認ダイアログ

実行結果を見てみます。Hinemosのジョブ結果を閲覧する場合は主に3種類のビューを利用する必要があります。

- [ジョブ履歴[一覧]]ビュー
- [ジョブ履歴[ジョブ詳細]]ビュー
- [ジョブ履歴[ノード詳細]]ビュー

3つのビューは階層構造となっています。[ジョブ履歴[一覧]]ビューには、ジョブを実行するたびに1行履歴が追加されます。先ほど実行した「01_ジョブユニット」という行が1行追加されているはずです。この1行が「ジョブセッション」と呼ばれるものです。0101_ジョブネットの履歴をクリックすると、[ジョブ履歴[ジョブ詳細]]ビューの表示が変更されます。このビューでは、実行されたジョブの階層構造を実行状況とともに閲覧できます。実行したジョブは「0101_ジョブネット」の下に「010101_ジョブ」が存在するというジョブ階層となっており、その様子が[ジョブ履歴[ジョブ詳細]]ビューに表示されています。続いて、[ジョブ履歴[一覧]]ビューの「010101_ジョブ」をクリックすると、[ジョブ履歴[[ノード詳細]]ビューに010101_ジョブで実行されたノード一覧が表示されます。「010101_ジョブ」は複数ノードに対するジョブではなく、単一ノードに対するジョブなので、[ジョブ履歴[ノード詳細]]ビューには、1行だけ表示されます。[ジョブ履歴[ノード詳細]]ビューのエージェントの行の[メッセージ]列を見ると、先ほどジョブ登録で入力した「hostname」コマンドの結果が出力されているはずです（[ジョブ履歴[ノード詳細]]ビューの[メッセージ列]には、実行したコマンドの標準出力と標準エラー出力が表示されます）（**図2.71**）。

ここまで確認できたら、ジョブ履歴の閲覧は終わりです。

図2.71 ジョブ履歴

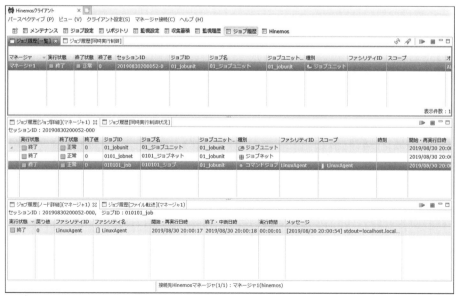

第**2**部 スタートアップ

第**3**章

オペレータの
運用イメージ

第3章　オペレータの運用イメージ

　ここまでの章では、Hinemosの機能と使い方について説明してきました。本章では、実際にHinemosの機能を使って、ITシステムの運用者がどのような運用を行うのかイメージできるように解説していきます。

3.1　運用者の対応

　運用者の業務は、大きく2つに分けることができます。

　1つ目は、Hinemosが何らかの障害を検知した場合の対応などの「日々の運用業務」です。Hinemosは、ITシステムで発生した障害をメール送信やパトライトの点灯など、運用者が気づける形で通知します。運用者は通知に気づいた後、Hinemosクライアント上でその詳細を確認し、対応として必要な作業を行います。

　2つ目は、定期的な性能分析やレポート出力などの「定期的な運用業務」です。Hinemosクライアント上で障害の発生状況やジョブの実行状況などを履歴や性能グラフから確認・分析する他に、収集した情報をもとに自動的に作成されるレポートの内容を確認します。また、Hinemosマネージャ自体のメンテナンス作業も定期的に行います。

　この日々の運用業務と定期的な運用業務を順番に見ていきます。

3.2　日々の運用業務

　第2章で説明したように、Hinemosの監視結果やジョブの実行結果はHinemosクライアントの画面で閲覧できます。閲覧するパースペクティブは[監視履歴]パースペクティブです。この中の[監視履歴[ステータス]]ビューおよび[監視履歴[イベント]]ビューを確認します。

　[監視履歴]パースペクティブの上部のビューは[監視履歴[ステータス]]ビューです。これは、主に「現在」の状態を確認するためのビューです。問題事象が発生した場合は、この画面にその重要度(危険、警告、不明など)が表示され、問題が復旧するとこれらの表示は消えます。

　下部のビューは[監視履歴[イベント]]ビューです。ここには、時系列で問題事象が追加されていきます。ここを見ることで、今までにどのような問題が、いつ発生し、いつ復旧したのか確認することができます。

　Hinemosの通知機能では、さまざまな方法で障害が発生したことをユーザに通知できますが、障害の発生状況をまとめて確認するために、ステータスやイベントとして集約することがポイントとなります。

　実際にHinemosマネージャが障害などを検知した際には、運用者は次のような作業をすることとなります。

（1）Hinemosマネージャからのメールやパトライトの点灯によって障害が発生したことを知る

（2）Hinemosクライアントにログイン後、[監視履歴[ステータス]]ビューや[監視履歴[イベント]]ビューに通知された情報を確認する

（3）[監視履歴[イベント]]ビューで、対処するイベントの状態を「確認中」に変更する

（4）必要に応じて数値監視であれば性能グラフ、ジョブからの通知であればジョブ履歴を確認して、より詳細な原因分析を行う

（5）検知した障害の復旧に必要な対応を行う

（6）[監視履歴[ステータス]]ビューで復旧されていることを確認する(危険などの表示が消えていることを

確認する)
- (7) [監視履歴[イベント]]ビューで該当のイベントをダブルクリックして[監視[イベントの詳細]]ダイアログを表示し、コメントを記述する(例:「Apacheの再起動により対処済み」など)
- (8) [監視履歴[イベント]]ビューで対処したイベントの状態を「確認済」に変更する

3.2.1 通知を受けてステータスとイベントを確認

Hinemosマネージャからの通知に気づいた後、監視対象の状態を確認するには、まず[監視履歴[ステータス]]ビューで最新の状態を確認します。[監視履歴[ステータス]]ビューに[情報]以外の重要度が表示されている場合は、その問題に対処する必要があります。

次に、問題の状態を詳しく確認するために、[監視履歴[イベント]]ビューを確認します。このビューで発生したイベントの詳細内容を確認したり、他のビューと連携して原因分析を行ったりします。

イベントに対する操作は、[監視履歴[イベント]]ビュー上で対象のイベントを選択した状態で、右クリックのメニューもしくはビューコマンドからビューアクションを選択します(**図3.1**)。

図3.1 イベントに対するビューアクション

メニューから[詳細]をクリックもしくはビューコマンドの[詳細]ボタンをクリックすると、検知した内容について詳細に記載されているオリジナルメッセージの内容を確認できます(**図3.2**)。

図3.2 [監視[イベントの詳細]]ダイアログ

イベントの通知元がジョブの場合は、[ジョブ履歴]ボタンもしくは[ジョブマップ[履歴]]ボタンをクリックすることで、通知元のジョブが表示された状態の[ジョブ履歴]パースペクティブまたはジョブマップ ビューアに移動します。これにより、通知が行われた前後のジョブの実行状況をイベント履歴からワンクリックで確認できます。

[性能グラフ用フラグON]ボタンでは、収集を行っている監視からのイベントに対して操作することができます。このフラグをONにすることで、性能グラフ上にこのときの通知内容が表示されるようになり、障害の発生状況などを性能グラフ上からひと目で確認できるようになります(図3.3)。

図3.3 [性能グラフ用フラグON]の性能グラフ

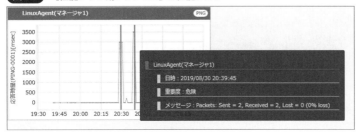

3.2.2 問題への対処とイベントの状態更新

問題が発生したイベントの原因が確認できた後は、その問題に対処します。ユーザが直接手動でサーバにログインして復旧作業を行う他に、イベントカスタムコマンドを実行して対処する半自動化での対応、イベントやステータス以外の通知機能を利用した自動化対応などが可能です。これらの機能の利用方法は第7章で詳しく解説します。

復旧作業が完了したら、対処が完了したことがわかるようにイベントの状態を更新します。前述の[監視[イベントの詳細]]ダイアログではイベントごとに任意にコメントを記載できるので、対応が完了した場合はここに対応内容などを残します(図3.4)。

図3.4 [コメント]ダイアログ

[確認]ボタンおよび[確認中に変更]ボタンでは、イベントの確認状態を変更することができます。イベントの状態を「確認中」とすることで、障害に対して対応のためのアクションを起こしている状態であることが判別できます。また、「確認済」に変更すると[監視履歴[イベント]]ビューからは閲覧できない

ようになりますが、Hinemosの内部データベース上には残っています。［監視履歴［イベント］］ビューのフィルタを利用すると、確認済のイベントも閲覧できます。［監視履歴［イベント］］ビューの［フィルタ］ボタンをクリックして、［監視［イベントのフィルタ処理］］ダイアログを表示し、「確認済」にチェックを入れることで、「確認済」を含めたイベントが［監視履歴［イベント］］に表示されるようになります（**図3.5**）。

図3.5 確認済を表示するフィルタ．

 イベント履歴と性能情報の使い分け

　Hinemosにデフォルトで用意されているイベント通知では、重要度が変化したときだけ通知する設定となっています。これを常に通知（たとえば5分間隔の監視の場合は5分ごとに毎回通知）する設定に変更することもできます。この設定にすれば、すべてのイベントに性能値が入っているため、性能情報を新たに設定する必要はないと思うかもしれませんが、このような設定は推奨しません。なぜかというと、イベント履歴を常に通知にしてしまうと大量のイベントがリストを埋め尽くして、本来確認すべき重要な通知を見逃してしまう恐れがあるからです。そのような状態にならないよう、イベントは重要度が変化したときだけ通知して、性能情報はすべて蓄積する、といったように、うまく使い分けてください。

3.3　定期的な運用業務

　Hinemosを利用したシステム運用における定期的な業務の1つは、Hinemosで収集・蓄積した情報をもとに定期的に性能分析を行うことです。性能分析を行うためには、Hinemosクライアント上で情報を

第 3 章　オペレータの運用イメージ

確認する以外に、情報を外部に出力する必要も出てきます。

　また、これらの情報を分析することにより、監視の閾値設定の見直しやジョブの制御のために設定する終了遅延などの時間設定を見直し、Hinemosの各設定へフィードバックすることも重要です。特にHinemosの運用を始めたばかりの頃は、監視の閾値として設定した値と実際の性能値が噛み合わず、想定どおりに障害を検知できないなど不安定な状態となることが考えられます。安定して運用できるようになるまでは、分析とフィードバックを繰り返し行うことが推奨されます。

　もう1つの定期的な運用業務は、Hinemosのメンテナンスです。Hinemosはシステムの運用管理やシステムメンテナンス時のオペレータ作業の効率化に貢献しますが、そのためには「Hinemos自体」のメンテナンスも定期的に行う必要があります。

3.3.1　収集した数値情報のファイル出力

　Hinemosでは、通知の履歴情報、監視した性能値（CPU使用率などのリソース情報）や文字列情報などをすべて内部データベースに保存できます。これらの情報は、障害イベントの発生状況や管理対象の性能値、ジョブの実行時間などを定期的に分析する際に利用できます。

　Hinemosで収集・蓄積した数値情報は、たとえば性能情報であればCSVファイルやPDFファイルに出力してレポートとして活用できます。

　イベントとして通知された内容を後から確認する場合は、[監視履歴[イベント]]ビュー上で確認するだけでなく、過去の履歴情報をまとめてCSVファイル形式でダウンロードすることも可能です。CSVファイルとして保存すれば、テキストエディタや表計算ソフトで容易に編集・閲覧できます。

　CSVファイルをダウンロードするには、[監視履歴[イベント]]ビューの[ダウンロード]ボタンをクリックします。特定のイベント通知だけ選択してダウンロードする他、重要度や出力された日時などの条件を絞り込んで該当するものをまとめてダウンロードすることもできます（**図3.6**）。

図3.6　[監視 ［イベントのダウンロード］] ダイアログ

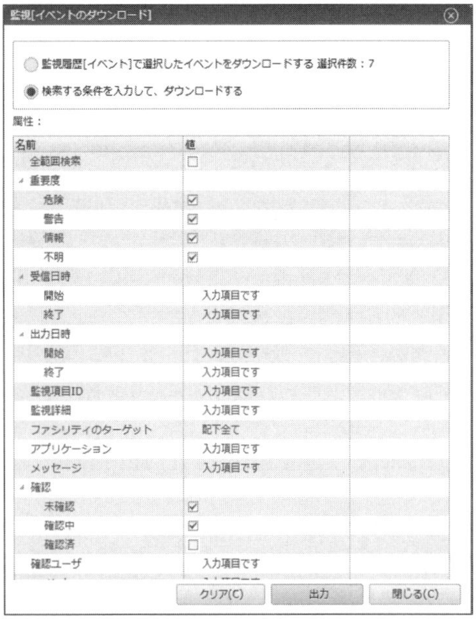

収集した性能値情報やジョブの実行時間などの数値情報は、性能グラフとしてHinemosクライアント上で確認したり、CSVやPDF形式でレポート出力したりできます。他にも、すでに完了したジョブの実行時間を性能グラフやレポート出力することが可能です。なお、性能グラフの利用方法については第17章、レポート出力については第35章で詳しく解説します。

3.3.2 文字列情報を外部サービスへ転送

Hinemosで収集した文字列情報は、ログサービス・ビッグデータ基盤にデータ転送することも可能です。ビッグデータ基盤と連携することで、ログデータの可視化や分析をより効率的に実現できます。ログ転送については、第21章で詳しく解説します。

3.3.3 定期的なメンテナンス

Hinemos自体のメンテナンスとして、代表的なものでは、古くなった履歴情報の自動削除やメンテナンススクリプトによる内部データベースの再構成などが挙げられます。具体的なメンテナンス方法については、第31章で詳しく解説しています。

第2部 スタートアップ

第4章 SEの設計の段取り

第4章　SEの設計の段取り

本章では、Hinemosを実際に構築するに当たりSEが検討すべき点について、基本設計や詳細設計、試験などの段階に分けて解説します。

4.1　各工程の概要

Hinemosを適切に運用していくに当たり、次の工程に沿って設計や試験を進めていく必要があります。

● 基本設計
  管理対象を明確にし、ソフトウェア設計の動作要件やHinemosの利用機能などを設計する
● 詳細設計
  基本設計でまとめた内容をもとにHinemosの各機能の具体的な設定を設計する
● 環境構築
  詳細設計で記載したパラメータシートに従って必要なコンポーネントをインストールする
● 単体試験
  Hinemosの各コンポーネントが正常にインストールされているかどうかを試験する
● 結合試験
  監視やジョブなどの各設定が想定どおりに動作しているかどうかを試験する
● 運用
  作成した運用手順書をもとに運用を行う

Hinemosのような運用管理製品を導入する際には、業務チームと基盤チームの2つに分かれ、基本的には基盤チーム側でこれらの設計を実施するケースが多いです。ただし、業務の監視・ジョブなどについては、業務チームと連携して設計を進める必要があります。

4.2　基本設計

Hinemosの基本設計では、管理対象や利用するソフトウェアコンポーネントなどのシステム構成、機能要件に合わせて利用する機能定義などをまとめます。

基本設計書にまとめる内容としては、**表4.1**のような項目が挙げられます。

表4.1　基本設計で検討する項目

項目	内容
システム構成	システムの構成やハードウェア構成、ネットワーク構成など
機能定義	監視やジョブの要件に従い、Hinemosのどの機能を利用するか
ソフトウェア構成	インストールするコンポーネントなどのソフトウェア構成
インターフェース設計	Hinemosからのメール送信やSNMP通信などのシステム間の通信インターフェース
性能	アラートを検知するまでの時間などの性能目標、その目標を達成するための条件など
セキュリティ対策	アカウントごとのアクセス権限や実行権限などのセキュリティに関する要件
予想データ量	監視やジョブなどの実行数や履歴情報の保持期間などをもとにした、Hinemosマネージャが保持するデータ量
運用方法	アラートを検知した場合などのユースケースに基づいた業務フローなど
障害対策	主にミッションクリティカル機能を利用する場合の、障害発生から復旧までの要件

64

基本設計を行ううえでのポイントは次のとおりです。

4.2.1 ネットワークやハードウェアなどの環境面の設計を併せて行う

Hinemos以外の担当者が詳細設計を行う際に必要となる、ネットワークやハードウェア情報などについても基本設計としてまとめることが望まれます。

Hinemosで必要となる基本的なネットワーク要件やソフトウェア要件などの環境面に関する内容については、Hinemosのインストールマニュアルに記載されています。その内容をもとに設計書を作成できます。なお、VM管理機能やクラウド管理機能を利用する場合は、追加で必要になる要件が追加機能のユーザマニュアルに記載されています。

4.2.2 運用者の役割ごとの参照範囲や操作内容を意識する

Hinemosのアカウント機能を利用することで、「オペレータは監視の結果を確認することはできるが、監視設定自体の変更は行えないようにする」など、参照範囲や操作内容などのアクセス権限を管理できます。このアクセス権限を管理する際は、オペレータや管理者などの役割ごとに、誰が、どの機能を、どのように利用するかを事前に整理しておく必要があります。また、マルチテナントの環境をHinemosで管理する場合は、他のテナントの情報を参照できないようにするといった要件も検討する必要があります。

アカウント機能の利用方法や具体例については、第9章を参照してください。

ファイアウォールの設計

ITシステムでは通常、通信を制限するファイアウォール機能を利用します。通信制限専用のネットワーク機器としてのファイアウォール装置を導入するケースもあれば、OSが持つファイアウォール機能を併用するケースもあります。

OSが持つファイアウォール機能として、Linux環境ではiptablesやfirewalld、Windows環境ではWindowsファイアウォールといったものがありますが、本書では、これらを無効にした状態を前提にセットアップの解説を行いました。もし、ファイアウォールによる通信制限が必要な場合は、Hinemosの各コンポーネントが使用するポートを開ける必要があります。

Hinemosで使う通信には、大きく分けてHinemosの各コンポーネント間で使用する通信と、各機能で使用する通信(たとえば、HTTP監視でHinemosマネージャがHTTPリクエストを送信するなど)の2つがあります。

Hinemosはマネージャ集約型のアーキテクチャをとるため、Hinemosマネージャを起点にして次の3つの観点で通信要件を整理しています。

- Hinemosマネージャサーバ内の接続 …… 通信の送信側と受信側が両方ともHinemosマネージャサーバ
- Hinemosマネージャサーバへの接続 …… 通信の送信側が管理対象ノードで、受信側がHinemosマネージャサーバ
- Hinemosマネージャサーバからの接続 …… 通信の送信側がHinemosマネージャサーバで、受信側が管理対象ノード

第4章 SEの設計の段取り

それぞれの通信要件については、Hinemosインストールマニュアルに一覧が記載されていますので、詳細はそちらを確認してください。

通信要件で設定を見落としやすい項目として、HinemosエージェントがHinemosマネージャからの通信を待ち受けるUDPのListenポート（即時反映用ポート）があります。

HinemosマネージャとHinemosエージェント間の通信は、基本的にはHinemosエージェントからHinemosマネージャに対して定期的に通信を行い、Hinemosマネージャに登録されている設定情報などを取得しています（一般的なHTTPサーバとHTTPクライアントの関係と同様のイメージです）。つどコネクションを確立する動きとなっているため、動作としてはシンプルであり、一時的なネットワークの切断などにも対応できるようになっています。

一方、即時反映用ポートはHinemosマネージャからHinemosエージェントに対する通信のListenポートとなります。ジョブなどを開始する場合は、Hinemosエージェントからの定期的な通信ではなく、HinemosマネージャからHinemosエージェントに対して即時反映用ポートへの通信を行い、それを契機にHinemosエージェントが必要な情報を取得するためにHinemosマネージャに接続します。

この即時反映用ポートが使えない場合でもHinemosエージェントからの定期的な接続は行われますが、ジョブなどの開始が遅れる可能性があるため注意が必要です。

4.3 詳細設計

Hinemosの詳細設計では、基本設計でまとめた要件をHinemosの設定ファイルや監視設定などの具体的な設定値に落とし込みます。詳細設計時に作成する資料は、**表4.2**に示すように大きく3つに分けることができます。

表4.2 詳細設計書のアウトプットイメージ

詳細設計書	基本設計の内容を具体的なHinemosの設定内容に落としたもの、またはその指針
パラメータシート（環境定義書）	Hinemosの設定ファイルやHinemosプロパティなどのパラメータをまとめたもの
パラメータシート（編集Excel[注1]）	リポジトリや監視、ジョブなどHinemosの各機能の設定値をまとめたもの

注1 編集Excelは、Hinemos Utilityの設定インポートエクスポート機能で使用するXMLファイルを、Microsoft Excelで編集するためのExcelファイル群です。

詳細設計を行ううえでのポイントは次のとおりです。

4.3.1 各設定のIDの命名規則を明確にする

Hinemosでは、ノードのファシリティIDや監視の監視項目IDなど、設定を登録するうえで多数のIDを設定する必要があります。これらのIDは設定作成時に必須の項目ですが、一度登録すると容易には変更できません。変更するには設定を削除したうえで再登録を行う必要があるため、事前にしっかりと設計しておく必要があります。

監視であればIDから監視種別を識別できるようにすることや、スコープやジョブなどのツリー構造になる設定では上位の設定からIDの一部を継承するようにするなど、一定の規則を決めることで管理がしやすくなります。

機能ごとのIDの命名規則例

IDで利用可能な文字は、半角英数字、半角アンダーバー「_」、半角ハイフン「-」、半角ドット「.」、半角アットマーク「@」です。ここでは、Hinemosを構築するうえで最も多く登録することになるファシリティID、監視項目ID、ジョブIDについて、命名規則の例を記載します。

- ファシリティID

ファシリティIDはノード、スコープで共通して使用するIDです。

ノードのファシリティIDは、一般的にOSのホスト名を利用することが多いです。OSのホスト名は基本的に重複することがなく、また、ノード登録時にデバイスサーチをした場合には自動的にOSのホスト名がファシリティIDに登録されるため、手動で細かく設定する必要がありません。

スコープのファシリティIDは、スコープの階層構造に合わせて検討する必要があります。こちらについては、後述のコラム「スコープ設計のポイント」で解説します。

- 監視項目ID

監視項目IDは各種監視種別で共通して使用するIDです。監視設定は、[監視[設定]]ビュー上では同一の画面内にリストとして登録されるため、リスト内で監視項目が識別できるように監視項目IDの命名規則を決めることが推奨されます。例として、**表4.3**のように監視種別ごとに基本となる文字列を決めてIDを登録する方法が挙げられます。

表4.3 監視項目IDの命名規則

監視種別	監視項目ID	例
HTTP監視	「HTTP-」から始まる文字列	HTTP-001
PING監視	「PING-」から始まる文字列	PING-001
サービス・ポート監視	「SVCP-」から始まる文字列	SVCP-SNMP-001、SVCP-TCP-22-001
ログファイル監視	「LOGF-」から始まる文字列	LOGF-001
リソース監視	「PERF-」から始まる文字列	PERF-CPU-001、PERF-MEM-001

サービス・ポート監視やリソース監視など、同じ監視設定でも異なる項目が対象となる監視種別では、基本となる文字列の後に監視対象を特定するための文字列を追加することで識別が容易となります。

- ジョブID

ジョブIDは、ジョブユニット、ジョブネット、コマンドジョブなどで共通して使用するIDです。ジョブ機能の各要素は、Hinemosクライアントの[ジョブ設定[一覧]]ビューや[ジョブ履歴[ジョブ詳細]]ビューではジョブIDの辞書順にソートされて表示されます。そのため、運用時の対応も考慮して、ジョブの起動順など表示したい順序となるようにIDを設計することが推奨されます。例として、**図4.1**のようにIDを登録する方法が挙げられます。

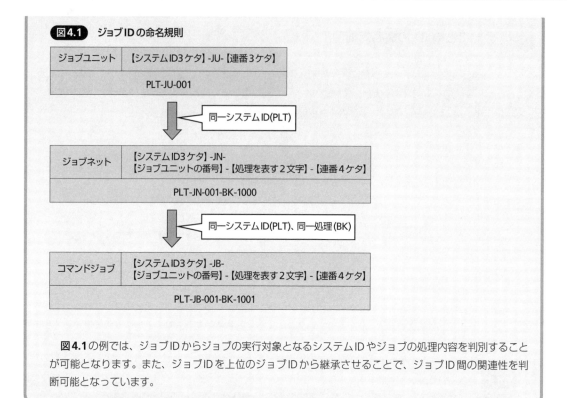

図4.1の例では、ジョブIDからジョブの実行対象となるシステムIDやジョブの処理内容を判別することが可能となります。また、ジョブIDを上位のジョブIDから継承させることで、ジョブID間の関連性を判断可能となっています。

4.3.2 スコープを意識して設計を行う

Hinemosが提供する監視やジョブなどの機能では、処理単位のほとんどがスコープ単位となっており、監視やジョブの設定時に使用できる他、結果の確認もスコープ単位で行えます。スコープを利用せずに管理対象ノード単位で別々に設定を登録することも可能ですが、同じ内容の監視設定を大量に作成する必要があり、作成や管理の手間が煩雑になります。

また、Hinemosマネージャのチューニングの観点からも、設定を減らすことは重要です(チューニングの詳細は第39章で解説しています)。登録する設定数を抑えるためにも、スコープの設計は重要になります。

スコープ設計のポイント

スコープ設計の指針として、適切なスコープを設計し、監視設定の登録数を抑えることで、設定や運用の手間を軽減することが重要です。また、各ノードがどのスコープに属しているかをすぐにわかるようにすることも必要です。

Hinemosのメリットは、ユーザが任意にスコープを作成できる点です。これにより、設計する監視やジョブの単位をそのままスコープの設定に活かすことができます。つまり、論理的な監視やジョブのターゲットを意識するだけで設計を行うことができます。

1つの例として、**表4.4**のようなスコープツリーが作成できます。

表4.4 スコープの設計例

第1階層	第2階層	第3階層	第4階層
システム名(s)	ハードウェア(shw)	サーバ(shwsv)	Webサーバ(shwsvwb)
			APサーバ(shwsvap)
			DBサーバ(shwsvdb)
		ネットワーク機器(shwnw)	LSスイッチ(shwnwl3)
			ファイアウォール(shwnwfw)
			ロードバランサ(shwnwlb)
		ストレージ機器(shwst)	ディスクストレージ(shwstds)
			テープストレージ(shwstts)
	監視種別(smn)	プロダクト(smnpp)	Apache(smnppap)
			Tomcat(smnpptm)
			PostgreSQL(smnpppg)
		ファイルシステム(smnfs)	Cドライブ(smnfs-c)
			Dドライブ(smnfs-d)

たとえば、Webサーバに対するHTTPの応答を監視したい場合は、そのノードをWebサーバ用スコープ(shwsvwb)に割り当てます。監視設定側では、Webサーバ用スコープを対象に指定することで、個々のノードに対してそれぞれ設定を作成する必要がなくなります。他にも、登録されているLinux環境すべてに対してウィルススキャンなどを実行したい場合には、自動的にOS別にノードを割り当てている組み込みスコープを利用できます。スコープの詳細については、第6章を参照してください。

スコープのファシリティIDは、前述の例のようにスコープの階層に合わせて上位の階層のIDを継承して付与することで、スコープがどのスコープ配下に存在しているかを判別しやすくなります。

さらに、VM管理機能やクラウド管理機能などでクラウド・仮想化管理を行う場合は、管理対象サーバの構成に合わせて自動的にHinemos側でスコープの割り当てを行うことができます。サーバの物理的な変更もHinemosが自動で追従するため、スケーリングなどでサーバ数が増加した場合でも、そのつど設定を変更する必要がなくなります。仮想化・クラウド管理の詳細は、「第7部　仮想化・クラウドの運用管理」を参照してください。

第4章 SE の設計の段取り

4.4 環境構築

　環境構築では、Hinemos の各コンポーネントや必要なソフトウェアのインストールを行います。環境構築に伴って Hinemos の起動や停止なども行うため、単体試験と一緒に実施するケースが多いです。

　基本的には詳細設計でまとめたパラメータシートに従って、インストール作業や設定ファイルのパラメータ変更などを手順化して環境構築を行います。環境構築機能を利用して自動化する場合は、これらの手順を環境構築モジュールとして登録することで、Hinemos マネージャから管理対象サーバに対して一括で環境構築ができるようになります。環境構築機能の詳細については、第23章を参照してください。

4.5 単体試験

　単体試験は、Hinemos の各コンポーネントやコンポーネント間の単位での試験となります。詳細設計で設定したプロパティどおりに Hinemos の各コンポーネントが動作するかどうかを確認します。主に次の点を確認する必要があります。

- Hinemos の各コンポーネントが正常に起動・停止できるか
- Hinemos の各コンポーネントが設定ファイルのパラメータ（JavaVM のヒープサイズやログ出力／削除設定）で指定したとおりに動作しているか
- Hinemos コンポーネント間の疎通（Hinemos エージェントの認識や Hinemos クライアントからのログイン）が正常に行えるか

　Hinemos エージェントがクラスタ構成上で動作する場合など、通常とは異なる環境が存在している場合にも、この時点で疎通が行えるかの確認を行います。

4.6 結合試験

　結合試験は、Hinemos の機能単位での試験となります。詳細設計で作成したパラメータシート（編集 Excel）の内容どおりに設定が登録されていることや、登録された監視やジョブが想定どおりに動作しているかどうかを確認します。主に次の点を確認する必要があります。

- 各機能がパラメータシート（編集 Excel）のとおりに設定されているか
- 各監視設定において、正常系と異常系の監視結果が想定したとおりに通知されるか
- ジョブを実行した際に、正常系と異常系のジョブフローで想定したとおりにジョブが実行されるか

　結合試験を行う場合は、業務で稼動しているサーバに対してジョブを実行することや、監視で異常系を検知するために管理対象サーバ上で操作を行うことが必要となるため、業務システム側との調整が必要となります。

4.7 運用

　運用手順書として、日々の運用業務や定期的な運用業務の手順などをまとめ、資料を運用者に引き継ぎます。オペレータの運用イメージについては第3章で説明しました。また、Hinemosマネージャの具体的なメンテナンス方法やレポート出力などについては、「第8部　本格的な運用」で解説していますので、そちらを参照してください。

第**3**部 ◆ 共通基本機能

第**5**章

共通基本機能の概要

第5章 共通基本機能の概要

本章では、Hinemosが統合運用管理を実現するうえで重要な機能群である、共通基本機能について説明します。この共通基本機能の特徴と、これに分類される各機能の概要を解説します。

5.1 共通基本機能の全体像

共通基本機能とは、この後の章で説明する監視・性能(第4部)、収集・蓄積(第5部)、自動化(第6部)の各機能が共通的に扱える基本的な機能群の総称です(図5.1)。

図5.1 共通基本機能の概要

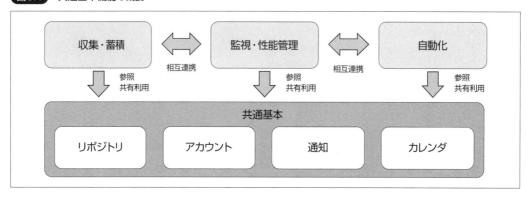

共通基本機能の特徴は次に挙げるとおり、統合運用管理ソフトウェアの特徴でもあります。

特徴① 機能間の設定の共有

共通基本機能で扱う設定は、運用管理の機能では必須のものです。たとえば「監視を行いたいサーバ」と「ジョブを実行したいサーバ」は、運用管理の対象サーバとして基本的には同一であり、運用管理対象のリポジトリとして設定を用意する必要があります。

運用管理の個々の機能を単独で提供するツール(単機能ツール)はそれぞれこの設定を持つ必要があります。そして、これらのツールを組み合わせて利用する場合は、各ツールで同等の設定を行わなければなりません。

これに対して、統合運用管理ソフトウェアであるHinemosでは、監視・性能、収集・蓄積、自動化の全機能で、この設定を共有できます。

特徴② 機能間のシームレスな連携

監視の機能で障害を検知したときに事前に用意された復旧のワークフローを実行したい場合や、運用ワークフローの中に監視と同等の処理(たとえば、Webサーバを起動した後に正常に起動できたかをHTTPのリクエストを投げて応答を確認するなど)を含めたい場合があります。単機能ツールを導入した場合にこれを実現するには、ユーザ側でどのようにツール間を連携するかを調査・検討して、作り込む必要があります。

Hinemosでは、共通基本機能を介して監視・性能、収集・蓄積、自動化間の連携を、容易にGUIで設定できます。

5.2 共通基本機能の各機能

共通基本機能は、次の機能からなります。

▍リポジトリ

リポジトリ機能は、管理対象であるターゲットシステムのサーバやネットワーク機器などの「システム構成」の管理と、各サーバのOSやインストールされたパッケージ・プログラムなどの「マシン構成」の管理（構成情報管理）を行う、Hinemosのコア機能です。詳細は第6章で解説します。

▍通知

通知機能は、監視やジョブの実行結果に応じたHinemosクライアントの画面表示や警告灯の点灯、メール配信などの「ユーザへの通知」と、監視の結果から復旧のワークフローを起動するような「機能間の呼び出し」を担います。詳細は第7章で解説します。

▍カレンダ

「営業日」や「メンテナンス日」などのように運用管理の機能を動作させる、または動作させないといった業務カレンダを管理します。主に日本のジョブ管理の分野で発展してきたこのような機能を、Hinemosでは監視機能などの他の機能でも利用できます。詳細は第8章で解説します。

▍アカウント

Hinemosを操作するユーザとロール（役割）を管理する機能です。ユーザが操作できる範囲と参照できる範囲を、システム権限とオブジェクト権限という2つの権限を組み合わせることで実現します。これによりマルチテナントの運用管理にも対応できます。詳細は第9章で解説します。

共通基本機能の各設定を、監視・性能、収集・蓄積、自動化の各機能から指定して使用します。たとえばPING監視機能では、共通基本機能のリポジトリ機能の設定を指定することで、どのサーバに対してPINGを実行するのかを設定します。そのため、Hinemosの設定は基本的にはこの共通基本機能から行います（図5.2）。

図5.2 Hinemosの設定順

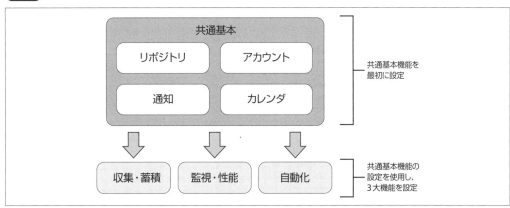

第 **3** 部　◆　**共通基本機能**

第 **6** 章

リポジトリ

第 6 章　リポジトリ

本章では、統合運用管理ツールであるHinemosの根幹となるリポジトリ機能について解説します。

リポジトリ機能により、「システム構成」と「マシン構成」の管理（構成情報管理）が行えます。システム構成の管理では、Hinemosで管理するシステムのネットワーク構成やサーバの役割（WebサーバやAPサーバなど）の論理構成、物理的な構成などを管理できます。マシン構成の管理では、個々のサーバのOSやインストールされたパッケージなどのソフトウェア、サーバに接続されたディスクやNICなどのハードウェアを管理できます。

Hinemosでは監視するサーバ機器やネットワーク装置、ジョブを実行するサーバをリポジトリに登録し、リポジトリに登録した内容を元に監視や通知、ジョブの設定を行います。実際にそれらの登録・設定作業を行いながら解説していきます。

6.1　管理対象とリポジトリ

Hinemosのリポジトリ機能に関する用語を簡単に解説します。

用語の説明

■**リポジトリ**

Hinemosの監視対象、ジョブの実行先、および監視結果の通知先などの、管理対象のシステムを定義したデータベースです。Hinemosを利用して監視やジョブなどを実行したい場合に、最初に設定する必要があります。

リポジトリのデータベースには、「ノード」と「スコープ」の2種類の情報が含まれます。

■**ノード**

管理対象であるサーバ機器やネットワーク装置、ストレージ装置などのIPネットワークに接続された機器を表します。1台のサーバに対して1つのノードをHinemosに登録する、といったイメージです。

ノードはHinemosの監視機能、ジョブ機能、および通知機能の対象として指定します。そのため、Hinemosの各種機能を利用するためには基本的にノードを登録する必要があります。Hinemosではノードに関する各種設定の情報を「ノードプロパティ」と呼びます。

このノードを利用して、構成情報管理機能を用いることでマシン構成の管理を実現します。

■**スコープ**

スコープとは、ノードをグループ化して名前を付けたものです。スコープはWindowsのフォルダのように、階層を持ったツリー構造を作成できます。これを「スコープツリー」と呼びます。スコープツリーを用いることで、用途、OS、プロダクト、システムなどのカテゴリをわかりやすく表現できます。ノードを特定のスコープに入れることを「割当て」と表現します。スコープには複数のノードを割当てることができます。また、同じノードを複数のスコープに割当てることもできます。

スコープはノードと同様にHinemosの監視機能、ジョブ機能、および通知機能の対象として指定できます。スコープを利用することで、設定を簡略化することができます。たとえば、1つの監視設定で複数のノードに対して監視を行うことや、1つのジョブ定義で複数のノードでジョブを実行することが可能となります。

このスコープを利用して、システム構成の管理を実現します。

78

6.2 管理対象の登録「ノード」

■ファシリティ

　ノードとスコープをまとめて「ファシリティ」と表現します。Hinemosでは、ノードやスコープを意識せずに、ファシリティに対して設定を登録します。ファシリティではノードとスコープの共通の項目であるファシリティの識別子(ファシリティID)とファシリティ名を利用できます。

■エージェント

　「エージェント」(Hinemosエージェント)は、Hinemosでジョブの実行や高度な監視を行うために、管理対象のサーバ上で動作するソフトウェアです。エージェントのインストールが必要な機能については、「Hinemos ver.6.2 ユーザマニュアル」の「1.2　Hinemosを構成する機能」を参照してください。エージェントはノードに自動的に紐づけられます。エージェントを利用した機能を使用する場合も、他の機能と同様にファシリティ(ノード、スコープ)を指定して設定を行います。

■構成情報管理機能

　「構成情報管理機能」とは、管理対象のノードからハードウェア/ソフトウェアの構成情報を取得してノードに反映する機能や、ノードを構成するハードウェア/ソフトウェアの情報を検索・表示する機能を指します。

6.2 管理対象の登録 「ノード」

　本節ではノードの登録/変更方法について説明します。ノードの登録/変更方法には、**表6.1**に示す4種類があります。

表6.1　ノードの登録/変更方法

登録方法	概要
ノードサーチ	・ノード登録時に利用。IPアドレスを範囲指定し、複数のノードを一括で登録する ・対象のノードからSNMPで情報が取得できる必要がある
デバイスサーチ	・主にノード登録時に利用。IPアドレスを指定し、ノード情報が自動入力される ・対象のノードからSNMPで情報が取得できる必要がある
手動入力	・ノード登録、変更時にノード情報を入力する ・SNMPを取得できないノードの登録や、SNMPで取得できない項目の変更に利用
自動デバイスサーチ	・自動的にノード情報を最新化する ・対象のノードからSNMPで情報が取得できる必要がある

6.2.1 ノードサーチによるノード登録

　[リポジトリ]パースペクティブを表示し、[リポジトリ[ノード]]ビューの[ノードサーチ]アイコンをクリックしてください。

　[リポジトリ[ノードサーチ]]ダイアログに**表6.2**の内容を入力し、[実行]ボタンをクリックしてください。

第6章　リポジトリ

表6.2　LinuxAgent、WindowsAgentをノードサーチで登録

項目名	値
マネージャ	マネージャ1
オーナーロールID	ALL_USERS
IPアドレス	192.168.0.3 ～ 192.168.0.4
ポート番号	161
コミュニティ名	public
バージョン	2c

　入力したIPアドレスの範囲からノードが検索され、登録されたノード、登録できなかったノードの一覧が表示されます。[リポジトリ]パースペクティブの[リポジトリ[ノード]]ビューにノードが登録されていることが確認できます（図6.1）。

図6.1　ノードサーチ登録結果

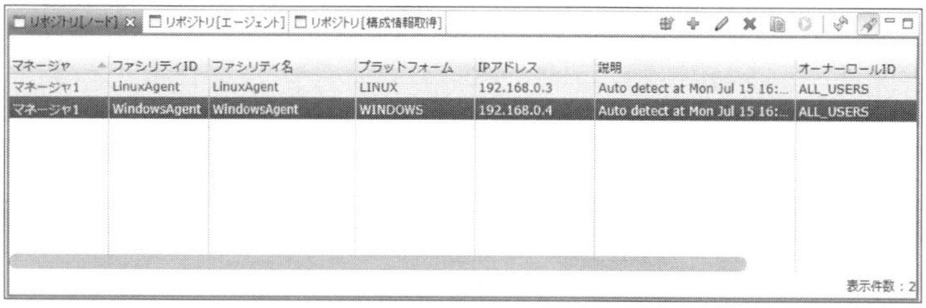

6.2.2　デバイスサーチによるノード登録

　[リポジトリ]パースペクティブを表示し、[リポジトリ[ノード]]ビューの[作成]アイコンをクリックしてください。
　[リポジトリ[ノードの作成・変更]]ダイアログの上部の[デバイスサーチ]の枠に表6.3の内容を入力し、[Search]ボタンをクリックしてください。

表6.3　Managerをデバイスサーチで登録

項目名	値
IPアドレス	192.168.0.2
ポート番号	161
コミュニティ名	public
バージョン	2c

　属性欄の項目が自動入力されます。[登録]ボタンをクリックして、ノードを登録してください（図6.2）。

80

図6.2 デバイスサーチ自動入力結果

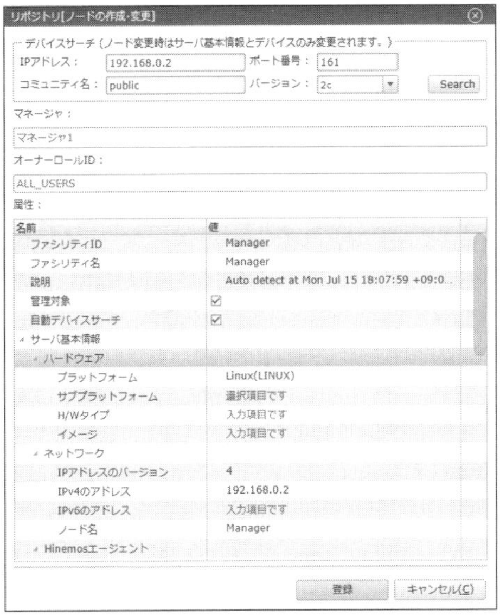

6.2.3 手動入力

[リポジトリ]パースペクティブを表示し、[リポジトリ[ノード]]ビューの[作成]アイコンをクリックしてください。

[リポジトリ[ノードの作成・変更]]ダイアログに必要な項目を入力し、[登録]ボタンをクリックすれば、ノードが登録できます。必須入力項目は次のとおりです。

- ファシリティID
- ファシリティ名
- プラットフォーム
- IPアドレス(IPv4のアドレス、またはIPv6のアドレス)
- ノード名

6.2.4 自動デバイスサーチによるノード情報の最新化

自動デバイスサーチ機能を利用することで、対象のノードに対してディスクやNICの追加などを行った場合に自動的にノードに反映できます。ノードサーチやデバイスサーチと同様に、SNMPが取得できるノードでだけ利用可能です。

ノードの登録時のデフォルトはONになっているため、SNMPが取得できないノードでは次のように変更してください。

- [リポジトリ[ノードの作成・変更]]ダイアログの[自動デバイスサーチ]のチェックをOFFにする

6.2.5 ノードプロパティについて

ノードの設定情報であるノードプロパティの主要な項目について、**表6.4**に記載します。

表6.4 主要なノードプロパティ

ノードプロパティ	概要
管理対象	チェックをOFFにすると、監視、ジョブなどが実行されない
構成情報-デバイス	リソース監視を利用する場合に監視対象のデバイス情報として使用される
サービス-SNMP	リソース監視、プロセス監視、SNMP監視を利用する場合に使用される設定の情報
サービス-SSH	監視対象ノードがLinuxの場合、環境構築、ファイル転送ジョブを利用する場合に使用される
サービス-WinRM	監視対象ノードがWindowsの場合、環境構築を利用する場合に使用される

ノードサーチ／デバイスサーチに失敗する場合

　Hinemosを使う場合は、管理する機器をすべてノードとして登録する必要があります。しかし、ノードを登録する際にノードプロパティを手動で設定するのは非常に大変です。そこで、ノードプロパティの入力が不要となるノードサーチやデバイスサーチを使用すると、簡単にノードを登録できます。

　ノードサーチおよびデバイスサーチは、対象のサーバやネットワーク機器からSNMPで情報を取得し、ノードプロパティに自動で反映する機能です。そのため、SNMPが利用できない場合はノードサーチやデバイスサーチが失敗してしまいます。

　ここでは、ノードサーチ／デバイスサーチが失敗する場合によくある原因を紹介します。

● 入力項目の誤り

　ノードサーチ／デバイスサーチでは、監視対象ノードのIPアドレス、ポート番号、SNMPの設定（コミュニティ名、バージョンなど）を入力します。最初に、これらの入力した項目が正しいかを確認します。

　たとえば、指定したIPアドレスがHinemosマネージャサーバから通信できるか、SNMPコミュニティ名がシステムで定義されたものかどうかを確認します。本書ではSNMPのバージョンを「2c」、コミュニティを「public」としていますが、通常のシステムではセキュリティの都合上、SNMPのバージョンを変更したり、コミュニティ名を変更することがよくあります。

● Hinemosマネージャサーバのファイアウォールが有効である

　Hinemosマネージャから監視対象ノードへのSNMPリクエストが、Hinemosマネージャサーバ上のファイアウォールによりブロックされている可能性があります。

　HinemosマネージャサーバがLinuxの場合はfirewalldサービスやiptablesサービス、Windowsの場合はWindowsファイアウォールやウィルス対策ソフトのファイアウォールを無効にしてから、ノードサーチ／デバイスサーチを試してみてください。

● 監視対象ノードのファイアウォールが有効である

　監視対象ノードのファイアウォールでSNMPリクエストがブロックされている可能性があります。

Hinemosマネージャと同様に、監視対象ノードがLinuxの場合はfirewalldサービスやiptablesサービス、がWindowsの場合はWindowsファイアウォールやウィルス対策ソフトのファイアウォールを無効にしてから、ノードサーチ／デバイスサーチを試してみてください。

● 監視対象ノードのSNMPサービスが無効である

Linux環境の場合はsnmpdがインストールされているか、snmpdが起動しているか（service snmpd statusコマンド）を確認してください。

Windows環境の場合はSNMP Serviceがインストールされているか、SNMP Serviceが起動しているか（[コントロールパネル]→[管理ツール]→[サービス]の[サービス一覧]での起動有無）を確認してください。

● SNMP Serviceのセキュリティでリクエストが拒否されている（監視対象ノードがWindowsの場合だけ）

SNMP Serviceは、デフォルトではいずれのサーバからのSNMPリクエストも拒否します。[SNMP Service]の設定ダイアログ（[コントロールパネル]→[管理ツール]→[サービス]を選択し、[SNMP Service]を右クリックして表示される[プロパティ]から起動）の[セキュリティ]タブで、SNMPパケットを受け付けるホストにHinemosマネージャのIPアドレスまたはホスト名を追加してください。

● Hinemosマネージャと監視対象ノードの間のネットワーク機器で通信が制限されている

上記のいずれにも該当しない場合は、Hinemosマネージャと監視対象ノードの間のネットワーク機器で通信を制限されている可能性があります。ネットワーク機器の設定担当者に、Hinemosマネージャサーバからの監視対象ノードへのUDP 161、SNMPのアクセスが可能かを確認してください。

● 監視対象ノードがWindows、Linux以外である

プラットフォームが正しく設定されないケースもあります。監視対象ノードがWindows、Linux以外の場合は、プラットフォームが[Other]となります。たとえば、監視対象ノードがネットワーク機器の場合、手動でプラットフォームを[Network Equipment]へ変更してください。

● net-snmpの設定が不足している（監視対象ノードがLinuxの場合だけ）

ノードサーチやデバイスサーチが成功した場合でも、一部の項目が取得できないことがあります。その場合は、/etc/snmp/snmpd.confの末尾に次の設定があるか確認してください。

```
view systemview included .1.3.6.1
```

この設定は、ノードサーチ／デバイスサーチで取得できる項目を拡張するものです。Hinemosエージェントをインストールした環境であれば、インストール時に自動で追記されますが、Hinemosエージェントをインストールしていない環境では、上記の設定を追記してください。

6.3 管理対象のグループ化「スコープ」

本節では図6.3に示すようなスコープを設定していきます。

図6.3 登録するスコープ構成

具体的には、今回の環境を次の構成で表現します。

- 「Hinemosシステム」として、スコープを作成
- HinemosシステムをOS別、機能別としてカテゴリ分けするため、「HinemosシステムOS別スコープ」「Hinemosシステム機能別スコープ」を作成
- HinemosシステムOS別スコープを「Linuxサーバ」「Windowsサーバ」にカテゴリ分けし、該当するノードを割当てる
- Hinemosシステム機能別スコープを「Hinemosマネージャ」「Hinemosエージェント」にカテゴリ分けし、該当するノードを割当てる

6.3.1 スコープの作成

スコープの作成は[リポジトリ[スコープ]]ビューで行います。

まず、スコープツリーから作成するスコープの親となるスコープを選択し、作成するスコープの情報を入力していく流れとなります(Windows環境でフォルダを作成するようなイメージです)。

インストール直後から存在する「組み込みスコープ」(6.3.3節で説明)の配下には、スコープを作成できません。そのため、スコープツリーの「マネージャ」配下にスコープを作成していくことになります(図6.4)。

図6.4 [リポジトリ[スコープ]]ビュー（インストール直後の状態）

まず、［リポジトリ［スコープ］］ビューの「マネージャ1」をクリックしてください。［作成］のアイコンがクリック可能になります。［作成］アイコンをクリックすると、［リポジトリ［スコープの作成・変更］］ダイアログが表示されます（**図6.5**）。

図6.5 ［リポジトリ［スコープの作成・変更］］ダイアログ

［リポジトリ［スコープの作成・変更］］ダイアログの必須入力項目はファシリティIDとファシリティ名だけです。**表6.5**の内容を入力して［登録］ボタンをクリックすると、スコープの作成が完了します。

表6.5 HinemosSystemスコープの登録

親スコープ	「マネージャ1」（ルートスコープ）
ファシリティ ID	HinemosSystem
ファシリティ名	Hinemosシステム

同様に、**表6.6**の6つのスコープを順に作成してください。

表6.6 登録するスコープ

親スコープ	ファシリティ ID	ファシリティ名
HinemosSystem	HinemosSysOS	HinemosシステムOS別スコープ
HinemosSystem	HinemosSysFunction	Hinemosシステム機能別スコープ
HinemosSysOS	LinuxServer	Linuxサーバ
HinemosSysOS	WindowsServer	Windowsサーバ
HinemosSysFunction	HinemosManager	Hinemosマネージャ
HinemosSysFunction	HinemosAgent	Hinemosエージェント

6.3.2 スコープへのノードの割当て

スコープへのノードの割当ても、スコープの作成と同じく［リポジトリ［スコープ］］ビューで行います。スコープツリーでスコープを選択し、割当てるノードを選択する流れとなります。

最初にノードを割当てたいスコープを1つ選択します。ここでは、LinuxServerスコープを選択してく

ださい。LinuxServerスコープを選択した状態で、［割当て］アイコンをクリックすると、［リポジトリ［ノードの選択］］ダイアログが表示されます。このダイアログには、割当てが可能なノード一覧が表示されます（**図6.6**）。

図6.6 ［リポジトリ［ノードの選択］］ダイアログ

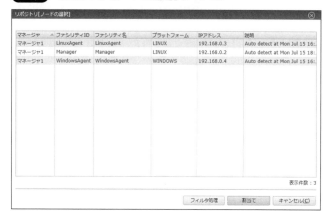

Ctrlキーを押しながら、ManagerとLinuxAgentを選択して［割当て］ボタンをクリックすると、割当てが完了します（**表6.7**）。

表6.7 LinuxServerスコープへのノード割当て

親スコープ	LinuxServer
割当てるノード	Manager、LinuxAgent

同様に**表6.8**に従って、他のスコープにもノードを割当ててみましょう。

表6.8 スコープに割当てるノードの一覧

親スコープ	割当てるノード
WindowsServer	WindowsAgent
HinemosManager	Manager
HinemosAgent	LinuxAgent、WindowsAgent

6.3.3 あらかじめ用意されたスコープ「組み込みスコープ」

組み込みスコープとは、Hinemosマネージャをインストールした直後からリポジトリに存在するスコープです。組み込みスコープはHinemosが自動的にノードを割当てるスコープとなります。前項の「スコープへのノードの割当て」の操作は行えません。

主要な組み込みスコープについて、**表6.9**に記載します。

6.3 管理対象のグループ化「スコープ」

表6.9 主要な組み込みスコープ

スコープ	親スコープ	説明
OS別スコープ (OS)	ルートスコープ	ノードのプラットフォーム（Linux、Windowsなど）を分類するための、親スコープ
OS別スコープ配下のスコープ	OS	ノード登録時にノードのプラットフォームが一致するスコープに自動的にノードが割当てられる
オーナー別スコープ (OWNER_SCOPE)	ルートスコープ	本スコープの配下にロールIDと一致したファシリティIDのスコープが自動的に作成される
オーナー別スコープ配下のスコープ	OWNER_SCOPE	ロールが保持するノードを管理するスコープ ノード登録時にオーナーロールIDが一致するスコープに自動的にノードが割当てられる
Hinemos内部スコープ (INTERNAL)	ルートスコープ	セルフチェック機能などでINTERNALイベントが発生した場合に紐づけられるロール[注1]
登録ノードすべて (REGISTERED)	ルートスコープ	リポジトリに登録したすべてのノードが割当てられるスコープ
未登録ノード (UNREGISTERED)	ルートスコープ	主にトラップ型の監視機能で利用される 送信元の機器が特定できない場合や、リポジトリに登録されていない機器だった場合に、その発生したイベントに紐づけられるスコープ
ノード検索 (NODE_CONFIGURATION)	ルートスコープ	構成情報の検索結果を保存しておくためのスコープ。ノードマップの構成情報検索機能で利用する

注1 詳細は「第9章 ユーザ管理と権限管理」を参照してください。

6.3.4 スコープの視覚化「ノードマップ」

エンタープライズ機能のHinemosノードマップを利用することで、作成したスコープの構成を視覚化し、障害発生時の影響範囲などを把握しやすいように表示できます。

設定の詳細は「Hinemos ノードマップ ver.6.2 ユーザマニュアル」を参照してください。

図6.7と図6.8はネットワーク構成をスコープとHinemosノードマップを利用し、視覚化した例です。

図6.7 スコープによる視覚化1

第 6 章　リポジトリ

図6.8　スコープによる視覚化2

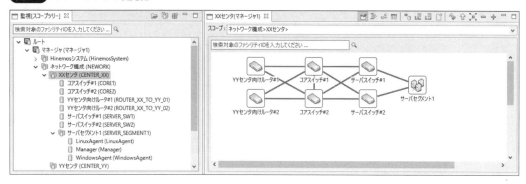

6.4　自動化・高度な監視に必要な「エージェント」

本節ではHinemosマネージャにエージェントを登録する方法と、認識されているエージェントの確認方法について説明します。

エージェントの登録方法

HinemosマネージャへのHinemosエージェントの登録については、特別な設定などは必要ありません。Hinemosエージェントをインストールしたノードが Hinemosのリポジトリにノードとして登録されていれば、エージェントとして認識されます。

認識されているエージェントの確認方法

［リポジトリ］パースペクティブの［リポジトリ［エージェント］］ビューで、エージェントが認識されているか確認することができます。認識されている場合は、一覧に対象のノードが表示されます（**図6.9**）。

図6.9　［リポジトリ［エージェント］］ビュー

エージェントが認識されない場合

ここでは、よくあるエージェントが認識されない例について紹介します。

● エージェントのサービスが起動していない

　Linux環境の場合はhinemos_agentが起動しているか（service hinemos_agent status コマンド）を、Windows環境の場合はHinemos_6.2_Agentが起動しているか（［コントロールパネル］→［管理ツール］→［サービス］の［サービス一覧］の［状態］）を確認してください。

● エージェントの設定で接続先マネージャのIPが誤っている

　Agent.properties の managerAddress=http://xxx.xxx.xxx.xxx:8081/HinemosWS/ の「xxx.xxx.xxx.xxx」部分がマネージャのIPアドレスと同じになっていることを確認してください。

　Agent.propertiesの格納先のパスは、Linux環境の場合は /opt/hinemos_agent/conf/Agent.properties、Windows環境の場合は C:¥Program Files(x86)¥Hinemos¥Agent6.2.x¥conf¥Agent.properties、またはC:¥Program Files¥Hinemos¥Agent6.2.x¥conf¥Agent.propertiesとなります。

● ノードプロパティのIPアドレス／ホスト名とノードに設定されているIPアドレス／ホスト名が異なっている

　［リポジトリ［ノード］］パースペクティブの［リポジトリ［プロパティ］］ビューで、［サーバ基本情報］−［ネットワーク］−［IPv4のアドレス］が該当のノードのIPv4アドレスと一致しているか、［サーバ基本情報］−［ネットワーク］−［ホスト名］が該当のノードのホスト名と一致しているかを確認してください。

6.5　パッケージとハードウェア構成の管理「構成情報管理」

　本節では、Hinemos ver6.2の新機能である構成情報管理機能の利用方法について説明します。

　構成情報管理機能を使用することで、Hinemosのリポジトリに登録されているノードのハードウェア情報やパッケージ情報を一元管理できます。基本機能では構成情報の定期取得と最新の構成情報の表示が行えます。エンタープライズ機能のHinemosノードマップを利用することで、過去にさかのぼっての構成情報の検索やCSV形式でのダウンロードが行えます（**図6.10**）。

　なお、構成情報管理の対象のノードにはHinemosエージェントがインストールされている必要があります。

図6.10 構成情報管理機能の構成イメージ

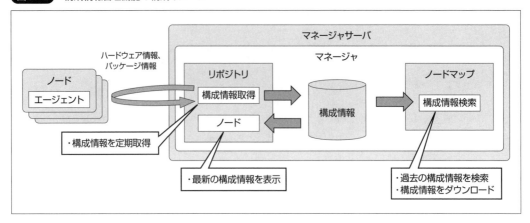

6.5.1 構成情報取得の設定

本書ではHinemosでデフォルトで提供されているすべての構成情報を取得するための設定方法を説明します。カスタマイズして、デフォルト以外の構成情報を取得することもできます。そちらについては「Hinemos ver.6.2 ユーザマニュアル」の「3.7.4　構成情報取得設定の作成」の「ユーザ任意情報の追加」を参照してください。

まず、構成情報取得を利用するためには、自動デバイスサーチを無効にすることが推奨されています。デバイスサーチを無効にするには、[リポジトリ]パースペクティブの[リポジトリ[ノード]]ビューで、次の作業を構成情報取得対象のノード分、実施してください。

- 構成情報取得対象のノードをダブルクリック
- [リポジトリ[ノードの作成・変更]]ダイアログで[自動デバイスサーチ]のチェックを外す

次に、構成情報を取得するための設定を次の手順で実施してください。

- [リポジトリ]パースペクティブの[リポジトリ[構成情報取得]]ビュー(図6.11)で[作成]アイコンをクリック
- 表示された[リポジトリ[構成情報取得設定の作成・変更]]ダイアログ(図6.12)で表6.12のとおり設定する

図6.11 [リポジトリ[構成情報取得]]ビュー

6.5　パッケージとハードウェア構成の管理「構成情報管理」

図6.12　［リポジトリ［構成情報取得設定の作成・変更］］ダイアログ

表6.10　［リポジトリ［構成情報取得設定の作成・変更］］ダイアログの設定内容

項目			設定内容
構成情報取得ID			「ALL_NODE_CONFIG」と入力する
説明			「全構成情報取得」と入力する
オーナーロールID[注1]			［ALL_USERS］を指定する
スコープ			［REGISTERED］スコープを指定する
条件	間隔		［24時間］を選択する
	カレンダID		今回は指定しない
構成情報取得対象	基本情報		すべてのチェックボックスにチェックを入れる
	ユーザ任意情報		今回は指定しない
		間隔	「2000」ミリ秒を入力する
		タイムアウト	「5000」ミリ秒と入力されていることを確認する
通知	通知ID		［EVENT_FOR_TRAP］を選択する
この設定を有効にする			チェックが入っていることを確認する

注1　オーナーロールは「第9章　アカウント」で詳しく解説します。

　上記の設定完了後、すぐに構成情報の取得を行うため、［リポジトリ［構成情報取得］］ビューで［即時取得］アイコンをクリックしてください。最大で10分経過後、構成情報が取得されます。

　構成情報の取得に関する主要な設定について、以下で解説します。

■**条件－間隔**

　構成情報を取得する間隔を指定します。実際に構成情報が取得されるタイミングは本設定とHinemos プロパティの設定に応じて変わります。詳細は「Hinemos ver.6.2 ユーザマニュアル」の「3.7.3　構成情報取得方法」を参照してください。

■構成情報取得対象−基本情報

取得する構成情報を指定します。指定した構成情報取得対象ごとの取得内容および取得結果の反映先(ノードプロパティの項目)は表6.11のとおりです。なお、取得される内容はノードのOSによって異なります。

表6.11 構成情報の取得対象

構成情報取得対象	反映先のノードプロパティ	取得される内容
ホスト名情報	構成情報-ホスト名	ノードのホスト名
OS情報	構成情報-OS	OSの情報、起動日時
HW情報-CPU情報	構成情報-デバイス-CPU情報	CPUのコア数、スレッド数、クロック数
HW情報-メモリ情報	構成情報-デバイス-メモリ情報	メモリの容量
HW情報-NIC情報	構成情報-デバイス-NIC情報	NICのIPアドレス、MACアドレス
HW情報-ディスク情報	構成情報-デバイス-ディスク情報	ディスクの容量
HW情報-ファイルシステム情報	構成情報-デバイス-ファイルシステム情報	ファイルシステムの容量、フォーマット
ネットワーク接続情報	構成情報-ネットワーク接続情報	ネットワークの接続状況。プロトコル、接続元・接続先IP、ポート、接続の状態
プロセス情報	構成情報-プロセス情報	起動中のプロセス情報。プロセス名、プロセスID、起動日時、実行ユーザ
パッケージ情報	構成情報-パッケージ情報	パッケージ名、バージョン、インストール日時、提供ベンダ

■通知

通知を設定することで、構成情報の変更があった場合や構成情報の取得が失敗した場合に通知が行われます。変更があった場合は構成情報の取得対象別の変更件数が通知されます(図6.13)。変更内容の詳細は後述のHinemosノードマップによる構成情報の検索、またはレポーティングテンプレート[構成情報変更履歴一覧]で確認できます。テンプレートの詳細は「Hinemosレポーティング ver.6.2 ユーザマニュアル」の「1.1.11 構成情報変更履歴一覧」を参照してください。

図6.13 構成情報管理の変更内容の通知

6.5.2 最新の構成情報の表示

　最新の構成情報は[リポジトリ]パースペクティブの[リポジトリ[プロパティ]]ビューで確認します。[リポジトリ[ノード]]ビューで構成情報を表示したいノードを選択し、[リポジトリ[プロパティ]]ビューで▶をクリックし、ツリーを展開することで構成情報の詳細を確認できます(**図6.14**)。

図6.14 最新の構成情報の表示

6.5.3 構成情報の検索

　構成情報の検索は[ノードマップ]パースペクティブで行えます。
　スコープツリーから構成情報を検索したいスコープを選択します。右クリックで表示されるメニューから[新しいノード一覧を開く]を選択します(**図6.15**)。

図6.15 構成情報の検索［ノードマップ］

　右側のペインに「対象日時：最新」の一覧が表示されます。ノードを選択すると、選択したノードの最新の構成情報が表示されます(**図6.16**)。

第 6 章　リポジトリ

図6.16　スコープ選択後の最新の構成情報

■**過去の構成情報を表示**

過去の構成情報を表示するためには次の操作を行います。

- [検索]アイコンをクリックすると、[ノードマップ[ノードの検索処理]]ダイアログが表示される
- [対象日時]にチェックを入れ、確認したい構成情報の日時を入力する(図**6.17**)

図6.17　過去の構成情報検索

対象日時のラベルが入力した日時に変更されていることが確認できます。この状態でノードを選択することで、対象日時時点の構成情報の内容が表示されます。

■**条件に一致する構成情報のノードを検索**

条件に一致する構成情報のノードを検索するためには次の操作を行います。

- [検索]アイコンをクリックすると、[ノードマップ[ノードの検索処理]]ダイアログが表示される
- [追加]ボタンをクリックすると検索条件が表示されるので、追加された検索条件にチェックを入れて検

索対象を選択する
- 検索したい項目の横のプルダウンリストから検索する条件を入力し、検索したい値を入力する（図**6.18**）

※文字列を部分一致で検索したい場合は、「%」を入力するとワイルドカードとして扱われます。

図6.18 構成情報の検索-条件に一致するノード

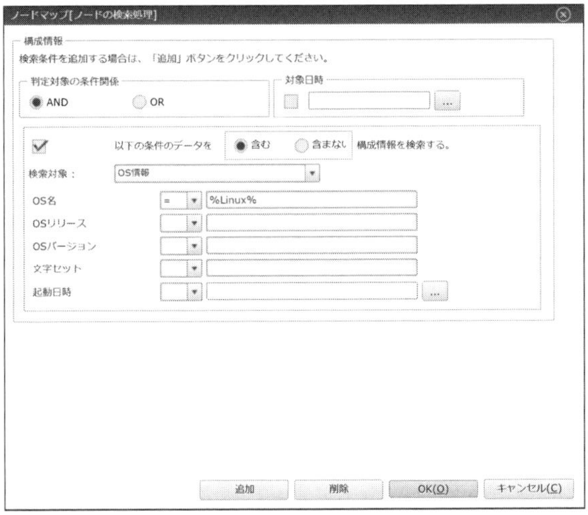

検索条件に該当するノードが一覧に表示されます。対象日時を指定することで、過去の構成情報を検索対象にすることもできます。

■構成情報を CSV 形式でダウンロード

構成情報を CSV 形式でダウンロードするためには、［ダウンロード］アイコンをクリックします。［ノードマップ［構成情報のダウンロード］］ダイアログが表示されるので、ダウンロードしたい構成情報にチェックを入れて、［ダウンロード］ボタンをクリックしてください（図**6.19**）。

図6.19 構成情報の検索-ダウンロード

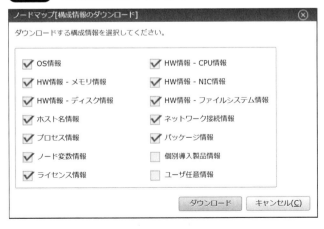

第 6 章　リポジトリ

　CSV 形式のファイルがダウンロードされます。ダウンロードされる構成情報のノードは Hinemos ク
ライアントの一覧に表示された検索結果のノードとなります。

　対象日時を入力していた場合(過去の構成情報を表示していた場合)は、対象日時時点の構成情報の内
容がダウンロードされます。

第**3**部 ◆ 共通基本機能

第**7**章

通知

第7章 通知

本章では通知機能について、他の機能と通知との関連を説明したうえで、各種通知について実践的な例題を交えながら、実際にそれらをどのように使うのか解説していきます。

通知機能と他機能の関連について

通知機能は単体で動作する機能ではなく、Hinemosで利用できる各種機能から実行される機能となります。その関係をまとめたものが図7.1です。

図7.1 通知機能と他機能の関係

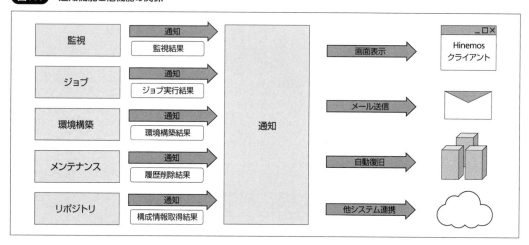

通知機能を利用し、他機能で発生した事象をユーザへ知らせることや、対処を自動化することができます。本章では通知機能で実現できることについて説明します。他機能に関する詳細は、本書の各章およびHinemosのユーザマニュアルを参照してください。通知機能と各機能から行われる通知を理解することにより、エンタープライズ向けの高度な運用管理が可能となります。

7.1 通知機能の概要

通知機能とは「システムの正常性や障害をユーザに知らせる」、または「対処を自動化する」機能です。Hinemosではさまざまな手段で通知する機能を備えています。

本節では、通知機能の全体像について次の2点を中心に説明します。

- 通知の種類
- 通知の基本設定

7.1.1 通知の種類

Hinemosには、表7.1に示す8種類の通知の手段が用意されています。本章では通知に関連する機能として、Hinemos ver6.2以降の機能であるイベントカスタムコマンドについても説明します。

表7.1　通知の種類

通知の種類	機能
イベント通知	Hinemosクライアントの[監視履歴]パースペクティブの[監視履歴[イベント]]ビューに、時系列順のログが表示される
ステータス通知	Hinemosクライアントの[監視履歴]パースペクティブの[監視履歴[ステータス]]ビューに、最新状態が表示される
メール通知	指定したメールアドレスに、指定した内容のメールが届く
ログエスカレーション通知	指定したsyslogサーバへ内容をsyslog形式で転送する
コマンド通知	Hinemosマネージャ上で指定したコマンドを実行する
ジョブ通知	指定したジョブを実行する。あらかじめジョブの作成が必要
環境構築通知	指定した環境構築設定を実行する。あらかじめ環境構築設定の作成が必要
イベントカスタムコマンド	[監視履歴]パースペクティブの[監視履歴[イベント]]ビューからイベントを選択し、Hinemosマネージャ上で指定したコマンドを実行する

　通知は1つの監視項目またはジョブなどに対して、あらかじめ用意したものを割り当てて設定します。また、複数の通知を割り当てることができるため、たとえば障害が発生したときに「Hinemosクライアントへの表示」「警告灯の点灯」「メールの送信」をすべて行うこともできます。

　通知の作成および設定は、[監視設定]パースペクティブの上段にある[監視設定[通知]]ビューから設定できます（**図7.2**）。

図7.2　[監視設定[通知]]ビュー

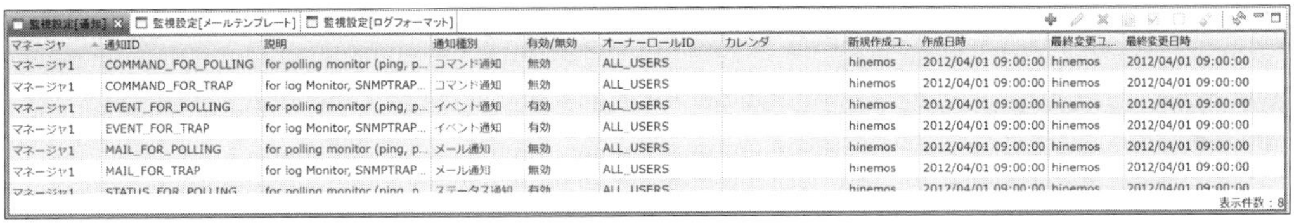

目的による通知の分類

　Hinemosの通知機能は、Hinemosクライアントに表示するものや、外部の機能と連携して通知するものなど、さまざまです。監視やジョブの結果の用途や重要性に基づいて、どの通知を使用すべきか検討します。

(1)すぐに人へ知らせたい
- メール通知 ……… 緊急度が高い内容で、人に通知したいときや、外出時でも事象の発生を知りたいとき
- コマンド通知 …… 簡易なコマンドで運用者向けの機器と連携（警告灯の点灯など）したいとき

(2)最新状態を確認したい
- ステータス通知 …… 現在の性能情報（CPU使用率など）や、閾値の状態を確認したいとき

(3)過去の履歴を確認したい
- イベント通知 …… 事象が発生した履歴を記録したいとき

(4)定型処理を自動で実行したい

- ジョブ通知 ……… 定型処理用のジョブ（自動実行、自動復旧など）を実行したいとき（Hinemosエージェントが必要）
- 環境構築通知 …… 定型処理用の環境構築設定（オートスケーリングなど）を実行したいとき（Hinemosエージェントレス）

(5)他システム／他製品と連携したい

- ログエスカレーション通知 …… syslogメッセージを送信して連携したいとき
- メール通知 ………………………… メールを送信して連携したいとき
- コマンド通知 …………………… 任意のコマンドを実行して連携したいとき（リアルタイムで連携）
- イベントカスタムコマンド …… 任意のコマンドを実行して連携したいとき（ユーザが判断して連携）

　Hinemosの特徴的な機能として、(4)のジョブ機能や環境構築機能との連携と、(5)の他システム／他製品との連携があります。ジョブ機能や環境構築機能を連携させると、障害発生時に自動復旧したり、サービスの負荷に応じて自動でオートスケーリングしたりといった運用自動化を実現できます。他システム／他製品を連携させると、自システムと他システムなどの管理情報を集約でき、容易に運用を効率化できます。

　また、カレンダ機能と連携することで、「通常は業務用のアドレスにメールを送信し、夜間だけ携帯電話のアドレスにもメールを送信する」「システムの異常を検知した場合でもサービスの停止時間帯は自動復旧を行わない」といったことも容易に実現できます。

　これらは、複数機能間で設定を共用できることで生まれるメリットといえます。

7.1.2　通知の基本設定

　通知機能の基本的な仕組みと考え方について説明します。

　通知設定の登録手順は次のとおりです。

- （1）［監視設定］パースペクティブを開き、［監視設定［通知］］ビューにある［作成］ボタンをクリックする
- （2）設定したい通知種別を選択し、［次へ］ボタンをクリックする
- （3）通知種別ごとの設定項目に必要な情報を入力し、［OK］ボタンをクリックする

　通知設定は、各手段の専用で指定する項目以外は共通の画面構成です。なお、入力が必須の項目は入力欄がピンク色になっています。ここでは［ジョブ通知］という項目だけが、ジョブ通知専用で指定する項目です。ただし、重要度ごとの通知を有効にするか、無効にするかのチェックボックスは、全通知共通の設定となっています。

7.1 通知機能の概要

図7.3 通知の共通的な設定

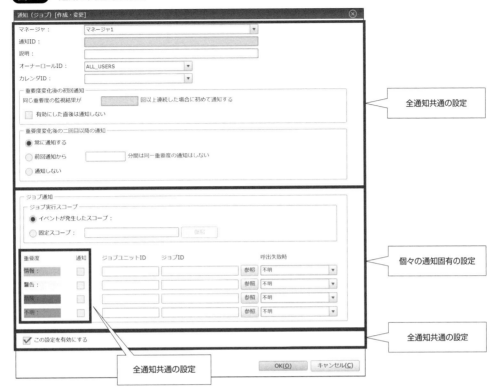

重要度

通知機能で基本的な要素となるのが重要度の概念です。

Hinemosの重要度には、「危険」、「警告」、「情報」、「不明」の4つがあります。重要度は通知元の機能で判定されます。たとえば監視機能では閾値で、ジョブ機能では実行したコマンドの戻り値で判定されます。通知機能は、これらの機能で判定された重要度に基づいて、たとえば重要度が「危険」であれば[監視履歴[イベント]]ビューに重要度「危険」として表示したり、「危険」という件名のメールを送信したりします。

また、重要度ごとに通知を「する」「しない」を設定できます。これにより、「情報」は通知せずに「警告」「危険」は通知するといった設定ができます。

第7章 通知

図7.4 通知の基本動作

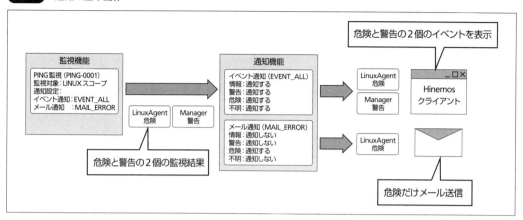

通知に含まれる情報

通知機能は重要度だけではなく、通知元の監視結果やジョブの結果の情報を保持しています。この情報は、「通知変数」と呼ばれる変数として使用できます。たとえば、メール通知でメールの本文に通知変数を指定することで、監視結果をメールで通知できます。通知変数は、#[通知変数名]の形式で指定します。

代表的な通知変数を**表7.2**にまとめました。通知変数の詳細は「Hinemos ver.6.2 ユーザマニュアル」の「表6-19 文字列置換対応一覧」を参照してください。なお、通知変数が利用できる項目は、マウスカーソルを当てるとツールチップで通知変数が表示されます。

表7.2 通知する情報

情報名	通知変数	説明
重要度	#[PRIORITY]	localeに合わせた重要度。日本語の場合は情報、警告、危険、不明
プラグインID	#[PLUGIN_ID]	Hinemosの各機能を表すID。PING監視の場合はMON_PNGなど
プラグイン名	#[PLUGIN_NAME]	Hinemosの各機能を表す名前
監視項目ID	#[MONITOR_ID]	監視設定の識別子
監視詳細	#[MONITOR_DETAIL_ID]	監視詳細
監視項目の説明	#[MONITOR_DESCRIPTION]	監視設定の説明
ファシリティID	#[FACILITY_ID]	イベントが発生したファシリティ（ノード、スコープ）の識別
スコープ名	#[SCOPE]	イベントが発生したファシリティ（ノード、スコープ）の名前
通知ID	#[NOTIFY_ID]	通知ID
出力日時	#[GENERATION_DATE]	イベントが発生した時刻
アプリケーション	#[APPLICATION]	監視設定で指定した「アプリケーション」の文字列
メッセージ	#[MESSAGE]	監視結果のメッセージ
オリジナルメッセージ	#[ORG_MESSAGE]	監視結果のオリジナルメッセージ

通知設定

通知設定の内容には、次の項目があります。

■ (1) 通知 ID

通知設定の識別子です。監視やジョブの設定で、どの通知設定を使用するかを識別するためのIDとして使用されます。通知機能全体の中でユニークにする必要があります。一度通知設定を作成すると、後からIDを変更することはできません。IDの先頭で通知の種類を判断できるようにすると、管理しやすくなります（たとえば「EVENT-0001」など）。

■ (2) オーナーロール ID

オーナーロールについては、「第9章　アカウント」を参照してください。一度通知設定を作成すると、後からオーナーロールIDを変更することはできません。特にアクセス制御を行わない場合は「ALL_USERS」を設定します。

■ (3) 通知の抑制

実際に運用を進めていくと、「こういったときに通知したい」「こういったときは通知しない」といった制御を行う必要性が出てきます。よくある要件として、次の2つが考えられます。

- 本来は対処不要な通知（誤検知・誤通知）を回避するため、異常な状態が連続して検出されたときだけ通知したい
- 一度異常状態である通知を受け取った後、その状態から変化がない場合は通知しない。また、正常である通知を受け取った後、状態が異常になるまでは通知しない

これらを実現する方法として、「通知の抑制」という機能があります。これは次の2つの設定項目で制御します。

- 重要度変化後の初回通知
  重要度が変化した後、同じ重要度が何回連続したら通知するかを指定します。「1」を指定すると、重要度が変化するたびに通知します。たとえば、リソース監視で通常時は「情報」（正常）の範囲に収まっていて、ある瞬間に「危険」の範囲に到達しても、すぐに「情報」（正常）の範囲に戻るような一時的な異常については、対応不要だとします。そのような場合はこの設定項目で「2」を指定すれば、2回連続して同じ重要度だった場合だけ通知されるようになります。このように、閾値が継続的に超過したときに限定して通知するといった抑制が可能です
- 重要度変化後の二回目以降の通知
  通知した後、次の通知をどのくらいの時間が経過するまで通知しないようにするかを指定します。次の3種類の動作の中から1つを指定します
  - 常に通知する …… 同じ重要度の通知が発生した場合は抑制せずに通知する
  - 前回からN分間は同一重要度の通知はしない …… 一度通知をしたら、同じ重要度の通知をN分間は通知しない（Nは数値を入力する）
  - 通知しない … 一度通知をした後、同じ重要度の通知はいっさい通知しない
  たとえばログファイル監視では、指定の条件に一致したログが一度に大量に出力されるような場合

があります。そのとき、「常に通知する」を設定していると、［監視履歴［イベント］］ビューがすべてその監視結果で埋まってしまったり、メールが大量に届いてしまったりします。しかし、「前回から30分間は同一重要度の通知はしない」という設定にすると、同じ条件に一致するログは、一度通知を行ってから30分間は通知が抑制されます

　通知の抑制は「同じ重要度の通知」を抑制すると説明しましたが、ここでポイントとなるのは、Hinemosは何をもって「同じ重要度の通知」と判別するか（通知を抑制する条件は何か）です。次の項目が同じものを、「同じ重要度の通知」と判定します。

- 監視種別
- 監視項目ID
- 監視詳細
- 通知ID
- ファシリティID
- 重要度

　監視種別、監視項目ID、監視詳細、通知ID、ファシリティIDについては、同じ監視設定で同じ通知を行い、監視対象のノードが同じ場合は、同じとなります。重要度については、重要度の判定を通知機能を利用する機能で行います。そのため、利用する機能によって何を「同じ重要度の通知」と判断するかが変わります。基本的には、1つの設定で同じ重要度であれば、「同じ重要度の通知」と判断されます。
　しかし中には、1つの設定の中で複数の対象に対して重要度を判定するものがあります。たとえば、1つのログファイル監視設定で「File Not Found」と「Disk I/O Error」という文字列について、それぞれ重要度「警告」、重要度「危険」と分けて設定できます。
　この「File Not Found」と「Disk I/O Error」に該当するものが「監視詳細」です。監視設定ごとの監視詳細については「Hinemosユーザマニュアル」の「表6-5　監視詳細の値」を参照してください。

■（4）重要度ごとの通知

　重要度ごとに、通知の有効／無効を指定できます。たとえば、重要度「情報」の通知を無効とし、その他の重要度を有効とした場合、監視機能では監視結果の重要度が「情報」以外の場合だけ通知、ジョブ機能では正常終了時は通知せず、警告終了や異常終了の場合だけ通知といったことができます。

■（5）この設定を有効にする

　通知設定に対して、有効／無効を指定できます。「この設定を有効にする」にチェックを入れると、その通知設定が有効になり、（4）重要度ごとの通知で指定した内容に沿って通知が行われます。チェックを外すと、通知はいっさい行われなくなります。
　たとえば、システムのサービス開始前は試験の際に障害検知が何度も発生するのでメール通知は行わず、サービス開始後に障害をリモートでも検知するためメール通知を有効にする、といったことがこの有効／無効の切り替えだけでできます。

7.1.3 設定例で使用する監視設定

次節以降では、各通知に関する説明の後に、例題としてさまざまな通知方法を説明します。例題では、**表7.3**、**表7.4**、**表7.5**の監視設定に対し、本章で作成する通知を設定して動作を確認します。

表7.3 ping監視（PING-NOFITY）の設定

項目				設定内容
監視項目ID				PING-NOFITY
説明				LinuxサーバのPING監視
オーナーロールID				ALL_USERS
スコープ				LINUX（OSスコープ配下）
条件	間隔			1分
	カレンダID			指定しない
	チェック設定	回数		2回
		間隔		2000ミリ秒
		タイムアウト		5000ミリ秒
監視（基本）	監視			チェックを入れる
	判定	情報	応答時間	1000未満
			パケット紛失	1未満
		警告	応答時間	3000未満
			パケット紛失	51未満
	アプリケーション			LinuxサーバのPING
収集	収集			チェックを入れない

表7.4 プロセス監視（PROC-NOFITY）の設定

項目				設定内容
監視項目ID				PROC-NOFITY
説明				Linuxサーバのcrondプロセス監視
オーナーロールID				ALL_USERS
スコープ				LINUX（OSスコープ配下）
条件	間隔			1分
	カレンダID			指定しない
	チェック設定	コマンド		/usr/sbin/crond
		引数		チェックを入れない
		大文字・小文字の区別		チェックを入れない
監視（基本）	監視			チェックを入れる
	判定	情報	プロセス数	1以上99未満
		警告	プロセス数	1以上99未満
	アプリケーション			crond
収集	収集			チェックを入れない

第7章　通知

表7.5　システムログ監視（SYSLOG-NOFITY）の設定

項目			設定内容
監視項目ID			SYSLOG-NOTIFY
説明			LinuxAgentのシステムログ監視
オーナーロールID			ALL_USERS
スコープ			LinuxAgent
条件	カレンダID		指定しない
監視 （基本）	監視		チェックを入れる
	判定	説明	Hinemos Test
		パターンマッチ表現	.*Hinemos Test.*
		ラジオボタン	条件に一致したら処理する
		大文字・小文字の区別	チェックを入れない
		重要度	危険
		メッセージ	#[LOG_LINE]
	アプリケーション		Syslog
収集	収集		チェックを入れない

それでは、ここから8種類の通知の手段について、1つ1つ動かしてみながら機能を確認していきましょう。

7.2　ログを表示「イベント通知」

　Hinemosではイベント通知を使用することで、各監視機能の監視結果やジョブの実行結果などの“出来事（イベント）”を履歴としてHinemosマネージャに蓄積し、蓄積したイベント履歴をHinemosクライアントで表示できます。

　このイベント通知は、多くの人が運用管理ツールでイメージするものと同じです。たとえば、システムに障害が発生したときの運用者の作業を考えてみてください。まず、発生したその障害が“イベント”として運用端末（Hinemosクライアント）に表示（通知）されます。運用者は、そのイベントの内容を確認して、しかるべき対処（障害の復旧）を行います。そして、対処した内容をそのイベントに記録（“コメント”記入）し、対処済みのイベントに変更（“確認”する）して障害対応を終えます。このように、運用者が日々Hinemosクライアント上で確認し、操作する“イベント”を扱う機能がイベント通知です。

　また、イベント通知で蓄積されたイベント履歴は、CSVファイル形式でHinemosクライアントからダウンロードできます。そのため、イベント通知の結果を、障害発生傾向などの分析に利用することもできます。

　イベント通知の全体像を理解した後に、次の例題を行ってみましょう。

　　　例題1. 障害イベント／復旧イベントの発生
　　　例題2. イベントへのコメント登録
　　　例題3. イベントの確認作業
　　　例題4. イベントのCSVダウンロード

7.2.1 イベント通知

(1) 概要

表7.6 通知の仕様（イベント通知）

項目	仕様
通知先	［監視履歴［イベント］］ビュー
通知に利用するプロトコル	―
固有の設定項目	イベント通知時の状態（確認済／確認中／未確認）

　イベント通知とは、各監視機能の監視結果やジョブの実行結果などの"出来事（イベント）"を通知するものです。イベント通知を行うと、［監視履歴］パースペクティブの［監視履歴［イベント］］ビューに、時系列順でイベントが表示されます（図7.5）。［監視履歴［イベント］］ビューにデフォルトで表示されるイベントは、状態が「未確認」、「確認中」(ver6.2以降の状態)のイベントだけです。状態は対処が必要なイベントであることを表す「未確認」、現在対処中であることを表す「確認中」、対処が完了しており、解決済であることを表す「確認済」の3種類があります。

図7.5 ［監視履歴［イベント］］ビュー

■ **［監視履歴［イベント］］ビューで行える操作**

　［監視履歴［イベント］］ビューでは次のような操作が行えます。

- 表示内容の絞り込み
  スコープツリーの選択によるノードの絞り込みや、［フィルタ条件］を入力しての絞り込みが行えます
- イベントの状態の変更
  イベントの状態を変更できます
- イベントへの記録を入力
  ［コメント］に対して入力できます。ver6.2以降では［ユーザ拡張イベント項目］で定義した独自の項目への入力ができます。［ユーザ拡張イベント項目］の設定については「Hinemos ver.6.2 管理者ガイド」の「表13-2　監視機能の設定値」を参照してください
- イベントを選択し、コマンドを実行
  イベントの情報を参照して、マネージャ上のコマンドを実行できます(ver6.2以降)

第 7 章　通知

(2) 固有の設定項目

イベント通知の固有の設定項目は、重要度別のイベント通知時の状態(確認済/確認中/未確認)の指定です(**図7.6**)。

図7.6　［通知（イベント）［作成・変更］］ダイアログ

イベント通知では、重要度別に「通知の有無(チェックボックス)」の他に、イベント通知時の状態(確認済/確認中/未確認)を指定します。指定した設定によってどのような動作になるかを説明します。

① 「未確認」または「確認中」で通知する
　　イベント情報が通知(内部データベースに蓄積)され、［監視履歴［イベント］］ビューに表示されます
② 「確認済」で通知する
　　イベント情報が通知(内部データベースに蓄積)されますが、デフォルトでは［監視履歴［イベント］］ビューに表示されません
③ 通知しない
　　イベント情報が通知(内部データベースに蓄積)されません

上記の②と③の違いは、イベント情報が内部データベースに蓄積されるかどうかです。イベント情報が内部データベースにあれば、後から［監視履歴［イベント］］ビューに表示したり、CSVファイル形式でダウンロードしたりできます。

(3) 設計の考え方

イベント通知は、発生したイベントを時系列で蓄積します。そのため、直ちにユーザに伝える用途だけでなく、記録として保管しておくという使い方ができます。

108

イベント通知の設計のポイントは、次の2点です。

■1. どの情報をイベント情報として保存するか／どの情報を［監視履歴［イベント］］ビューに表示するか

イベント情報を表示する場合は、運用者が定期的／定常的にHinemosクライアントを目視確認する運用が前提となります。そのため、大量のイベント情報が表示されると、重要なイベント情報を見逃してしまうリスクがあります。一方で、正常時のイベント情報も正常に動作していたことを表す証跡として、後で必要となる場合があります。

この2点を踏まえて、「イベント情報として保存する必要がないイベント」「表示する必要はないが、記録として保存しておく必要があるイベント」「運用者が目視で確認する必要があるイベント」を整理したうえで設計を行ってください。上記の分類は前述の「イベント通知時の状態（確認済／確認中／未確認）の指定」で説明した設定を使い分けることで実現できます。

■2. イベント情報の保存期限をどうするか

どれくらいの期間イベント情報を保存しておくかを検討します。これは履歴情報削除機能で設定します。履歴情報削除機能の詳細については、「第8部　本格的な運用」を参照してください。

7.2.2　例題1. 障害イベント／復旧イベントの発生

PING監視を使って、Managerノード、LinuxAgentノードのネットワーク疎通状態をイベントとして表示してみます。

表7.7に示す通知設定ALL_EVENTを作成して、PING監視設定PING-NOFITYの通知IDに作成した通知を指定してください。

表7.7　イベント通知設定（ALL_EVENT）

通知ID	ALL_EVENT
説明	すべてのイベントの表示
重要度変化後の初回通知	同じ重要度の監視結果が1回以上連続した場合に初めて通知
重要度変化後の二回目以降の通知	常に通知する
通知	情報、警告、危険、不明
状態	（全重要度で）未確認
この設定を有効にする	チェックを入れる

設定後、1分以内に［監視履歴［イベント］］ビューにLinuxAgentとManagerノードのPING監視の結果が表示されます。

イベント通知の動きを確認するために、LinuxAgentノードをシャットダウンしてください。1分ほど経過すると、［監視履歴［イベント］］ビューにLinuxAgentノードの重要度「危険」のイベントが表示されます。

次にLinuxAgentノードを起動してください。1分ほど経過すると、［監視履歴［イベント］］ビューにLinuxAgentノードの重要度「情報」のイベントが表示されます。

第 7 章　通知

7.2.3　例題 2. イベントへのコメント登録

　重要度が正常以外のイベント情報(危険、警告、不明)については、運用者は何かしら対処することが
考えられます。この対処結果などをイベント情報に「コメント」として登録できます。例題1で発生した
重要度「危険」のイベント情報にコメントを書き込んでみましょう。

手順

(1) [監視履歴[イベント]]ビューの、例題1で発生した重要度「危険」のイベント情報をダブルクリックしま
す
(2) [監視[イベントの詳細]]ダイアログが表示されるので、[コメント]欄を選択し、[…]ボタンをクリック
します
(3) コメント入力ダイアログが表示されるので、コメントを記入して、[OK]ボタンをクリックします。ここでは、
「Hinemosの試験実施のため、サーバを一時的にシャットダウン」と記入してみましょう
(4) 最後に、[監視[イベントの詳細]]ダイアログの[登録]ボタンをクリックして、コメントを登録します

　変更したイベント情報をダブルクリックして確認してみましょう。[コメント更新日時]と[コメント
更新ユーザ]がコメントの登録を行った時刻およびユーザに変更され、[イベント操作履歴]にコメント
が変更された履歴が記録されていることが確認できます([イベント操作履歴]はver6.2以降で追加され
た項目です)。

7.2.4　例題 3. イベントの確認作業

　対処を行ったイベント情報に「確認済」という印を付けることで、[監視履歴[イベント]]ビューに表示
されないようになります。例題1で発生した重要度「危険」のイベント情報を確認して、「確認済」にして
みましょう。

手順

(1) [監視履歴[イベント]]ビューからコメントを登録したいイベント情報を選択します
(2) [監視履歴[イベント]]ビュー右上の[確認]ボタンをクリックします

　[監視履歴[イベント]]ビューからイベント情報が表示されなくなったことが確認できます。
　「確認済」に変更したイベントの内容を確認してみましょう。ビュー右上の[フィルタ]アイコンをクリッ
クし、表示された[監視[イベントのフィルタ処理]]ダイアログの「確認済」にチェックを入れてください。
一覧に先ほどのイベントが表示されます。
　イベントをダブルクリックして、詳細を見てみましょう。イベント情報の[確認]が「確認済」に変更さ
れています。また、[確認日時]と[確認ユーザ]が確認を行った時刻・ユーザに変更されており、[イ
ベント操作履歴]には[確認]が「未確認」から「確認済」に変更された履歴が記録されていることも確認でき
ます。
　複数のイベント情報を一括して「確認済」にしたい場合は、[一括確認]を使用します。[監視履歴[イベ
ント]]ビュー右上の[一括確認]アイコンをクリックすると、一括して「確認済」にしたいイベントの条件
を指定できます。重要度「情報」のイベント情報を一括して確認してみてください。

7.2 ログを表示「イベント通知」

7.2.5 例題4. イベントのCSVダウンロード

これまでにイベント通知されてきたイベント情報をCSV形式のファイルに出力してみましょう。

手順

(1) [監視履歴[イベント]]ビューの[ダウンロード]ボタンをクリックします

(2) [監視[イベントのダウンロード]]ダイアログが開くので、出力するイベントの条件を指定します。ここでは、「重要度：未選択」の条件で出力します

(3) [監視[イベントのダウンロード]]ダイアログの[出力]ボタンをクリックします。すると、CSV形式のファイルがダウンロードされます。テキストエディタで表示すると、ヘッダ情報の「出力日時」「出力ユーザ」「出力したイベントの条件」とともに、イベント情報の一覧が出力されていることがわかります（**リスト7.1**）

リスト7.1 ダウンロードしたCSVファイル（抜粋）

```
イベント情報
出力日時,2019/08/24 16:25:06
出力ユーザ,hinemos
重要度,受信日時,出力日時,監視項目ID,監視詳細,ファシリティID,アプリケーション,確認,確認ユーザ,メッセー
➡ジ,コメント,コメント更新ユーザ,性能グラフ用フラグ,オーナーロールID
危険 警告 情報 不明 , - , - ,,,配下すべて,,未確認 確認中 確認済 ,,,,,,
番号,重要度,受信日時,出力日時,ファシリティID,スコープ,監視項目ID,監視詳細,プラグインID,アプリケーショ
➡ン,オーナーロールID,確認,確認日時,確認ユーザ,コメント,コメント更新日時,コメント更新ユーザ,メッセージ
➡,オリジナルメッセージ,性能グラフ用フラグ
"1","情報","2019/08/16 11:46:24","2019/08/16 11:46:24","INTERNAL","Hinemos_Internal","SYS","","MNG","H
➡inemos Manager Monitor","INTERNAL","確認済","2019/08/18 18:07:00","hinemos","","","","Hinemosマネー
➡ジャが起動しました。 [Manager]","","OFF"
"2","情報","2019/08/16 11:48:34","2019/08/16 11:48:34","INTERNAL","Hinemos_Internal","SYS","","MNG","H
➡inemos Manager Monitor","INTERNAL","確認済","2019/08/18 18:07:00","hinemos","","","","Hinemosマネー
➡ジャが停止しました。 [Manager]","","OFF"
"3","情報","2019/08/16 11:49:24","2019/08/16 11:49:23","INTERNAL","Hinemos_Internal","SYS","","MNG","H
➡inemos Manager Monitor","INTERNAL","確認中","2019/08/24 16:23:43","hinemos","","","","Hinemosマネー
➡ジャが起動しました。 [Manager]","","OFF"
 （省略）
```

第7章 通知

 [監視履歴［イベント］］ビューの受信日時と出力日時

［監視履歴［イベント］］ビューには、「受信日時」と「出力日時」の2つの時刻が表示されています。この2つの時刻の意味は次のとおりです。

- 出力日時

  監視した時刻を表示します。これは監視機能によって異なります
  - ポーリング型の監視 …… 監視を行ったHinemosマネージャサーバの時刻
  - システムログ監視 ……… 受信したsyslogメッセージ内のTIMESTAMP部
  - ログファイル監視 ……… Hinemosエージェントが検知したログをHinemosマネージャに送信した時刻
  - SNMPTRAP監視 ……… SNMPTRAPを受信したHinemosマネージャの時刻
- 受信日時

  イベント通知として通知された時刻（Hinemosマネージャの内部データベースに格納した時刻）を表示します

もし「受信日時」と「出力日時」の間に差異がある場合は、次のようなことが考えられます。

- イベント通知の処理遅延

  監視後にイベント通知を行ったが、それが内部データベースに格納されるまでに時間がかかった（通知の処理遅延）と考えられます。原因としては、非常に多くの通知を行っている、つまり、監視対象数、監視設定数、通知設定の抑制がない、といった性能的な問題が考えられます
- システムログ監視で古い時刻のsyslogメッセージを受信した
- ログファイル監視でHinemosエージェントのサーバの時刻がずれている

監視対象のサーバ／機器の時刻がHinemosマネージャサーバと同期されていない場合に、このような事象が発生する可能性があります。

7.3 最新状態を表示「ステータス通知」

ステータス通知を使用することで、各監視機能の監視結果やジョブの実行結果などの最新状態をHinemosクライアントに表示できます。"最新状態"とは、たとえば10分前の監視結果が「正常」で、5分前の監視結果が「危険」であった場合、より新しい監視結果である「危険」が表示されることを意味します。

ステータス通知では、現在の状況が正常か異常かを表示する他に、「正常時は定期的にメッセージが送信されるが、何らかの異常が発生してメッセージの送信が途絶えてしまった」というような状況も発見できます。

ステータス通知の全体像を理解した後に、次の例題を行ってみましょう。

例題1. サーバのネットワーク疎通状態の表示
例題2. 定期的なメッセージが途絶えたときの表示

7.3.1 ステータス通知

(1) 概要

表7.8 通知の仕様（ステータス通知）

項目	仕様
通知先	［監視履歴［ステータス］］ビュー
通知に利用するプロトコル	―
固有の設定項目	ステータス情報の存続期間
	存続期間経過後の処理

　ステータス通知とは、各監視機能の監視結果やジョブの実行結果の"現在の状態（ステータス）"を通知するものです。ステータス通知の内容は、［監視履歴］パースペクティブの［監視履歴［ステータス］］ビューに表示されます（**図7.7**）。監視機能からステータス通知を行うと、監視対象のノードごとに最新の状態が表示されます。指定した時間内にステータス通知が行われない場合には、ステータス情報を削除（［監視履歴［ステータス］］ビューから消去）することや、ステータス情報に更新されていない旨を表すメッセージを表示することができます。

図7.7 ［監視履歴［ステータス］］ビュー

■［監視履歴［ステータス］］ビューで行える操作

　［監視履歴［ステータス］］ビューでは次のような操作が行えます。

- 表示内容の絞り込み …… スコープツリーによるノードの絞り込みや、フィルタ条件による絞り込みが行える
- ステータスの削除 ……… ステータスを選択し、削除できる

(2) 固有の設定項目

　ステータス通知では、次の2つの項目が固有の設定項目です。一定期間内にステータス通知が行われない場合に、ステータス情報をどのように変更するか（または、しないか）の動きを設定します（**図7.8**）。

第 7 章　通知

● **ステータス情報の存続期間**

一度ステータス情報が通知されてから、どれくらいの期間までを"最新の状態"とするかを指定します。この期間が過ぎると「存続期間経過後の処理」で指定した内容でステータス情報が変更されます。無制限、10分、20分、30分、1時間、3時間、6時間、12時間、1日の中から選択します。ステータス情報の通知が行われない場合でもステータス情報を変更したくなければ、「無制限」を指定します

● **存続期間経過後の処理**

「ステータス情報の存続期間」が経過したときに、そのステータス情報をどのように変更するかを、次の2つから選択して指定します

● **情報を削除する**

［監視履歴［ステータス］］ビューからステータス情報を削除します

● **更新されていない旨のメッセージに置き換える**

ステータス情報を、更新されていないことを示すメッセージに置き換えます。重要度も指定したものに置き換えます

図7.8　［通知（ステータス）［作成・変更］］ダイアログ

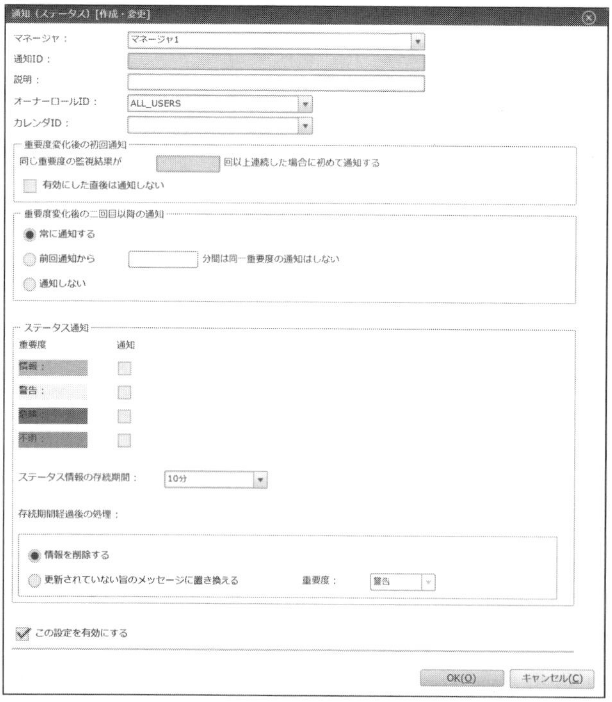

（3）仕組み

Hinemosクライアントに表示するステータス情報は、Hinemosマネージャの内部データベースに登録されます。このHinemosマネージャに接続すれば、どのHinemosクライアントから接続した場合でも同一のステータス情報を参照できます。

［監視履歴［ステータス］］ビューは、Hinemosマネージャの内部データベースに合わせて、定期的に自

114

動で更新されます。ビュー右上の［更新］ボタンをクリックすることで、すぐに最新の内容に更新できます。

(4) 設計の考え方

ステータス通知の設計のポイントは、「どのようなステータス情報を表示させるか」にあります。これには、正常系も含めてすべてを表示させて全体的な状態を把握する設計と、異常系だけを表示させて現在対応が必要な項目だけに絞って表示する設計の2種類があります。

前者の場合は、［監視履歴［ステータス］］ビューに最新の値が常に表示されるので、性能値などの詳細な値を常に把握できますが、表示される件数が過剰になりがちです。後者の場合は、正常時の詳細な状態は把握できませんが、注意が必要な項目が表示されることになります。

7.3.2　例題1. サーバのネットワーク疎通状態の表示

PING監視を使って、LinuxServerスコープに含まれる2台のサーバManager、LinuxAgentのサーバのネットワーク疎通状態を表示してみます。

表7.9の通知設定ALL_STATUSを作成して、PING監視設定PING-NOTIFYの通知IDに作成した通知を指定してください。

表7.9　ステータス通知設定（ALL_STATUS）

通知ID	ALL_STATUS
説明	すべてのステータスの表示
重要度変化後の初回通知	同じ重要度の監視結果が1回以上連続した場合に初めて通知
重要度変化後の二回目以降の通知	常に通知する
通知	情報、警告、危険、不明
ステータス情報の存続期間	10分
存続期間経過後の処理	更新されていない旨のメッセージに置き換える（重要度：不明）
この設定を有効にする	チェックを入れる

1分以内に［監視履歴［ステータス］］ビューにLinuxAgentとManagerノードのPING監視結果が表示されます。ネットワーク疎通が可能なノードは「情報」の重要度が表示され、ネットワーク疎通が不可能なノードは「危険」の重要度が表示されます。

さらに1分ほど待つとPING監視がもう一度動作し、［監視履歴［ステータス］］ビューの「最終変更時刻」列が更新されることを確認してください。

ステータス情報の削除も試してみましょう。［ファシリティID］列が「Manager」の行を選択し、ビュー右上の［削除］ボタンをクリックしてみてください。Managerノードのステータス情報が削除されます。しかし、もう1分ほど待つとPING監視がもう一度動作するので、Managerノードの新しいステータス情報が追加されることが確認できます。

7.3.3　例題2. 定期的なメッセージが途絶えたときの表示

次に、システムが正常なときは定期的にメッセージが送信されてくる環境において、メッセージが途絶えることでシステム異常を検知するといった内容を確認してみます。

今回は、システムログ監視を使って、LinuxAgentノードから定期的にメッセージが送信されるはずが、

一定期間メッセージが届かないケースを想定し、［監視履歴［ステータス］］ビューに最新のステータス情報の重要度を「不明」と表示させてみます。

システムログ監視のSYSLOG-NOFITYに先ほど作成した通知設定ALL_STATUSを指定し、LinuxAgentで一度、図7.9のコマンドを実行してください。

図7.9 システムログへ"Hinemos Test"を出力させる

```
# logger "Hinemos Test"
```

すると、［監視履歴［ステータス］］ビューに、LinuxAgentの最新のステータス情報（重要度「危険」）が表示されます。

ここで、10分間待ってみましょう。［監視履歴［ステータス］］ビューで重要度「不明」に変更され、メッセージが「ステータス情報が更新されないため期限切れになりました」に変更されたことが確認できます。

このような設定を行うことで、定期的なメッセージが途絶えた状況も検知できるようになります。

［監視履歴［ステータス］］ビューの最終変更日時と出力日時

［監視履歴［ステータス］］ビューには、「最終変更日時」と「出力日時」の2つの時刻が表示されています。この2つの時刻の意味は次のとおりです。

- 最終変更日時
  最後にステータス通知が行われた時刻が表示されます

- 出力日時
  最初にステータス通知が行われた時刻が表示されます。ステータス情報を削除した場合は、削除後に最初にステータス通知が行われた時刻となります。重要度が変更された場合も、重要度が変更された最初の時刻が表示されます。表示しているステータス情報がいつの情報かは、「最終変更日時」を確認すればわかります。「最終変更日時」と「出力日時」の時刻差が大きい場合は、重要度の変更がしばらく発生していないということです

7.4 障害発生時にメールを送信する「メール通知」

Hinemosではメール通知を使用することで、各監視機能の監視結果やジョブの実行結果に応じてメールを送信できます。これを使用して、普段は運用管理端末の前にいないリモートのユーザに対しても、発生したイベントの情報を直ちに伝えることができます。

ここではメール通知の全体像を理解した後に、次の例題を行ってみましょう。

例題1. メール送信

7.4.1 メール通知

(1) 概要

表7.10 通知の仕様（メール通知）

項目	仕様
通知先	メール送信先（受信者）
通知に利用するプロトコル	SMTP/SMTPS
固有の設定項目	メールテンプレートID
	送信先メールアドレス（複数指定可）

　メール通知とは、各監視機能の監視結果やジョブの実行結果に連動して指定のメールアドレスにメールを送信するものです。送信先メールアドレスは複数のメールアドレスが設定できます。送信するメールの内容は「メールテンプレート」という機能で事前に定義できます。メールテンプレートは複数のメール通知設定で共有できます。

　メール通知を行うための事前準備は次の3つです。

① 送信先のSMTPサーバの設定
② メール送信元情報（メールヘッダ）の設定
③ メールテンプレートの作成

　①と②は必ず設定する必要があります。これは後述の「(3)仕組み」で説明します。③は、送信するメールの内容をデフォルトから変更したい場合にだけ必要な設定です。これについては「7.4.2　メールテンプレート」で解説します。

(2) 固有の設定項目

● メールテンプレートID

　送信するメールの件名と本文を事前に定義したものをメールテンプレートと呼びます。メールテンプレートを指定しなかった場合はデフォルトの内容で通知されます

● メールアドレス

　送信先（TO）のメールアドレスを指定します。「";"」（セミコロン）で区切ることで複数のメールアドレスを指定できます。ただし、空白やセミコロンを含む最大2,014バイト長までの範囲になります。そのため、多くのメールアドレスに一括して送信したい場合はメーリングリストを作成して、そのメーリングリストのアドレスを指定します。「CC:メールアドレス」「BCC:メールアドレス」と入力することで、それぞれCC、BCCとして送信されます

第7章　通知

図7.10　［通知（メール）［作成・変更］］ダイアログ

![通知（メール）［作成・変更］ダイアログのスクリーンショット。マネージャ、通知ID、説明、オーナーロールID、カレンダID、重要度変化後の初回通知、重要度変化後の二回目以降の通知、メール通知などの設定項目が表示されている]

（3）仕組み

メール通知では、メールをHinemosマネージャで指定したSMTPサーバへ送信します。そのため、Hinemosマネージャから送信されたメールを受信し、配信するSMTPサーバが別途必要です。

■送信先の SMTP サーバの設定

送信先のSMTPサーバは、Hinemosマネージャで1つだけ指定できます。SMTPサーバは、［メンテナンス］パースペクティブの［メンテナンス［Hinemosプロパティ］］ビューで設定します（**表7.11**）。プロトコルはSMTPとSMTPSが選択でき、SMTP AUTHにも対応しています。SMTPSおよびSMTP AUTHを利用しない場合は、mail.smtp.hostの値にSMTPサーバのIPアドレスを指定するだけで十分です。設定の詳細は「Hinemos ver.6.2 管理者ガイド」の「5.3　メール通知」を参照してください。

表7.11　Hinemosプロパティ（SMTPサーバ）

プロパティ名	設定する値
mail.smtp.host	SMTPサーバのホスト名
mail.smtp.port	SMTPサーバのポート番号

■メール送信元情報（メールヘッダ）の設定

メール送信元情報についても、［メンテナンス］パースペクティブの［メンテナンス［Hinemosプロパティ］］ビューで設定します（**表7.12**）。

118

7.4　障害発生時にメールを送信する「メール通知」

表7.12　Hinemosプロパティ（メールヘッダ）

プロパティ名	設定する値
mail.from.address	送信元メールアドレス
mail.from.personal.name	送信元名
mail.reply.to.address	返信先メールアドレス
mail.reply.personal.name	返信先名
mail.errors.to.address	送信メールのErrors-Toヘッダに設定するメールアドレス

（4）設計の考え方

　メール通知は、主に発生したイベントの情報をユーザへ直接的に伝える機能ですが、メールを介在して他製品／他システムと連携している事例も多くあります。この後で紹介するログエスカレーション通知でも同様に他製品や他システムと連携できますが、大きな違いはメールの「件名」と「本文」を分けて指定できること、syslogと比較して長い文字列が使用できることが挙げられます。

■メールの「件名」と「本文」

　メールの「件名」から発生したイベントの概要を知り、詳細確認が必要ならメールの「本文」を確認するといった運用を想定して、それぞれを指定できます。他製品との連携やメールクライアントなどでも、メールの件名で処理を振り分けることができます。これはメールテンプレートで定義できます。

　メールの本文には、たとえば障害が発生したサーバの情報や、その重要度（危険、警告）などの他に、そのイベントに関する問い合わせ先の電話番号やメールアドレス、管理者の名前などを含めることができます。これにより、リモートのユーザが発生した事象に対して即時に連絡をとるなど、運用の効率化につながります。

　これらの特徴を活かして設計することが重要です。また、メールの送信先が個人の携帯電話やスマートフォンの場合は、十分に通知の抑制を検討しておかないと、メッセージが大量に出力された場合にメールが大量に届いてしまう可能性があるので注意してください。

7.4.2　メールテンプレート

　メールテンプレートとは、メール通知で送信するメールの「件名」と「本文」を指定するものです。同じメールテンプレートを複数のメール通知で共有できます。メールテンプレートは、1つのメール通知で1つだけ選択できます。

（1）設定項目

- メールテンプレートID
  メールテンプレートの識別子で、メール通知から指定するIDです。Hinemosの中でユニークである必要があります
- 説明
  このメールテンプレートの説明です
- オーナーロールID
  オーナーロールの詳細は「第9章　アカウント」を参照してください。本文の内容に電話番号、メールアドレスなどの重要な情報を記載する場合は、オーナーロールを指定して公開範囲を限定します。

119

第7章　通知

特に制限が必要ない場合はALL_USERSを選択してください

● 件名

送信するメールの件名です。件名には「通知変数」と「ノードプロパティ」が利用できます。詳細は「Hinemosユーザマニュアル」の「6.4　メールテンプレート機能」を参照してください

● 本文

送信するメールの本文です。件名と同様に「通知変数」と「ノードプロパティ」が利用できます

図7.11　［メールテンプレート［作成・変更］］ダイアログ

具体的な使い方は、次の例題で確認してみましょう。

7.4.3　例題1. メール送信

LinuxAgentノード上のSMTPサーバ(Postfixサービス)に対してメールを送信してみましょう。まず、LinuxAgentノードで外部からメールを受信できるようにPostfix(/etc/postfix/main.cf)の設定を変更します。

修正前

```
#inet_interfaces = all
#inet_interfaces = $myhostname
#inet_interfaces = $myhostname, localhost
inet_interfaces = localhost
```

修正後

```
inet_interfaces = all ————[コメントアウトを解除]
#inet_interfaces = $myhostname
#inet_interfaces = $myhostname, localhost
#inet_interfaces = localhost ————[コメントアウト]
```

図7.12　postfixの起動

```
(root)# service postfix restart
```

120

7.4　障害発生時にメールを送信する「メール通知」

[メンテナンス]パースペクティブの[メンテナンス[Hinemosプロパティ]]ビューで**表7.13**のように設定を変更してください。

表7.13　Hinemosプロパティ（SMTPサーバ）

プロパティ名	設定する値
mail.smtp.host	192.168.0.3（LinuxAgentのIPアドレス）

次に、**表7.14**のとおりメールテンプレートを作成してください。

表7.14　メールテンプレート通知設定（TEMPLATE_MONITOR_RESULT）

メールテンプレートID	TEMPLATE_MONITOR_RESULT
説明	テスト用メールテンプレート"
件名	Hinemosから監視結果の通知です。(#[PRIORITY]_#[MONITOR_ID]_#[FACILITY_ID]) "
本文	監視結果を通知します。 重要度：#[PRIORITY] 出力日時：#[GENERATION_DATE] 監視設定：#[MONITOR_ID](#[MONITOR_DESCRIPTION]) 発生元：#[FACILITY_ID](#[SCOPE]) メッセージ：#[MESSAGE] 詳細：#[ORG_MESSAGE]

次に、**表7.15**のとおり通知設定SEND_MAILを作成して、プロセス監視設定PROC-NOFITYの通知IDに作成した通知を指定してください。

表7.15　メール通知設定（SEND_MAIL）

通知ID	SEND_MAIL
説明	障害発生時にLinuxAgentノードにメールを送信する
重要度変化後の初回通知	同じ重要度の監視結果が1回以上連続した場合に初めて通知
重要度変化後の二回目以降の通知	常に通知する
メールテンプレートID	TEMPLATE_MONITOR_RESULT
通知	危険だけチェック
メールアドレス（危険だけ）	root@LinuxAgent
この設定を有効にする	有効

それでは、LinuxAgentノードのcronを停止させて（**図7.13**）、メール通知の動作を確認してみましょう。

図7.13　crondの停止

```
(root)# service crond stop
```

crondサービス停止から約1分後、/var/spool/mail/rootにメールが届いていることが確認できます。

121

メール送信が遅い

メール通知では、HinemosプロパティまたはHinemosマネージャサーバで名前解決に関する設定が適切に行われていない場合に、1件ごとのメール送信に非常に時間がかかります。これを放置したままでいると、適切なタイミングでメールが受信できません。また、Hinemosマネージャ内のメール通知用のキューが溢れる原因になります。

次の設定に問題がないか確認してください。

- Hinemosプロパティに設定するmail.from.addressなどのメールアドレスに誤りがないか
- Hinemosマネージャサーバの名前解決の設定（/etc/hostsやDNSサーバ）に誤りがないか

7.5 他システムへメッセージ送信「ログエスカレーション通知」

Hinemosではログエスカレーション通知を使用すると、各監視機能の監視結果やジョブの実行結果をsyslogメッセージとして送信できます。syslogメッセージとは、RFC 3164にて規定されたsyslogプロトコルを使用したメッセージのことを指します。Linux環境であれば、自ホストのsyslogメッセージは/var/log/messagesに記録されます。ログエスカレーション通知は、システムで発生したイベントを他の運用管理の製品やシステムに送信することで、さまざまな機能連携を図るエンタープライズ向けの通知機能です。

Hinemosで管理しているイベントの重要度やメッセージをsyslogメッセージに含めて送信できる他に、syslogで規定されている情報のFacility（syslogメッセージの種類）、Severity（syslogメッセージの重大度）をイベントの重要度に合わせて指定できます。

ここでは、ログエスカレーション通知の全体像を理解した後に、次の例題を行ってみましょう。

例題1. syslogサーバにログエスカレーションする

7.5.1 ログエスカレーション通知

(1) 概要

表7.16 通知の仕様（ログエスカレーション通知）

項目	仕様
通知先	syslogサーバ／syslogを受信できる製品・システム
通知に利用するプロトコル	syslog（UDP/TCP）
固有の設定項目	ログエスカレーション先のスコープ
	ログエスカレーション先のポート番号
	syslogのFacility
	syslogのSeverity
	syslogのメッセージ

ログエスカレーション通知とは、各監視機能の監視結果やジョブの実行結果を指定のスコープへsyslogメッセージとして送信するものです。Hinemosのログエスカレーション通知で扱うsyslogメッセージは、ネットワークを介してメッセージを通信するために古くから用いられている、RFC 3164で規定されたプロトコルです。UDP、TCPのいずれにも対応でき、指定のノード／スコープへメッセージを送信します。

■ syslog メッセージ

ここでは、syslogメッセージの定義について簡単に解説します。詳細はRFC 3164を参照してください。

まず、syslogメッセージは3つの部分から構成されており、それぞれPRI部、HEADER部、MSG部と呼びます。HEADER部はさらに、TIMESTAMP部とHOSTNAME部の2つからなります。

```
PRI HEADER(TIMESTAMP HOSTNAME) MSG
```

Hinemosのログエスカレーション通知では、次のようなsyslogメッセージを作成して、指定したスコープにメッセージを送信します。

- PRI部
  ログエスカレーション通知の設定項目「Facility」と「Severity」から自動で決まります
- TIMESTAMP部
  各監視機能の監視結果やジョブの実行結果といったイベントの発生時時刻がセットされます
- HOSTNAME部
  マネージャサーバのノード名が設定されます。Hinemosプロパティのnotify.log.escalate.manager. hostnameで変更できます。詳細は「Hinemos管理者ガイド」を参照してください
- MSG部
  ログエスカレーション通知の設定項目「メッセージ」が設定されます

syslogメッセージの最大サイズは1024バイト（RFC 3164）のため、1024バイトを超えるメッセージについては送信時に切り捨てられます。

(2) 固有の設定項目

ログエスカレーション通知で設定する固有の項目は、大きく分けて「送信先」に関する情報と「送信するメッセージ（syslogメッセージ）」の2種類になります。

- ログエスカレーション先のスコープ
  syslogメッセージを送信する先は、Hinemosのリポジトリにノードとして登録されている必要があります。このsyslogメッセージの送信先は次の2つから選択できます
  ① イベントが発生したスコープ
  イベントが発生したノードにsyslogメッセージを送信します。たとえば、監視機能でLinuxAgentノードの異常を検知した場合、イベントが発生したノードであるLinuxAgentノードへsyslogメッセージを送信します
  ② 固定スコープ
  指定したノード／スコープにsyslogメッセージを送信します。インシデントを管理する製品や、

複数のシステムのイベントを束ねる運用管理製品などへ発生したイベントを送信する場合に利用します。この場合は、送信先のノード／スコープをスコープツリーから選択します

● ログエスカレーション先のポート番号

syslogメッセージの送信先ポート番号を指定します

● syslogのFacility

重要度別にsyslogのFacilityを指定します。Facilityとはsyslogメッセージの種類を指します。Facilityにはカーネルメッセージ(kern)、ユーザメッセージ(user)、メールメッセージ(mail)などがあります。RFC 3164で規定されたFacilityのほとんどは利用可能ですが、Hinemosがsyslogメッセージを生成していることから、userやlocal0～local7のいずれかを利用することが多いです

● syslogのSeverity

重要度別にsyslogのSeverityを指定します。Severityとはsyslogメッセージの重大度です。RFC 3164で規定されたSeverityは8種類(emerg、alert、crit、err、warn、notice、info、debug)、Hinemosの重要度は4種類(危険、警告、情報、不明)であることから、多くの場合、**表7.17**のようにマッピングします

表7.17 Hinemosの重要度とsyslogのSeverityの設定例

Hinemosの重要度	syslogのSeverity（重大度）
危険	error
警告	warning
情報	information
不明	（該当するSeverityがないので、システムに合わせて適切なものを選択する）

● syslogのメッセージ

syslogメッセージのMSG部を指定します。任意の文字列が指定できますが、通知変数を指定することで、このメッセージを監視結果に対応する内容に置換して送信できます。通知変数については「7.1.2　通知の基本設定」で説明しています

（3）仕組み

ログエスカレーション通知のsyslogメッセージは、HinemosマネージャのJavaプロセスから直接指定したノードのIPアドレスに送信します。そのため、syslogメッセージの送信先ノードは、Hinemosマネージャのサーバからネットワーク的に到達可能な機器である必要があります。

（4）設計の考え方

ログエスカレーション通知は、発生したイベントの情報をユーザに直接的に伝える機能ではありません。syslogメッセージを介して、他製品／他システムと連携するために使用します。そのため、ログエスカレーション通知の設計は、syslogメッセージの送信先の製品／システムの要件に依存します。したがって、ログエスカレーション通知の設計のポイントは、「どのようなHOSTNAME部、MSG部を持つsyslogメッセージを送信するか」に尽きます。

7.5 他システムへメッセージ送信「ログエスカレーション通知」

図7.14 [通知（ログエスカレーション）[作成・変更]] ダイアログ

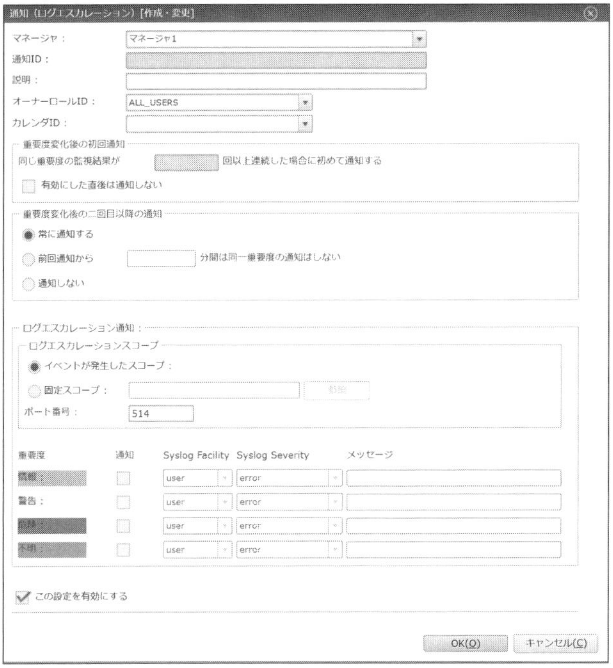

特に、syslog メッセージは1024バイトと最大長が決まっており、1024バイトを超える部分は送信時に切り捨てられてしまいます。そのため、最低限必要な情報に絞って指定する必要があります。たとえば、監視結果を通知する際には、**リスト7.2**のような通知変数を利用したsyslogメッセージとします。監視項目IDと事象が発生したノードのファシリティID、発生時のメッセージが伝わるため、多くの場合は最低限必要な情報を伝えられます。

リスト7.2 syslogのメッセージ

```
#[MONITOR_ID] #[FACILITY_ID] #[MESSAGE]
```

ログエスカレーション通知では、デフォルトでUDPでsyslogメッセージを送信します。送信先のsyslogサービスがTCPの場合は、[メンテナンス]パースペクティブの[メンテナンス[Hinemosプロパティ]]ビューでHinemosプロパティを変更することで、TCPでsyslogを送信できます（**表7.18**）。

表7.18 Hinemosプロパティの変更

プロパティ名	設定値
notify.log.escalate.manager.protocol	udp/tcp

第 7 章　通知

7.5.2　例題 1. syslog サーバにログエスカレーションする

プロセス監視を使って Manager ノードのプロセス状態を確認し、異常が発生したら LinuxAgent ノードに syslog メッセージが送信されるという設定を作成し、動きを確認しましょう。

まず、LinuxAgent ノードで、syslog を受信するように rsyslog (/etc/rsyslog.conf) の設定を変更してください。

修正前

```
# Provides UDP syslog reception
#$ModLoad imudp
#$UDPServerRun 514
```

修正後

```
# Provides UDP syslog reception
$ModLoad imudp ─────  コメントアウトを解除
$UDPServerRun 514 ────  コメントアウトを解除
```

図7.15　rsyslogd の再起動

```
# service rsyslog restart
```

表7.19 の通知設定を作成してください。

表7.19　ログエスカレーション通知設定（**SEND_SYSLOG**）

通知 ID	SEND_SYSLOG
説明	障害発生時に LinuxAgent ノードに syslog メッセージを送信する
重要度変化後の初回通知	同じ重要度の監視結果が 1 回以上連続した場合に初めて通知
重要度変化後の二回目以降の通知	常に通知する
ログエスカレーションスコープ	固定スコープ：LinuxAgent
通知	情報、警告、危険、不明
（全重要度の）Syslog Facility	user
（全重要度の）Syslog Severity	error
（全重要度の）メッセージ	#[MONITOR_ID] #[FACILITY_ID] #[MESSAGE]
この設定を有効にする	有効

作成後、プロセス監視設定 PROC-NOTIFY の通知 ID に作成した通知を指定し、スコープを Manager に変更してください（※本例題終了後は、スコープを LINUX に戻しておいてください）。設定後、1 分ほど経過すると、受信した syslog メッセージが LinuxAgent ノードの /var/log/messages に表示されます。

固定スコープで "LinuxAgent" を指定しているため、Manager で発生したプロセス監視の障害が LinuxAgent に syslog 送信されていることが確認できます。

126

7.6 自動復旧などを実行する「ジョブ通知」「環境構築通知」

　Hinemosではジョブ通知、または環境構築通知を使用することで、各監視機能の監視結果やジョブの実行結果に合わせて、発生した障害に対応した定型処理を実行できます。これを使用して、障害発生時にも障害を自動で復旧するような「運用自動化」を実現できます。これは、Hinemosが監視と自動化の機能を統合して保持しているため実現できる大きなメリットです。

　なお、コマンドを実行するという意味では「コマンド通知」も存在します。各通知の特徴を**表7.20**に記載します。

表7.20 コマンド通知、ジョブ通知、環境構築通知の違い

通知の種類	コマンドの実行サーバ	エージェントの要否	複雑なフローへの対応	長時間実行への対応	実行履歴の記録
コマンド通知	マネージャ	不要	不可	未対応（15秒）	未対応
ジョブ通知	任意のサーバ	必要	高度なフローも対応可	対応	対応（ジョブ履歴）
環境構築通知	任意のサーバ	不要	対応可	対応	対応（イベント通知）

　ジョブ通知が最も高度な制御が行えます。次いで環境構築通知、コマンド通知の順となります。実施する処理の要件を整理したうえで適切な通知を使用してください。

　ここでは、ジョブ通知、環境構築通知の全体像を理解した後に、次の例題を行ってみましょう。

　　例題1. プロセス障害発生時に再起動する（ジョブ通知）

　　例題2. プロセス障害発生時に再起動する（環境構築通知）

7.6.1　ジョブ通知

（1）概要

表7.21 通知の仕様（ジョブ通知）

項目	仕様
通知先	ジョブ／ジョブネット
通知に利用するプロトコル	HTTP/HTTPS（Hinemosマネージャ／Hinemosエージェント間の通信）
固有の設定項目	ジョブ実行スコープ
	実行するジョブ（ジョブユニットID／ジョブID）
	ジョブ呼び出し失敗時のイベント通知の重要度

　ジョブ通知は、各監視機能の監視結果やジョブの実行結果に連動して指定のジョブやジョブネットを実行します。

　通常、ジョブ機能で定義するジョブは、指定したコマンドを実行するノードが決まっています。しかし、ジョブ通知ではスコープに変数が指定できる機能を利用して、固定のノードだけではなく、障害などイベントが発生したノードで指定のコマンドを実行できます。これにより、複数のWebサーバが動作するシステムにおいて、1台のWebサーバがシステムダウンした場合に、そのWebサーバ上でシステムを再

起動するジョブを実行するといったことが可能になります。

(2) 固有の設定項目

- **ジョブ実行スコープ**
  このジョブ通知で実行するジョブについて、指定のコマンドを実行するスコープ、ノードを指定します
  - ① イベントが発生したスコープ
    発生したノードまたはスコープでジョブを実行します。たとえば障害が発生したサーバでジョブを実行したい場合などに利用します。実行するジョブのスコープ-ジョブ変数:#[FACILITY_ID]の設定が必要です。詳細は次の「(3)仕組み」で説明します
  - ② 固定スコープ
    特定のノードまたはスコープでジョブを実行します。たとえば他製品／他システムと連携するために定型処理を実行したい場合などに利用します。固定スコープの場合は、ジョブを実行するスコープをスコープツリーから選択します
- **実行するジョブ(ジョブユニットID／ジョブID)**
  重要度別にこのジョブ通知で実行するジョブを指定します
- **ジョブ呼び出し失敗時のイベント通知の重要度**
  実行するジョブが存在しないとジョブの呼び出しが失敗します。ジョブ通知を設定したときには存在していたジョブが、ジョブ通知の実行時には削除されてしまった場合などがこれに当てはまります。失敗したときに[監視履歴[イベント]]ビューにジョブ呼び出し失敗イベントを表示させる重要度を指定します

図7.16 [通知（ジョブ）[作成・変更]]ダイアログ

（3）仕組み

ジョブ通知が設定されていると、判定された重要度に対応する指定のジョブが起動されます。ジョブ通知の「ジョブ実行スコープ」の設定と、実行対象のジョブのスコープ（[ジョブ[ジョブの作成・変更]]ダイアログの[コマンド]タブ）によって、そのジョブが起動するノードが変わります。スコープの指定によるジョブが起動するノードについて**表7.22**にまとめました。

表7.22 スコープの指定によるジョブが起動するノード

ジョブ通知「ジョブ実行スコープ」の設定	ジョブ「スコープ」の設定	ジョブが起動するノード
イベントが発生したスコープ	ジョブ変数:#[FACILITY_ID]	イベント発生元のノード（監視の場合は監視対象ノード）
固定スコープ	ジョブ変数:#[FACILITY_ID]	ジョブ通知で指定したノード／スコープ
イベントが発生したスコープ／固定スコープ	ジョブ変数:#[FACILITY_ID]以外	ジョブで指定したノード／スコープ

（4）設計の考え方

ジョブ通知も、発生したイベントの情報をユーザに直接的に伝える機能ではありません。障害発生ノードの自動復旧や他製品／他システムとの連携など、監視結果からの連動で複雑な処理を実行する場合に利用します。

機能上はジョブの結果からジョブ通知をするという定義も可能です。しかし、もしジョブ定義やジョブ通知定義を誤って設定すると、ジョブ通知とジョブの実行の無限ループが発生し、永久に新しいジョブが起動し続ける可能性があります。そのため、特別な要件がない限りは、ジョブの結果でジョブ通知を行うことは推奨しません。

近年、IT運用管理プロセスを自動化する「Run Book Automation」の重要性が増していますが、これを実現するための基本機能的な位置づけと考えてください。

ジョブ通知の利用を検討するに当たって考慮すべき観点には、次のようなものがあります。

- 何を契機にコマンドを実行したいのか
- コマンドを実行したいノードはHinemosマネージャサーバだけかそれ以外か
- Hinemosマネージャサーバ以外の場合は、実行したいノードは固定のノードが、発生するイベントによって変化するものか
- 実行したい処理は何か

ジョブ通知ではジョブを実行するため、そのジョブの実行履歴が[ジョブ[履歴]]ビューに表示されます。もし短い期間でこのジョブ通知を経由してジョブを実行し続けると、ジョブの実行履歴の蓄積量が多くなり、[ジョブ[履歴]]ビューに実行履歴が埋もれて見にくくなってしまう可能性があります。そこで、実行履歴を保存する必要のない簡易な処理は、コマンド通知の利用も併せて検討してください。

7.6.2 例題1. プロセス障害発生時に再起動する（ジョブ通知）

ここでは、プロセス監視PROC-NOTIFYを利用し、cronのプロセスダウンを検知して再起動する処理をジョブ通知を使って行ってみます。

まず、第2章の「2.6 ジョブを実行してみよう」を参考に、**表7.23**、**表7.24**のようなcronを再起動す

第7章 通知

るジョブを作成します。ここで[ジョブ[ジョブの作成・変更]]ダイアログの[コマンド]タブで指定する
スコープは、ジョブ変数:#[FACILITY_ID]を指定していることに注意してください。

表7.23 ジョブネットの設定

項目名	設定値
ジョブID	0101_JOBUNIT_RESTART_CROND
ジョブ名	0101_cron再起動ジョブユニット

表7.24 ジョブの設定

項目名	設定値
ジョブID	010101_JOB_RESTART_CROND
ジョブ名	010101_cron再起動ジョブ
スコープ	ジョブ変数:#[FACILITY_ID]
起動コマンド	service crond restart
実効ユーザ	エージェント起動ユーザ

作成したこのジョブを参照する**表7.25**のようなジョブ通知を作成します。

表7.25 ジョブ通知設定（RESTART_CROND）

通知ID	RESTART_CROND
説明	cronのプロセスの再起動
重要度変化後の初回通知	同じ重要度の監視結果が1回以上連続した場合に初めて通知
重要度変化後の二回目以降の通知	常に通知する
ジョブ実行スコープ	イベントが発生したスコープ
通知	危険だけチェック
ジョブユニットID（危険だけ）	0101_JOBUNIT_RESTART_CROND
ジョブID（危険だけ）	010101_JOB_RESTART_CROND
呼び出し失敗時	不明
この設定を有効にする	有効

そして、プロセス監視PROC-NOTIFYにこのジョブ通知RESTART_CRONDと、「7.2.2　例題1.障
害イベント／復旧イベントの発生」で作成したイベント通知ALL_EVENTを設定します。
すると、[監視履歴]パースペクティブの[監視履歴[イベント]]ビューにLinuxAgentノードと
Managerノードのcronプロセスが正常に起動しているイベントが出力されます。
ここで、**図7.17**に示すコマンドをLinuxAgentノードで実行し、cronプロセスを停止させます。

図7.17 crondサービスの停止

```
(root)# service crond stop
```

しばらくすると、[監視履歴]パースペクティブの[監視履歴[イベント]]ビューにLinuxAgentノード
でcronプロセスが停止しているという内容の重要度「危険」のイベントが出力されます。また、[ジョブ

130

履歴]パースペクティブの[ジョブ[履歴]]ビューを確認すると、010101_JOB_RESTART_CRONDのジョブが起動していることがわかると思います。

　実際にcrondサービスが起動しているか、LinuxAgentノードで図**7.18**のコマンドを実行して、確認してください。

図7.18 crondサービスの起動確認

```
(root)# service crond status
```

　このように、プロセスの停止を検知して、直ちにプロセスを起動させて障害を復旧させることができます。環境構築通知でも同様のことが行えるので、「7.6.4　例題2. プロセス障害発生時に再起動する（環境構築通知）」を実践し、設定内容や動きの違いを確認してみてください。

7.6.3　環境構築通知

(1) 概要

表7.26 通知の仕様（環境構築通知）

項目	仕様
通知先	任意のサーバ
通知に利用するプロトコル	SSH（Linux）／ WinRM（Windows）
固有の設定項目	環境構築実行スコープ
	実行する環境構築（構築ID）
	環境構築呼び出し失敗時のイベント通知の重要度

　環境構築通知は、各監視機能の監視結果やジョブの実行結果に連動して指定の環境構築を実行します。
　通常の環境構築では、環境構築を実行するノードは決まっています。しかし、環境構築通知ではスコープに変数が指定できる機能を利用して、固定のノードだけでなく、障害などイベントが発生したノードで指定のコマンドを実行できます。これにより、複数のWebサーバが動作するシステムにおいて、1台のWebサーバがシステムダウンした場合に、そのWebサーバ上でシステムを再起動する環境構築を実行するといったことが可能になります。

(2) 固有の設定項目

● 環境構築実行スコープ

　この環境構築通知で実行する環境構築について、環境構築を実行するスコープ、ノードを指定します

　① イベントが発生したスコープ

　　発生したノードまたはスコープで環境構築を実行します。たとえば、障害が発生したサーバで環境構築を実行したい場合などに利用します。実行する環境構築のスコープ-変数:#[FACILITY_ID]の設定が必要です。詳細は次の「(3)仕組み」を参照してください

　② 固定スコープ

　　特定のノードまたはスコープで環境構築を実行します。たとえば、他製品／他システムと連携するために定型処理を実行したい場合などに利用します。固定スコープの場合は、環境構

第 7 章　通知

築を実行するスコープをスコープツリーから選択します
- 実行する環境構築(環境構築ID)

　重要度別にこの環境構築通知で実行する環境構築を指定します
- 環境構築呼び出し失敗時のイベント通知の重要度

　実行する環境構築が存在しないと環境構築の呼び出しが失敗します。環境構築通知を設定したときには存在していた環境構築が、環境構築通知の実行時には削除されてしまった場合などが当てはまります。失敗したときに[監視履歴[イベント]]ビューに環境構築呼び出し失敗イベントを表示させる重要度を指定します

図7.19　[通知（環境構築）[作成・変更]]ダイアログ

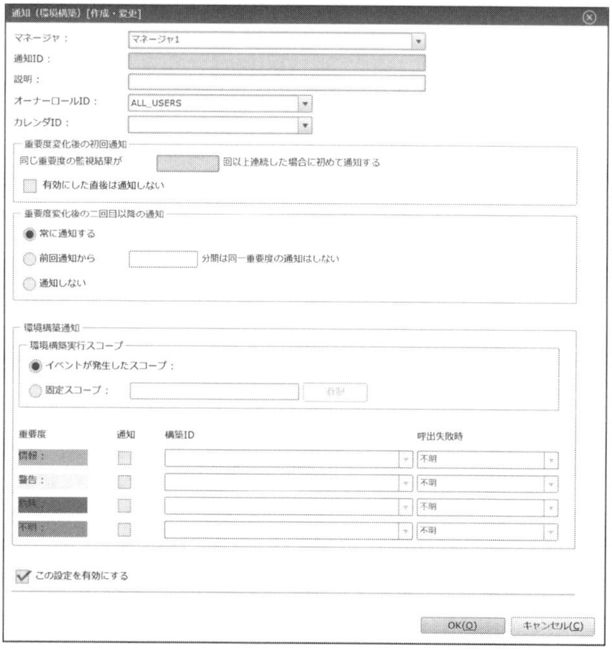

(3) 仕組み

　環境構築通知が設定されていると、判定された重要度に対応する指定の環境構築が起動されます。環境構築通知の「環境構築実行スコープ」の設定と、実行対象の環境構築の「スコープ−変数」によって、その環境構築が起動するノードが変わります。

　ジョブ通知のスコープと同じ仕組みとなっているため、詳細は「7.6.1　ジョブ通知」の「(3)仕組み」を参照してください。

(4) 設計の考え方

　環境構築に関する設計の基本的な考え方はジョブ通知と同様です。「7.6.1　ジョブ通知」の「(4)設計の考え方」を参照してください。

　環境構築通知の実行履歴は、環境構築に対して通知を設定することで記録できます。イベント通知を

7.6 自動復旧などを実行する「ジョブ通知」「環境構築通知」

利用することで、［監視履歴］パースペクティブの［監視履歴［イベント］］ビューでは、監視で異常を検知し、環境構築で復旧が行われるという流れを確認することができます。

7.6.4 例題2. プロセス障害発生時に再起動する（環境構築通知）

ここでは、プロセス監視PROC-NOTIFYを利用し、cronのプロセスダウンを検知して再起動する処理を環境構築通知を利用して行ってみます。

まず、環境構築を実行するための設定として、［リポジトリ］パースペクティブでManager、LinuxAgentノードのノードプロパティを**表7.27**のように変更してください。

表7.27 ノードプロパティの設定

サービス -> SSH -> ユーザ名	root
サービス -> SSH -> ユーザパスワード	（ノードのパスワード）

次に、「第23章 構築の自動化」を参考に、［環境構築］パースペクティブでcronを再起動する環境構築を作成します（**表7.28**、**表7.29**）。ここで［環境構築［作成・変更］］ダイアログのスコープは変数:#[FACILITY_ID]を指定していること、通知IDに「7.2.2 例題1.障害イベント／復旧イベントの発生」で作成したALL_EVENTを指定していることに注意してください。

表7.28 環境構築設定（**RESTART_CROND_INFRAMAN**）

項目名		設定値
構築ID		RESTART_CROND_INFRAMAN
構築名		cron再起動環境構築
スコープ		変数:#[FACILITY_ID]
通知先の指定	開始	情報
	実行正常	情報
	実行異常	危険
	チェック正常	情報
	チェック異常	危険
	通知ID	ALL_EVENT
この設定を有効にする		チェックを付ける

表7.29 コマンドモジュールの設定（**RESTART_CROND_INFRAMAN配下**）

項目名	設定値
順序	1
モジュールID	RESTART_CROND_MODULE
モジュール名	crond再起動モジュール
実行方法	SSH
実行コマンド	service crond restart
この設定を有効にする	チェックを付ける

作成したこの環境構築を参照する**表7.30**のような環境構築通知を作成します。

133

第 7 章　通知

表7.30　環境構築通知設定（RESTART_CROND_INFRA）

通知ID	RESTART_CROND_INFRA
説明	cronのプロセスの再起動
重要度変化後の初回通知	同じ重要度の監視結果が1回以上連続した場合に初めて通知
重要度変化後の二回目以降の通知	常に通知する
ジョブ実行スコープ	イベントが発生したスコープ
通知	危険だけチェック
環境構築ID（危険だけ）	RESTART_CROND_INFRAMAN
呼び出し失敗時	不明
この設定を有効にする	有効

　そして、プロセス監視PROC-NOTIFYにこの環境構築通知RESTART_CROND_INFRAと、「7.2.2
例題1.障害イベント／復旧イベントの発生」で作成したイベント通知ALL_EVENTを設定します。
　すると、[監視履歴]パースペクティブの[監視履歴[イベント]]ビューにLinuxAgentノードと
Managerノードのcronプロセスが正常に起動しているイベントが出力されます。
　ここで、**図7.20**に示すコマンドをLinuxAgentノードで実行し、cronプロセスを停止させます。

図7.20　crondサービスの停止

```
(root)# service crond stop
```

　しばらくすると、[監視履歴]パースペクティブの[監視履歴[イベント]]ビューに、重要度が「危険」で
LinuxAgentノードでcronプロセス停止のイベントが出力されます。その直後に重要度が[情報]でcrond
再起動の環境構築が実行されたログが出力されていることが確認できます。
　実際にcrondサービスが起動しているか、LinuxAgentノードで**図7.21**のコマンドを実行し、確認し
てください。

図7.21　crondサービスの起動確認

```
(root)# service crond status
```

　このように、プロセスの停止を検知して、直ちにプロセスを起動させて障害を復旧させることができます。
ジョブ通知でも同様のことが行えるので、「7.6.2　例題1.プロセス障害発生時に再起動する（ジョブ通知）」
を実践し、設定内容や動きの違いを確認してみてください。

7.7　他システムに連携する「コマンド通知」「イベントカスタムコマンド」

　Hinemosではコマンド通知やイベントカスタムコマンドを使用することで、Hinemosで発生した障害
の情報を他システム／他製品に連携することができます。他システム／他製品と連携することで障害の
情報を集約して管理することができ、業務を効率化できます。Hinemosのサブスクリプションで提供さ
れるRedmine、Jira Service Desk、ServiceNowへの連携を行うインシデント管理連携ツールも、コマン
ド通知を利用して実現されています。なお、イベントカスタムコマンドはver 6.2以降で利用できる機能
です。

7.7　他システムに連携する「コマンド通知」「イベントカスタムコマンド」

コマンド通知／イベントカスタムコマンドの特徴は次のとおりです。

コマンド通知
- 発生したイベントの情報をリアルタイムに連携できる
- 通知時に連携されるため、すべてのイベントが自動で連携される

イベントカスタムコマンド
- 連携が必要なイベントを運用者が選択し、連携できる
- 「未確認」「確認済」などの状態も連携できる
- 同じイベントを連携しないように設計・運用面での考慮が必要

　ここでは、コマンド通知、イベントカスタムコマンドの全体像を理解した後に、次の例題を行ってみましょう。システムへの連携ではありませんが、よく利用する例として「警告灯の制御」についても解説します。

　　　例題1. 簡単なRESTサービスへの連携を行う（コマンド通知）
　　　例題2. 障害発生時に警告灯を点灯させる（コマンド通知）
　　　例題3. 簡単なRESTサービスへの連携を行う（イベントカスタムコマンド）

7.7.1　コマンド通知

（1）概要

表7.31　通知の仕様（コマンド通知）

項目	仕様
通知先	Hinemosマネージャサーバでのコマンド実行
通知に利用するプロトコル	―
固有の設定項目	実効ユーザ
	コマンド

　コマンド通知とは、各監視機能の監視結果やジョブの実行結果に連動して指定のコマンドを実行するものです。このコマンドはHinemosマネージャが動作するサーバで実行するため、このサーバで動作可能なコマンドやシェルスクリプトを指定します。
　通知することで特定の処理を実行するという観点では、ジョブ通知や環境構築通知も同様のことができます。ジョブ通知や環境構築通知との違いは「7.6　自動復旧などを実行する『ジョブ通知』『環境構築通知』」で説明しているので、そちらを参照してください。

（2）固有の設定項目

　コマンド通知では、次の2つの項目が固有の設定項目です。重要度ごとに、コマンドを起動するユーザと、コマンドを指定します（**図7.22**）。

- **実効ユーザ**
　重要度別に実行するコマンドを起動するユーザ（実効ユーザ）を指定します

135

第 7 章　通知

- コマンド

  重要度別に実行するコマンドを指定します。「通知変数」が指定できます（通知変数については「7.1.2
  通知の基本設定」を参照してください）。ある監視設定で障害が発生したノードのファシリティ
  IDをコマンドの引数に渡してコマンドを実行したい場合は、次のようなコマンドを指定します

  ```
  command #[FACILITY_ID]
  ```

  このようにすると、コマンドを実行する際に#[FACILITY_ID]が対象のファシリティIDに置換し
  て実行されます

図7.22　［通知（コマンド）［作成・変更］］ダイアログ

（3）仕組み

　コマンド通知で指定したコマンドは、HinemosマネージャのJavaプロセスから起動します。

■OS 上で実行されるコマンド

　コマンド通知で実行するコマンドは、指定した「実効ユーザ」によって、OS上で実行する方式が変わ
ります。

- rootを指定した場合 …………… sh -c {コマンド}
- root以外を指定した場合 …… sudo -u {実効ユーザ} sh -c {コマンド}

(4) 設計の考え方

コマンド通知は、発生したイベントの情報をユーザに直接的に伝える機能ではありません。ユーザ指定のコマンドを介して他製品／他システムと連携したり、Hinemosの通知機能にないプロトコルを使用してユーザに通知をしたりする際に利用します。そのため、コマンド通知の設計は、連携したい他製品／他システムの要件、およびユーザが要望するプロトコル／コマンドに依存します。

7.7.2 例題1. 簡単な REST サービスへの連携を行う（コマンド通知）

Webサービスの API として現在主流となっている REST API への連携例を説明します。ここでは、連携先は実際の Web サービスではなく、LinuxAgent ノードに REST が確認できる簡単な Web サービスを起動し、確認します。

まず、LinuxAgent サーバに必要なパッケージをインストールします（**図7.23**）。

図7.23 Webサービスに必要なパッケージ

```
curl -o- https://raw.githubusercontent.com/creationix/nvm/v0.33.11/install.sh | bash
source ~/.bashrc
nvm install stable
npm install -g json-server
```

インストール後、**図7.24** のコマンドで Web サービスを起動してください（※ 192.168.0.3 は LinuxAgent の IP アドレス）。

図7.24 Webサービスの起動

```
json-server --host 192.168.0.3 db.json
```

ブラウザで http://192.168.0.3:3000 に接続し、画面が表示されることを確認してください。

次に、**表7.32** のようにコマンド通知を作成してください。

表7.32 コマンド通知設定（SEND_REST）

通知ID	SEND_REST
説明	RESTサービスへの連携
重要度変化後の初回通知	同じ重要度の監視結果が1回以上連続した場合に初めて通知
重要度変化後の二回目以降の通知	常に通知する
ジョブ実行スコープ	イベントが発生したスコープ
通知	危険だけチェック
実効ユーザ（すべて）	未入力
環境構築ID（すべて）	設定するコマンド参照
呼び出し失敗時	不明
この設定を有効にする	チェックを付ける

第7章　通知

今回は優先度、受信日時、監視ID、ファシリティIDを連携してみます（**図7.25**）。

図7.25 設定するコマンド

```
curl -XPOST -H "Content-Type: application/json" 'http://192.168.0.3:3000/posts' -d '{"priority":
➡ "#[PRIORITY]", "date": "#[GENERATION_DATE]", "monitor": "#[MONITOR_ID]","facility":"#[FACILITY_ID]",
➡ "message" : "#[MESSAGE]"}'
```

そして、PING監視PROC-PINGにこのコマンド通知SEND_RESTを設定します。設定後、1分ほど経過したらブラウザで次のURLを確認してください。

http://192.168.0.3:3000/posts

Hinemosで発生したイベントがRESTを使用し、Webサーバに連携されていることが確認できます。

補足事項

この例題では簡易的に確認するため、コマンドを直接記載しましたが、実際には次のような理由からスクリプトで実現することが多くなります。

● 認証情報などの設定を定義する必要がある
● 通信エラーなどの例外を考慮する必要がある
● 結果の正常や異常などをリターンコードとして返却する必要がある

また、RESTについて、今回は試験用のWebサーバを利用したため、どのようなデータでも送信できますが、実際はWebサービスが提供しているRESTのフォーマットに合わせて送信するデータを編集する必要があります。

7.7.3　例題2. 障害発生時に警告灯を点灯させる

運用者が常駐しているシステム管理の現場でも、障害の発生を即座に知るために警告灯を用意し、障害発生時にこれを点灯するといったケースがあります。たとえば、3色の警告灯の場合は、重要度「危険」が発生すると「赤」を点灯、重要度「警告」が発生すると「黄」を点灯させることで、いち早く障害を知ることができます。

ここでは、IPネットワークに接続できる種類の警告灯を例として説明します。このような警告灯はrsh経由で外部から点灯させることができます。Hinemosでは、監視結果の重要度別にコマンドを実行できますので、これを利用して重要度ごとに警告灯を点灯させることができます。

たとえば**リスト7.3**のようなコマンドをコマンド通知として指定します。

リスト7.3 警告灯を点灯コマンドのイメージ

```
rsh {警告灯のIPアドレス} {Command} {options}
```

コマンド通知の実行確認

コマンド通知が動作すると、その実行ログがHinemosマネージャのログ /opt/hinemos/var/log/hinemos_manager.log に出力されます。たとえば、**図7.26**は日付を出力するdateコマンドをコマンド通知で実行した例です。

図7.26 コマンド通知の実行ログ

```
2014-03-30 15:09:33,629 INFO [com.clustercontrol.notify.util.ExecCommand]
➡(NotifyCommandTask-1) call() excuting command. (effectiveUser = root, command = date,
➡mode = AUTO, timeout = 15000) ──────  コマンド実行前
2014-03-30 15:09:33,637 INFO [com.clustercontrol.notify.util.ExecCommand]
➡(NotifyCommandTask-1) call() executed command. (exitCode = 0, stdout = 2014年  3月 30日 日曜日
➡15:09:33 JST, stderr = ) ──────  コマンド実行後
```

コマンドを実行する前と実行した後にログが出力されており、実行前のログでは、実効ユーザ(effectiveUser)とコマンド(command)などが表示されています。実行後のログではdateコマンドの戻り値(exitCode)と標準出力(stdout)、標準エラー(stderr)が出力されています。

7.7.4 イベントカスタムコマンド

(1) 概要

表7.33 通知の仕様（イベントカスタムコマンド）

項目	仕様
通知先	Hinemosマネージャサーバでのコマンド実行
通知に利用するプロトコル	HTTP/HTTPS（Hinemosマネージャ/ Hinemosクライアント間の通信）

イベントカスタムコマンドとは、[監視履歴[イベント]]ビューでイベントを選択し、選択したイベントの情報を利用して指定のコマンドを実行するものです。このコマンドはHinemosマネージャが動作するサーバで実行するため、そのサーバで動作可能なコマンド／シェルスクリプトを指定します。

■実行の流れ
① [監視履歴]パースペクティブの[監視履歴[イベント]]ビューで連携対象のイベントを選択し、[コマンド実行]アイコンをクリック
② 実行するイベントカスタムコマンドを選択
③ コマンドの実行終了後、実行結果がポップアップ表示される(図7.27)

第 7 章 通知

図 7.27 イベントカスタムコマンドの流れ

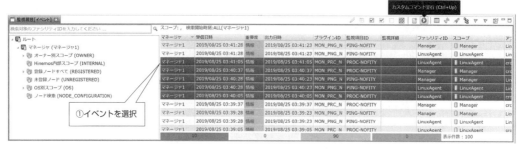

(2) 設定項目

ここでは、イベントカスタムコマンドの主要な設定項目について解説します。イベントカスタムコマンドの設定は[メンテナンス]パースペクティブの[メンテナンス[Hinemosプロパティ]]ビューで設定します。イベントカスタムコマンドは最大10件(ver 6.2.1 以前は4件)まで登録できます。その他の項目については「Hinemos ver.6.2 ユーザマニュアル」の「5.8 イベントカスタムコマンド」を参照してください。

- コマンドを有効にするか(monitor.event.customcmd.cmdX.enable)
  コマンドを使用する場合、trueを指定します
- コマンドの表示名(monitor.event.customcmd.cmdX.displayname)
  運用者がコマンドを区別するためにわかりやすい名称を指定します
- コマンドの説明(monitor.event.customcmd.cmdX.description)
  コマンドの用途や注意点などの説明を指定します
- 実行コマンド(monitor.event.customcmd.cmdX.command)
  Hinemosマネージャで実行するコマンドを指定します。通知変数と同様に置換文字列を使用できます。詳細は「Hinemos ver.6.2 ユーザマニュアル」の「表5-11 イベントカスタムコマンドで使用できる文字列置換一覧」を参照してください
- 実効ユーザ(monitor.event.customcmd.cmdX.user)
  コマンドのユーザを指定します

(3) 仕組み

ユーザが画面で選択したイベントの情報がHinemosクライアントからマネージャに送信され、マネージャでイベントカスタムコマンドが実行されます。Hinemosクライアントでは定期的にイベントカスタ

7.7 他システムに連携する「コマンド通知」「イベントカスタムコマンド」

ムコマンドの実行状態を確認し、終了していた場合には画面表示します。

(4) 設計の考え方

イベントカスタムコマンドは他の通知と異なり、自動で実行される機能ではありません。そのため、どのような運用を行うかを考慮し、設計を行う必要があります。また、さまざまなタイミングで連携できることから、システム間連携のポリシーについても考慮する必要があります。

具体的に考慮すべき内容は、次のとおりです。

■同じイベントに対する考慮

運用者がそのイベントが連携済であるかどうかをわかるようにする必要があります。そのため、ユーザ拡張イベント項目とコマンドラインツールを使用し、コマンドで連携後に連携後の状態に更新するといった設計が必要になります。

加えて、同じイベントが連携された場合にどのような挙動にするか考慮する必要もあります。これについては、Hinemosで制御するか、連携先のシステム側で制御するか、2つの選択が考えられます。前者の場合は連携済であることをチェックし、連携しないようにします。後者の場合は連携先のシステムで同じイベントの場合は無視、または後から送信された内容で上書きするといった対応が必要となります。なお、Hinemosのイベントはデフォルト非表示の項目である「イベント番号」で同じイベントと判断できます。

■補足（複数ユーザの同時実行に関する考慮）

同じイベントに対して、同時に複数のユーザが同じコマンドを実行した場合でも、同じイベントに対して同時に同じコマンドが実行されることはありません。必ずいずれかのユーザが実行したコマンドが完了した後に、他のユーザが実行したコマンドが実行されます。

7.7.5 例題3. 簡単なRESTサービスへの連携を行う（イベントカスタムコマンド）

コマンド通知と同様に、REST APIへの連携を試してみましょう。必要なパッケージのインストールとWebサービス起動は「7.7.2 例題1. 簡単なRESTサービスへの連携を行う（コマンド通知）」を参照して、必要な作業を実行してから以降の手順を進めてください。

まず、[メンテナンス]パースペクティブの[メンテナンス[Hinemosプロパティ]]ビューで、**表7.34**のようにイベントカスタムコマンドを登録します。

表7.34 Hinemosプロパティ（イベントカスタムコマンド）

プロパティ名	設定する値
monitor.event.customcmd.cmd1.enable	true
monitor.event.customcmd.cmd1.displayname	RESTサービス連携
monitor.event.customcmd.cmd1.description	イベント情報をRESTサービスへ連携します
monitor.event.customcmd.cmd1.command	設定するコマンド参照

コマンド通知でも指定した優先度、受信日時、監視ID、ファシリティIDに加え、イベントカスタムコマンドでだけ連携できるイベント番号、確認も連携してみましょう（**図7.28**）。

141

第7章　通知

図7.28 設定するコマンド

```
curl -XPOST -H "Content-Type: application/json" 'http://192.168.0.3:3000/posts' -d '{"eventno"
➡: "#[EVENT_NO]","priority": "#[PRIORITY]", "date": "#[GENERATION_DATE]", "monitor": "#[MONITOR_
➡ID]","facility":"#[FACILITY_ID]", "message" : "#[MESSAGE]", "confirm" : "#[CONFIRM]"}'
```

Hinemosマネージャを再起動します(**図7.29**)。イベントカスタムコマンドの設定後にはHinemosマネージャの再起動が必要となる場合があります。Hinemosプロパティの説明欄に[You need to restart Hinemos Manager]の記載がある設定は、Hinemosマネージャの再起動が必要です。

図7.29 Hinemosマネージャの再起動

```
service hinemos_manager restart
```

それでは、実際にイベントカスタムコマンドを実行してみましょう。

まず、[監視履歴]パースペクティブの[監視履歴[イベント]]ビューでCtrlキーを押しながら、イベントを複数クリックしてください。その後、[カスタムコマンド実行]アイコンをクリックしてください。

[監視履歴[イベント・カスタムコマンドの実行]]ダイアログで[RESTサービス連携]を選択して[実行]ボタンをクリックし、確認メッセージで[Yes]をクリックしてください。

コマンドが完了するまでしばらく待ちます。なお、コマンドが実行される間も自由に操作を行うことができます。[監視履歴[イベント・カスタムコマンドの実行]]ダイアログが表示されるので、結果を確認してください。

実際に連携が行われたか、ブラウザで次のURLを確認してみましょう。

http://192.168.0.3:3000/posts

Hinemosで発生したイベントがRESTを使用し、Webサーバに連携されていることが確認できます。「イベント番号」と「確認」も連携されていることが確認できます。

また、[監視履歴[イベント]]ビューで連携したイベントをダブルクリックしてみてください。イベント操作履歴を確認すると、イベントカスタムコマンドが実行された時刻と出力内容が確認できます。[監視履歴[イベント・カスタムコマンドの実行結果]]ダイアログを確認しないまま閉じてしまった場合などは、こちらで結果を確認することもできます。

第**3**部 共通基本機能

第**8**章

カレンダ

第8章　カレンダ

　監視やジョブの機能は、基本的には定期的に実行されます。しかし、場合によっては、監視を実行したくない時間帯や、ジョブを実行したくない日が存在することでしょう。本章では、監視やジョブの有効／無効を日時に応じて切り替えるカレンダ機能について説明します。

8.1　カレンダの概要

　あるシステムでは毎月月末にWebサービスを閉塞するとします。Webサービスの閉塞時間帯はWebサーバが停止し、HTTP監視は応答を返しません。この状態では、HTTP監視結果でアラートが発生してしまいます。そこで、カレンダ機能を用います。Webサービスの閉塞時間帯を定義したカレンダ設定を用意して、これを監視設定で利用すれば、Webサービスの閉塞時間帯は監視を実行しないようにできます。

　カレンダ機能では、次の3つの設定を組み合わせることで複雑な業務カレンダも簡単に定義できます。

● カレンダ
　複数の「カレンダ詳細」をまとめて、カレンダ全体の有効期間を定義できます
● カレンダ詳細
　カレンダの定義として、「年」「月」「日」「前後日」「振り替え」「時間」の指定と、その「稼動／非稼動」を設定できます。具体的には、毎年、毎月、毎日といった繰り返し指定や、何年、何月、何日といった指定ができます。特に、日単位のパターンは柔軟に設定可能で、毎日や具体的な日付指定に加え、曜日での繰り返しや、「カレンダパターン」を指定できます。カレンダ詳細では1つのカレンダパターンを指定できます
● カレンダパターン
　「YYYY年MM月DD日」の任意の組み合わせを登録し、カレンダ詳細の通常のルールでは表現が難しい不規則な日程（祝日など）の組み合わせを、パターンとして設定できます。日本の国民の祝日を登録したカレンダパターンがデフォルトで登録されています

　カレンダは、Hinemosの各機能で共有して利用できます。たとえば、システムを再起動する場合に、再起動中の時間帯を登録したカレンダを作成して監視とジョブに設定し、非稼動とします。すると、システムの再起動中は監視を行わず、ジョブもスケジュール実行しないといったことが実現できます。また、カレンダを共有できるため、カレンダに修正が生じたときも、1つのカレンダを変更するだけで、関連するすべての機能の動作を変更できます。

8.2　カレンダの作成と確認

　まずは簡単なカレンダを作成して、カレンダの内容を確認し、監視機能で使ってみましょう。

8.2.1　例題 1. 日曜日だけ動作しないカレンダとシステムログ監視への設定

　「日曜日だけ動作しないカレンダ」を作成し、システムログ監視が日曜日は動作しないことを確認します。まず、カレンダを作成します。［カレンダ］パースペクティブを開き、［カレンダ［一覧］］ビューの［作成］アイコンをクリックして、［カレンダ［カレンダの作成・変更］］ダイアログ（**図8.1**）を開いてください。
　［カレンダ［カレンダの作成・変更］］ダイアログと、［追加］ボタンをクリックして表示される［カレンダ［詳

144

細設定の作成・変更]]ダイアログ(**図8.2**)に、それぞれ**表8.1**と**表8.2**の内容を入力してください。

図8.1 ［カレンダ［カレンダの作成・変更］］ダイアログ

図8.2 ［カレンダ［詳細設定の作成・変更］］ダイアログ

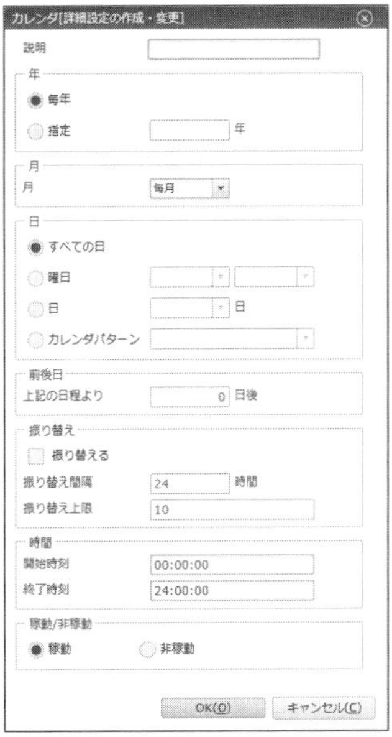

表8.1 カレンダ（日曜日非稼動カレンダ）

カレンダID	CAL_SUNDAY
カレンダ名	日曜日非稼動カレンダ
有効期間（開始）	2019/01/01 00:00:00
有効期間（終了）	2099/12/31 23:59:59

表8.2 カレンダ詳細（日曜日非稼動カレンダ）

項目	順序1	順序2
説明	日曜日非稼動	毎日稼動
年	毎年	毎年
月	毎月	毎月
日	曜日、毎週日曜日	すべての日
前後日	0日後	0日後
振り替え	チェックしない	チェックしない
開始時刻	00:00:00	00:00:00
終了時刻	24:00:00	24:00:00
稼動/非稼動	非稼動	稼動

　複数のカレンダ詳細を登録している場合は、順序の数字が小さいものが優先されます。つまり、今回設定した内容の場合は、日曜日であれば順序が1番の「日曜日非稼動」に一致して非稼動となります。日曜日以外であれば、順序が1番の規則には一致しないので、次の順序が判定され、2番の「毎日稼動」に一致して稼動となります(なお、すべての規則に一致しない場合は、非稼動の扱いとなります)。

　［カレンダ［月間予定］］ビューで実際に判定内容が確認できます。［カレンダ［一覧］］ビューで先ほど作

145

第8章 カレンダ

成したカレンダを選択してください。右隣の[カレンダ[月間予定]]ビューで実際に稼動になる日、非稼動になる日がわかります。稼動の日は、背景色が緑で「○」、非稼動の日は背景色が赤で「×」が表示されます。日曜日が「×」、日曜日以外が「○」となっていることが確認できます(**図8.3**)。

図8.3 [カレンダ[月間予定]]ビューでのカレンダの確認

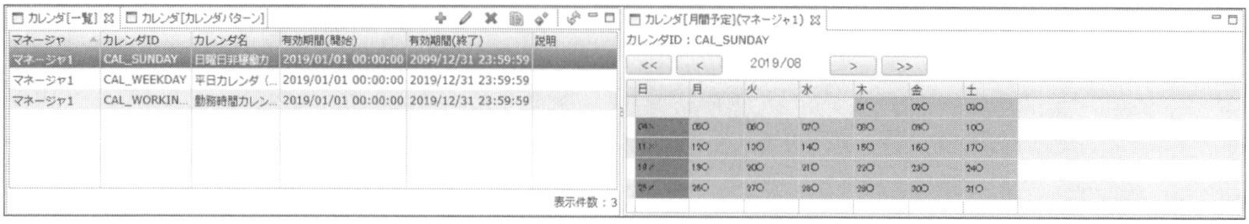

では、作成したカレンダがシステムログ監視で動作するか確認してみましょう。**表8.3**に従って、システムログ監視を設定してください。

表8.3 システムログ監視の設定

監視ID	SYSLOG_CAL_001	SYSLOG_CAL_002
スコープ	LinuxAgent	LinuxAgent
カレンダ	指定しない	CAL_SUNDAY
パターン	.*	.*
通知	EVENT_FOR_TRAP	EVENT_FOR_TRAP

実際にカレンダが有効に動作していることを確認してみましょう。日曜日以外はSYSLOG_CAL_001とSYSLOG_CAL_002の両方が動作し、日曜日はSYSLOG_CAL_001だけが動作するはずです。実際に日曜日、平日になるまで待つのは大変なので、確認のために、マネージャサーバのシステム日付を変更します(**図8.4**)。

[注意事項]
本作業ではOSのシステム日付の変更を行います。変更しても問題のない環境で実施してください。

図8.4 Hinemosマネージャサーバの時刻変更

```
(root)# service hinemos_manager stop
(root)# date -s {YYYY/MM/DD}
(root)# service hinemos_pg start
(root)# /opt/hinemos/sbin/mng/hinemos_reset_scheduler.sh
(root)# service hinemos_manager start
```

※YYYY/MM/DDは変更したい日付を指定してください。

上記の変更を行った後、平日と日曜日それぞれで**図8.5**のコマンドを実行し、[監視履歴[イベント]]ビューの結果を確認してください。

図8.5 loggerコマンドの実行

```
(root)# logger testweekday ——— 平日の実行コマンド
(root)# logger testsunday ——— 日曜日の実行コマンド
```

8.2.2 例題2. 勤務時間だけ動作するカレンダ

例題1では、日単位で稼動日となるか非稼動日となるかの2種類しかありませんでしたが、時間単位でも稼動／非稼動を設定できます。ここでは、平日の勤務時間帯（9:30〜18:30）だけを稼動日とするカレンダを設定してみます。

設定内容を**表8.4**と**表8.5**に示します。

表8.4 カレンダ（勤務時間カレンダ）

カレンダID	CAL_WORKINGHOUR
カレンダ名	勤務時間カレンダ
有効期間（開始）	2019/01/01 00:00:00
有効期間（終了）	2099/12/31 23:59:59

表8.5 カレンダ詳細（勤務時間カレンダ）

順序1	毎週月曜	09:30:00〜18:30:00	稼動
順序2	毎週火曜	09:30:00〜18:30:00	稼動
順序3	毎週水曜	09:30:00〜18:30:00	稼動
順序4	毎週木曜	09:30:00〜18:30:00	稼動
順序5	毎週金曜	09:30:00〜18:30:00	稼動

カレンダ詳細の登録で順番を誤って登録した場合、［上へ］ボタンや［下へ］ボタンで順番を入れ替えてください。

登録結果を確認します。［カレンダ［一覧］］ビューからCAL_WORKINGHOURを選択して、［カレンダ［月間予定］］ビューを確認します。［カレンダ［月間予定］］ビューでは、月曜日〜金曜日が「△」になっており、土曜日と日曜日が「×」になっています。「△」は、稼動の時間帯と非稼動の時間帯の両方がその日に存在することを示します。

続いて、日ごとの稼動時間帯を確認していきましょう。［カレンダ［月間予定］］ビューから適当な日付をクリックし、［カレンダ［週間予定］］ビューを確認してください。月曜日〜金曜日の9:30〜18:30が稼動時間帯になっていることが確認できます（**図8.6**）。

なお、カレンダ詳細の「開始時間」は稼動の時間と判定されますが、「終了時間」は非稼動と判定されます。たとえば、監視設定にカレンダを設定した場合、9:30は監視が行われますが、18:30は監視が行われません。

図8.6 勤務時間カレンダの［カレンダ［月間予定］］ビューと［カレンダ［週間予定］］ビュー

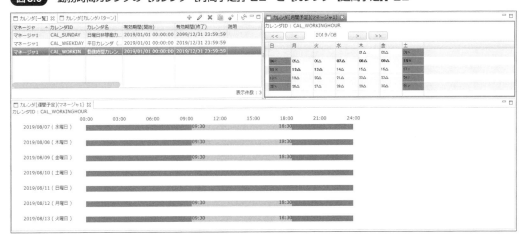

第 8 章　カレンダ

8.2.3　例題 3. 繰り返し利用可能なカレンダパターン

　ここまでの説明では、カレンダ詳細の「日」で曜日や日を選択していました。この「日」では、ユーザが
あらかじめ登録した日のセットである「カレンダパターン」を利用できます。デフォルトでは、祝日のカ
レンダパターンが用意されています。ここでは、偶数の日付で構成されたカレンダパターンを作成して
みます。

　[カレンダ]パースペクティブの[カレンダ[カレンダパターン]]ビューの[作成]アイコンをクリックして、
[カレンダ[カレンダパターンの作成・変更]]ダイアログを開いてください（**図8.7**）。

図8.7　[カレンダ[カレンダパターンの作成・変更]]ダイアログ

　表8.6のように設定します。

表8.6　カレンダパターン（偶数日）

カレンダパターンID	EVENDAY
カレンダパターン名	偶数日
カレンダパターン設定	当月のカレンダの偶数日をすべてクリック

　次に、[カレンダ[一覧]]ビューで**表8.7**のカレンダおよび**表8.8**のカレンダ詳細を作成してください。

表8.7　カレンダ（偶数日稼動カレンダ）

カレンダID	CAL_EVENDAY
カレンダ名	偶数日稼動カレンダ
有効期間（開始）	2019/01/01 00:00:00
有効期間（終了）	2099/12/31 23:59:59

表8.8　カレンダ詳細（偶数日稼動カレンダ）

日	カレンダパターン、EVENDAY
時間	00:00:00 ～ 24:00:00
稼動／非稼動	稼動

　[カレンダ[月間予定]]ビューで、偶数日が稼動日となっていることを確認してください。

8.3　さまざまなカレンダの設定例

8.3.1　例題 4. 複数のカレンダ詳細の組み合わせ

　「土曜日と日曜日は非稼動。それ以外（月曜日～金曜日）は稼動。ただし毎月1日は曜日に関わらず稼動」

148

8.3 さまざまなカレンダの設定例

というカレンダを作成したい場合は、複数のカレンダ詳細を設定します。「1日の土曜日」「1日の日曜日」には「稼動」とする必要があるため、毎月1日を稼動とする設定を最上位(順序1)で登録するのがポイントです。

設定例は**表8.9**と**表8.10**のとおりです。

表8.9 カレンダ（平日カレンダ）

カレンダID	CAL_WEEKDAY
カレンダ名	平日カレンダ（1日稼動）
有効期間（開始）	2019/01/01 00:00:00
有効期間（終了）	2099/12/31 23:59:59

表8.10 カレンダ詳細（平日カレンダ）

項目	順序1	順序2	順序3	順序4
説明	毎月1日稼動	土曜非稼動	日曜非稼動	毎日稼動
年	毎年	毎年	毎年	毎年
月	毎月	毎月	毎月	毎月
日	日、1日	曜日、毎週土曜日	曜日、毎週日曜日	すべての日
前後日	0日後	0日後	0日後	0日後
振り替え	チェックしない	チェックしない	チェックしない	チェックしない
開始時刻	00:00:00	00:00:00	00:00:00	00:00:00
終了時刻	24:00:00	24:00:00	24:00:00	24:00:00
稼動／非稼動	稼動	非稼動	非稼動	稼動

［カレンダ［月間予定］］ビューで確認してみましょう。2019年の6月1日は土曜日でも稼動「○」となっていることが確認できます。

8.3.2 例題 5. 第一日曜日の翌日

あるバッチジョブが第一日曜日に動作し、翌日に後処理をする場合には、第一日曜日の翌日だけ稼動日とする必要があります。しかし、ここでそのまま第一月曜日にしてはいけません。なぜなら第一日曜日の翌日と第一月曜日は異なるからです。

たとえば、2019年7月は第一日曜日が7日です。そのため、第一日曜日の翌日は8日となります。第一月曜日は1日なので、第一日曜日の翌日と第一月曜日は同じではないことがわかります。

では、第一日曜日の翌日を定義したい場合はどうすればよいでしょうか。たとえば、すべての第一日曜日の翌日を定義したカレンダパターンを用意する方法もあります。運用期間が5年であれば、第一日曜日の翌日は全部で60日だけですから、登録作業は不可能ではありません。しかし、Hinemosではカレンダ詳細の「前後日」という項目を利用することで、もっと簡単に設定できます。

「前後日」とは、「日」で指定した日数からN日後を指定する設定です。「第一日曜日の翌日」であれば、「日」で「第一日曜日」を指定し、「前後日」で「1」日後を指定することで設定できます。なお、N日前を指定したい場合は「-N」日後と設定することで対応できます。

設定例は**表8.11**と**表8.12**のとおりです。

149

第8章　カレンダ

表8.11　カレンダ（第一日曜日の翌日）

カレンダID	CAL_DAYAFTER_FIRSTSUNDAY
説明	第一日曜日の翌日
有効期間（開始）	2019/01/01 00:00:00
有効期間（終了）	2099/12/31 23:59:59

表8.12　カレンダ詳細（第一日曜日の翌日）

曜日	第一日曜日の翌日
前後日	上記の日程より1日後
稼動	稼動

8.3.3　例題6. 24時を超えた時刻の設定（48時間制スケジュールの設定）

　営業日が朝8時に始まり、翌日の深夜2時に営業日が終わる場合は、営業日が当日と翌日にまたがってしまいます。このような場合は、当日のカレンダ（8:00〜24:00）と翌日（0:00〜2:00）のカレンダの2つを用意するのではなく、時刻欄に24:00より後ろの時刻を設定することで、その2つのカレンダをまとめることができます。深夜2時の場合は「26:00」という登録が可能です。

　営業日が月曜日〜金曜日、営業時間が8:00〜翌2:00の場合の設定例は**表8.13**と**表8.14**のとおりです。

表8.13　カレンダ（平日8:00から26:00）

カレンダID	CAL_48HOUR
カレンダ名	平日8:00から26:00
有効期間（開始）	2019/01/01 00:00:00
有効期間（終了）	2099/01/01 00:00:00

表8.14　カレンダ詳細（平日8:00から26:00）

毎週月曜	8:00 〜 26:00	稼動
毎週火曜	8:00 〜 26:00	稼動
毎週水曜	8:00 〜 26:00	稼動
毎週木曜	8:00 〜 26:00	稼動
毎週金曜	8:00 〜 26:00	稼動

　［カレンダ［週間予定］］ビューで確認してみましょう。月曜日〜金曜日の8:00〜翌2:00が稼動、それ以外が非稼動となっていることが確認できます。

8.3.4　例題7. 月末

　月の頭を定義したい場合は1日を登録すれば済みますが、月末は月によって日が異なります。どのように登録すればよいでしょうか。

　月末を定義するには「前後日」を利用して、毎月1日の1日前を指定します。設定例は**表8.15**と**表8.16**のとおりです。

150

8.3 さまざまなカレンダの設定例

表8.15 カレンダ（月末）

カレンダID	CAL_ENDOF_MONTH
説明	月末
有効期間（開始）	2019/01/01 00:00:00
有効期間（終了）	2099/12/31 23:59:59

表8.16 カレンダ詳細（月末）

日	1日
前後日	上記の日程より-1日後
稼動	稼動

［カレンダ［月間予定］］ビューで月を切り替えると、必ず月末が「○」となっていることが確認できます。

8.3.5 例題8. 月末最終営業日（振り替えの設定）

例題7では、月の最終日を稼動日とするカレンダを作成しました。では、月の最終営業日だけを稼動日とする場合はどのように設定すればよいでしょうか。

営業日が月～金の場合で考えてみましょう。まず、次のような設定を思いつくかもしれません。

- 毎週土曜日、日曜日を非稼動日と設定する
- 例題7と同様に前後日を利用して、毎月1日の1日前を稼動日と設定する

しかし、この方法では月末日が土曜日や日曜日に当たると非稼動日となってしまいます。このような場合、カレンダ詳細の「振り替え」を設定することにより、稼動日を前後日に振り替えることができます。

設定例は**表8.17**、**表8.18**、**表8.19**のとおりです。

表8.17 カレンダ（月末最終営業日）

カレンダID	CAL_LAST_BIZDAY_OF_THE_MONTH
カレンダ名	月末最終営業日
有効期間（開始）	2019/01/01 00:00:00
有効期間（終了）	2099/12/31 23:59:59

表8.18 カレンダ詳細（月末最終営業日）

毎週土曜	00:00～24:00	非稼動
毎週日曜	00:00～24:00	非稼動
毎月1日1日前	「カレンダ詳細（毎月1日1日前）」を参照	

表8.19 カレンダ詳細（毎月1日1日前）

日	00:00～24:00、非稼動
前後日	上記の日程より-1日後
振り替える	チェック
振り替え間隔	-24
振り替え上限	10
開始時刻	09:30:00
終了時刻	18:30:00
稼動	稼動

第8章　カレンダ

［カレンダ［月間予定］］ビューで、2019年7月、8月の月間予定を確認してみましょう。

2019年7月31日は水曜日なので、31日が「△」になっていることが確認できます。2019年8月31日は土曜日なので、31日が「×」になっています。振り替えにより1日前の30日が「△」になっていることが確認できます。

「振り替え」は事前に「非稼動」と判断された場合に、指定された「振り替え間隔」の時間分、振り替えるという設定です。振り替えた先がさらに「非稼動」の場合は「振り替え上限」まで振り替えを行います。これにより、日曜日が非稼動の場合に土曜日に振り替え、土曜日からさらに金曜に振り替える、ということができます。

注意点として、大型連休の場合は「振り替え上限」に達してしまい、振り替えされない可能性があります。

8.3.6　例題 9. 隔週

隔週のカレンダは、シンプルに「カレンダパターン」を使用して登録します。「カレンダパターン」では日付を手動で登録する必要があるため、システムの運用期間分をあらかじめすべて登録するか、定期的にカレンダパターンを追加する運用ルールを定めておくなどの対応が必要となります。

表8.20、**表8.21**、**表8.22**は、「隔週月曜日」の登録例です。

表8.20　カレンダパターン（隔週月曜日）

カレンダパターンID	CALPTN_BIWEEKY_MONTH
カレンダパターン名	隔週月曜日
カレンダパターン	2019/8/5、2019/8/19、2019/9/2、2019/9/16…

表8.21　カレンダ（隔週月曜日）

カレンダID	CAL_BIWEEKY_MONTH
カレンダ名	隔週
有効期間（開始）	2019/01/01 00:00:00
有効期間（終了）	2099/12/31 23:59:59

表8.22　カレンダ詳細（隔週月曜日）

日	カレンダパターン、CALPTN_BIWEEKY_MONTH
稼動	稼動

［カレンダ［月間予定］］ビューを見ると、指定した隔週の月曜日が稼動となっていることが確認できます。

152

第9章

ユーザ管理と権限管理

Hinemosではアカウント機能を利用することで、機能の利用可否や設定の可視・不可視をユーザごとに制御できます。本章では、まず、Hinemosにおけるユーザとロールや、システム権限、オーナーロール、オブジェクト権限について説明します。その後で、実際にそれらの機能を利用した設定方法と利用例を見ていきます。

9.1　Hinemosにおけるユーザ管理の考え方について

　Hinemosでは、ロールを利用して権限を管理しています。ロールとは役割のことです。ロールの例としては、画面を操作するオペレータロールや、あらゆる権限を持つ管理者ロールなどが挙げられます。

　ロールごとに、役割に合ったふさわしい権限を付与して利用します。たとえば、OPERATOR_ROLEというオペレータが使用することを目的としたロールには監視結果を閲覧する権限だけを付与し、ADMIN_ROLEという管理用のロールには監視結果を閲覧する権限の他に設定を登録する権限を付与します。

　Hinemosにおけるユーザはすべて、役割に応じて何らかのロールに所属します。たとえば、オペレータの役割のユーザAとユーザBがOPERATOR_ROLEに所属し、管理者の役割のユーザCとユーザDがADMIN_ROLEに所属します。また、1つのユーザが複数のロールに所属することもできます。

　このように、ロールごとに権限を付与し、ユーザがロールに所属することで、同じ役割の人は同じ権限を保持することが可能となっています（図9.1）。

図9.1　ユーザとロールと権限

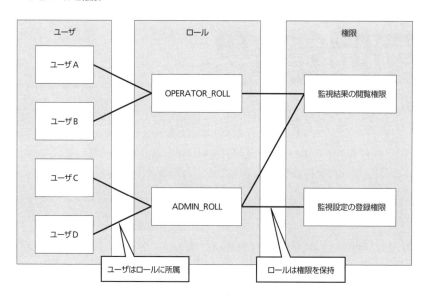

　権限は、大きく2種類に分かれます。1つは機能ごと（リポジトリ機能や監視設定機能など）の権限であるシステム権限です。もう1つは、設定ごとに存在する権限であるオーナーロールとオブジェクト権限です。たとえば、監視設定機能のPING監視「PING-001」の設定を変更する場合は、次の権限を両方保持していなければなりません。

9.1 Hinemosにおけるユーザ管理の考え方について

- リポジトリ機能の設定変更権限（システム権限）
- 「PING-001」のオーナーロールもしくは設定変更権限（オブジェクト権限）

　以降では、ユーザ、ロール、システム権限、オーナーロール、オブジェクト権限について、詳しく説明していきます。

9.1.1 ユーザとロール

ユーザ

　Hinemosにおけるユーザとは、Hinemos上の各機能を操作するために必要な権限を持つ独自のユーザです。［アカウント］パースペクティブから一覧の参照、作成、変更、削除やパスワード設定ができます。ユーザは複数のロールに所属できます。

　Hinemosインストール直後では次のシステムユーザが利用可能です。

- hinemos

　　Hinemosの初期ユーザです。Hinemosをインストールして、Hinemosマネージャを起動後に最初にHinemosクライアントからログインする際に必要となるユーザです。初期パスワードはhinemosです

　ユーザを作成すると、必ずALL_USERSロールに所属します。作成直後のユーザは、このALL_USERSロールで許可された権限が行使できます。詳細は、次の「ロール」で説明します。

　ユーザにはHinemosクライアントからログインする際のパスワードを設定できます。パスワードを設定しないと、そのユーザではHinemosクライアントにログインできません。ユーザ作成後にそのユーザのログインを（一定期間）許可したくない場合を除き、パスワード設定は必須になります。

　Hinemos ver6.2.2以降では、ユーザのパスワード管理をActive DirectoryやOpenLDAPなどと連携できます。詳細は「Hinemos ver6.2.2 管理者ガイド」の「8.6　アカウント認証外部連携」を参照してください。

　なお、ユーザは「OSのユーザ」とは関係がありません。

ロール

　ロールは権限を保持する概念であり、ユーザと同様に［アカウント］パースペクティブから一覧の参照、作成、変更、削除ができます。ユーザはロールに所属することで、初めてさまざまな権限を保持するようになります。

　Hinemosインストール直後では、次のシステムロールが用意されています。

- ADMINISTRATORS

　　管理者用のロールです。このロールに所属する場合、全機能に対して管理者としての特権的な操作ができます。また、メンテナンス機能のHinemosプロパティの設定など、管理者だけに制限されている機能を操作できます。インストール直後では、「hinemos」ユーザだけが、このADMINISTATORSロールに所属しています

- ALL_USERS

　　すべてのユーザが自動的に所属するロールです。ユーザが作成されると自動的にALL_USERSロールに所属します。すべてのユーザに対して一律に操作を許可したい場合や、設定を共有したい場合

155

第 9 章　ユーザ管理と権限管理

などに使用します
- INTERNAL
Hinemosの内部エラーやセルフチェック機能で出力されるINTERNALイベントのオーナーロールとなるロールです。Hinemosマネージャ自体の運用をするユーザを所属させるロールです

運用者の役割（オペレータ、SEなど）に応じてロールを作成し、適切なロールへユーザを所属させることで、役割に合致したHinemosの操作範囲の制御が可能となります。

9.1.2　システム権限

システム権限

システム権限を利用すると、Hinemosを機能単位でアクセス制御できます。システム権限はロールに付与するもので、ユーザは所属するすべてのロールのシステム権限を行使することができます。たとえば、ロールAには監視結果の参照権限だけで、ロールBには監視結果の参照権限と更新権限がある場合、ロールAとロールBの両方に所属するユーザは監視結果の参照権限と更新権限の両方が使用できます。
Hinemosのシステム権限は機能ごとに、次のようなアクセス制御が可能です。

- 作成
該当機能の設定を作成できます。この権限を付与する際には「参照」権限も付与する必要があります
- 参照
該当機能の設定を参照できます
- 更新
該当機能の設定の変更や削除ができます。この権限を付与する際には「参照」権限も付与する必要があります
- 実行
該当機能の設定の実行（エージェントの再起動やジョブの即時実行など）ができます。この権限を付与する際には「参照」権限も付与する必要があります
- 承認
承認ジョブだけで使用する特殊なシステム権限です。承認ジョブで承認依頼された内容を承認できます

各機能で可能な操作の例を**表9.1**に示します。

表9.1　システム権限一覧と許可される操作の例

機能	権限	説明
リポジトリ	作成	ノード、スコープを作成できる
	変更	ノード、スコープを変更、削除できる
		スコープへのノードの割当／解除が行える
		スコープへのオブジェクト権限を設定できる
	参照	ノード、スコープを参照できる
	実行	エージェント再起動、アップデートが行える

9.1 Hinemosにおけるユーザ管理の考え方について

　新たなロールを作成すると、リポジトリ機能の参照権限だけが付与された状態となります。また、すべてのユーザはALL_USERSロールに所属するため、ALL_USERSロールにシステム権限を設定すると全ユーザに影響します。

9.1.3 オーナーロール

オーナーロール

　オーナーロールとは、Hinemosの各機能の設定の所有者のことです。設定を作成する際に、ログインしているユーザが所属するロールの中からオーナーロールとなるロールを選択する必要があります。一度設定を作成すると、後からオーナーロールの変更はできません。

　自分自身がオーナーロールに所属している設定は、その設定の参照、変更、実行などのすべての操作が可能です。オーナーロールに所属しないユーザからその設定を参照させるには、後述するオブジェクト権限を利用します。

　オーナーロールを利用することで、たとえば複数のシステムをHinemosで管理している場合に、他のシステムのユーザからの閲覧を制限するといった使い方ができます。具体的な例を挙げると、AシステムとBシステムにそれぞれロールAとロールBを用意します。Aシステム用の設定はすべてロールAで登録し、Bシステム用の設定はすべてロールBで登録します。この設定であれば、ロールAだけに所属しているユーザは、ロールBで登録された設定を閲覧することができません。

　表9.2は、オーナーロールが指定できるHinemosの設定の一部です。詳細は「Hinemos ver.6.2 ユーザマニュアル」の「表12-4　オーナーを指定する設定一覧」を参照してください。

表9.2 オーナーロールを指定可能な設定の例

機能	指定可能な設定
リポジトリ	ノード、スコープ
監視結果	（イベント、ステータスなど通知元の監視設定のオーナーロールを継承）
監視設定	全種類の監視設定
ジョブ設定	ジョブユニット（ジョブネットとジョブは、ジョブユニットのオーナーロールを継承）
	全種類の実行契機
ジョブ履歴	（ジョブユニットのオーナーロールを継承）
性能	（監視設定のオーナーロールを継承）
カレンダ	カレンダ、カレンダパターン
通知	全種類の通知設定、メールテンプレート
メンテナンス	履歴情報削除設定

ロールとリポジトリの連動

　ロールはリポジトリと連動していて、1つのロールに対して1つの同名のスコープが、「オーナー別スコープ」配下に自動で作成されます。このスコープのオーナーロールはそのロール自身になります。

　システムロールに対応するスコープは、Hinemosインストール直後に作成されます。ADMINISTRATORSロール、ALL_USERSロールは「オーナー別スコープ」配下に作成されますが、INTERNALロールはルートスコープ直下に作成されます。

　ノードを作成すると、ノードのオーナーロールに従って、「オーナー別スコープ」配下のロールスコープに割り当てられます。たとえば、Node-AをROLE-Aで作成した場合は、「オーナー別スコープ」配下

のROLE-AスコープにNode-Aが自動で割り当てられます（図9.2）。

図9.2 ロールとスコープの連動

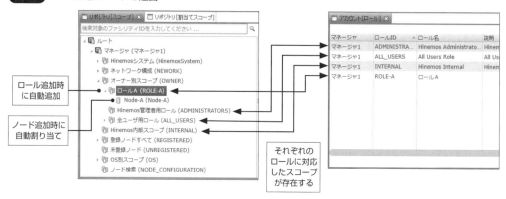

9.1.4　オブジェクト権限

オブジェクト権限

　オブジェクト権限を利用すると、Hinemosの各機能の設定に対してオーナーロール（所有者）以外の別のロールに操作権限を付与できます。

　1つの設定には、オーナーロールは1つしか設定ができません。1つの設定を複数のロールから操作させたい場合は、まず、オーナーロール管理用のロールを作成し、ユーザが複数のロールに所属することで管理できないかを検討してください。それでも管理が難しい場合は、オブジェクト権限を利用します。

　オブジェクト権限はシステム権限とは異なり、各機能の設定単位に指定します。そのため、オブジェクト権限は、各機能の設定を作成する一覧ビューのビューアクション（オブジェクト権限の設定ボタン）から操作します。

　Hinemosのオブジェクト権限は各設定ごとに次のアクセス制御ができます。

- 参照……該当設定を参照できます
- 変更……該当設定を変更・削除できます
- 実行……該当設定を実行（ジョブの即時実行など）できます

　表9.3は、オブジェクト権限が指定できるHinemosの設定の一部です。詳細は「Hinemos ver.6.2 ユーザマニュアル」の「表12-5　オブジェクト権限一覧」を参照してください。

表9.3 オブジェクト権限が指定できる設定の例

機能	オブジェクト種別	権限	説明
リポジトリ	ノード	−	（ノードへオブジェクト権限の設定は不可）
	スコープ	変更	スコープの設定を変更、削除できる
			スコープへのノードの割当／解除ができる
			スコープのオブジェクト権限を設定できる
		参照	当該スコープを含む配下のスコープツリーを参照できる

設定間の参照

Hinemosでは、機能間で設定を参照します。たとえば、監視設定はカレンダ、スコープ、通知などの共通機能の設定を参照します(**図9.3**)。

図9.3 監視設定の設定間の参照関係

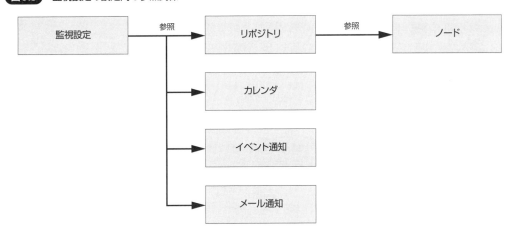

ログインユーザからの設定を参照できるかどうかは、オーナーロールとオブジェクト権限により決まります。しかし、機能間で設定の参照があるケース(監視の設定で通知の設定を指定するなど)では注意が必要です。ある設定(監視設定など)から別の設定(通知設定など)を指定できるかどうかは、操作しているユーザによって決まるのではなく、参照元の設定(監視設定など)のオーナーロールから参照可能か否かで決まります。

■例1

たとえば、PING監視設定PING01ではロールAをオーナーロールにし、ロールBにオブジェクト権限で参照を許可する設定を行ったとします。この場合は、PING01はロールAとロールBから参照できます。

このとき、PING01で指定できる通知設定は、PING01のオーナーロールがロールAであるため、ロールAから参照可能なものに限定されます。ロールBが参照可能な通知設定でも、この通知設定がロールAから参照可能でなければ、PING01の通知設定として指定できません。

■例2

たとえば、ロールAがオーナーロールで、ロールBからは参照できない(オブジェクト権限の参照が設定されていない)イベント通知Cがあるとします。このイベント通知Cは、ロールBに所属するユーザからは参照できないため、[監視設定[通知]]ビューの一覧には表示されません。しかし、PING01はロールAがオーナーロールになっているため、PING01の監視設定ダイアログの通知設定を選択する際に、通知設定一覧の中にイベント通知Cが表示されることになります。

この内容を整理すると、次のようになります。

- 設定を一覧ビューで表示する場合（直接的に設定を参照）
  ログインユーザが所属するロールが使用されます。設定のオーナーロールがユーザの所属するロールである場合、または設定のオブジェクト権限にユーザの所属するロールが「参照」で設定されている場合に、対象の設定が表示されます
- 設定を他の設定から参照（指定）する場合（間接的に設定を参照）
  設定のオーナーロールで参照可能な設定だけが表示されます（ログインユーザのロールは参照されません）

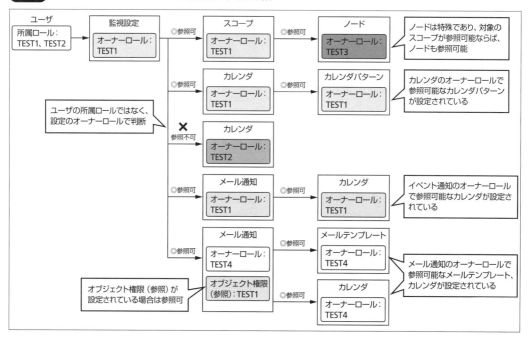

図9.4 オーナーロールとHinemosの設定間の参照の関係

このときに注意すべきこととしては、ADMINISTRATORSロールを設定のオーナーロールとして指定する場合です。ADMINISTRATORSロール権限を有していれば、すべての設定が可視となります。そのため、設定のオーナーロールをADMINISTRATORSロールにして、その設定に対してオブジェクト権限で別のロールにも参照権限を与えてしまうと、その設定から参照される設定はすべて参照できてしまいます。

たとえば、メール通知をADMINISTRATORSロールで作成し、そのメール通知に対してロールAにオブジェクト権限の参照を与えた場合、ロールAの所属ユーザはそのメール通知の設定画面からすべてのメールテンプレートが参照できる状態になります。

監視結果とジョブ実行履歴

　監視機能によるイベント、ステータス通知の結果や、ジョブ実行時の実行履歴については、元となる監視設定、ジョブ定義のオーナーロールまたはオブジェクト権限を保持するロールの所属するユーザであれば、参照が可能です。通知設定のオーナーロールまたはオブジェクト権限が引き継がれるわけではないことに注意してください。
　次節では、実際にこのアカウント機能の操作をしながらその動作を確認していきます。

9.2　ユーザとシステム権限管理

想定するシステム運用管理者（1）

　本節では図9.5のような2つのシステムの運用管理を1台のHinemosマネージャで実施する構成を例として、ユーザとシステム権限を設定します。

図9.5　複数システムの運用管理

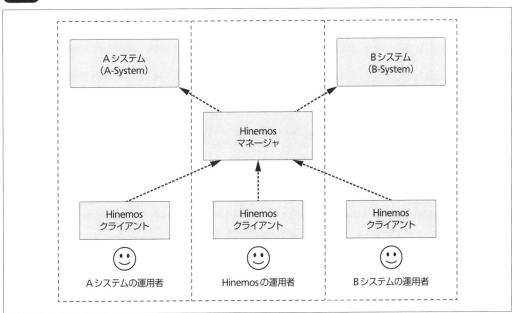

　管理対象は「A-System」「B-System」「Hinemos自体」の3つとします。
　A-Systemを管理しているユーザは、B-Systemの設定を閲覧できません。逆に、B-Systemを管理しているユーザはA-Systemの設定を閲覧できません。また、A-Systemを管理しているユーザも、B-Systemを管理しているユーザも、Hinemos自体の設定は閲覧できません。このような要件を、アカウント機能を用いて実現します。
　A-SystemとB-Systemを扱う人にはそれぞれ次の2つの役割があるものとし、Hinemosを扱う人の役割は管理者だけとします。

第9章　ユーザ管理と権限管理

- ● 管理者…………運用管理の責任者
- ● オペレータ……日々の運用業務を行う

管理対象ごとに役割が存在するため、具体的には**表9.4**のとおりとなります。

表9.4　**想定するシステム運用管理の役割**

管理対象	役割	説明
A-System	管理者	A-Systemの運用管理の責任者
	オペレータ	A-Systemのオペレータ
B-System	管理者	B-Systemの運用管理の責任者
	オペレータ	B-Systemのオペレータ
Hinemos	管理者	Hinemosの運用管理の責任者

ロールは「役割を管理するためのシステム権限を設定するロール」「操作対象のシステムを管理するためのロール」をそれぞれ作成します。

Hinemos自体の管理者用のロールはすでに「ADMINISTRATORS」ロールがあるため、**表9.5**に示す4種類のロールを作成するものとします。

表9.5　**作成するロール一覧**

ロールID	ロール名
COMMON_AD	システム管理者（共通）
COMMON_OP	オペレータ（共通）
A-SYS_OWNER	A-Systemオーナー用ロール
B-SYS_OWNER	B-Systemオーナー用ロール

また、ユーザは役割を管理するためのロール、操作対象のシステムを管理するロールの2つに所属させます。役割と操作対象のシステムの組み合わせごとに1つずつユーザを作成します。Hinemosの管理者としては「hinemos」ユーザがあるため、**表9.6**に示す4種類のユーザを作成するものとします。

表9.6　**作成するユーザ一覧**

ユーザID	ユーザ名	所属ロール
A-AD01	A-System用管理者01	COMMON_AD、A-SYS_OWNER
A-OP01	A-System用オペレータ01	COMMON_OP、A-SYS_OWNER
B-AD01	B-System用管理者01	COMMON_AD、B-SYS_OWNER
B-OP01	B-System用オペレータ01	COMMON_OP、B-SYS_OWNER

管理者には、すべてのシステム権限を付与します。

オペレータには、「参照」権限および監視結果の「変更」権限を付与します。これにより、各設定やその実行結果（監視結果、ジョブ実行履歴）の参照や、イベント通知についてのコメントの記載などが可能になります。

162

オーナー用のロールはオーナーを管理するためのロールであるため、必須の権限であるリポジトリの「参照」権限だけを付与します（**表9.7**）。

表9.7 設定するシステム権限

機能	管理者のシステム権限	オペレータのシステム権限	オーナー用ロール
リポジトリ	作成、変更、参照、実行	参照	参照
監視結果	変更、参照	変更、参照	―
監視設定	作成、変更、参照	参照	―
ジョブ	作成、変更、参照、実行	参照	―
性能	参照	参照	―
カレンダ	作成、変更、参照	参照	―
通知	作成、変更、参照	参照	―
メンテナンス	作成、変更、参照	参照	―

これらの表をもとに、ユーザとロールの作成、システム権限の設定を行います。

Hinemos クライアントの操作

ユーザ、ロール、システム権限に関する操作は、［アカウント］パースペクティブにある各ビュー（**表9.8**）から行います。

表9.8 ［アカウント］パースペクティブのビュー

ビュー名	概要
［アカウント［ユーザ］］	ユーザの一覧表示と追加・変更・削除・パスワード変更を行う
［アカウント［ロール］］	ロールの一覧表示と追加・変更・削除を行う
［アカウント［ロール設定］］	ロールへユーザの所属・所属解除と、システム権限の設定を行う
［アカウント［システム権限］］	・左ペインで指定したユーザ、ロールに設定されているシステム権限を一覧で表示する ・ユーザを指定した場合は、そのユーザが利用可能なシステム権限一覧、つまり、所属するすべてのロールのシステム権限の一覧が表示される

9.2.1 ユーザの作成

「hinemos」ユーザでログインして以降の作業を行います。

［アカウント［ユーザ］］ビューの右上にある［作成］ボタンをクリックすると、［アカウント［ユーザの作成・変更］］ダイアログが表示されます（**図9.6**。右クリックメニューの［作成］を選択して表示させることもできます）。

図9.6 ［アカウント［ユーザの作成・変更］］ダイアログ

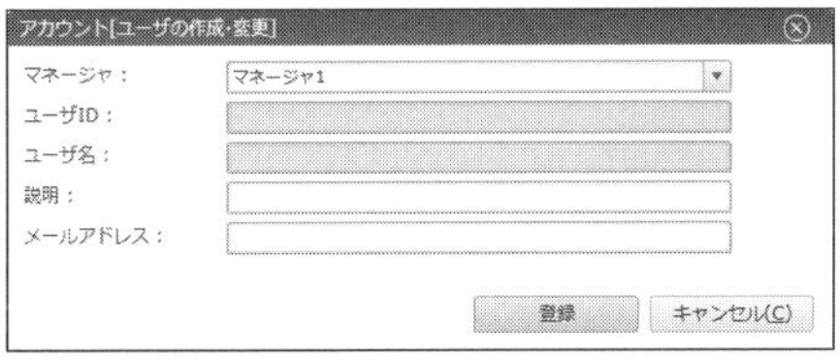

ユーザの作成では、ユーザIDとユーザ名を指定します。両者ともにHinemos上のIDと名前であり、Hinemosマネージャやクライアントが動作するOSのユーザとは関係がありません。**表9.6**(作成するユーザ一覧)に従い、1つずつユーザIDとユーザ名を設定してください。設定が終わったら、[登録]ボタンをクリックして作成を完了します。

9.2.2　ユーザのパスワード管理

[アカウント[ユーザ]]ビューでユーザを選択し、ビューの右上の[パスワード変更]をクリックすると、[アカウント[パスワード変更]]ダイアログが表示されます(ユーザを右クリックして表示されるメニューの[パスワード変更]からもダイアログを表示できます)。

[パスワード]と[パスワードの確認]に変更したいパスワードを入力し[OK]ボタンをクリックすると変更できます。パスワードを変更できるのは、アカウント-変更のシステム権限を保持しているユーザ、またはユーザ自身です。まずは各ユーザIDを初期パスワードで設定し、後日、各ユーザに設定変更を行ってもらうことにします。

ユーザを作成すると、ALL_USERSロールに自動的に所属します(ユーザを削除すると、ALL_USERSロールへの所属は自動的に解除されます)。

9.2.3　ロールの作成

ロールを作成し、前節で作成したユーザをロールに所属させます。

ロールの作成

[アカウント[ロール]]ビューの右上にある[作成]ボタンをクリックすると、[アカウント[ロールの作成・変更]]ダイアログが表示されます(**図9.7**。右クリックメニューの[作成]を選択して表示させることもできます)。

図9.7　［アカウント［ロールの作成・変更］］ダイアログ

ロールの作成では、ロールIDとロール名を指定します。**表9.5**(作成するロール一覧)に従い、1つずつロールIDとロール名を設定してください。設定が終わったら、[登録]ボタンをクリックして作成を完了します。

ロール作成時には、リポジトリの参照権限だけのシステム権限を持ちます。また、ロールを作成すると、リポジトリに対応するスコープが1つ自動的に作成されます。[アカウント[ロール設定]]ビューにも作成したロールが表示されます。この時点で作成したロールに所属するユーザはいません(**図9.8**)。

図9.8 ロールとユーザのツリー

ユーザのロールへの所属

[アカウント[ロール設定]]ビューから設定したいロールを選択し、ビューの右上にある[ユーザ所属設定]ボタンをクリックすると、[アカウント[ユーザ所属設定]]ダイアログが表示されます(右クリックメニューの[ユーザ所属設定]を選択して表示させることもできます)。

表9.6(作成するユーザ一覧)に従い、[全ユーザ一覧]から所属させたいユーザを選択し、[所属＞]ボタンをクリックします(**図9.9**)。

図9.9 [アカウント［ユーザ所属設定］]ダイアログ

設定が終わったら、[設定]ボタンをクリックして操作を完了します。

9.2.4 ロールのシステム権限管理

次に、作成したロールに対して、デフォルトの「リポジトリ-参照」権限以外のシステム権限を付与します。

[アカウント[ロール設定]]ビューから設定したいロールを選択し、ビューの右上にある[システム権限設定]ボタンをクリックすると、[アカウント[システム権限設定]]ダイアログが表示されます(右クリックメニューの[システム権限設定]を選択して表示させることもできます)。

表9.7(設定するシステム権限)に従い、[全システム権限一覧]から付与したいシステム権限を選択し、[権限付与＞]ボタンをクリックします(**図9.10**)。

図9.10 ［アカウント［システム権限設定］］ダイアログ

設定が終わったら、［設定］ボタンをクリックして操作を完了します。
これで、ロール、ユーザ、システム権限の設定は完了です。

9.3 オーナーロールとオブジェクト権限によるマルチユーザ管理

想定するシステム運用管理者（2）

前節に引き続き、2つのシステムの運用管理を1台のHinemosマネージャで実施する構成を例に、オーナーロールを設定してみます。本節では、前節で作成したロールを利用して各種設定を登録します。オーナーロールとオブジェクト権限は、各機能の設定で付与します。

まず、各機能におけるオーナーロールとオブジェクト権限の持つ意味について整理します。オブジェクト権限は今回の例では利用しないため、解説だけを記載します。

■リポジトリ
- オーナーロールとオブジェクト権限
  スコープは「オーナーロール」と「オブジェクト権限」の両方が指定可能です。スコープとは「見える範囲」を指定するものであり、対象のスコープが見える＝配下のノードとスコープはすべて見える、ということになります。スコープに対する変更権限とは、スコープ名の変更の他に、対象スコープに新たなノードやスコープを割り当てたり、割り当ての解除ができたりすることを指します。ノードは「オーナーロール」だけが指定可能であり、「オブジェクト権限」は指定できません。ノードの参照範囲はスコープで制御します。ノード作成時に「オーナーロール」を指定しますが、作成すると自動的にオーナーロールの専用のスコープ（「オーナー別スコープ」配下にある、ロールと同名のスコープ）に割り当てられます
- オーナーロールの設定
  マネージャ直下にA-SystemとB-System専用のスコープを作成し、それぞれのスコープのオーナーロールに、各システムのオーナー用のロール（A-SYS_OWNERとB-SYS_OWNER）を指定します。A-Systemの管理者、A-Systemのオペレータはともに、A-Systemのオーナー用ロールに所属しているため、管理する対象のシステムに関する設定が参照できることになります。各ノードはA-SystemとB-Systemのオーナー用ロールをオーナーロールに指定します

■共通機能（通知、カレンダ、メールテンプレート）

- オーナーロールとオブジェクト権限

  通知、カレンダ、メールテンプレートは他の設定から参照される設定です。参照、設定、実行を許可したいロールだけにオーナーロールやオブジェクト権限を指定します

- オーナーロールの設定

  それぞれの設定のオーナーロールとして、各オーナー用ロールを指定します

■監視設定

- オーナーロールとオブジェクト権限

  通知、カレンダ、スコープなどを参照する設定です。オーナーロールに指定したロールが参照可能な通知、カレンダ、スコープが見えるようになるため、不用意に監視設定にADMINISTRATORSロールのようなロールをオーナーロール指定することは推奨されません。これは、ADMINISTRATORSロールを指定した監視設定からは、Hinemosに登録されたすべてのカレンダ、通知、スコープなどが参照できてしまうためです

- オーナーロールの設定

  それぞれの設定のオーナーロールとして、各オーナー用ロールを指定します

■ジョブ

- オーナーロールとオブジェクト権限

  ジョブユニット単位にオーナーロールとオブジェクト権限の付与が可能です。これはジョブユニットのツリーが単なる階層構造ではなく、ジョブネット定義も合わせて表現しているためです。ジョブユニットにオブジェクト権限を付与する場合は、イベント通知、ステータス通知を利用していないか注意してください。ジョブからのイベント通知、ステータス通知は、ジョブユニットのオーナーロールまたはADMINISTRATORSロールに所属するユーザだけが参照できます。オブジェクト権限を付与されたユーザはジョブからのイベント通知、ステータス通知を確認することはできません

- オーナーロールの設定

  ジョブユニット単位にそれぞれのオーナーロールとして、各オーナー用ロールを指定します。各システムで複数のジョブユニットを管理したい場合は、それらのすべてのジョブユニットでオーナーロールを同様に指定します

■メンテナンス

- オーナーロールとオブジェクト権限

  メンテナンス機能の履歴削除機能は、「オーナーロール」と「オブジェクト権限」の両方を指定できます。Hinemosプロパティ設定機能の操作はADMINSTRATORSロールに所属するユーザが実施する必要があります。履歴削除の設定では指定したオーナーロールに応じて削除される対象の履歴が変わります。履歴削除設定のオーナーロールがADMINISTRATORS以外の場合は、オーナーロールが一致する履歴だけ削除されます。履歴削除設定のオーナーロールがADMINISTRATORSの場合は、すべてのオーナーロールの履歴が削除されます。Hinemos全体で保存期間を決めるか、システム別に保存期間を決めるかを検討し、設定を行うようにしてください

- オーナーロールの設定

  今回はHinemos全体で保存期間を決定するため、メンテナンス機能の設定のオーナーロールにはADMINISTRATORSロールを指定します

以上をもとに、A-Systemの運用管理とHinemosの運用管理で必要な設定を作成して(**表9.9**)、動作を確認してみましょう。B-Systemについては、A-Systemを参考に各自で作成してみてください。A-Systemで作成する設定は、オーナーロールはすべてA-SYS_OWNERロールとしてください。

表9.9 A-Systemで作成する設定一覧

対象	設定	説明
ノード	A-WebServer01	A-SystemのWebサーバ用ノード
	A-DBServer01	A-SystemのDBサーバ用ノード
スコープ	A-SystemScope	マネージャ直下に新規作成
	A-Web	A-SystemScope直下に新規作成
		配下にA-WebServer01を割り当てる
	A-DB	A-SystemScope直下に新規作成
		配下にA-DBServer01を割り当てる
PING監視	A-PING	A-SystemScope配下のノードをPING監視する
イベント通知	A-EVENT	A-System用のイベント通知

この他にも、システム権限においてADMINISTRATORSロールに所属するユーザしか操作ができないメンテナンス機能(Hinemosプロパティ設定機能)についても、必要に応じて新たにユーザを所属させ、操作を許可します。

9.3.1　各設定へのオブジェクト権限の設定

オブジェクト権限の設定は、各機能の一覧ビューの[オブジェクト権限設定]ボタンをクリックして実行します。

たとえば、通知設定の場合は、[監視設定[通知]]ビューの[オブジェクト権限設定]ボタンをクリックすると、オブジェクト権限を設定するダイアログが表示されます。オブジェクト権限を設定するダイアログは次の2つより構成されます。

- [通知[オブジェクト権限一覧]]ダイアログ

  [監視設定[通知]]ビューの[オブジェクト権限設定]アクションを実行すると表示されるダイアログです(**図9.11**)。対象の通知設定のオブジェクト権限一覧を表示し、また、オブジェクト権限の設定を行います

図9.11　[通知[オブジェクト権限一覧]]ダイアログ

9.3 オーナーロールとオブジェクト権限によるマルチユーザ管理

- [通知[オブジェクト権限設定]]ダイアログ

  [通知[オブジェクト権限一覧]]ダイアログの[編集]ボタンをクリックすると表示されます。次の操作で、オブジェクト権限を設定します

  1. オブジェクト権限を付与したいロールIDをプルダウンメニューから選択し、[追加]ボタンをクリックします。このプルダウンメニューにはログインユーザが所属するロールが表示されます。ADMINISTRATORSロールに属しているユーザの場合は、すべてのロールが表示されます
  2. [追加]ボタンをクリックした後に[ロールID一覧]に追加したロールが表示されるので、これを1つ選択します
  3. オブジェクト権限設定の中の参照、変更、実行で[許可]列にあるチェックボックスにチェックを入れます

  これを必要なロール分だけ実施し、最後に[OK]ボタンをクリックするとオブジェクト権限の設定ができます(図9.12)

図9.12 [通知[オブジェクト権限設定]]ダイアログ

9.3.2 オブジェクト権限による履歴の参照

オーナーロールおよびオブジェクト権限が付与された監視設定やジョブ定義の実行結果は、その実行元となった監視設定やジョブ定義のオーナーロールとオブジェクト権限を引き継ぎます。

- 監視結果

  Hinemosクライアントで確認できる監視結果はイベント([監視履歴[イベント]]ビュー)とステータス([監視履歴[ステータス]]ビュー)の2種類で、これに該当する通知の種別はイベント通知とステータス通知です。他の通知については、Hinemosマネージャ以外の他システム連携で使用するもののため、結果の参照の制限については、Hinemosの範囲では行えません。対象の監視設定に対して、オーナーロールおよびオブジェクト権限による参照が可能な場合は、その実行結果も参照できます。注意事項として、[監視履歴[イベント]]ビューと[監視履歴[ステータス]]ビューは、ログインユーザが参照可能なリポジトリツリーを対象にイベントとステータスの参照範囲を指定します。そのため、ロ

第9章 ユーザ管理と権限管理

グインユーザが参照可能なリポジトリツリーに表示されないスコープ、ノードの結果は参照できません

- ジョブ実行履歴

  Hinemosクライアントでは［ジョブ履歴［一覧］］ビューでジョブの実行結果を確認できます。実行対象のジョブ定義のオーナーロールおよびオブジェクト権限による参照が可能なもののジョブセッション（ジョブ履歴）が表示されます

9.4 まとめ

　本章では、ロールやオブジェクト権限、オーナーロールによるHinemosの高度なユーザアクセス制御の機能について説明しました。これらを利用することで、操作を行うユーザへの適切な権限付与や、マルチテナント的な運用が可能になります。

　ここで、まとめとしてアカウント機能のポイントをおさらいしましょう。

アカウント機能のポイント

- Hinemosはロールベースでアクセス権限を管理している

  システム権限もオブジェクト権限もロール単位で権限設定を行います

- ユーザは必ずロールに属する

  ユーザは複数のロールに所属することも可能です

- ロールにはシステム権限を付与できる

  該当するロールに所属する全ユーザがそのシステム権限を持ちます

- 設定はオーナーロールを持つ

  オーナーロールに所属するユーザは、参照、変更、実行などのすべての操作ができます。オーナーロールに所属するユーザからその権限を奪うことはできません

- 設定にはロール単位でオブジェクト権限を追加で付与できる

  オーナーロール以外のロールに、参照、変更、実行の権限を与えることができます。

図9.13 ユーザとロールとシステム権限

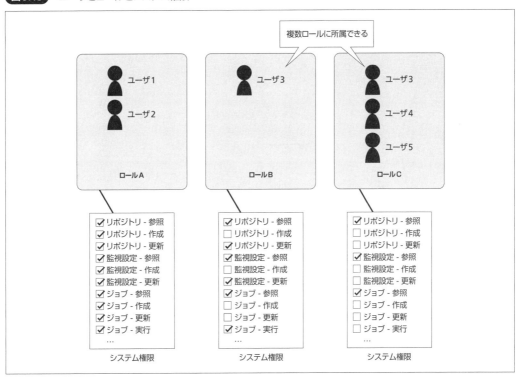

図9.14 Hinemosの設定とロールの関係

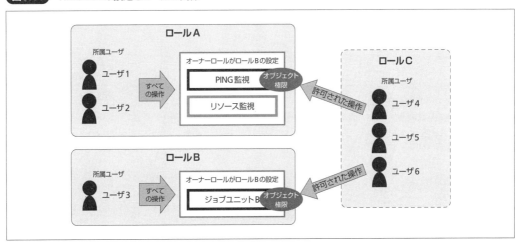

第**4**部 監視・性能

第**10**章

監視・性能の概要

本章では、Hinemosの3大機能の1つである監視・性能の機能について説明します。

Hinemosの監視機能は、さまざまな運用ニーズに適用できる数多くの監視の手段を提供しています。そこで監視をさまざまなカットで分類し、機能のポイントをわかりやすく解説します。また、次章以降の監視機能の説明において共通的な項目を解説します。

Hinemosの性能機能は、収集した数値データをさまざまなグラフでビジュアライズする機能です。この機能のポイントも解説します。

10.1 監視・性能の全体像

Hinemosの監視機能は、多様化するシステムに対応するために、さまざまな監視の手段を用意しています。また監視機能を中心に、Hinemosに蓄えられた数値データをグラフ表示するなどの性能分析を可能にする機能もあります。これが性能機能です。監視で蓄えられたデータは収集・蓄積機能でも活用できます。収集・蓄積機能については「18章 収集・蓄積」を参照ください。Hinemosの監視機能と性能機能の関係を図10.1に示します。

図10.1 監視機能と性能機能の関係

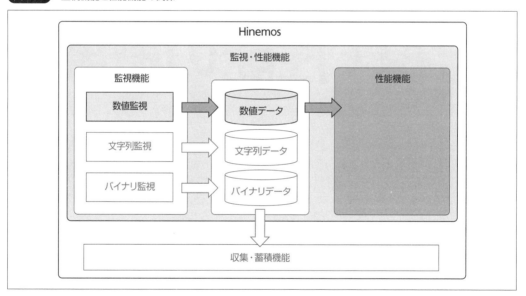

監視機能は、1つ1つの手段を順に見ていくと複雑に見えますが、いくつかの観点で分類すると、その全体像が理解しやすくなります。監視の分類は、次の2つで行います。

- 判定方法
- 監視契機

10.1 監視・性能の全体像

10.1.1 監視の分類① 判定方法

監視を判定方法で分類すると、**表10.1**のようになります。

表10.1 監視の分類① 判定方法

分類	判定方法	対象データ	説明と使用例	補足
数値監視	閾値 しきいち	数値	● 取得した数値に対して閾値判定を行い、情報、警告、危険の重要度を判定 ● 監視対象の数値を取得できなかった場合は不明と判定 ● 取得した数値を蓄積すると性能機能の対象データになる 使用例）リソース監視にてCPU使用率が90%を超えると「危険」と判定したい	蓄積した過去の数値データを使うと、次の2つの監視も可能 ● 将来予測監視 ● 変化量監視
文字列監視	パターンマッチ	文字列	● パターンマッチ文字列を定義したフィルタ一覧でフィルタリングを行い、合致したフィルタ条件のとおりの重要度に判定 使用例）ログファイル監視で「File Not Found」を出力されると「危険」と判定したい	収集したデータから日時や特定のパターンに合致した文字列を抽出するログフォーマットが指定可能
バイナリ監視	パターンマッチ	バイナリ	● パターンマッチ文字列を定義したフィルタ一覧でフィルタリングを行い、合致したフィルタ条件のとおりの重要度に判定 使用例）バイナリファイルやネットワークパケットを収集したい	収集がメインの機能だが、バイナリデータのままでパターンマッチすることも可能
真偽値監視	真偽値判定	正常（OK）／異常（NG）	● 監視対象の状態をOK／NGの真偽値で判定 ● 監視対象の状態を取得できなかった場合は不明と判定 使用例）特定のWindowsサービスが停止しているとき（NG）に「危険」と判定したい	―
トラップ監視	MIB判定	SNMPTRAP	● SNMPTRAPが指定のOIDか否かで判定 使用例）SNMPTRAP監視で、指定したトラップを受信したら「危険」と判断したい	対象はSNMPTRAP監視だけ
シナリオ監視	シナリオ判定	HTTPシナリオ	● 指定のHTTPシナリオを実行できるか否かで判定 使用例）HTTP監視で、ログインして指定のページへの遷移を行うシナリオを実行できなかったら「危険」と判断したい	対象はHTTP監視だけ

HTTP監視のように、数値監視、文字列監視、シナリオ監視といった複数の分類に属する監視機能もあります。

10.1.2 監視の分類② 監視契機

監視が動作する契機で分類すると、次のようになります。

- ポーリング型／定期実行型の監視

  Hinemosから定期的に監視対象へ監視のための情報を取得（ポーリング）して、その結果を監視します。この動作から定期実行型または、ポーリング型の監視と呼びます。監視の間隔は、監視の設定ごとに30秒／1分／5分／10分／30分／60分から選択できます。Hinemosマネージャからポーリングを行うもの、Hinemosエージェントからポーリングを行うものの2種類があります

- トラップ型／イベントドリブン型の監視

  Hinemosが監視対象の機器やミドルウェアからシステム異常の報告（トラップ）を契機に監視の判定を行います。異常などのイベント検知を契機として動作することからイベントドリブン型、またはトラップを受け取るという動作からトラップ型の監視とも呼びます。Hinemosマネージャがトラップを受け取るもの、Hinemosエージェントがトラップを受け取るものの2種類があります。また、通信の受信を契機とするものと、ファイルなどの変更を契機とするものがあります

厳密には、「監視契機」という点では「定期実行型」や「イベントドリブン型」という表現が正しいのですが、Hinemosでは古くから「ポーリング型」、「トラップ型」という表現が使われてきました。そのため、本書でも統一的に監視契機は「ポーリング型」、「トラップ型」という表現を使用します。

 監視を組み合わせての利用

Hinemosにはさまざまな監視が存在しており、監視を組み合わせて利用することで、障害の早期検出や原因の特定をスムーズに行えます。

たとえば、Webサーバを監視する場合には、次のような監視の組み合わせが考えられます。

- PING監視…ネットワーク切断やサーバ障害の検出
- リソース監視…サーバの高負荷の検出
- システムログ監視…OSエラーの検出
- プロセス監視…Apacheプロセスの停止の検出
- ログファイル監視…Apacheのエラーの検出
- HTTP監視…Apacheで公開しているWebページが正常に表示されないことを検出

Webページが表示されないといった事象でも、ページ自身の問題、Apacheの問題、OS負荷の問題、ネットワーク・サーバの問題など、いろいろな原因が想定されます。

監視を組み合わせて設定しておくことで、監視結果からどこまでが大丈夫でどこからが問題なのかといった状況をスムーズに把握できます。

10.2 監視・性能の機能

10.2.1 監視の機能

　Hinemosは**表10.2**の監視機能を使って、対象システムの提供するサービスから個々の機器まで、幅広く監視を行うことができます。

表10.2 監視の機能一覧

監視機能	判定方法						監視契機
	数値監視	文字列監視	バイナリ監視	真偽値監視	トラップ監視	シナリオ監視	
Hinemos エージェント監視	—	—	—	◯	—	—	ポーリング型
HTTP監視	◯	◯	—	—	—	◯	ポーリング型
PING監視	◯	—	—	—	—	—	ポーリング型
SNMP監視	◯	◯	—	—	—	—	ポーリング型
SNMPTRAP監視	—	—	—	—	◯	—	トラップ型
SQL監視	◯	◯	—	—	—	—	ポーリング型
プロセス監視	◯	—	—	—	—	—	ポーリング型
Windows サービス監視	—	—	—	◯	—	—	ポーリング型
Windows イベント監視	—	◯	—	—	—	—	トラップ型
サービス・ポート監視	◯	—	—	—	—	—	ポーリング型
カスタム監視	◯	◯	—	—	—	—	ポーリング型
システムログ監視	—	◯	—	—	—	—	トラップ型
ログファイル監視	—	◯	—	—	—	—	トラップ型
ログ件数監視	◯	—	—	—	—	—	ポーリング型
リソース監視	◯	—	—	—	—	—	ポーリング型
JMX監視	◯	—	—	—	—	—	ポーリング型
カスタムトラップ監視	◯	◯	—	—	—	—	トラップ型
相関係数監視	◯	—	—	—	—	—	ポーリング型
収集値統合監視	—	—	—	◯	—	—	ポーリング型
バイナリファイル監視	—	—	◯	—	—	—	トラップ型
パケットキャプチャ監視	—	—	◯	—	—	—	トラップ型
クラウドサービス監視	—	—	—	◯	—	—	ポーリング型
クラウド課金監視	◯	—	—	—	—	—	ポーリング型
クラウド課金詳細監視	◯	—	—	—	—	—	ポーリング型

177

第10章 監視・性能の概要

監視設定を作成するときは、**表10.2**の中から1つ選択して、その監視の手段に沿った設定を行います。監視機能の設定手順は次のとおりです。

1. ［監視設定］パースペクティブを開き、［監視設定［一覧］］ビューにある作成ボタンをクリックします
2. 設定したい監視種別を選択し、［次へ］ボタンをクリックします
3. 監視種別ごとの設定項目に必要な情報を入力し、［OK］ボタンをクリックします

監視機能の設定は、次の観点で画面構成を抑えればとてもシンプルです。

- 監視機能全般で共通の画面構成
- 判定方法における分類ごとで共通の画面構成

ここでは**図10.2**のプロセス監視(数値)の設定ダイアログを例に、画面を見ながら説明を進めます。入力が必須の項目は入力欄がピンク色になっています。「チェック設定」という項目だけが、各監視専用で指定する項目です。

図10.2 監視の共通的な設定

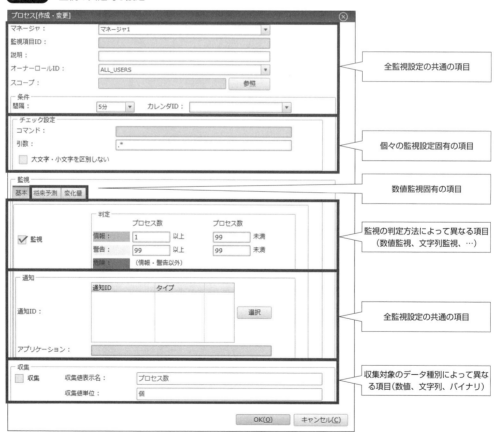

監視の共通設定項目を順に示します。

マネージャ

監視設定を行うHinemosマネージャを選択します。Hinemosクライアントから複数のHinemosマネージャに接続している際、接続中のHinemosマネージャがリストに表示されます。

監視項目ID

監視設定の識別子です。半角英数字および記号「−」「_」「.」「@」で、計64文字以下で指定します。Hinemosマネージャ単位でユニークである必要があり、後から変更することはできません。

設計の最初にID採番のルールを決めれば、効率的な監視設定の管理が可能になります。

例）LOG-ORACLE-001

説明

監視設定の説明です。256文字以内で記述します（空欄でもかまいません）。設定した値は通知変数として使用できます。説明は、[監視履歴[イベント]]ビューには表示されません。

例）Web/ApサーバのApacheプロセス監視（httpd）

オーナーロールID

監視設定のオーナーロールを指定します（「9章　アカウント」を参照）。一度設定したオーナーロールIDは、後から変更することはできません。オブジェクト権限によるアクセス制御を行わない場合は「ALL_USERS」を利用します。

オーナーロールIDを指定することで、本監視設定で「参照」可能な共通基本機能（「スコープ」、「カレンダ」、「通知」）の設定が選択可能になります。

スコープ

監視対象としたいスコープまたはノードを選択します。スコープを選択すると、配下にあるすべてのノードに対して監視が行われます。ここで指定したスコープ配下に重複するノードがあった場合でも、多重に監視や通知が行われることはありません。

また、トラップ型の監視では、送信元を特定できない機器からのトラップを受信することもあるため、「未登録ノード（UNREGISTERED）」スコープが指定できるようになります。

同じ監視をしたいノードが多い場合は、それらをまとめたスコープを作成し、作成したスコープをここで選択すれば、ノード単位で監視設定を作成する必要がなくなります。

条件

監視機能ごとに異なる設定内容です。

間隔

監視する間隔を30秒／1分／5分／10分／30分／60分から指定します。ポーリング型の監視だけを指定できます。

カレンダID

カレンダ機能で作成したカレンダを指定します。カレンダにて稼動・非稼動の日や時間を定義することで、業務カレンダに従って監視の動作を制御できます。カレンダ機能については「8章　カレンダ」を参照してください。

チェック設定

監視機能ごとに特有の項目です。詳細は次章より順に解説します。

監視

監視設定の「有効」と「無効」を指定します。

監視設定が有効のときは監視結果の重要度判定を行い、指定した通知設定にて通知します。監視設定が無効のときは監視は行われません。

判定

監視を実行した結果、どのような場合に重要度を危険、警告、情報と判定するかを指定します。この指定方法は、判定方法によって異なります。代表的な数値監視、文字列監視、真偽値監視について解説します。

■数値監視

基本的に重要度が「情報」と「警告」（**図10.3**）の閾値を指定します（一部の数値監視は、それ以外の特殊な閾値判定をします）。判定は、重要度「情報」の閾値→重要度「警告」の閾値という順になり、最初に合致した重要度で判定します。いずれにも合致しない場合は「危険」と判定し、そもそも判定する情報がない場合は重要度「不明」と判定します。

図10.3　数値監視の判定

また数値監視では、将来予測や変化量の監視についても指定できます。詳細は「12章　リソース状況の監視」で解説します。

■文字列監視

パターンマッチ文字列を定義した「フィルタ条件」の一覧を定義します（この一覧を「フィルタ一覧」と呼びます）。判定は「フィルタ一覧」の順序の数値が小さいものから順に行い、合致したフィルタ条件の「処理」がYESの場合は、その指定された重要度で通知します。パターンマッチ文字列に指定するのは正規表現です。メッセージには、通知時のメッセージを指定します。**図10.4**のように#[LOG_LINE]と入力とすると、検知した文字列をそのまま通知できます。

図10.4 文字列監視の判定

　図10.5を使って説明します。たとえば、"02"という文字列は順序2の「フィルタ条件」にヒットして、重要度「情報」で通知されます。"06"という文字列は順序6の「フィルタ条件」にヒットしますが、「処理」がNOとなっているため、そこでフィルタ条件のチェックは終了し、以降のチェックは行いません。"04"という文字列は、順序4の「フィルタ条件」が無効なので、チェックされずに次の順序のチェックが行われます。そして最終的にヒットするフィルタは存在しないため、通知は行われません。

図10.5 文字列のパターンマッチ

順序	処理	パターンマッチ表現	有効／無効	重要度
1	YES	.*01.*	有効	重要度
2	YES	.*02.*	有効	重要度
3	YES	.*03.*	有効	重要度
4	YES	.*04.*	無効	警告
5	YES	.*05.*	有効	警告
6	NO	.*06.*	有効	警告
7	YES	.*07.*	有効	危険
8	YES	.*08.*	有効	危険
9	YES	.*09.*	有効	危険
10	YES	.*10.*	有効	危険

全体を「フィルタ一覧」と呼ぶ
1つ1つを「フィルタ条件」と呼ぶ

〈判定の例〉

"02"	"06"	"04"
×	×	×
ヒット⇒情報	×	×
（チェックしない）	×	×
（チェックしない）	（チェックしない）	（チェックしない）
（チェックしない）	×	×
（チェックしない）	ヒット⇒終了	×
（チェックしない）	（チェックしない）	×
（チェックしない）	（チェックしない）	×
（チェックしない）	（チェックしない）	×
（チェックしない）	（チェックしない）	×

「順序」の順に判定

■**真偽値監視**

　OKの場合とNGの場合の各々の重要度を設定します（図10.6）。

第 10 章　監視・性能の概要

図10.6 真偽値監視の判定

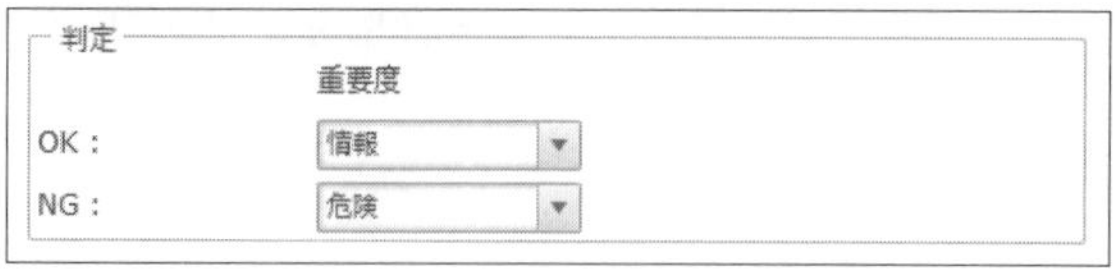

```
┌─ 判定 ────────────────────────────────┐
│                                       │
│            重要度                     │
│  OK：   [ 情報        ▼ ]             │
│  NG：   [ 危険        ▼ ]             │
│                                       │
└───────────────────────────────────────┘
```

通知

監視結果を通知したい通知設定を指定します。通知設定は複数指定できるため、イベント通知では危険と警告の両方を通知し、メール通知では危険だけを通知する、といったことができます。

アプリケーション

監視対象を示すアプリケーションの名称を定義できます。［監視履歴［イベント］］ビューに表示されるので、Hinemosクライアントを見る運用者にわかりやすい情報を指定します。

収集

監視対象から取得されたデータに対する収集の「有効」または「無効」を指定します。収集が「有効」の場合はデータが蓄積されます。判定結果の重要度に基づいたデータではなく、判定に用いるための元データがすべて蓄積されるので、データ容量と性能に注意してください。監視が「有効」、「無効」いずれの場合も、データは蓄積されます。

代表的な数値監視、文字列監視の収集に関する設定について解説します。

■数値監視

収集している値の名前と単位を設定します。性能機能でのグラフ表示に使用されます。

- 収集値表示名
- 収集値単位

リソース監視のようにすでに収集対象のデータの意味が定義されている場合は、この項目が自動的に設定されます。たとえばCPU使用率を監視する場合、収集値表示名は「CPU使用率」、収集値単位は「%」に設定されます。

■文字列監視

ログフォーマットIDを指定します。この詳細は「14章　システムログやメッセージの監視」で解説します。

10.2.2　性能の機能

性能機能は、次の機能からなります。

- 収集値グラフ表示
- グラフの画像ファイルダウンロード
- 収集値エクスポート

10.2 監視・性能の機能

詳細は、「17章　性能グラフ」で解説します。

10.2.3 例題共通の設定

次章より、各監視機能について例題という形でさまざまな設定例を紹介します。ここでは、第4部を通して使用する共通の設定を説明します。

共通して使用するイベント通知設定

表10.3の通知設定を用意してください。なお、この設定は動作確認のために、監視が動作した場合、必ずイベント通知が行われる設定となっています。実際の環境で設定を行う場合は「7章　通知」を参照していただき、要件に応じて適切な設定を行ってください。

表10.3 すべての監視結果を通知するイベント通知

項目	設定
通知ID	ALL_EVENT
説明	全イベント通知
重要度変化後の初回通知	同じ重要度の監視結果が1回以上連続した場合に初めて通知する
重要度変化後の二回目以降の通知	常に通知する
情報	通知する、未確認
警告	通知する、未確認
危険	通知する、未確認
不明	通知する、未確認
この設定を有効にする	有効

共通して指定する監視設定項目

次章以降で使用する監視で、共通して指定する設定を**表10.4**に示します。

表10.4 共通して指定する監視設定項目

項目	設定
オーナーロールID	特にアクセス制御を行う必要がないため、ここでは「ALL_USERS」を指定する
カレンダ	監視の実行期間を制御する必要がないため、指定しない
監視	チェックを入れる
通知	通知IDにALL_EVENTを指定する
収集	チェックを入れない

次章より、例題を1つ1つ動かしてみながら、各監視機能の動作を確認していきましょう。

183

監視を無効とする手段

監視を無効にするにはさまざまな手段があります。

監視項目を無効にする

各監視項目を無効にすると、監視を無効にすることができます。これにより、監視設定で指定した監視対象のスコープに含まれるすべてのノードに対する監視が無効化されます。[監視設定]パースペクティブの[監視設定[一覧]]ビューで設定できます。

システムの緊急メンテナンスなど、監視をすぐに無効にしたい場合などに活用できます。

カレンダによる稼動/非稼動の設定

監視設定に対して、カレンダで非稼動の時間を設定することで、非稼動の時間だけ特定の監視が無効化されます。カレンダで非稼動を設定した場合は、監視設定で指定した監視対象のスコープに含まれるすべてのノードの監視が無効化されます。カレンダについては「8章　カレンダ」を参照してください。

システムの定期メンテナンスなど、あらかじめ監視を無効にしたい時間がわかっている場合などに活用できます。

管理ノードの管理対象フラグを外す

ノードの管理対象フラグを外すことで、管理対象フラグを外したノードに対するすべての監視が無効化されます。[リポジトリ]パースペクティブの[リポジトリ[ノード]]ビューで設定できます。監視以外にもジョブ・環境構築なども実行されなくなります。

ノード単位のメンテナンス時に活用できます。

スコープから外す

無効化したいノードをスコープの割り当てから外せば、監視対象から外すことができます。[リポジトリ]パースペクティブの[リポジトリ[スコープ]]ビューで設定できます。

監視用のスコープが作成されており、対象ノードが原因で監視が高負荷(syslogの大量送信など)になっている場合に、そのノードだけ監視から外すといったときに活用できます。スコープの設計にもよりますが、「管理ノードの管理対象フラグを外す」方法よりも小さい影響範囲で無効化できる手段として覚えておくとよいでしょう。

Hinemosの正規表現

正規表現といっても、実はさまざまな文法があり、OSや使用するプログラミング言語で差異があります。
Hinemosの文字列監視の判定などで指定する「正規表現」は、Javaの正規表現を指します。詳細は次のURLを参照してください。

なお、「大文字・小文字を区別しない」にチェックを入れた場合は、CASE_INSENSITIVEが指定された場合と同じ動きとなります。

- Java 8
  http://docs.oracle.com/javase/jp/8/docs/api/java/util/regex/Pattern.html
- Java 7
  http://docs.oracle.com/javase/jp/7/api/java/util/regex/Pattern.html

第4部 監視・性能

第11章

死活監視

第 11 章　死活監視

本章では、コンピュータやシステムが動作しているかを確認する死活監視について説明します。「11.1 ネットワーク疎通の監視」では、IPネットワークに接続する各種機器のネットワーク障害を監視する方法について説明します。「11.2　SNMPトラップの監視」では、ハードウェアやミドルウェアからの障害の通知を監視する方法について説明します。

11.1　ネットワーク疎通の監視

PING監視を使用すると、サーバ機器やネットワーク機器、ストレージ装置など、IPネットワークに接続するすべての機器のネットワーク疎通の監視を行うことができます。ネットワークを利用するシステムにおいて、最も基本的な監視の手段です。

PING監視の全体像を理解した後に、次の例題を行ってみましょう。

● 例題1. Linuxサーバのネットワーク疎通の監視

11.1.1　PING監視

（1）概要

表11.1　監視の分類（PING監視）

項目	分類
監視の判定方法	数値監視
監視契機	ポーリング型

表11.2　監視の仕様（PING監視）

項目	仕様
監視対象	サーバ、ネットワーク機器
監視プロトコル	ICMP
固有の設定項目	PINGの回数
	PINGの間隔
	タイムアウト
	応答時間の閾値
	パケット損失の閾値

PING監視は、監視対象の機器に対してPINGの送受信を行い、その応答時間とパケット損失率からネットワーク疎通の状態を監視する機能です。PINGの送受信とは、ICMPによるEcho request（Echo要求）とEcho reply（Echo応答）のパケットのやりとりを指します。

PING監視は、数値監視の中でも特殊で、PINGの「応答時間」と「パケット損失率」の両方で閾値判定します。両方が閾値を超えたか否かで判定が行われます。Echo requestに対して一度も応答がなかった場合は、「パケット損失率」が100％となり、この100％という数値に対して情報、警告、危険の重要度に判定されます。そのため、他の数値監視とは異なり、重要度「不明」で通知されることはありません。

186

（2）固有の設定項目

■チェック設定

- 回数

  1回の監視の契機で、Echo requestを発行する回数を入力します

- 間隔

  1回の監視の契機で、2回以上のEcho requestを発行する場合の発行間隔（ミリ秒）を入力します

- タイムアウト

  1回のEcho request発行時のEcho replyの応答を待つタイムアウト時間（ミリ秒）を指定します

■判定

PING監視では、重要度「情報」、「警告」の2つについて、各々「応答時間」と「パケット損失率」の上限を設定します。

- 応答時間（ミリ秒）

  1回の監視の契機で、PINGが成功した回数分の平均応答時間の上限値を指定します。たとえば、PINGの回数を2回とし、1回目が1000ミリ秒、2回目が500ミリ秒の場合、（1000ミリ秒＋500ミリ秒）÷2回で得られた平均応答時間750ミリ秒の値で判定を行います

- パケット損失（%）

  1回の監視の契機における、パケット損失率の上限値を指定します。たとえば、PINGの回数を2回とし、1回目は応答があり、2回目はタイムアウト時間内に応答がない場合、パケット損失率は50%になります

- 重要度の判定方法

  あるPING監視の契機で平均応答時間がNミリ秒、パケット損失率がM%とします。この場合、次のフローで重要度を判定します

  1. 最初に重要度「情報」に該当するか判定します。重要度「情報」と判定する条件は次のとおりです。

     Mミリ秒＜重要度「情報」の「応答時間」、かつ、
     M%＜「情報」の「パケット損失率」

     これに該当する場合は、重要度「情報」で通知します。該当しない場合は、次の2に移ります

  2. 重要度「警告」に該当するか判定します。重要度「警告」と判定する条件は次のとおりです。

     Mミリ秒＜重要度「警告」の「応答時間」、かつ、
     M%＜「警告」の「パケット損失率」

     これに該当する場合は、重要度「警告」で通知します。該当しない場合は、次の3に移ります

  3. 重要度「危険」と判定して通知します

PING監視の設定画面は**図11.1**を参照してください。

第 11 章　死活監視

図 11.1 PING 監視

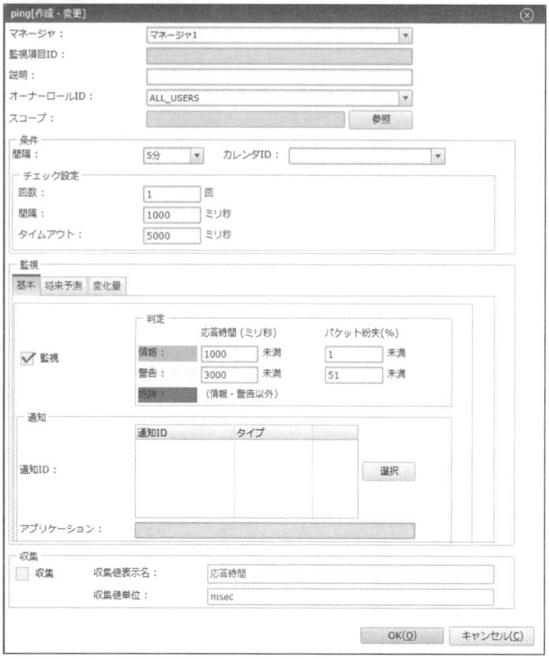

(3) 仕組み

■処理フロー

PING 監視は、監視対象に対し一括でPINGの送受信を行い、その結果を解析して閾値判定を行っています。

PING 監視は、監視契機ごとに次のような動作を行います。

1. 監視対象サーバの全IPアドレスに対し、一括してPINGの送受信を行います
2. PINGの結果からIPノードごとの全試行の応答時間を取得し、「平均応答時間」と「パケット損失率」を算出します
3. 各ノードについて、「平均応答時間」と「パケット損失率」から重要度判定を行って通知します

(4) 設計の考え方

■設定の単位

PING 監視では、1設定ごとに1回の監視契機で、一括で全監視対象のPINGの送受信が行えます。そのため、監視対象機器のノードは可能な限りスコープとしてまとめて、少ない監視設定で一括して行いましょう。

■ネットワーク疎通の経路

Hinemosの PING監視で監視できるのは、Hinemosマネージャから監視対象の機器まで疎通可能な経路のネットワークに限られます。HinemosマネージャからPINGが届かない機器の疎通は監視できません。

188

どの経路のネットワーク疎通を監視しているかを確認して、PING監視を設定しましょう。

■ICMP

ネットワーク機器、特定の仮想環境・クラウドでは、デフォルトでICMPを通さない設定となっている環境は多々あります。ICMPが通ると機器の所在がわかってしまい、セキュリティ上のリスクとなるためです。まずはICMPが通信可能かを確認し、不可能な場合は必要に応じて、ICMPを遮断しないようにネットワーク担当者と相談してください。

11.1.2 例題 1. Linux サーバのネットワーク疎通の監視

Linuxサーバのネットワーク疎通の監視の例題は、「2.5.1　ネットワーク疎通を監視する」に記載がありますので、そちらを参照してください。

11.2 SNMPTRAP の監視

Hinemosでは SNMPTRAP監視を使用することで、各種ミドルウェアやIPネットワークに接続された機器から送信された SNMPTRAP を監視できます。SNMPTRAPは、SNMPエージェントが機器の障害／ミドルウェアの異常を SNMP マネージャに通知する仕組みになっており、Hinemos はこの SNMP マネージャの役割を果たします。

ここでは SNMPTRAP監視の全体像を理解した後に、次の例題にて具体的な SNMPTRAP の監視を確認してみましょう。

11.2.1 SNMPTRAP 監視

（1）概要

表 11.3 監視の分類（SNMPTRAP監視）

項目	分類
監視の判定方法	トラップ監視
監視契機	トラップ型

表 11.4 監視の仕様（SNMPTRAP監視）

項目	仕様
監視対象	SNMPTRAP
監視プロトコル	SNMPTRAP
固有の設定項目	コミュニティ名の指定
	文字コード変換
	OID

第 11 章　死活監視

　　SNMPTRAP監視は、各種機器／ミドルウェアから送信されたSNMPTRAPに対して、それが監視対象のSNMPTRAPか否かを判定し、条件に一致した場合に通知する機能です。

　　SNMPTRAP監視機能では、監視対象のSNMPTRAPを「コミュニティ名」と「OID」（Object Identifier）を指定できます。「コミュニティ名」とは、SNMPを扱うグループの範囲を示すもので、SNMPのパスワード的な位置づけになります。「OID」はSNMPTRAPの種類を定義したもので、これにより機器のベンダや障害の種類などがわかります。

（2）固有の設定項目

　　SNMPTRAP監視では、監視対象のSNMPTRAPの指定と、指定したSNMPTRAPを通知する際の文字コードの指定ができます。

■コミュニティ名の指定

　　どの「コミュニティ名」のSNMPTRAPを監視対象にするかを、次の2つから選択します。

- コミュニティ名をチェックしない
  これを選択した場合、すべての「コミュニティ名」のSNMPTRAPを監視対象とします
- コミュニティ名
  これを選択した場合、入力した「コミュニティ名」のSNMPTRAPだけを監視対象とします

■文字コード変換

　　SNMPTRAP監視の結果を通知する際に、SNMPTRAPのvarbindをどの文字コードのメッセージとして通知するかを、次の2つから選択します。

- 文字コード変換をしない
  UTF-8のメッセージとして通知します。UTF-8以外のマルチバイト文字がvarbindに含まれるときは、文字化けします
- SNMPTRAPに含まれる文字コード
  ユーザが入力した「文字コード」のメッセージとして通知します。入力可能な文字コードは「EUC-JP」と「MS932」の2つです

■未指定のトラップ受信時に通知する

　　どの「OID」のSNMPTRAPを監視対象にするか、次の2つから選択します。

- 指定したOIDだけ監視
  ［未指定のトラップ受信時に通知する］のチェックを入れなかった場合の動きとなります。SNMPTRAP監視に登録されたOIDを監視対象とします
- すべてのOIDを監視
  ［未指定のトラップ受信時に通知する］のチェックを入れた場合の動きとなります。SNMPTRAP監視に登録されていないSNMPTRAPも監視対象となります。通知時の重要度はプルダウンで指定した重要度になります

190

■ OID

OIDの登録方法としては次の3種類があります。MIBファイルのインポートの手順は「11.2.2　例題1. MIBファイルのインポート」で説明します。

- MIBファイルをインポート
- 手動でOIDを入力し、追加
- デフォルトのSNMP監視設定「SNMPTRAP_DEFAULT」をコピーして、不要なOIDを削除する

■ OIDの手動追加

ここではOIDを手動で追加する場合の考え方について説明します。

- バージョン、OID、generic_id、specific_id
  Hinemosは、SNMPv1とSNMPv2c、SNMPv3の3つのバージョンのプロトコルに対応しています。バージョンによる違いについては本章のコラム「SNMPのバージョンによる違い」を参照してください。対象のSNMPTRAPに合わせて設定してください
- メッセージ
  通知のメッセージとして使用されます
- 詳細メッセージ
  通知のオリジナルメッセージとして使用されます。%parm[#n]%を指定することで、受信したSNMPTRAPパケットに含まれるvarbindに置換できます。変換のイメージを**表11.5**に示します

表11.5 SNMPTRAPの詳細メッセージ変換例

項目	内容
詳細メッセージの設定（抜粋）	～ sensorName=%parm[#1]%,sensorIndex=%parm[#2]% ～
SNMPTRAPパケットのvarbind	1つ目のvarbind：eth0、2つ目のvarbind：3
通知されるオリジナルメッセージ	～ sensorName=eth0,sensorIndex=3 ～

- 判定
  重要度の判定方法を次の2種類から選択します
  - OIDに対して常に同じ重要度で通知する
    [変数に関わらず通知する]のラジオボタンを選択し、重要度のプルダウンを選択してください
  - varbindに含まれる内容で重要度を変更する
    [変数で判定する]のラジオボタンを選択し、判定対象文字列、判定条件を入力してください
    設定例）varbindがeth0の場合は警告、それ以外の場合は情報で通知したい
    　　判定対象文字列：sensorName=%parm[#1]%
    　　判定条件　　　：順序 = 1、パターンマッチ表現 = sensorName=eth0、
    　　　　　　　　　　条件に一致したら処理する：危険
    　　　　　　　　　　順序 = 2、パターンマッチ表現 = sensorName=.*、
    　　　　　　　　　　条件に一致したら処理する：情報
- この設定を有効にする
  チェックを外した場合は、このOIDは判定に使用されません

第11章 死活監視

　SNMPTRAPの監視の設定画面、およびトラップ定義の追加画面については**図11.2**、**図11.3**を参照してください。

図11.2 SNMPTRAPの監視

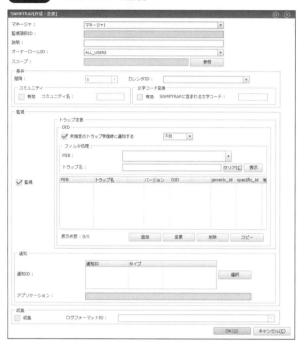

図11.3 SNMPTRAP［トラップ定義の追加］

(3) 仕組み

■処理フロー

SNMPTRAP監視は、次のようなフローで監視を行います。

1. 監視対象の機器／ミドルウェアは、Hinemosマネージャサーバの162／UDPポートへ、SNMPTRAPメッセージを送信します
2. Hinemosマネージャサーバ上のJavaプロセスが、このSNMPTRAPを受信します
3. Hinemosマネージャは、受信したSNMPTRAPを順次、監視対象のSNMPTRAPか否か判定します
4. 送信元ノードを特定し、指定されたスコープに含まれるノードの場合は通知します。送信元ノードを特定できない場合でも、監視設定のスコープが「未登録ノード（UNREGISTERED）」の場合は通知します

■送信元ノードの特定

SNMPTRAPパケットの送信元IPアドレスとリポジトリに登録されているノードのIPアドレスで特定します。

(4) 設計の考え方

■設定の単位

SNMPTRAP監視では、コミュニティ名を1つ指定するようなシステムの場合、1設定1コミュニティ名となるように設計します。特に複雑な要件がなければ、1設定で全ノードを監視することも視野に入れてスコープ設計を行います。

■送信元が不明なSNMPTRAPの監視

Hinemosの未登録のノードから送信されて来たケースや、送信元を特定できないケースがあります。そのため、監視対象の「スコープ」では「未登録ノード（UNREGISTERED）」が選択できます。そのような監視が必要な場合は、全ノード監視用の設定と未登録ノード監視用の設定という最低でも2つを管理する必要があります。

SNMPのバージョンによる違い

Hinemosは、SNMPv1とSNMPv2c、SNMPv3の3つのバージョンのプロトコルに対応しています。ここではSNMPのバージョンによる違いを説明します。違いについて**表11.6**に記載します。

表11.6 SNMPのバージョンの違い

バージョン	フォーマット	SNMPTRAPの再送	認証
SNMPv1	v2cとv3とは異なる	再送なし	平文認証（コミュニティ名で認証）
SNMPv2c	v3と同じ	SNMPマネージャから応答がないとき、再送する	平文認証（コミュニティ名で認証）
SNMPv3	v2cと同じ	SNMPマネージャから応答がないとき、再送する	暗号化認証（ユーザで認証）

第 11 章　死活監視

v1 と v2c はフォーマットと SNMPTRAP の再送の有無が異なります。v2c と v3 はフォーマットと SNMPTRAP の再送の有無は同じですが、認証が異なります。SNMPTRAP 監視の SNMPTRAPv3 の認証に関する設定は、[メンテナンス]パースペクティブの[メンテナンス[Hinemos プロパティ]]ビューで行えます。Hinemos プロパティ「monitor.snmptrap.v3.user」、「monitor.snmptrap.v3.auth.password」、「monitor.snmptrap.v3.priv.password」、「monitor.snmptrap.v3.auth.protocol」、「monitor.snmptrap.v3.priv.protocol」、「monitor.snmptrap.v3.security.level」を変更し、Hinemos マネージャを再起動することで設定が反映されます。各 Hinemos プロパティの詳細は（Hinemos ver.6.2 管理者ガイド 表 13-2. 監視機能の設定値）を参照してください。

SNMPTRAPのフォーマットの違い

Hinemos を利用するうえで意識する必要がある SNMPv1 形式、SNMPv2c 形式、SNMPv3 形式のフォーマットの違いについて説明します。

SNMPv1 形式の SNMPTRAP は「OID」、「generic id」、「specific id」の組み合わせとなります。

例）SNMPv1 形式の Generic Trap の linkDown
OID = .1.3.6.1.6.3.1.1.5.3
generic id = 2
specific id = 0

SNMPv2c 形式と SNMPv3 形式は「OID」だけで決まります。

例）SNMPv2c 形式／SNMPv3 形式の Generic Trap の linkDown
OID = .1.3.6.1.6.3.1.1.5.3

11.2.2　例題 1. MIB ファイルのインポート

ここでは SNMP の構造を定義された MIB ファイルを使用し、Hinemos の SNMPTRAP 監視の設定に OID を追加する手順を実施します。MIB ファイルは CentOS に含まれているものを使用します。実際の環境で利用する MIB は、導入している機器やミドルウェアのベンダから入手してください。なお、MIB ファイルをインポートするためには、エンタープライズ機能を有効化する必要があります。

1. LinuxAgent の /usr/share/snmp/mibs/ 配下のファイルをローカルにダウンロードし、ZIP で圧縮してください
2. [監視設定]パースペクティブの[監視設定[一覧]]ビューで作成ボタンをクリックし、**表11.7**の監視設定を作成してください

表11.7 SNMPTRAP監視の設定（SNMPTRAP_MIBIMPORT）

監視項目ID		SNMPTRAP_MIBIMPORT
説明		SNMPTRAP MIBIMPORTを利用した監視設定
スコープ		LinuxAgent
コミュニティ	有効	チェックを入れない
文字コード変換	有効	チェックを入れない
OID	未指定のトラップ受信時に通知する	チェックを入れない
	重要度	不明
通知	通知ID	「ALLEVENT」を選択
	アプリケーション	SNMPTRAP_MIBIMPORT

3. ［監視設定［一覧］］ビューで、2で作成したSNMPTRAP監視「SNMPTRAP_MIBIMPORT」を選択してください
4. 「MIBインポート」アイコンをクリックしてください
5. SNMPTRAP［インポート実行］ダイアログが表示されるので、［読込］ボタンをクリックしてください
6. SNMPTRAP［インポートMIBファイル指定］ダイアログ（図11.4）で次の操作を行ってください
   入力MIBファイル：［ディレクトリを指定］ボタンをクリックし、ZIPファイルを選択[注1]
   MIB検索ディレクトリ：未指定
   デフォルトのイベント重要度：情報を選択
   SNMPのバージョン差分を厳密にチェックする：チェックを入れる
   ［実行］ボタンをクリック
   ［閉じる］ボタンをクリック

図11.4 MIBファイルの指定

[注1] ZIPファイルでない場合（1ファイルだけインポートしたい場合）は、［ファイルを指定］ボタンをクリックします。

第 11 章　死活監視

7. SNMPTRAP［インポート実行］ダイアログ（図 11.5）で次の操作を行ってください
   MIB 一覧の先頭の MIB をクリックし、Shift を押しながら末尾の MIB をクリック（全選択）
   MIB 詳細の先頭の OID をクリックし、Shift を押しながら末尾の OID をクリック（全選択）
   インポートボタンをクリック
8. 新しく表示された SNMPTRAP［インポート実行］ダイアログ（図 11.6）で［実行］ボタンをクリックしてください。インポートが行われます
9. SNMPTRAP 監視「SNMPTRAP_MIBIMPORT」を表示すると、OID が追加されていることを確認できます

図 11.5　インポートする OID の指定

図 11.6　インポートの確定

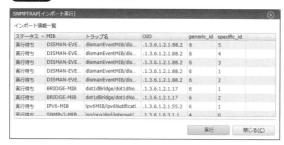

MIB ファイルインポート時のエラーについて

　MIB は RFC で規定されている規格なので、Hinemos では RFC に準拠して MIB の解析を行っています。そのため、RFC に準拠しないものであれば、エラーとして検出するようになっています。MIB はさまざまなベンダから提供されていますが、その中には RFC に準拠していないものも少なくありません。本来であれば、ベンダから正しい形式の MIB を入手してインポートするというのが正しい手順なのですが、ベンダが修正版の MIB を提供することはあまりありません。エラーにはパターンがあるため、（Hinemos Utility ver.6.2 ユーザマニュアル 3.4 トラブルシューティング）とインポート時のエラーメッセージを見比べながら、MIB ファイルを修正してください。暫定の方法ではありますが、インポートを行うことができます。

11.2.3 例題 2. OID が登録されている SNMPTRAP の監視

それでは実際に、Hinemos マネージャで受信した SNMPTRAP を監視してみましょう。SNMPTRAP を発行するようなハードウェアやミドルウェアを用意するのは大変なので、ここでは LinuxAgent ノードで snmptrap コマンドを使って Hinemos マネージャに SNMPTRAP を送信してみます。なお、snmptrap コマンドを実行するには「net-snmp」、「net-snmp-utils」パッケージが必要となります。あらかじめインストールしておいてください。

監視設定としては、「11.2.2　例題 1. MIB ファイルのインポート」で作成した設定をそのまま使用します。LinuxAgent ノードで図 11.7 のコマンドを実行してください。「192.168.0.2」は Hinemos マネージャの IP アドレス、「.1.3.6.1.6.3.1.1.5.3」は linkDown を示す OID です。

図11.7 SNMPTRAPの送信（Generic TrapのlinkDown）

```
(root)# snmptrap -v 2c -c public 192.168.0.2 '' .1.3.6.1.6.3.1.1.5.3
```

LinuxAgent ノードのイベントとして、Generic Trap の linkDown を検知できることが確認できたと思います。

SNMPTRAP を検出できない場合の切り分け方法

システムの試験を始めてみると、なぜか Hinemos で SNMPTRAP を検知できない、といったことがあると思います。その際に Hinemos マネージャサーバに到達していないのか、または Hinemos マネージャサーバに到達しているが設定が誤っているかなどを切り分ける必要があります。次の 2 つの SNMPTRAP 監視設定を作成することで、Hinemos マネージャサーバに到達しているすべての SNMPTRAP を監視できます。

- 監視対象スコープが「登録ノードすべて（REGISTERED）」、かつ［未指定のトラップ受信時に通知する］にチェックを入れる
- 監視対象スコープが「未登録ノード（UNREFISTERED）」、かつ［未指定のトラップ受信時に通知する］にチェックを入れる

どちらの設定でも検知されない場合は、Hinemos マネージャサーバで SNMPTRAP を受信していないことから、送信元の設定ミス、またはネットワーク上の問題が考えられます。もし「未登録ノード」にて検知した場合は、言葉のとおり未登録ノードであるか、登録されているノード情報が誤っている可能性があります。

第**4**部 監視・性能

第**12**章

リソース状況の監視

第12章　リソース状況の監視

本章では、監視対象のサーバやネットワーク機器のリソース状況を監視する方法について説明します。「12.1　サーバやネットワーク機器のリソースの監視」では、リソース状況が「現在問題がある状態であるか」を監視する方法を説明します。「12.2　将来予測と変化量の監視」では、リソースの状況が「将来問題が発生する状態であるか」、「いつもと違う状態であるか」を監視する方法を説明します。

12.1　サーバやネットワーク機器のリソースの監視

システムを安定して稼動させるためには、リソース情報を活用して適切な対策を行う必要があります。リソース情報の問題に対する対策の例をいくつか示します。システムのパフォーマンスの問題が発生したときには、ボトルネックを解析し、改善策を検討してください。オンプレミス環境で機器のリソース不足が発覚した場合は、将来的なHW増設を計画してください。仮想化・クラウド環境でリソースの過不足が発生した場合は、リソースの拡張（スケールアップ、スケールアウト）を行ってください。

Hinemosでは SNMP や WBEM といった汎用的な運用管理用のプロトコルを介して、各種機器のリソース情報を確認できます。具体的には Linux サーバや Windows サーバの CPU 使用率、ネットワーク機器のエラーパケット数などを監視することができます。

ここではリソース監視の全体像を理解した後に、次の例題を行ってみましょう。

● 例題1. CPU使用率の監視

12.1.1　リソース監視

（1）概要

リソース監視の分類と仕様をそれぞれ**表12.1**と**表12.2**に示します。

表12.1　監視の分類（リソース監視）

項目	分類
監視の判定方法	数値監視
監視契機	ポーリング型

表12.2　監視の仕様（リソース監視）

項目	仕様
監視対象	サーバやネットワーク機器のリソース値
監視プロトコル	SNMP／WBEM
固有の設定項目	監視項目 収集時は内訳のデータも合わせて収集する

200

リソース監視は、監視対象のサーバやネットワーク機器からリソース情報(監視項目)を取得して、閾値判定を行う機能です。監視対象からリソース情報を取得できなかった場合は、値取得失敗として重要度「不明」で通知します。**表12.3**のようなリソースが監視できます。

表12.3 監視できる主なリソース情報

CPU	CPU使用率(%)、ロードアベレージ(個/s)
メモリ	メモリ使用率(%)、スワップIO(kB/s)
ディスクファイルシステム	ファイルシステム使用率(%)、デバイス別ディスクIO回数(回/s)
ネットワーク	パケット数(個/s)、ネットワーク情報量(byte/s)

サーバ機器はこの表のすべてを監視でき、ネットワーク機器ではネットワークに関するリソースだけを監視できます。

また、監視対象のリソース情報は、エンタープライズ機能のインポート・エクスポート機能を使用して追加、カスタマイズが可能です。

リソース情報を取得するプロトコルはSNMPとWBEMの2種類から選択でき、デフォルトでSNMPが利用できます。本章では、汎用的なプロトコルであるSNMPだけを扱います。

(2) 固有の設定項目

リソース監視では、監視対象のリソース情報を指定する「監視項目」と、収集時の「収集時は内訳のデータも合わせて収集する」の2項目を設定します。

■監視項目

監視を行うリソース情報を指定します。リスト表示される内容は、指定した「スコープ」に含まれる監視対象によって異なります。

ここでは、どのような監視項目が選択可能か解説します。

選択可能な監視項目は、ノードプロパティの[サーバ基本情報]→[ハードウェア]→[プラットフォーム]によって変わります。

プラットフォームごとに設定可能な監視項目については、(Hinemos ver.6.2 ユーザマニュアル 表7-2 リソース監視で扱える収集値一覧)を参照してください。

ここでは「CPU使用率」を例に説明します(**表12.4**)。

表12.4 プラットフォームによる選択可能な監視項目

「スコープ」配下に含まれるノードのプラットフォーム	選択可能な監視項目
Linuxノードだけ	「CPU使用率」、「CPU使用率(ユーザ)」、「CPU使用率(システム)」、「CPU使用率(Niceプロセス)」、「CPU使用率(入出力待機)」
Windowsノードだけ	「CPU使用率」、「CPU使用率(ユーザ)」、「CPU使用率(システム)」
Linuxノード、Windowsノードが混在	「CPU使用率」、「CPU使用率(ユーザ)」、「CPU使用率(システム)」

第 12 章　リソース状況の監視

　Linux ノード、Windows ノードが混在するスコープを指定した場合は、共通の監視項目だけが選択可能となります。Linux サーバで選択可能でも、Windows サーバで監視不可能な監視項目は選択できません。

　なお、仮想化・クラウド環境の場合、「サブプラットフォーム」の内容に応じて、監視できるクラウド・仮想化特有のメトリック値の項目が変わります。こちらについての詳細は（Hinemos クラウド管理機能 AWS 版 ver.6.2 ユーザマニュアル）、（Hinemos クラウド管理機能 Azure 版 ver.6.2 ユーザマニュアル）、（Hinemos VM 管理機能 VMware 版 ver.6.2 ユーザマニュアル）、（Hinemos VM 管理機能 Hyper-V 版 ver.6.2 ユーザマニュアル）を参照してください。

　次に、選択可能なデバイスは、スコープ配下のノードの情報によって変わります。

　すべてのデバイスを表す [*ALL*] は、ノードの設定に関わらず常に選択できます。それ以外のデバイスについては、ノードプロパティの「構成情報—デバイス」によって選択できる内容が変わります。

　ここでは「デバイス別エラーパケット数」を例に説明します（**表12.5**）。

- ● ノードA：NIC情報として「eth0」、「lo」のデバイスを持つ
- ● ノードB：NIC情報として「eth0」、「eth1」、「lo」のデバイスを持つ

表12.5　選択可能な監視項目のデバイス

「スコープ」配下に含まれるノード	選択可能な監視項目
ノードA	「デバイス別エラーパケット数 [*ALL*]」、「デバイス別エラーパケット数 [lo]」、「デバイス別エラーパケット数 [eth0]」
ノードB	「デバイス別エラーパケット数 [*ALL*]」、「デバイス別エラーパケット数 [lo]」、「デバイス別エラーパケット数 [eth0]」、「デバイス別エラーパケット数 [eth1]」
ノードA、ノードB	「デバイス別エラーパケット数 [*ALL*]」、「デバイス別エラーパケット数 [lo]」、「デバイス別エラーパケット数 [eth0]」

　監視項目と同じように、スコープに含まれるすべてのノードで共通のデバイスだけが選択できます。

　[*ALL*] の「監視項目」を選択した場合は、各ノードが持つすべてのデバイスが監視されます。ノードAは「eth0」、「lo」を監視し、ノードBは「eth0」、「eth1」、「lo」を監視します。

　指定したスコープにWindowsとLinuxが混在しているような場合は、一般的にNICの名称が異なるため、[*ALL*] だけが選択でき、デバイスを指定して監視を行うことはできません。

■収集時は内訳のデータも合わせて収集する

　チェックを入れると、「内訳」を持つ監視項目の場合に、内訳の監視項目も併せて収集します。

　具体例を挙げると、「CPU使用率」は「CPU使用率（ユーザ）」、「CPU使用率（システム）」などを内訳として持ちます。

　「内訳」を持つ監視項目については（Hinemos ver.6.2 ユーザマニュアル 表 7-3 内訳項目を持つ収集値と収集値に含まれる内訳項目一覧）を参照してください。

図 12.1　リソース監視の設定項目

（3）仕組み

■処理フロー

　リソース監視では、監視対象に対してノードごとに SNMP または WBEM の送受信を行い、その結果を解析して閾値判定を行っています。

　リソース監視は、監視契機ごとに次のような動作を行います。

1. SNMPを用いて、監視対象サーバのノードから判定のための基礎値を取得します
2. 前回取得したリソース情報と今回取得したリソース情報を元に、リソースの値を算出します
3. 算出した値で重要度判定を行い、通知します

■リソース監視の初回の監視契機

　他の監視機能は、基本的にはその瞬間の状態を監視します。しかしリソース監視の場合は、前時点からの差分を利用してリソース情報を求める必要のあるものが存在します。そのためリソース監視は、必要な情報(2回分)が集まってから動作します。

　たとえば、60分間隔で監視する場合、他の監視機能であれば60分以内に初回の通知が動作しますが、リソース監視では2回目の取得が行われる60分から120分の範囲で初回の通知が行われます。

■ SNMP ポーリングで使用するノードプロパティ

　リソース情報を取得する SNMP ポーリングの際に使用される設定は、サービス-SNMP 配下の次の項目となります。

- ポート番号
- コミュニティ名
- バージョン
- タイムアウト
- 試行回数
- ユーザ名
- セキュリティレベル
- 認証パスワード
- 暗号化パスワード
- 暗号化プロトコル

■監視対象が Windows サーバの場合

Windows サーバの場合は、環境によっては「SNMP Service の有効化」が必要です。また、「SNMP Service」の初期設定では、リモートサーバからアクセスができません。「2.2.4　Hinemos エージェント（Windows 版）のインストール」の「SNMP Service の有効化」を参考に設定してください。また、Hinemos エージェントがインストールされていないと、一部のリソース値を取得できません。Hinemos エージェントをインストールするか、（Hinemos FAQ 8.9.1 エージェントレスで Windows サーバのリソースを監視したい）の手順を実施する必要があります。

■監視対象が Linux サーバの場合

Linux サーバの場合は、net-snmp パッケージの snmpd から情報を取得します。デフォルトの snmpd の設定（/etc/snmp/snmpd.conf）では、一部のリソース情報を取得する OID へのアクセス権限がありません。「2.2.3　Hinemos エージェント（Linux 版）のインストール」の「snmpd の設定の確認」を参考に設定してください。

(4) 設計の考え方

■設定の単位

リソース監視では、1 つの設定で 1 つの「監視項目」を指定します。監視対象のスコープに異なるプラットフォームが混在すると、そのプラットフォーム特有の「監視項目」を選択できなくなります。そのため、プラットフォームごとにスコープを作成し、このスコープに関して「監視項目」を設定するのがよいでしょう。

デバイス別の「監視項目」で［*ALL*］の項目を選択すると、すべてのデバイスを 1 つの設定で監視できます。同じ閾値を採用できる場合は、これを活用しましょう。

■閾値と通知の設計

「監視項目」によって、その閾値を超えたら即危険なもの、その閾値を継続して超えると危険なものの大きく 2 種類に分かれます。最初に紹介したカテゴリで分けると、次のようになります。

- 「閾値」を超えたら即危険なもの
  - ファイルシステム

12.1 サーバやネットワーク機器のリソースの監視

- 「閾値」を継続して超えると危険なもの
  - CPU
  - メモリ
  - ネットワーク
  - ディスク

「ファイルシステム使用率」などは、ディスクフルになるとその後の動作が行えなくなる可能性があります。それ以外の項目は、過負荷の後にすぐに低下することも考えられます。そのため後者の項目については、通知抑制をうまく使って、必要な契機で通知するといったことも合わせて検討します。

■ OS ごとに重要性が異なる監視項目

Windows と Linux では、OS のリソース情報の管理方法が異なります。「監視項目」の選択における一番大きな違いは、メモリに関する項目です。

- メモリ使用率の監視

  Linux の場合、OS のメモリはキャッシュやバッファといった、OS 自体がコントロールするものにも割り当てられます。そのため、Linux では「メモリ使用率」を監視しても常時100%のような状態になります。ユーザアプリケーションが利用するメモリの使用率を監視したい場合は、「実メモリ中のメモリ使用率（ユーザ）」といった別の項目を監視するとよいでしょう

12.1.2 例題 1. CPU 使用率の監視

Linux サーバと Windows サーバの CPU 使用率を一括して監視してみましょう（**表12.6**）。

表12.6 リソース監視の設定（**RES_CPU**）

監視項目ID	RES_CPU
説明	CPU 使用率の監視
スコープ	OS
間隔	5分
監視項目	CPU 使用率
収集時は内訳のデータも合わせて収集する	チェックを入れない
情報（取得値）	「0.0」以上「70.0」未満
警告（取得値）	「70.0」以上「90.0」未満
通知ID	ALL_EVENT

設定を行ってから、10分以内に［監視履歴］パースペクティブの［監視［イベント］］ビューで Manager、LinuxAgent、WindowsAgent の3ノード分のイベントが表示されることを確認できます。

Linux のファイルシステム使用率と df コマンドの違い

Linux環境において、Hinemosで扱う「ファイルシステム使用率」は、dfコマンドの結果とは異なります。

- Hinemosの「ファイルシステム使用率」
  （ファイルシステム使用量÷ファイルシステム容量）×100
- dfコマンド
  （ファイルシステム使用量÷（ファイルシステム使用量＋ファイルシステム使用可能量））×100

ここで、「ファイルシステム容量」は「ファイルシステム使用量＋ファイルシステム使用可能量＋root領域」を表します。root領域はユーザが書き込めない領域です。このため、Hinemosの「ファイルシステム使用率」は、dfコマンドの結果よりやや小さめの値になります。

表示名を使ってデバイス別の監視項目を揃えよう

　リソース監視の「監視項目」で指定するデバイス別の項目の[]に表示されるデバイス名は、ノードプロパティの各デバイスの「表示名」になります。デバイスサーチでノードプロパティを取得した場合、この「表示名」の初期値は「デバイス名」と同じです。しかし、「表示名」はユーザで編集可能であり、実際の「デバイス名」と異なってもかまいません（「デバイス名」を変更すると、サーバから取得した情報からデバイスを識別できなくなるため、変更はできません）。
　これを利用すると、実際の「デバイス名」が違っても同じ「表示名」を設定することで、1つの「監視項目」で監視することが可能になります。

12.2 将来予測と変化量の監視

　運用中のシステムのリソースに関する問題が発生した場合、すぐに対応できるとは限りません。たとえばディスク使用率が80%となった場合は、ディスクの増設や、不要ファイルの削除などの対応が必要となります。調査や手配、手順の確認など、障害が発生してから実際に対応を行うまでにはそれなりの時間を要することでしょう。
　将来予測監視を利用すれば、過去の実績を元に将来想定されるリソース状況を監視することで、将来発生しうるリソースに関する問題を事前に監視できます。
　また、運用中のシステムにおいて、閾値による通知が発生していないからといって、システムが通常どおり稼動しているとは限りません。たとえば、通常はメモリ使用率が20%～40%で動作しているサーバで、瞬発的にメモリ使用率60%となっていたら、どうでしょうか。何か、通常時とは異なる動きになっている可能性が考えられないでしょうか。
　変化量監視を利用すれば、過去の実績を元に変動幅が想定している範囲内であるかを監視することで、システム障害を事前に検知できます。

将来予測と変化量の監視は、Hinemos ver.6.1以降で利用できる機能です。ここでは将来予測と変化量の全体像を理解した後に、次の例題を行ってみましょう。

例題1. 将来予測の例題
例題2. 変化量の例題

 将来予測監視と変化量監視はすべての数値監視で使える

将来予測監視と変化量監視はリソース監視で使用されることが多いため本章で説明していますが、実際にはすべての数値監視で使用できます。

12.2.1 将来予測の監視

(1) 概要

将来予測監視の分類と仕様をそれぞれ**表12.7**と**表12.8**に示します。

表12.7 監視の分類（将来予測監視）

項目	分類
監視の判定方法	数値監視
監視契機	元となる監視設定に従う

表12.8 監視の仕様（将来予測監視）

項目	仕様
監視対象	元となる監視設定に従う
監視プロトコル	元となる監視設定に従う
固有の設定項目	将来予測（有効／無効）
	予測方法
	対象収集期間
	予測先
	通知ID（将来予測）
	アプリケーション（将来予測）

将来予測監視は、数値監視で収集した内容を元に将来の結果を予測し、閾値判定を行う機能です。数値監視に対し、追加で設定を行います。元となる監視設定の次の項目も使用されます。

- 監視―判定

判定で設定する閾値は、通常の監視に加えて、将来予測の監視にも利用されます。監視は行わず、将来予測だけを行うことは可能ですが、監視―判定は必ず設定しなければなりません

第 12 章　リソース状況の監視

● 収集

必ず収集を行わなければなりません

(2) 固有の設定項目

将来予測監視では、将来予測のための設定項目「予測方法」、「対象収集期間（分）」、「予測先（分後）」を
設定します。通知については、監視とは別の設定を行うことができます。

■将来予測 (有効／無効)

将来予測監視を有効にするにはチェックを入れる必要があります。

■予測方法

収集したデータを元に将来予測を行う方法を選択します。［線形回帰］、［多次元回帰（2次）］、［多次元
回帰（3次）］を選択できます。

■対象収集期間 (分)

将来予測に使用する過去の収集値の範囲を指定します。履歴削除機能の履歴削除設定「性能実績 収集
データ削除」の保存期間（デフォルトは 7 日間）よりも短い必要があります。履歴削除機能については、「31.1
履歴情報の削除」を参照してください。

■予測先 (分後)

予測先の時間を指定します。過去の収集値を元に予測先の予測値を算出し、閾値で判定を行います。

■通知 ID (将来予測)

監視と同様に、将来予測の通知方法を指定できます。

■アプリケーション (将来予測)

監視と同様に、通知時のアプリケーションを指定できます。

図**12.2** に各設定項目のイメージを、図**12.3** に設定画面を示します。

12.2 将来予測と変化量の監視

図12.2 将来予測監視の設定項目イメージ

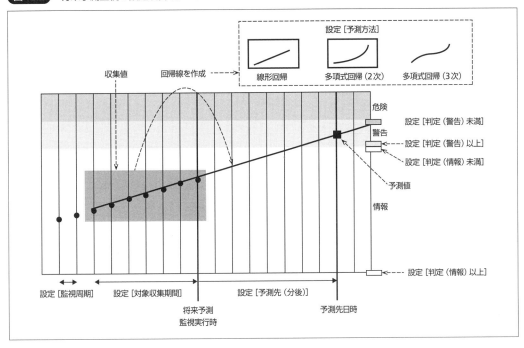

図12.3 将来予測監視の設定

209

(3) 仕組み

将来予測監視は、元となる監視の判定と同じタイミングで行われます（監視が有効でない場合も動作するので、正確には監視のためのデータが収集されたタイミングとなります）。監視が行われるタイミングは、各監視の説明を確認してください。

将来予測監視は、次の流れで行われます。

1. 対象収集期間の収集値を取得する
   ポーリング型監視の場合は（対象収集期間（分）÷監視間隔）件の収集値を使用します。トラップ型監視の場合は、対象収集期間に受信したトラップの収集値を使用します（該当する監視は、カスタムトラップ監視だけとなります）

2. 収集値を元に予測先（分後）の値を予測する
   将来予測を行うには、一定数の収集値が必要となります。そのため、収集値が一定数存在しない場合は将来予測が行われません。監視が行われたタイミングの収集値も予測のために使用されます

3. 予測した値を元に重要度を判定し、通知する
   通常の数値監視との相違点としては、「不明」が通知されることはありません。これは判定する情報がない（将来予測を行うための収集値が不足している）場合は、将来予測の監視が行われないからです

(4) 設計の考え方

■将来予測監視の対象

将来予測監視は、過去の収集値を元に将来の値を予測します。そのため、ファイルシステム使用率など、時系列とともに増加するものを監視する場合に適しています。逆に瞬発的に増減するものについては、予測することが難しいので、将来予測監視は適していません。また、指定した期間内の収集値を利用するという監視の性質上、トラップ型監視（カスタムトラップ監視）を対象にする場合は、定期的にトラップが送信される必要があります。トラップが定期的に送信されるように、トラップの送信ポリシーも含めて検討しなければなりません。

■予測方法と対象収集期間

予測方法と対象収集期間については、実際のデータによって適切な設定が変わってくるので、最初に決定することは困難です。そのため、いったんは対象収集期間を過去一ヵ月とし、予測方法を変えて試してみるのがよいでしょう。性能グラフで予測の回帰線を視覚的に確認できるので、信頼できそうな予測であるか判断してください。将来予測監視はあくまでも予測ですから、システムに合わせてチューニングしながら活用することをお勧めします。

■予測先（分後）の決め方

将来予測の通知が行われた後、予測先（分後）の時間が経過すると、実際に通知された状態になっている可能性が高いでしょう。そのため対応を行うために余裕を持った時間を考慮して予測先（分後）を設定する必要があります。

12.2.2　例題1. 将来予測の例題

それでは、実際に将来予測監視を行ってみましょう。まず、**図12.4**のコマンドを使用し、ファイルシステム使用率の「使用%」と「1M-ブロック」を確認してください。

図12.4　ファイルシステム使用率の確認

```
(root)# df -m
ファイルシス            1M-ブロック  使用 使用可 使用% マウント位置
/dev/mapper/centos-root     6334  1895  4440  30% /
```

表12.9の監視設定を作成してください。(XX)は確認した「使用%」+ 15%、(YY)は「使用%」+ 20%となるように設定してください。

表12.9　リソース監視の将来予測設定（RES_FS_PREDICTION）

監視項目ID		RES_FS_PREDICTION
説明		ファイルシステム使用率の将来予測監視
オーナーロールID		ALL_USERS
スコープ		LinuxAgent
間隔		1分
カレンダID		選択しない
監視項目		ファイルシステム使用率 [/]
収集時は内訳のデータも合わせて収集する		チェックを入れない
基本	監視	チェックを入れる
	判定-情報：取得値（%）	「0.0」以上「(XX)」未満
	判定-警告：取得値（%）	「(XX)」以上「(YY)」未満
	通知ID	ALL_EVENT
	アプリケーション	FileSystem
将来予測	将来予測	チェックを入れる
	予測方法	線形回帰を選択
	対象収集期間（分）	10
	予測先（分後）	10
	通知ID	ALL_EVENT
	アプリケーション	FileSystem_Prediction
収集	収集	チェックを入れる
	収集値表示名	ファイルシステム使用率 [/]
	収集値単位	%

ファイルシステム使用量を増加させるために、**リスト12.1**の設定を行ってください。設定後、1分に1%ずつファイルシステム使用率が増加します。(nnn)の値としては、**図12.4**で確認した値から、「1M-ブロック」÷ 100を指定してください。

なお、本例題ではサーバのディスクを大量に使用します。ディスクを大量に使用しても問題のない検証の環境で実施してください。また、動作確認完了後、必ずcron設定を削除し、検証用のファイル/

tmp/dummy_file_*を削除してください。

リスト12.1 cronの設定

```
*/1 * * * * dd if=/dev/zero of=/tmp/dummy_file_`date +\%s` bs=1024k count=(nnn)
```

　監視開始から20分経過するまでの流れを確認することで、将来予測の動きを確認できます。5分までは、十分な収集値がないので、将来予測が行われません。5分後以降は1%ずつ増加するという予測を行っている状態になります。そのため、10分後には情報の閾値を超えるという判断が行われ、将来予測によって重要度「警告」の通知が行われます。10分後以降は将来予測結果が「警告」の閾値を超えるため、将来予測によって重要度が「危険」の通知が行われます。20分後以降は実際の監視結果が「警告」の閾値を超えるため、監視によって重要度「危険」の通知が行われます。

　予測された値は、［監視履歴［イベント］］ビューで確認できます。図12.5のように、予測値と10分後の監視結果の値を比べると、ほぼ同じ値となっていることが確認できます。また、［性能］パースペクティブで最新の将来予測の内容をグラフィカルに確認することもできます。次の設定を行い、［適用］ボタンをクリックすることで、図12.6のように表示できます。

- スコープツリー：[LinuxAgent]をチェック
- 収集値表示名：[メモリ使用率(実メモリ) [RES_MEM_CHANGE]]を選択
- グラフ種別：折れ線
- サマリタイプ：ローデータ
- 予測変動幅：チェックを入れる

図12.5 将来予測の監視結果

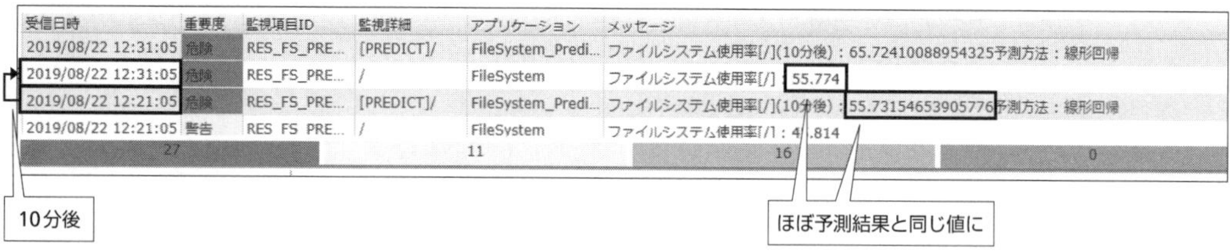

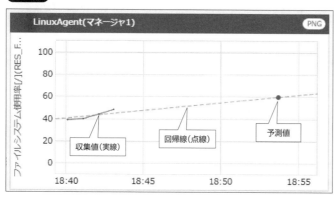

図12.6 将来予測のグラフ

12.2.3　変化量の監視

■ (1) 概要

変化量監視の分類と仕様をそれぞれ**表12.10**と**表12.11**に示します。

表12.10　監視の分類（変化量監視）

項目	分類
監視の判定方法	数値監視
監視契機	元となる監視設定に従う

表12.11　監視の仕様（変化量監視）

項目	仕様
固有の設定項目	変化量（有効／無効）
	対象収集期間
	変動幅（情報）、変動幅（警告）
	通知ID（変化量）
	アプリケーション（変化量）

変化量監視は、数値監視で収集した内容を元に、現在の監視結果が過去のバラつきの範囲内に収まっているか、閾値判定を行う機能です。数値監視に対し、追加で設定を行います。元となる監視設定の次の項目も使用されます。

- 収集

    必ず収集を行わなければなりません

■ (2) 固有の設定項目

変化量監視では、変化量を求めるための設定項目「対象収集期間」と、重要度判定のための「変動幅」を設定します。通知については、監視とは別の設定を行うことができます。

■変化量（有効／無効）

変化量監視を有効にするにはチェックを入れる必要があります。

■対象収集期間（分）

変化量監視に使用する過去の収集値の範囲を指定します。指定された範囲を元にバラつきを求めます。履歴削除機能の履歴削除設定「性能実績 収集データ削除」の保存期間（デフォルトは7日間）よりも短い必要があります。履歴削除機能については、「31.1　履歴情報の削除」を参照してください。

■変動幅（情報）、変動幅（警告）

重要度を情報、警告として判断する変動幅を指定します。変動幅の意味合いと重要度判定に関する詳細は後述します。

■**通知 ID（変化量）**
監視と同様に、変化量の通知方法を指定できます。
■**アプリケーション（変化量）**
監視と同様に、通知時のアプリケーションを指定できます。

図12.7に各設定項目のイメージを、図12.8に設定画面を示します。

図12.7 変化量監視の設定項目イメージ

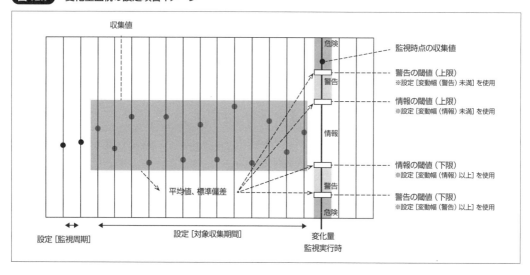

図12.8 変化量監視の設定

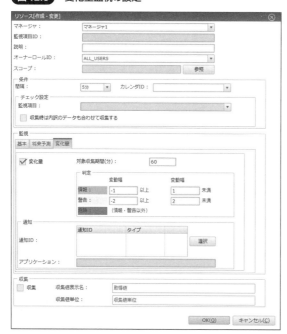

(3) 仕組み

変化量監視は、元となる監視の判定と同じタイミングで行われます(監視が有効でない場合も動作するので、正確には監視のためのデータが収集されたタイミングとなります)。監視が行われるタイミングは、各監視の説明を確認してください。

変化量監視は、次の流れで行われます。

1. 対象収集期間の収集値を取得する
   ポーリング型監視の場合は(対象収集期間(分)÷監視間隔)件の収集値を使用します。トラップ型監視の場合は、対象収集期間に受信したトラップの収集値を使用します(該当する監視はカスタムトラップ監視のみとなります)

2. 収集値を元に変化量監視に必要な平均値、標準偏差を算出する
   平均値、標準偏差を算出するには、一定数の収集値が必要となります。そのため、収集値が一定数存在しない場合は平均値、標準偏差が算出されません。監視が行われたタイミングの収集値は算出の対象には含まれません

3. 重要度判定のための閾値を算出する
   情報の閾値(上限)=平均値+標準偏差×情報の変動幅(未満)
   情報の閾値(下限)=平均値+標準偏差×情報の変動幅(以上)
   警告の閾値(上限)=平均値+標準偏差×情報の変動幅(未満)
   警告の閾値(下限)=平均値+標準偏差×情報の変動幅(以上)

4. 収集値と算出した閾値を元に重要度を判定し、通知を行う
   情報の閾値(下限)≦収集値<情報の閾値(上限)のとき、重要度は「情報」となります。警告の閾値(下限)≦収集値<警告の閾値(上限)のとき、重要度は「警告」となります。それ以外のとき、重要度は「危険」となります。なお、平均値、標準偏差を算出できなかった場合、通知は行われません

(4) 設計の考え方

■変化量監視の対象

変化量監視は、過去の収集値のバラつきを元に特異点を監視します。そのため、平常的にCPU使用率が0%から100%に変動するような環境など、下限から上限までバラつきがある場合は、変化量監視は行えません。それ以外の環境については、対象収集期間と変動幅を調整することで万能に使用できます。指定した期間内の収集値を利用するという監視の性質上、トラップ型監視(カスタムトラップ監視)を対象にする場合は定期的にトラップが送信される必要があります。トラップが定期的に送信されるように、トラップの送信ポリシーも含めて検討しなければなりません。

■監視結果の運用フロー

変化量監視の監視結果は、あくまでも普段と異なる傾向があるというだけで、直接的な障害が発生しているわけではありません。そのため、他の監視と比べると対応の優先度は低くなります。また、変化量監視における通知への対応としては、通知が行われた原因の特定が重要となります。負荷の高い処理が実行されているなど、あらかじめ想定している内容であれば、対応は不要となります。理由はわからないが、なぜか通知が行われているといった場合は、想定しない異常やシステムが何らかのボトルネックを抱えている可能性があります。そういった場合は、根本原因を調査し、対応を行う必要があります。変化量監視を利用するに当たって、通知に対してどのような運用を行うか、フローを決めることが重要となります。

第 12 章　リソース状況の監視

■対象収集期間

　変化量監視の対象収集期間については、業務上、負荷が集中するタイミングを考慮し、検討する必要があります。例として、毎時0分に負荷の高い処理が実行され、それ以外の時間では負荷がまったくないという環境で対象収集期間を10分に設定したとします。その場合、毎時0分のタイミングでは必ず変化量監視の通知が行われることになります。そのような状況を避けるために、業務の負荷状況を考慮したうえで対象収集期間を設定してください。負荷が高い処理が時間契機ではなく、他の契機で起動される場合は、対象収集期間で調整することは難しいので、その処理が実行されている場合は通知を無視するなど、運用で回避することも検討してください。

■変動幅 (情報)、変動幅 (警告)

　変動幅の設定については、計算式も絡むため、設定が困難な印象を受けると思います。設定値の検討が困難な場合は、まず「いつもより2倍以上変動があった場合には「警告」、3倍以上変動があった場合には「危険」とする」といった仮のルールを決めて、実際の動きを見ながら調整するという選択も検討してください。

12.2.4　例題 2. 変化量の例題

　それでは、実際に変化量監視を行ってみましょう。事前に「epel-release」、「stress」パッケージをインストールしてください。まず、**図12.9**のコマンドを使用し、メモリ容量の「total」を確認してください。

図12.9　メモリ使用量の確認

```
(root)# free -m
              total       used       free     shared  buff/cache   available
Mem:           1838        210        981         57         646        1390
Swap:           819         24        795
```

　表12.12の監視設定を作成してください。

表12.12　リソース監視の変換量監視設定 (RES_MEM_CHANGE)

監視項目ID		RES_MEM_CHANGE
説明		メモリ使用率 (実メモリ) の変化量監視
スコープ		LinuxAgent
間隔		1分
監視項目		メモリ使用率 (実メモリ)
収集時は内訳のデータも合わせて収集する		チェックを入れない
基本	監視	チェックを入れる
	判定 - 情報：取得値 (%)	「0.0」以上「100.0」未満
	判定 - 警告：取得値 (%)	「100.0」以上「100.0」未満
	通知ID	ALL_EVENT
	アプリケーション	Memory

	変化量	チェックを入れる
	対象収集期間（分）	60
変化量	判定-情報：変動幅	「-2」以上「2」未満
	判定-警告：変動幅	「-3」以上「3」未満
	アプリケーション	Memory_Change
	収集	チェックを入れる
収集	収集値表示名	メモリ使用率（実メモリ）
	収集値単位	％

　メモリ使用率が一定の範囲で変動する環境にするために、**リスト12.2**の設定を行ってください。設定後、メモリ使用率が1分ごとに、現在のメモリ使用率+10%、現在のメモリ使用率+5%、現在のメモリ使用率という形で変動します。(nnn)の値としては、**図12.9**で確認した値から、「total」÷10を指定してください。(mmm)の値は(nnn)÷2を指定してください。

　なお、本例題ではサーバのメモリを大量に使用します。メモリを大量に使用しても問題のない検証用の環境で実施してください。また、動作確認完了後、必ずcron設定を削除してください。

リスト12.2 cronの設定

```
0-57/3 * * * * stress --vm 1 --vm-bytes (nnn)M --vm-hang 60 --timeout 60s
1-58/3 * * * * stress --vm 1 --vm-bytes (mmm)M --vm-hang 60 --timeout 60s
```

　この設定が完了したら、変化量監視の通知が行われるまで待ちます。そして、**図12.10**のコマンドを実行し、メモリの使用率を急騰させてください。(ooo)の値は確認した「total÷5」（20%上昇）を指定してください。

図12.10 実行するコマンド

```
(root)# stress --vm 1 --vm-bytes (ooo)M --vm-hang 60 --timeout 60s
```

　今までの変動幅よりも大きくメモリ使用率が変動したため、「警告」または「危険」で通知が行われることを確認できます。

　また、変化量監視の状況は、［性能］パースペクティブでグラフィカルに確認できます。次の設定を行い、［適用］ボタンをクリックすることで、**図12.11**のように表示できます。

- スコープツリー：[LinuxAgent]をチェック
- 収集値表示名：[メモリ使用率(実メモリ) [RES_MEM_CHANGE]]を選択
- グラフ種別：折れ線
- サマリタイプ：ローデータ
- 予測変動幅：チェックを入れる

217

第 12 章 リソース状況の監視

図12.11 変化量監視のグラフ

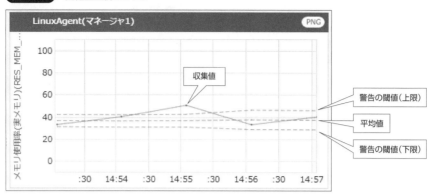

第**4**部　監視・性能

第**13**章

ミドルウェアや
プロセスの状態監視

第 13 章　ミドルウェアやプロセスの状態監視

　本章では、監視対象のサーバ上で動作するミドルウェアやプロセスを監視する方法について説明します。具体的には、「13.1　Webサーバの監視」ではWebサーバが提供するサービスが正しく稼動しているか、「13.2　データベース(RDBMS)の監視」ではデータベースに接続できるか、「13.3　起動プロセスの閾値監視」「13.4　Windowsサービスの監視」ではサーバ上で稼動すべきサービスが稼動しているか、「13.5　Javaプロセスの監視」ではJavaプロセスのリソース状態が正常であるかといったことを監視する方法を説明します。

13.1　Web サーバの監視

　昨今では、コンシューマー向け、社内向けの用途に関わらず、Webシステムが主流となっています。そのため、Webサーバの監視は業務を継続するうえで非常に重要となっています。

　HTTP監視を使用すると、Webサーバの状態を監視できます。HTTP監視はHTTP監視(文字列)、HTTP監視(数値)、HTTP監視(シナリオ)監視の3種類の監視があります。それぞれの特徴を**表13.1**にまとめました。

表13.1　HTTP監視の違い

項目	HTTP監視 (数値)	HTTP監視 (文字列)	HTTP監視 (シナリオ)
監視対象	応答時間	ページ内容	ページ遷移
複数ページの遷移を伴う監視	×	×	○
GETリクエストでの監視可否	○	○	○
POSTリクエストでの監視可否	×	×	○
HTTPSの監視可否	○	○	○
ステータスコード200以外のページの監視可否	×	×	○
認証(BASIC／DIGEST／NTLM)が必要なページの監視可否	×	×	○
リダイレクト先ページの監視可否	×	×	○[注1]
Content-typeがtext以外のページの監視可否[注2]	×	×	×
Webブラウザ機能で別のURLに遷移するページの遷移先監視可否	×	×	×

注1) リダイレクトのURLが絶対パスの場合だけ、監視できます。相対パスの場合は監視できません。
注2) デフォルト設定の場合となります。(Hinemos ver.6.2.2 ユーザマニュアル表 7-14 HTTP監視の詳細条件)を参照してください。

　ここではHTTP監視の全体像を理解した後に、次の例題を行ってみましょう。

● 例題1. Apacheの状態の監視
● 例題2. 簡単なログインページの監視

13.1.1　HTTP 監視 (数値・文字列)

(1) 概要

　HTTP監視(数値・文字列)の分類と仕様をそれぞれ**表13.2**と**表13.3**に示します。

13.1 Webサーバの監視

表13.2 監視の分類（HTTP監視（数値・文字列））

項目	分類
監視の判定方法	文字列監視／数値監視
監視契機	ポーリング型

表13.3 監視の仕様（HTTP監視（数値・文字列））

項目	仕様
監視対象	Webサーバ
監視プロトコル	HTTP、HTTPS
固有の設定項目	URL
	タイムアウト

HTTP監視（数値・文字列）は、指定したURLに対してHTTPリクエストを行い、そのHTTPレスポンスで取得したWebページに対して監視を行う機能です。「HTTP監視（数値）」は、その取得したWebページを取得するまでの応答時間を閾値判定します。「HTTP監視（文字列）」は、その取得したWebページのボディ部を文字列マッチングし、条件に一致した場合に通知します。ステータスコードが200以外のページ、Content-typeがtext以外のページ、タイムアウト時間内に応答がないページの場合は、重要度「不明」で通知します。

(2) 固有の設定項目

HTTP監視（数値）、HTTP監視（文字列）のいずれも、設定する固有の項目は同じです。

■ URL

取得するWebページのURLを指定します。URLは最大で2083文字まで入力できます。

例）http://www.hogehoge.com/index.html

URLにはノードプロパティを指定できます。ノードプロパティについては（Hinemos ver.6.2.2 ユーザマニュアル 表7-32 ノードプロパティ一覧）を参照してください。たとえば次のように記載すると、#[IP_ADDRESS]の部分が監視対象ノードのIPアドレスに置換されます。

例）http://#[IP_ADDRESS]/index.html

URLを固定で指定したときに、スコープに複数のノードが含まれていると、同じURLに対して複数回の監視が行われます。固定URLを指定する場合は、監視対象のスコープを単一のノードとするように設定してください。

■ タイムアウト（ミリ秒）

Webページを取得するまでのタイムアウト時間を指定します。このタイムアウト時間は、HTTPリクエスト送信からレスポンスが応答されるまでの時間を指します。

第 13 章　ミドルウェアやプロセスの状態監視

図13.1　HTTP監視（数値）

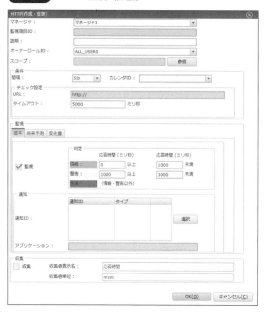

図13.2　HTTP監視（文字列）

(3) 仕組み

■処理フロー

HTTP監視は、監視対象の全ノードに対して、監視契機ごとに次のような動作を行います。

1. 指定の「URL」に対してHTTPリクエストを行います
2. Webページを指定の「タイムアウト」時間以内に取得できなかった場合は、値取得失敗として重要度「不明」と判定します
3. 取得したWebページが、前述の対応していないページの場合、重要度「不明」と判定します
4. HTTP監視(数値)の場合は応答時間の閾値判定を、HTTP監視(文字列)の場合はWebページを文字列マッチングによる判定を行います(文字列マッチングする際、文字コードは取得したWebページから自動判別します)

(4) 設計のポイント

■監視対象のWebページ

　HTTP監視はWebサーバを監視する目的で利用しますが、具体的にどのWebページ(URL)を監視すべきか、という点について説明します。

　Webページは大きく2種類に分けられます。Webサーバだけで表示処理が完結するWebページと、APサーバやDBサーバと連携して表示するWebページです。両者をHTTP監視しているとき、後者だけで異常が発生している場合は、Webサーバ単体だけでは問題がなく、APサーバやDBサーバとの連携に問題が発生していることがわかります。また、両者のHTTP監視に異常が発生している場合は、Webサーバ自体に問題が発生していることがわかります。

　これを確認するために、Webサーバ側で監視するヘルスチェックページを用意するという監視例もあります。これは、システムで利用しているAPサーバ、DBサーバに対して、一通り処理が完了すれば、HTTPのレスポンスを返すといったページです。対象のWebサーバを監視するのに最適な監視方法となります。また、Webサーバ単体のヘルスチェックを監視するためには、静的なページを用意します。

■応答時間の閾値

　HTTP監視(数値)を利用する場合は、応答時間の閾値の設定しなければなりませんが、時間帯によってサーバの負荷の割合が変わり、応答時間に差が出ます。そのため、実際に計測しながら応答時間の設定のチューニングが必要になる場合があります。

 HTTPSの監視について

　HinemosでHTTPSの監視を行う際、デフォルトの設定ではサーバ証明書は不要です。HTTP監視(数値)、HTTP監視(文字列)、HTTP監視(シナリオ)のいずれも同様です。

　サーバ証明書を利用して接続する場合は、(Hinemos ver.6.2 管理者ガイド 6.2.2 サーバ証明書を利用する場合のHTTPS設定)を参考に設定を行ってください。

　サーバ証明書を利用して監視を行う場合は、HTTPSを利用しているWebサーバの証明書を更新する際、Hinemosマネージャ側もそのサーバ証明書を再登録する必要があります。サーバ証明書を利用したHTTPSの監視を行う場合は、このサーバ証明書交換のメンテナンスを意識しなければなりません。また、サーバ証明書の再登録後、Hinemosマネージャの再起動が必要となるため、メンテナンス計画を立てる場合には注意してください。

第 13 章　ミドルウェアやプロセスの状態監視

13.1.2　例題 1. Apache の状態の監視

HTTP監視を使って、Apacheの状態を確認してみましょう。

Apacheの状態といってもさまざまですが、死活検知として最も基礎的な「一定時間内に応答があること」を確認するHTTP監視（数値）の監視を行ってみます。ここではLinuxAgentノードにApacheをインストールすることを前提として説明します。

図13.3に示すコマンドを実行し、Apacheをインストール、起動してください。firewalldサービスが起動している場合は停止するか、ポート80を開放してください。ブラウザでhttp://192.168.0.3/（LinuxAgentのIPアドレス。以降は省略）に接続できることを確認してください。

まず、HTTP監視用の簡易なページを/var/www/html/top.htmlに作成します（**リスト13.1**）。

図13.3　Apaceのインストール、起動

```
(root)# yum -y install httpd
(root)# systemctl start httpd
```

リスト13.1　top.htmlの作成

```
<html><body>Test Page</body></html>
```

ブラウザでhttp://192.168.0.3/top.htmlを表示し、「TestPage」が表示されることを確認してください。次に、**表13.4**のような「HTTP監視（数値）」の設定を作成してください。

表13.4　「HTTP監視（数値）」の設定（HTTP_APACHE）

マネージャ			マネージャ1
監視項目ID			HTTP_APACHE
説明			Apacheのレスポンス応答時間
オーナーロールID			ALL_USERS
スコープ			LinuxAgent
条件	間隔		1分
	カレンダID		選択しない
	チェック設定	URL	http://#[IP_ADDRESS]/top.html
	チェック設定	タイムアウト	5000
監視	基本	監視	チェックを入れる
		判定	情報（応答時間（ミリ秒））	「0」以上「1000」未満
			警告（応答時間（ミリ秒））	「1000」以上「3000」未満
		通知	通知ID	ALL_EVENT
			アプリケーション	Apache
収集	収集		チェックを入れない

URLに「#[IP_ADDRESS]」を指定してるところがポイントです。「#[IP_ADDRESS]」は、監視対象スコープに所属する各ノードのIPアドレスに置換されます（ここではLinuxAgentノードを指定しているため、LinuxAgentノードのIPアドレスに置換されます）。

Apacheの応答時間を監視できることを確認してみましょう。他にも次のようなことを試してください。

224

- Apacheを停止させて、HTTP監視が重要度「不明」で通知されること
- 同じtop.htmlに対して、HTTP監視（文字列）監視にて「.*Test.*」という文字列マッチングができること

13.1.3 HTTP 監視（シナリオ）

（1）概要

HTTP監視（シナリオ）の分類と仕様をそれぞれ**表13.5**と**表13.6**に示します。

表13.5 監視の分類（HTTP監視（シナリオ））

項目	分類
監視の判定方法	シナリオ監視
監視契機	ポーリング型

表13.6 監視の仕様（HTTP監視（シナリオ））

項目	仕様
監視対象	Webサーバ
監視プロトコル	HTTP、HTTPS
固有の設定項目	コネクションタイムアウト、リクエストタイムアウト
	User-Agent
	認証（認証方式、ユーザ、パスワード）
	プロキシ（有効、URL、ポート、ユーザ、パスワード）
	収集時にページ単位の情報も収集する
	ページ設定

HTTP監視（シナリオ）は、指定された複数のURLに対して順番にHTTPリクエストを行い、そのHTTPレスポンスで取得したWebページを監視する機能です。単純に順番にリクエストするだけではなく、Cookieへの対応や、前のページの結果をもとに次のページのリクエストに使用する状況など、一連のHTTPシナリオを監視できます。

（2）固有の設定項目

■コネクションタイムアウト、リクエストタイムアウト

Webページを取得するまでのタイムアウト時間を指定します。コネクションタイムアウトは、HTTPリクエストを行って接続が確立されるまでの時間を指します。リクエストタイムアウトは、HTTPリクエスト送信からレスポンスが応答されるまでの時間を指します。

■User-Agent

HTTPリクエストで送信するUser-Agentを指定します。監視対象のWebページでUser-Agentに応じてページ内容を制御している場合などに利用します。

第 13 章　ミドルウェアやプロセスの状態監視

■認証方式、ユーザ、パスワード

BASIC認証、DIGEST認証、NTLM認証が使用されているページを監視する場合に指定します。

■プロキシ（有効／無効）、URL、ポート、ユーザ、パスワード

プロキシ経由でWebページを監視する場合に指定します。認証が必要なプロキシサーバを利用するときはユーザ、パスワードを入力します。

■収集時にページ単位の情報も収集する

［収集］にチェックを入れた場合、通常は全体の応答時間（ページ設定の最初のページにリクエストした時間から、最後のページからレスポンスが返ってくるまでの時間）が収集されます。ページごとの応答時間を収集する場合はこちらにチェックを入れます。

■ページ設定

「ページチェック設定」の一覧を設定します。「ページチェック設定」は、チェックする1ページについての設定です。この設定では、ページの内容をチェックするための文字列マッチング「ページ内容判定」の一覧、次のページから利用する変数（以降HTTPシナリオ変数と表記）の一覧などを設定します。すこし複雑ですが、設定項目をそれぞれ説明していきます。

■ページチェック設定の一覧

ページを見る順序を変更できます。

■ページチェック設定

● URL

取得するWebページのURLを指定します。URLは最大で2083文字まで入力できます。

例）http://www.hogehoge.com/index.html

URLにはHTTP監視（数値・文字列）と同様にノードプロパティを指定できるのに加え、HTTPシナリオ変数を指定できます。なお、リダイレクトが行われるURLを指定されたときは、リダイレクト先の内容でチェックが行われます。パラメータのリクエスト方式がGETの場合は、URLにパラメータを指定してください

● ステータスコード

期待するステータスコードを指定します。HTTPレスポンスのステータスコードと一致しなかった場合、ページチェックに失敗したと判断されます

● POST

指定したURLにHTTPリクエストを送信する場合のPOSTパラメータを指定します。なお、リダイレクト時にはPOSTパラメータは使用されません。HTTPシナリオ変数を指定できます

● ページ内容判定の一覧

ページをチェックする文字列マッチングの順序を変更できます

- ページチェックに失敗したときの通知重要度、メッセージ

  ページチェックに失敗したときの重要度には、未選択、「情報」、「警告」、「危険」、「不明」のいずれかを指定します。未選択の場合は、ページチェックに失敗した際に通知が行われません。メッセージはそのまま通知のメッセージとして使用されます。失敗した内容の詳細は、オリジナルメッセージに表示されます。次の場合はいずれもページチェックに失敗したと判断されます

  - HTTPレスポンスのステータスコードが指定した「ステータスコード」と一致しない
  - ページ内容判定の「条件に一致した場合はページチェック失敗」のパターンマッチ表現にマッチする
  - ページ内容判定のすべてのパターンマッチ表現にマッチしない
  - HTTPリクエストがタイムアウトする

■ページチェック設定

- パターンマッチ表現

  HTTPレスポンスのBODY部(\<html\>~\</html\>)に対する文字列マッチングを正規表現で指定します。優先度に関する考え方は基本的に文字列監視と同様であり、「10.2.1　監視の機能」の「文字列監視」と同じです。ただし、文字列監視は異常を検出するためのパターンマッチを入力する一方、HTTP監視（シナリオ）は「正常」と判定するためのパターンマッチを入力する点は、考え方の違いとなっています

- 大文字・小文字を区別しない

  大文字と小文字を区別せずに文字列マッチングする場合はチェックを入れます

- 判定（正常／異常）

  HTTPレスポンスのBODY部がパターンマッチ表現にマッチした場合の動きを指定します。［正常（次のページへ）］の場合、このページのチェックは終了し、次のページのチェックが行われます。［異常（ページチェック失敗）］の場合、ページチェック失敗と判定され、以降のページのチェックは行われません

■次のページから利用する変数

- 変数名

  HTTPシナリオ変数の変数名を指定します。次のページ以降のURLとPOSTで、#[変数名]の形式で使用できます

- 値、現在のページから取得

  HTTPシナリオ変数に対して固定値を指定する場合は、［現在ページから取得］のチェックを入れず、値としてHTTPシナリオ変数の値を入力します。現在のページ内容からHTTPシナリオ変数の値を決定したい場合は［現在ページから取得］のチェックを入れ、HTTPシナリオ変数の値にしたい部分を「()」で囲んだ正規表現を値として指定します。たとえば、ページ内の「\<input name="sessionid" type="hidden" value="abcde" /\>」の「abcde」を取得したい場合の正規表現は「.*sessionid" type="hidden" value="([a-zA-Z]*)".*」となります

図13.4 HTTP監視（シナリオ）のイメージ

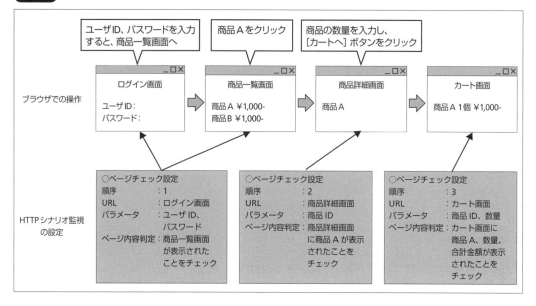

図13.5 HTTP監視（シナリオ）

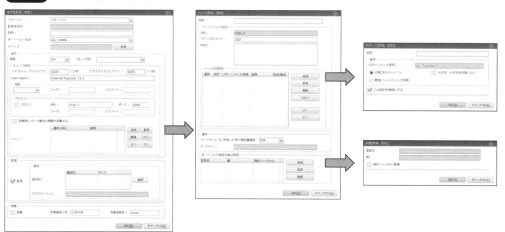

（3）仕組み

■処理フロー

HTTP監視（シナリオ）は、監視対象の全ノードに対して、監視契機ごとに次のような動作を行います。

1. ページチェック設定一覧の順序に従い、以降の動作を行います
2. ページチェック設定で指定された「URL」に対してHTTPリクエストを行います
3. 指定のタイムアウト時間以内にWebページを取得できなかった場合は、ページチェック失敗と判定し、通知を行います

4. 取得したWebページのHTTPステータスコードがリダイレクトのコードの場合は、リダイレクトを行います

5. 取得したWebページのHTTPステータスコードが指定されたステータスコードでない場合、およびContent-typeがtext以外のページの場合はページチェック失敗と判定し、通知を行います

6. ページ内容判定の一覧の順序で文字列マッチングを行います。ヒットしたパターンマッチ表現が[正常（次のページへ）]の場合、次のページチェック設定で2以降の動作を行います。[異常（ページチェック失敗）]の場合、ページチェック失敗と判定し、通知を行います。いずれのパターンマッチ表現にもヒットしなかった場合はページチェック失敗と判定し、通知を行います

7. すべてのページチェック設定で「正常（次のページへ）」と判断された場合、「情報」で通知を行います

（4）設計のポイント

■監視するシナリオ

監視するシナリオは「13.1.1　HTTP監視（数値・文字列）」と同様で、APサーバやDBサーバの連携とWebサーバ単体の異常を検出するので、シナリオを検討する必要があります。そのため、監視するシナリオを検討する際は、どのようなページ遷移が適切であるかをWebページの設計担当者も交えて検討してください。

■遷移時のパラメータ

どちらかというとWebアプリケーションの設計に関する話題になってしまうのですが、画面遷移のパラメータは、大きく分けて2種類あります。Cookieに保存する方法と、ページ内の情報に含める方法です。前者の場合は特に設定は必要ありませんが、後者の場合は取得したhtmlの内容をHTTPシナリオ変数に設定し、次のページのPOSTまたはGETのパラメータとして指定しなければなりません。対象のページのソースコードを読んで判断することも可能ではありますが、基本的にはWebページの設計担当者に確認し、確認した内容をそのまま設定に落とし込むというのがセオリーとなります。

13.1.4　例題2. 簡単なログインページの監視

それでは、簡単なログインを行うページの遷移について設定例を記載します。実際に動作を確認できるように手順とソースコードのサンプルも示しますが、すこし複雑なので、実践が難しければ設定例の確認だけ行ってください。

想定するWebページを**表13.7**に記載します。

表13.7　想定するWebページ

画面名	ファイル名	説明
ログイン	login.php	ユーザIDとパスワードを入力し、ログインに成功した場合、menu.phpに遷移する。ページに遷移する場合はPOSTパラメータuser_name、passwordが必要
メニュー	menu.php	メニューを選択し、選択されたメニューから詳細メニューを表示する。ログインページからリダイレクトで表示される。ログイン時だけ利用可。biz.phpに遷移するためのパラメータが`<p>`遷移用パラメータ:XXX`</p>`という形式で表示される
業務画面	biz.php	メニュー画面から渡されたパラメータを表示する。ログイン時だけ利用可。ページに遷移する場合はGETパラメータfrommenuが必要
ログアウト	logout.php	ログアウト用のページ（監視対象にはせず、ブラウザからの確認にだけ使用する）

第 13 章　ミドルウェアやプロセスの状態監視

　このようなページに対して、ログイン後、メニュー画面から業務画面に遷移し、業務画面が表示されることを監視します。

　Apacheがインストールされていなければ、「13.1.2　例題1. Apacheの状態の監視」を参考にApacheをインストールしてください。

　図13.6に示すコマンドを実行することで、phpをインストールし、Apacheを再起動します。

図13.6　phpのインストールとApacheの再起動

```
(root)# yum -y install php
(root)# systemctl restart httpd
```

/var/www/html/配下に**リスト13.2**〜**リスト13.5**のファイルを作成してください。

リスト13.2　login.php

```php
<?php

session_start();

if (isset($_POST["user_name"])) {
    if($_POST["user_name"] == "hinemosbook" &&
      $_POST["password"] == "password" ) {
        $_SESSION["user_name"] = $_POST["user_name"];
        $login_success_url = "http://" . $_SERVER['HTTP_HOST'] . "/menu.php";
        header("Location: {$login_success_url}",302);
        exit;
    }
    echo "※ID、もしくはパスワードが間違っています。<br>";
}

echo "<form action=\"login.php\" method=\"POST\">";
echo "<p>ログインID：<input type=\"text\" name=\"user_name\"></p>";
echo "<p>パスワード：<input type=\"password\" name=\"password\"></p>";
echo "<input type=\"submit\" name=\"login\" value=\"login\">";
echo "</form>";

?>
```

リスト13.3　menu.php

```php
<?php

session_start();

if (isset($_SESSION['user_name'])) {
  echo "<p>" . $_SESSION['user_name'] . "さんのメニューです</p>";
  $menuparam = rand(1000,9999);
```

230

```
    echo "<p>遷移用パラメータ:" . $menuparam . "</p>";
    echo "<a href=\"biz.php?frommenu=". $menuparam . "\">業務画面</a><br>";

} else {
  echo "<p>ログインされていません</p>";
}

echo "<a href=\"logout.php\">ログアウト</a>";

?>
```

リスト13.4 biz.php

```php
<?php

session_start();

if (isset($_SESSION['user_name'])) {
  if (isset($_GET['frommenu'])) {
    echo "<p>メニューから遷移されました。" . $_GET['frommenu'] ."</p><br>";
  } else {
    echo "<p>メニューから遷移されていません。</p>";
  }
} else {
  echo "<p>ログインされていません</p>";
}

echo "<a href=\"logout.php\">ログアウト</a>";

?>
```

リスト13.5 logout.php

```php
<?php

session_start();

$_SESSION = array();
session_destroy();
$msg="ログアウトしました<br>";

echo "$msg";

echo "<a href=\"login.php\">ログインページへ</a>";

?>
```

第13章　ミドルウェアやプロセスの状態監視

　ブラウザで http://192.168.0.3/login.php に接続し、ユーザIDに「hinemosbook」、パスワードに「password」を入力します。メニュー画面が表示されること、［業務画面］をクリックすると業務画面が表示されること、［ログアウト］をクリックするとログアウト画面が表示されることを確認してください。

　このページを監視するための設定は**表13.8**のようになります。記載のない項目はデフォルト値のままとしてください。

表13.8　「HTTP監視（シナリオ）」の設定（HTTP_SENARIO）

監視項目ID	HTTP_SENARIO
説明	簡単なログインページの監視
オーナーロールID	ALL_USERS
スコープ	LinuxAgent
間隔	1分
ページ	**表13.9**参照
監視	チェックを入れる
通知ID	ALL_EVENT
アプリケーション	簡単なログインページ

表13.9　HTTP_SENARIOのページチェック設定

順序	1	2
URL	http://#[IP_ADDRESS]/login.php	http://#[IP_ADDRESS]/biz.php?frommenu=#[FROMMENU]
ステータスコード	200	200
POST	user_name=hinemosbook&password=password	指定しない
パターンマッチ表現	.*さんのメニューです.*	.*メニューから遷移されました。.*
正常／異常	正常（次のページへ）	正常（次のページへ）
ページチェックに失敗したときの通知重要度	危険	危険
メッセージ	login.php/menu.phpのチェックに失敗しました。	biz.phpのチェックに失敗しました。
変数名	FROMMENU	指定しない
値	.*\<p>遷移用パラメータ:(\d*)\</p>.*	指定しない
現在ページから取得	チェックを入れる	指定しない

　設定のポイントを解説します。

● POSTパラメータとGETパラメータ

　　順序1と順序2のURL、POSTに注目してください。順序1はPOSTパラメータを送信するため、POSTにパラメータを入力します。対して順序2はGETパラメータを送信するため、URLにパラメータを入力します

● リダイレクトがあるページの監視

　　順序1のURLとステータスコード、パターンマッチ表現に注目してください。順序1ではURLにログインページを指定していますが、これはリダイレクトが行われるページなので、ステータスコー

232

ドとパターンマッチ表現はリダイレクト後のメニューページの内容を指定しています
- 前のページの内容を利用する

  順序1の変数名、値、現在ページから取得と順序2のURLに注目してください。順序1で[現在ページから取得]にチェックを入れ、値に正規表現を指定することで、ページの内容がシナリオ変数#[FROMMENU]に保存されます。順序2ではシナリオ変数#[FROMMENU]を使ってURLを指定しています

表13.8の設定を登録したら、[監視履歴]パースペクティブの[監視履歴[イベント]]ビューで「情報」の通知が行われることを確認してください。また、オリジナルメッセージで各ページが監視されていることを確認してください。各phpファイルの名前を変更すると「危険」の通知が行われることも確認してみてください。

13.2 データベース（RDBMS）の監視

HinemosではSQL監視を使用することで、データベース（RDBMS）を監視できます。デフォルトではOSSのPostgreSQLやMySQL、商用製品のOracleやSQL ServerといったSQLベースのデータベースを監視できます。

ここではSQL監視の全体像を理解した後に、次の例題を行ってみましょう。

- 例題1. PostgreSQLの応答の監視

13.2.1　SQL監視

（1）概要

SQL監視の分類と仕様をそれぞれ表13.10と表13.11に示します。

表13.10　監視の分類（SQL監視）

項目	分類
監視の判定方法	数値監視、文字列監視
監視契機	ポーリング型

表13.11　監視の仕様（SQL監視）

項目	仕様
監視対象	DBサーバ
監視プロトコル	JDBC
固有の設定項目	接続先URL
	接続先DB
	ユーザID
	パスワード
	SQL文

第 13 章　ミドルウェアやプロセスの状態監視

　SQL監視は、指定したデータベースに接続し、SELECT文を発行します。そのレスポンスの中の1行目かつ1列目の値(以降、SQL取得結果と記載します)に対して監視を行う機能です。

　SQL監視(数値)は、SQL取得結果を数値として閾値判定します。SQL監視(文字列)は、SQL取得結果を文字列として文字列マッチングし、条件に一致した場合に通知します。SQL監視(数値)、SQL監視(文字列)のいずれも、データベースへ接続できない場合、SQLの取得結果がない場合、または適切なデータ型(数値／文字列)ではない場合に、値取得失敗として重要度「不明」で通知します。

　数値監視の多くは「応答時間」の監視になりますが、SQL監視(数値)はデータベースの「応答時間」ではなく、SELECT文の結果に対する閾値判定を行うことに注意してください。

(2) 固有の設定項目

■接続先 URL

　データベースへ接続するための、JDBC接続文字列を指定します。たとえば、データベースサーバ(IPアドレス 192.168.0.3)のPostgreSQL(ポート番号 5432)のhinemosデータベースに対して接続する場合は、「jdbc:postgresql://192.168.0.3:5432/hinemos」となります。

　URLにはノードプロパティを指定できます。ノードプロパティについては(Hinemos ver.6.2.2 ユーザマニュアル 表 7-32 ノードプロパティ一覧)を参照してください。「jdbc:postgresql://#[IP_ADDRESS]:5432/hinemos」のように記載すると、#[IP_ADDRESS]の部分が監視対象ノードのIPアドレスに置換されます。

　URLを固定で指定したときに、スコープに複数のノードが含まれていると、同じURLに対して複数回の監視が行われます。固定URLを指定する場合は、監視対象のスコープを単一のノードとするように設定してください。

■接続先 DB

　接続するデータベースの種類をプルダウンリストから選択します。デフォルトの環境では、「PostgreSQL」「SQL Server」以外のデータベースを指定するには、事前にJDBCドライバを配置する必要があります。また、このプルダウンリストに含まれていないデータベースも追加できます。追加方法は(Hinemos ver.6.2 管理者ガイド 6.1.1 監視対象のRDBMSの追加)を参照してください。

■ユーザ ID

　接続のためのデータベースのユーザを指定します。

■パスワード

　接続のためのデータベースのユーザのパスワードを指定します。

■SQL 文

　接続後に実行するSELECT文を指定します。「SELECT」から始まる文字列である必要があります。また、1行1列目を基準に判定されるため、それ以外の行または列は必要ありません。

　たとえば、PostgreSQLで1行1列(col1列)を取得する場合は、「SELECT col1 FROM table LIMIT 1;」と指定します。

13.2 データベース（RDBMS）の監視

図13.7 SQL監視（数値）

図13.8 SQL監視（文字列）

第13章　ミドルウェアやプロセスの状態監視

▌（3）仕組み

　JDBC（Java database connectivity）を使ってデータベースに接続します。HinemosマネージャがJDBCクライアントの位置づけになり、監視対象のデータベースへのJDBC接続を確立し、SELECT文を発行します。そのため、データベースに対応したJDBCドライバと、接続のためのデータベースのユーザ、パスワードが必要になります。

■処理フロー

　SQL監視は、監視対象の全ノードに対して、監視契機ごとに次のような動作を行います。

1. 指定の「接続先URL」のデータベースに対して、「ユーザID」と「パスワード」を用いて接続し、ログインします
2. ログインに失敗した場合は、値取得失敗として重要度「不明」と判定します
3. SELECT文を実行し、そのレスポンスを取得します
4. 取得したレスポンスの1行1列目のデータに対して、SQL監視（数値）なら数値として閾値判定を、SQL監視（文字列）なら文字列として文字列マッチングによる判定を行います。適切なデータ型（数値／文字列）でない場合は、値取得失敗として重要度「不明」と判定します
5. 最後にデータベースとの接続を切断します

▌（4）設計のポイント

　どういった判断でこのSQL監視を採用するか、および設計時の注意事項に焦点を当てて説明します。

■データベースの死活検知

　データベースの死活検知を行ううえで最も妥当な方法は、実際にアプリケーションから使われるのと同じようにデータベースに接続（ログイン）して、SQL文が実行できるかどうかを確認することです。HinemosのSQL監視は、実際につどログインしてSQLを実行します。そのため、プロセス監視のようにプロセスの起動数を監視するだけではなく、実際にデータベースのリスナープロセスへ接続できるかを監視することができます。

　データベースは、一般に複数のプロセスが連携して動作するアーキテクチャを取ります。そのため、各プロセスが互いに監視したり、障害時には自動復旧するような仕組みをとったりするものがあります。また、データベースのリスナープロセスが障害の場合、既存の接続はそのまま利用できるが、新規接続は確立できないといった問題が発生する可能性があるので、実際に新規に接続して「ログイン」することは非常に重要です。

　こういったレベルの監視はプロセス監視では実現できないため、データベースの監視ではSQL監視を利用します。監視するには複雑なSELECT文は必要なく、「SELECT 1 FROM DUAL」（Oracleの場合）といったものでもかまいません。

■データベースを利用した連携

　システム間の連携の方式として、連携元のシステムでデータベースに書き込みを行い、連携元のシステムでデータベースから読み込みを行うことで連携を行う方式があります。SQL監視とジョブ通知を組み合わせれば、Hinemosを介してシステム間連携を実現できます。

■タイムアウトの設計

タイムアウトに関する設定は、Hinemosマネージャ単位で設定する方法と、監視設定単位に行う方法の2種類あります。タイムアウトが設定されていない場合、JDBCドライバによっては、ネットワークなどの障害の際に接続を永遠に待ち続ける可能性があります。必ずタイムアウトを設定するようにしてください。

- Hinemosマネージャ単位で設定する方法
  [メンテナンス]パースペクティブの[メンテナンス[Hinemosプロパティ]]ビューで設定します。コネクションタイムアウト（ログインタイムアウト）は「monitor.sql.jdbc.driver.logintimeout.N」、リードタイムアウト（ソケットタイムアウト）は「monitor.sql.jdbc.driver.properties.N」に「socketTimeout=3600」という形式で設定します。Nは接続先のデータベースの種類を表します
- 監視設定単位で設定する方法
  接続先URLの末尾に「?loginTimeout=30&socketTimeout=600」というGET形式で指定します

  例）jdbc:postgresql://192.168.0.3:5432/hinemos?loginTimeout=30&socketTimeout=600

■データベースのユーザ設計とユーザ管理

SQL監視では、Hinemosにデータベースのユーザとパスワードを登録します。そのため、Hinemosのアクセス権限でSQL監視の設定へのアクセス制御を行うことも重要ですが、データベースでも該当のユーザに対するアクセス権限を必要最低限に絞ることが重要です。データベースに監視用のユーザを作成し、それを用いることを推奨します。

また、データベースのパスワードを定期的に変更するような運用をとるケースもあります。その際には、SQL監視の設定も一緒に変更するように運用計画を立ててください。

■データベースとのネットワーク接続

他の監視機能と異なり、接続するプロトコルや接続先のポート番号などは、データベースによって異なります。そのため、ファイアウォールなどの設定の際には、Hinemosの利用するプロトコルとポート番号とは別に、監視するデータベースに合わせたルールを設定してください。

SQL監視で利用可能なDBMS

　Hinemosマネージャのインストール時には、PostgreSQLとSQL Serverが利用できます。プルダウンリストではMySQLとOracleも選択できますが、これらを利用する場合は、JDBCドライバを別途配置する必要があります。また、その他のDBMSについても、設定を追加し、JDBCドライバを配置することで利用可能となります。

　JDBCドライバの追加、DBMSの追加の手順については（Hinemos ver.6.2 管理者ガイド 6.1.1 監視対象のRDBMSの追加）を参照してください。

第 13 章　ミドルウェアやプロセスの状態監視

13.2.2　例題 1. PostgreSQL の応答の監視

　デフォルトの環境で監視ができる PostgreSQL は、Linux 版 Hinemos マネージャで内部データベースとして使用しています。そこで、Hinemos マネージャの PostgreSQL に対して監視を行ってみましょう（実際には、内部データベースの PostgreSQL はセルフチェック機能で監視を行っているので、Hinemos の内部データベースを SQL 監視で監視する必要はありません）。

　SQL 監視の設定（**表13.12**）を行ってみましょう。

表13.12　SQL監視（数値）監視の設定（SQL_POSTGRESQL）

マネージャ				マネージャ 1
監視項目ID				SQL_POSTGRESQL
説明				PostgreSQLの死活監視
オーナーロールID				ALL_USERS
スコープ				Manager
条件	間隔			5分
	チェック設定	接続先URL		jdbc:postgresql://#[IP_ADDRESS]:24001/hinemos?applicationName=test
		接続先DB		PostgreSQL
		ユーザID		hinemos
		パスワード		hinemos
		SQL文		SELECT 1
監視	基本	判定	情報（取得値）	「1」以上「2」未満
			警告（取得値）	「1」以上「2」未満
		通知	通知ID	ALL_EVENT
			アプリケーション	PostgreSQL
収集	収集			チェックを入れない

　この設定のポイントは次のとおりです。

- 接続先URLにノードプロパティを使用している
- 接続先URLに接続アプリケーション「test」を指定している
- SQL文では「SELECT 1」という簡易なもので、データベースへの接続の可否だけを確認している

　設定後、［監視履歴］パースペクティブの［監視履歴［イベント］］ビューで「情報」のイベントが通知されることを確認してください。

13.3　起動プロセス数の閾値監視

　Hinemos では、プロセス監視を使用することで、Linux サーバおよび Windows サーバの任意のプロセス起動数を監視できます。どんなシステムであっても、OS のサービスや複数のミドルウェアが起動しています。起動プロセス数の閾値監視は、それらに対して SNMP や WBEM といったプロトコルを介して、プロセスの起動有無を確認できる機能です。Windows サーバ上のサービスを確認する場合は、Windows サー

238

ビス監視の利用もあわせて検討してください。

ここではプロセス監視の全体像を理解した後に、次の例題を行ってみましょう。

● 例題1. Linux サーバの crond プロセスを監視する

13.3.1 プロセス監視

■ (1) 概要

プロセス監視の分類と仕様をそれぞれ**表13.13**と**表13.14**に示します。

表13.13 監視の分類（プロセス監視）

項目	分類
監視の判定方法	数値監視
監視契機	ポーリング型

表13.14 監視の仕様（プロセス監視）

項目	仕様
監視対象	起動プロセス
監視プロトコル	SNMP、WBEM
固有の設定項目	コマンド
	引数

プロセス監視は、監視対象のサーバからプロセス情報を取得し、指定したプロセスが起動している数をカウントして、閾値判定を行う機能です。監視対象のサーバからプロセス情報を取得できなかった場合は、値取得失敗として重要度「不明」で通知します。

監視対象のプロセスは、プロセスの起動「コマンド」とその「引数」の2つで指定します。どちらも正規表現を使った指定ができます。プロセスの状態(たとえば、ゾンビプロセス)や、そのプロセスが正常に動作しているかについては、プロセス監視では確認できないことに注意してください。

■ (2) 固有の設定項目

プロセス監視では、監視対象プロセスを特定する「コマンド」と「引数」を正規表現にて指定します。SNMP で取得できる文字列の最大長は128文字のため、「コマンド」、「引数」ともに先頭から128文字までしか監視を行えません。

■コマンド

監視対象の起動コマンドを正規表現で指定します。

Linux サーバでフルパスで指定しない場合は「.*snmp」と指定し、Windows サーバでフルパスで指定する場合は「C:￥￥WINDOWS￥￥SYSTEM32￥￥SNMP.exe」[注1]と指定します。

■引数

監視対象の起動コマンドの引数を正規表現で指定します。「引数」に何も入力しないと、引数のないプロセスが対象となります。「引数」に任意の文字列を表す「.*」を入力すると、「引数」が何であっても対象となります。

注1「￥」は通常エスケープ文字として利用されてしまうため、「￥」を表現する場合は、「￥」を2つ並べます。

第 13 章　ミドルウェアやプロセスの状態監視

図13.9　プロセス監視

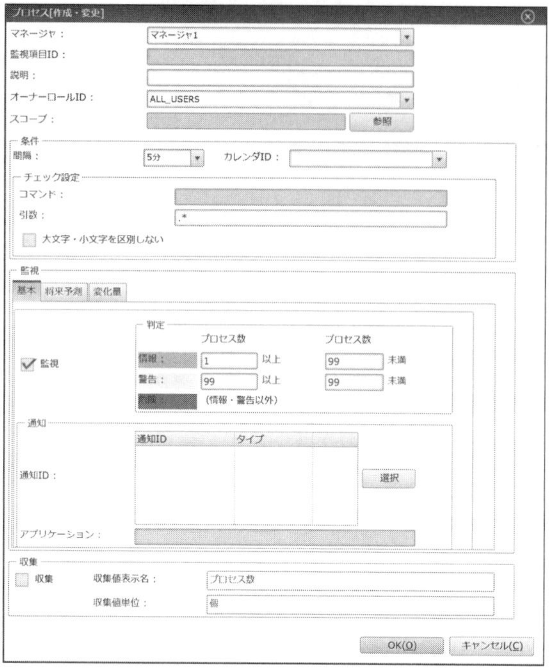

プロセス[作成・変更]

マネージャ：	マネージャ1
監視項目ID：	
説明：	
オーナーロールID：	ALL_USERS
スコープ：	参照

条件
間隔：	5分　　カレンダID：

チェック設定
コマンド：	
引数：	.*

□ 大文字・小文字を区別しない

監視

基本　将来予測　変化量

判定
	プロセス数		プロセス数	
情報：	1	以上	99	未満
警告：	99	以上	99	未満
危険	(情報・警告以外)			

☑ 監視

通知
通知ID	タイプ

通知ID：　　選択

アプリケーション：

収集
□ 収集　収集値表示名：	プロセス数
収集値単位：	個

OK(O)　キャンセル(C)

（3）仕組み

　プロセス情報を取得するプロトコルはSNMPとWBEMの2種類から選択でき、デフォルトでは
SNMPが有効です。本書では、より汎用的なプロトコルであるSNMPだけを扱います。監視対象のサー
バでは、SNMPサービスが起動している必要があります。SNMPサービスとは、Windowsサーバでは「SNMP
Service」、Linuxサーバではnet-snmpの「snmpd」に該当します。

■処理フロー

- 監視間隔

　ノード固有のディレイ値に基づいて初回の開始タイミングが決まり、以降は設定した監視間隔にて
監視が行われます

- 監視の判定の処理スレッド

　監視対象サーバへSNMPポーリングを行い、そのサーバ上で動作するすべてのプロセス情報（起動
コマンドと引数）を取得します。取得したプロセス情報から、指定したプロセスが起動している数
をカウントし、閾値判定します

■SNMPポーリングで使用するノードプロパティ

　プロセス情報を取得するSNMPポーリングの際に使用される設定は次のとおりです。

- 「SNMP」→「ポート番号」（空欄の場合は161）
- 「SNMP」→「コミュニティ名」（空欄の場合はpublic）

- 「SNMP」→「バージョン」(空欄の場合は2c)
- 「SNMP」→「タイムアウト」(空欄の場合は5000ミリ秒)
- 「SNMP」→「試行回数」(空欄の場合は3回)

■監視対象が Windows サーバの場合

Windowsサーバの場合は、環境によっては「SNMP Serviceの有効化」が必要です。また、「SNMP Service」の初期設定では、リモートサーバからアクセスができません。「2.2.4　Hinemosエージェント(Windows版)のインストール」の「SNMP Serviceの有効化」を参考に設定してください。

Hinemosマネージャが取得するプロセス情報は、Linuxコマンドのsnmpwalk(net-snmp-utilsパッケージ)コマンドから確認できます。

「コマンド」は図13.10に示す2つのOIDのポーリング結果から取得します。

図13.10　Windowsサーバのプロセスの起動コマンド

```
(root)# snmpwalk -c {COMMUNITY} -v 2c {IPADDRESS} .1.3.6.1.2.1.25.4.2.1.4
(root)# snmpwalk -c {COMMUNITY} -v 2c {IPADDRESS} .1.3.6.1.2.1.25.4.2.1.2
```

「引数」は図13.11に示す1つのOIDのポーリング結果から取得します。

図13.11　Windowsサーバのプロセスの引数

```
(root)# snmpwalk -c {COMMUNITY} -v 2c {IPADDRESS} .1.3.6.1.2.1.25.4.2.1.5
```

{COMMUNITY}はノードプロパティの「SNMP」→「コミュニティ名」、{IPADDRESS}は監視対象サーバのIPアドレスに置き換えてください。

■監視対象が Linux サーバの場合

Linuxサーバの場合は、net-snmpパッケージのsnmpdから情報を取得します。デフォルトのsnmpdの設定(/etc/snmp/snmpd.conf)では、プロセス情報を取得するOIDへのアクセス権限がありません。「2.2.3　Hinemosエージェント(Linux版)のインストール」の「snmpdの設定の確認」を参考に設定してください。

Hinemosマネージャが取得するプロセス情報は、Windowsサーバと同様にsnmpwalkコマンドから確認できます。

「コマンド」は図13.12に示す1つのOIDのポーリング結果から取得します。

図13.12　Linuxサーバのプロセスの起動コマンド

```
(root)# snmpwalk -c {COMMUNITY} -v 2c {IPADDRESS} .1.3.6.1.2.1.25.4.2.1.4
```

「引数」は図13.13に示す1つのOIDのポーリング結果から取得します。

図13.13　Linuxサーバのプロセスの引数

```
(root)# snmpwalk -c {COMMUNITY} -v 2c {IPADDRESS} .1.3.6.1.2.1.25.4.2.1.5
```

第 13 章　ミドルウェアやプロセスの状態監視

■ (4) 設計の考え方

■設定の単位

　プロセス監視では1設定で1種類のプロセスを指定します。そのため、該当プロセスが起動するサーバをすべて所属させるスコープを作成して、そのスコープに対する監視を行えば、1種類のプロセス監視の設定が1つの設定で作成できます。監視対象プロセスごとにスコープを作成するイメージです。リポジトリ設計と合わせて設定を考えます。

■閾値の設計

　プロセス数は、起動するプロセス数が明確にわかっている場合は範囲を指定して監視をすることもできますが、単にプロセスが起動しているか、もしくは起動していないかをチェックする場合は、1以上999未満(環境上到達しない値)に設定します。

■プロセス監視の注意事項

　プロセス監視は任意のプロセスを対象として監視できますが、監視対象によってさまざまな注意事項があります。ここでは、プロセス監視を採用する際によくある注意点を紹介します。

- Windows サーバ上のプロセス監視

  Windows サーバ上で動作するミドルウェアやOSの機能は、主に「プロセス」ではなく「Windows サービス」という形で管理されています。監視対象は確かに「プロセス」として存在しますが、その機能がサービスを提供しているか否かを、起動しているプロセス数では判断できない場合があります。たとえば、IIS などは Windows サービスとして停止しても、プロセス自体は起動したままの状態です。また OSの機能は、プロセスから必ずしも対応する Windows サービスを特定できないケースがあります。たとえば、svchost.exe は OS内の各種サービスを起動するための親となるプロセスなので、複数の Windows サービスが同名プロセスとして表示されます。監視対象が Windows サービスである場合は、Windows サービス監視を使用することを検討します

- Java プロセスのプロセス監視

  同一サーバ上で複数の Java プロセスを監視する場合は、コマンドに「java」を設定し、引数によってどのプロセスかを特定します。java プロセスは引数が長くなる傾向があり、SNMP 経由で取得できる文字列長には SNMP の仕様上255文字までという制限があるので、それ以上長い引数で特定したい文字列が末尾にあると、SNMP で取得した文字列が途中で切れてしまい、正しく監視できません。このような場合は、監視対象の Java プロセスの引数の変更を検討してください。プロセスを特定する文字列を「引数」の最初の方に登場させるか、ダミーの引数(-Dhinemos.dummy=hoge)を1つ設定し、これを使ってプロセスを特定するといった方法が考えられます

13.3.2　例題 1. Linux サーバの crond プロセスを監視する

　プロセス監視を使って、cron プロセスの起動を確認してみましょう。

　表13.15 のような「プロセス監視(数値)」の設定を作成してください。

表13.15 「プロセス監視（数値）」の設定（PROC-CRON）

マネージャ				マネージャ1
監視項目ID				PROC-CRON
説明				crondプロセス
スコープ				LinuxAgent
条件	間隔			5分
	カレンダID			選択しない
	チェック設定	コマンド		.*crond
		引数		.*
		大文字・小文字を区別しない		チェックなし
監視	基本	判定	情報（プロセス数）	「1」以上「99」未満
			警告（プロセス数）	「99」以上「99」未満
		通知	通知ID	ALL_EVENT
	通知	アプリケーション		cron
収集	収集			チェックを入れない

設定後、[監視履歴]パースペクティブの[監視履歴[イベント]]ビューで「情報」のイベントが通知されることを確認してください。また、crondのサービスを停止すると、「危険」のイベントが通知されることを確認してください。

マルチプロセス構成のプロセスの監視

　Linux環境において、プロセス自身が子プロセスを生成(fork)するようなマルチプロセス構成のソフトウェアの場合、forkした直後に子プロセスは親プロセスと同名プロセスに見えます。親プロセスのプロセスをプロセス監視しており、閾値を厳密に設定していると、瞬間的に閾値を超えて「危険」と判定される可能性があります。そのため、子プロセスを生成(fork)するようなマルチプロセス構成のソフトウェアの場合は、プロセス監視の閾値の上限を余裕をもって設定しましょう。

　たとえば、正常時のプロセス数が3の場合は、プロセス監視設定の「情報」の範囲を、3以上4未満ではなく、3以上99未満と指定します。

13.4　Windowsサービスの監視

　HinemosではWindowsサービス監視を使用することで、指定のWindowsサービスが起動しているかを監視できます。Windowsでは、OSの基本プロセスやミドルウェアを「Windowsサービス」という枠組みで管理します。そのため、運用管理において「Windowsサービス」がどのような状態であるかを把握することは、非常に重要です。

　ここではWindowsサービス監視の全体像を理解した後に、次の例題を行ってみましょう。

- 例題1. IISの監視

13.4.1 Windows サービス監視

(1) 概要

Windowsサービス監視の分類と仕様をそれぞれ**表13.16**と**表13.17**に示します。

表13.16 監視の分類（Windowsサービス監視）

項目	分類
監視の判定方法	真偽値監視
監視契機	ポーリング型

表13.17 監視の仕様（Windowsサービス監視）

項目	仕様
監視対象	Windowsサービス
監視プロトコル	WinRm（HTTP／HTTPS）
固有の設定項目	Windowsサービス名

Windowsサービス監視は、指定した「Windowsサービス名」のWindowsサービスの情報を取得し、これが起動しているか否かを判定する機能です。Windowsサービスが起動しているときは「真(OK)」、停止しているときは「偽(NG)」として、それぞれ指定された重要度で通知します。Windowsサービスが起動しているときは、［コントロールパネル］→［管理ツール］→［サービス］で表示される「状態」列が「実行中(Running)」であることを指します。

Windowsサービスの情報の取得に失敗すると、値取得失敗として重要度「不明」で通知します。

(2) 固有の設定項目

■チェック設定

- Windowsサービス名

  監視したいWindowsサービス名を指定します。これに当たるのは、［コントロールパネル］→［管理ツール］→［サービス］で対象のWindowsサービスをダブルクリックして表示されるダイアログで、「サービス名」として表示される英数字です。文字列マッチングは完全一致で行うため、完全一致するサービス名を指定する必要があります

  例）名前「DNS Client」のサービス名：Dnscache

図13.14 Windowsサービス監視

(3) 仕組み

■処理フロー

Windowsサービス監視は、監視対象の全ノードに対して、監視契機ごとに次のような動作を行います。

1. 監視対象ノードのノードプロパティ「WinRM」を使用して対象のWindowsサーバのWinRMにログインします

2. Win32_ServiceクラスのNameプロパティが指定した「Windowsサービス名」のWindowsサービス情報を取得します

3. 取得したWindowsサービス情報のStateプロパティが「Running」なら「真(OK)」、そうでないなら「偽(NG)」と判定します

■WinRMへの接続で使用するノードプロパティ

WinRMへの接続で使用される設定は「サービス」→「WinRM」配下の次の項目です。

- ● ユーザ名
- ● ユーザパスワード
- ● バージョン
- ● ポート番号
- ● プロトコル
- ● タイムアウト
- ● 試行回数

ポート番号はWindowsサーバのWinRMのバージョンによって異なります。

ユーザ名は、このノードに対応するWindowsサーバのOSユーザを使用します。Administratorsグループに所属するユーザでなければなりません。必要に応じて、Hinemosからアクセスする専用のユーザをWindowsで作成してください。

Windowsサービス監視を利用するには、Windowsサーバ側とHinemos側のWinRMの設定が必要です。設定方法は(Hinemos ver.6.2 管理者ガイド 6.5 Windowsサービス監視)を参照してください。

(4) 設計のポイント

■設定の単位

Windowsサービス監視では、1つの設定で1種類のWindowsサービスを監視します。そのため、監視したいWindowsサービスが動作するサーバをすべて所属させるスコープを作成して、そのスコープに対する監視を行えば、1種類のWindowsサービス監視の設定が1つの監視設定で作成できます。監視対象のWindowsサービスごとにスコープを作成するイメージです。リポジトリ設計と合わせて設定を考えるのがよいでしょう。

■WindowsサーバのOSユーザとWinRMの設計

WinRMに接続するため、Administratorsグループに所属するWindows OSユーザが必要です。そのため、Windowsサービス監視を利用する場合には、監視対象のWindowsサーバのユーザ設計も合わせて行わなければなりません。

第 13 章　ミドルウェアやプロセスの状態監視

WinRMではプロトコルとしてHTTPとHTTPSの両方を使用できますが、インターネットを経由して監視する要件でなければ、HTTPで十分でしょう。

13.4.2　例題1. IISの監視

例としてIISが起動しているか否かをWindowsサービス監視を使って監視してみましょう。

IISがインストールされた環境では、［コントロールパネル］→［管理ツール］→［サービス］に次のようなサービスが登録されているはずです。

- 表示名：World Wide Web Publishing Service
- サービス名：W3SVC

次に、**表13.18**のように「World Wide Web Publishing Service」を監視する設定を作成します。

表13.18　Windowsサービス監視の設定（**WINSERV_IIS**）

マネージャ				マネージャ1
監視項目ID				WINSERV_IIS
説明				IISサービス
オーナーロールID				ALL_USERS
スコープ				WindowsAgent
条件	間隔			5分
	カレンダID			選択しない
	チェック設定	Windowsサービス名		W3SVC
監視	監視			チェックを入れる
		判定	OK	情報
			NG	危険
	通知	通知ID		ALL_EVENT
		アプリケーション		IIS
収集	収集			チェックを入れない

設定後、［監視履歴］パースペクティブの［監視履歴［イベント］］ビューで「情報」のイベントが通知されることを確認してください。また、［コントロールパネル］→［管理ツール］→［サービス］から「World Wide Web Publishing Service」を停止すると、「危険」のイベントが通知されることを確認してください。

13.5　Javaプロセスの監視

Hinemosでは、JMX監視を使用することで、Javaプロセスのヒープメモリの使用状況などを監視できます。

ここではJMX監視の全体像を理解した後に、次の例題を行ってみましょう。

- 例題1. 使用済みヒープメモリの監視

13.5.1 JMX 監視

(1) 概要

JMX監視の分類と仕様をそれぞれ**表13.19**と**表13.20**に示します。

表13.19 監視の分類（JMX監視）

項目	分類
監視の判定方法	数値監視
監視契機	ポーリング型

表13.20 監視の仕様（JMX監視）

項目	仕様
監視対象	Javaプロセス
監視プロトコル	JMX
固有の設定項目	監視項目
	ポート
	ユーザ
	パスワード
	計算方法

JMX監視は、JMX接続によって取得したJavaプロセスの内部状態の値に対し、閾値監視をする機能です。

(2) 固有の設定項目

■チェック設定

- 監視項目

  監視対象を選択します。「ヒープメモリ使用済」や「実行中スレッド数」などを監視できます。詳細は（Hinemos ver.6.2. ユーザマニュアル 表 7-4 JMX監視で扱える収集値一覧）を参照してください

- ポート、ユーザ、パスワード

  JMX監視対象のJavaプロセスのJMXのポート番号、ユーザID、パスワードを指定します。監視対象のJavaプロセスで、JMXに対する接続の設定が行われている必要があります。詳細は（Hinemos ver.6.2 管理者ガイド 6.11.1 JMX監視の設定）を参照してください

- 計算方法

  [何もしない]を選択すると、取得した数値をそのまま閾値判定します。[差分値をとる]を選択すると、取得した値と前回取得した値の差分値を閾値判定します

図 13.15 JMX監視

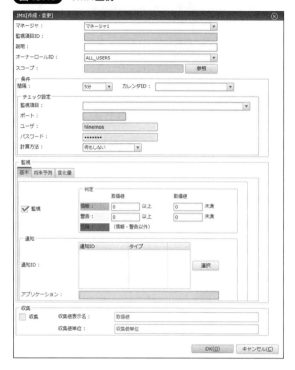

(3) 仕組み

JMX監視は、Java Management Extensions（JMX）を使ってJVM（Java Virtual Machine）上で実行されるリソースのパフォーマンスやリソース使用状況を取得します。

(4) 設計のポイント

JMX監視で設定する内容は、監視対象のJavaプロセスの構造や実行設定に大きく依存します。そのため、監視対象のJavaプロセスの開発ベンダや設計者に確認したうえで設定内容を検討してください。

OutOfMemoryErrorが発生したJavaプロセスに対して、最大ヒープ領域の拡張を行った後、ヒープ領域が妥当であるかのチェックを行う際などに利用できます。

13.5.2 例題1. 使用済みヒープメモリの監視

例として、Hinemosマネージャが使用しているヒープメモリのサイズを監視してみましょう。**表13.21**のような設定を作成してください。

13.5 Java プロセスの監視

表13.21 JMX監視の設定（JMX_HINEMOS_MANAGER）

マネージャ				マネージャ1
監視項目ID				JMX_HINEMOS_MANAGER
説明				Hinemosマネージャの使用済みヒープメモリ
オーナーロールID				ALL_USERS
スコープ				Manager
条件	間隔			5分
	カレンダID			選択しない
	チェック設定	監視項目		ヒープメモリ 使用済
		ポート		7100
		ユーザ		hinemos
		パスワード		hinemos
		計算方法		何もしない
監視	基本	監視		チェックを入れる
		判定	情報（byte）	「0」以上「1638000」未満
		判定	警告（byte）	「1638000」以上「1843000」未満
		通知	通知ID	ALL_EVENT
	通知	アプリケーション		Hinemosマネージャ
収集	収集			チェックを入れない

Hinemos マネージャの JMX 監視

　JMX監視の監視項目には、「[Hinemos]syslogの処理待ち数」など、Hinemosマネージャを監視するための独自の監視項目があります。この監視項目はマネージャのセルフチェック機能によって監視されているため、通常は設定する必要はありません。

ファイアウォールを介した JMX 監視

　JMXで接続する際、com.sun.management.jmxremote.portプロパティで接続ポートを指定しますが、指定した以外のポートも使用して接続が行われます。Hinemosマネージャと監視対象サーバ間にファイアウォールがある場合は、ポート番号の指定に注意してください。

第**4**部 監視・性能

第**14**章

システムログや
メッセージの監視

第 14 章　システムログやメッセージの監視

本章では、サーバに保存されたログファイルやWindowsイベント、外部から送信されたsyslogを監視する方法について説明します。Hinemosではログの監視の他に、ログデータを蓄積させて後から検索したり、別のソフトウェアに転送したりといったことができます。

14.1　システムログ監視、ログファイル監視、Windowsイベント監視の違い

システムログ監視、ログファイル監視、Windowsイベント監視の違いについて**表14.1**に記載します。

表14.1　システムログ監視、ログファイル監視、Windowsイベント監視の違い

項目	システムログ監視	ログファイル監視	Windowsイベント監視
監視対象のプラットフォーム	syslogの送信に対応している機器すべて	Linux、WindowsなどHinemosエージェントが動作するOS	Windows
監視対象	syslog	ファイル	Windowsイベント
Hinemosエージェントの要否	不要	必要	必要
文字列マッチングのサイズ	1024byte（syslogの最大サイズ）	1024文字（デフォルト）	1024文字（デフォルト）
改行コードの文字列マッチング	未対応	対応	対応

監視対象のプラットフォームがLinuxサーバの場合、「ログファイル監視」が利用できます。また、rsyslogやsyslogdなどのsyslogデーモンがデフォルトで存在することからHinemosマネージャにsyslogを送信でき、「システムログ監視」も利用できます。

監視対象のプラットフォームがWindowsサーバの場合、「ログファイル監視」が利用できます。Windowsイベントの監視は「Windowsイベント監視」を利用してください。syslogの送信に対応しているミドルウェアの監視については、「システムログ監視」が利用できます。

監視対象のプラットフォームがネットワーク機器の場合、機器がsyslogの送信に対応していれば、「システムログ監視」が利用できます。

Linux サーバでのシステムログ監視

Linuxサーバでシステムログを監視する際は、「システムログ監視」だけでなく「ログファイル監視」も利用できます。「システムログ監視」でも監視できますが、syslogが出力される/var/log/messagesを「ログファイル監視」で監視することもできます。違いは次のとおりです。各々の特徴を理解したうえで、どちらを利用するか検討してください。

- システムログ監視はHinemosエージェントが不要だが、ログファイル監視はHinemosエージェントがインストールされている必要がある
- システムログ監視とログファイル監視には次のような仕組みの違いがあり、通信量や処理が実行されるサーバが異なる

14.2 システムログ（syslog）の監視

- ログファイル監視は定期的にファイルをチェックし、更新があればHinemosエージェントが文字列マッチング処理を行い、一致した内容だけをHinemosマネージャに送付する。ただし収集を行っている場合は、監視対象のすべてのデータがHinemosマネージャに送信される
- システムログ監視はsyslog形式で直接Hinemosマネージャへすべてのログを送り、Hinemosマネージャが文字列マッチングを行う
- ログファイル監視は複数行メッセージの監視が可能だが、システムログ監視は複数行メッセージの監視はできない
- ログファイル監視を使用した場合、Hinemosエージェントが起動していない間のログはHinemosエージェントの起動時に通知される

14.2 システムログ（syslog）の監視

Hinemosではシステムログ監視を使用することで、さまざまなシステムログ、いわゆるsyslogメッセージを監視できます。syslogメッセージは、ネットワークを介してメッセージをやりとりする古くから用いられているプロトコルです。システムログは、OSやサーバ機器、ネットワーク機器といったさまざまなハードウェアが、自身の状態を記録するためのログです。そのため、これを常時監視し、いち早く障害検知をすることが重要です。

ここではシステムログ監視の全体像を理解した後に、次の例題を行ってみましょう。

- 例題1. システムログ（syslog）を監視する

14.2.1 システムログ監視

（1）概要

システムログ監視の分類と仕様をそれぞれ**表14.2**と**表14.3**に示します。

表14.2 監視の分類（システムログ監視）

項目	分類
監視の判定方法	文字列監視
監視契機	トラップ型

表14.3 監視の仕様（システムログ監視）

項目	仕様
監視対象	syslog
監視プロトコル	syslog（UDP／TCP）
固有の設定項目	なし

システムログ監視は、Hinemosマネージャサーバが受信したsyslogメッセージを文字列マッチングし、条件に一致した場合に通知する機能です。監視できるsyslogメッセージは、RFC 3164にて規定されたUDP上のsyslogプロトコルを使用したメッセージと、RFC 6587にて規定されたTCP上のsyslogプロト

コルを使用したメッセージです。ただし、syslogメッセージ全体の長さは、1024byte以下である必要があります。

(2) 固有の設定項目

システムログ監視固有の設定項目はありません。

図14.1 システムログ監視

(3) 仕組み

■処理フロー

システムログ監視は、次のようなフローで監視を行います。

1. 監視対象の機器／ソフトウェアは、Hinemosマネージャサーバの514/TCPポートまたは514/UDPへ、syslogメッセージを送信する
2. Hinemosマネージャサーバでは、HinemosマネージャのJavaプロセスが直接受信する(Hinemos ver.6.1からは、rsyslogを介さず直接Hinemosマネージャがsyslogメッセージを受信できるようになった)
3. Hinemosマネージャは、受信したsyslogメッセージを順次、syslogメッセージ内の文字列(MSG部)に対して、文字列マッチング判定を行う
4. 受信したsyslogメッセージから送信元ノードを特定し、指定されたスコープに含まれるノードの場合は通知する。送信元ノードを特定できない(Hinemosのリポジトリ内のノードにない)場合でも、「未登録ノード(UNREGISTERED)」のイベントとして扱われる

■syslog メッセージの判定

Hinemos は、syslog メッセージの「送信元ノード」と「出力日時」を特定して文字列マッチングを行います。

- ● 送信元ノードの特定

  syslog メッセージの HOSTNAME 部から送信元ノードを特定します。リポジトリに登録されているノードのノードプロパティ「ノード名」、「IP アドレス」、「ホスト名」の順で合致するものがあるかを確認し、合致したノードを送信元ノードとして識別します。複数合致するものがある場合は、それらすべてを送信元ノードとします。ここで、「IP アドレス」は IPv4 のアドレスもしくは、IPv6 のアドレスのうち有効なものが自動的に用いられます

- ● 出力日時の特定

  syslog メッセージの TIMESTAMP 部を出力日時とします

- ● 文字列マッチングの対象

  syslog メッセージの MSG 部だけ、文字列マッチングの対象とします

■監視対象での事前準備

Hinemos マネージャが情報を受信するトラップ型の監視なので、この監視を利用するには、監視対象の機器において、Hinemos マネージャに syslog を送信するための事前準備が必要です。必要な事前準備の内容は、監視対象のプラットフォームにより異なります。

- ● 監視対象が Linux サーバの場合

  Hinemos エージェントをインストールすると、Hinemos マネージャにその Linux サーバのシステムログ(/var/log/messages に出力される情報)を送信する設定が自動的に行われます

- ● 監視対象がネットワーク機器など IP ネットワークに接続する専用機器の場合

  多くの IP ネットワークに接続する専用機器は、自身の異常を syslog や SNMPTRAP として外部に送信できる機能を持っています。この機器の監視を syslog メッセージで監視する場合は、その syslog の送信先として Hinemos マネージャの IP アドレスを指定します

- ● 監視対象が syslog を送信できるミドルウェアの場合

  専用機器の場合と同様に、syslog の送信先として Hinemos マネージャの IP アドレスを指定します。これは Hinemos の場合、ログエスカレーション通知に該当します。これを使って、別の Hinemos に連携することもできます

▌(4) 設計のポイント

■設定の単位

システムログ監視では、指定した「スコープ」全体について、その判定用の「フィルタ条件」を設計することになります。そのため、どの範囲を監視するかという「スコープ」の設計が重要になります。

Linux サーバや、ネットワーク機器の製品名などでスコープを作成して、その単位で監視設定を行うのがよいでしょう。

■送信メッセージの選定

専用機器の場合、いつの間にか多くの syslog を送信する設定になっている可能性があります。どのような情報を監視するか設計を行い、設定後も適切なメッセージ量であることを確認しましょう。

第 14 章　システムログやメッセージの監視

hinemos_manager.logにはsyslogメッセージが1000メッセージ単位でログとして記録されます。この
ログが頻繁に出ている場合は、**図14.2**のように大量のsyslogメッセージが送信されていることがわか
ります。

図14.2　大量のsyslogメッセージ受信時

```
2019-08-16 13:50:43,281 INFO [com.clustercontrol.systemlog.service.SystemLogMonitor]
➡(SystemLogReceiver) The number of syslog (received) : 1000
2019-08-16 13:51:07,554 INFO [com.clustercontrol.systemlog.service.SystemLogMonitor]
➡(SystemLogReceiver) The number of syslog (received) : 2000
```

■**受信後の通知抑制**

システムログは、その特性上、障害が発生した際にメッセージラッシュ(同一メッセージが連続して
発生する事象)が発生する可能性が高いものです。そのため、［監視履歴［イベント］］ビューで同一イベン
トが対象に出力されたり、大量のメールが送信されたりしないように、同一のイベントが繰り返し処
理されないような通知抑制の設定を検討してください。

■ **Hinemos マネージャ停止時の動作**

「処理フロー」にて説明したとおり、Hinemosマネージャがsyslogを受信する仕組みなので、Hinemos
マネージャ自体が停止している場合、システムログ監視は行われません。また、送信元がsyslogメッセー
ジを再送しない限り、停止中に発生したsyslogメッセージは監視されません。そのため、Hinemosマネー
ジャの停止は、システムログの監視が不要なタイミングに実施するように運用スケジュールを立てる必
要があります。

14.2.2　例題 1. システムログ（syslog）を監視する

例として、「Hinemos test」というsyslogメッセージを監視してみましょう。設定を**表14.4**に示します。

表14.4　「システムログ監視（文字列）」の設定（SYSLOG-HINEMOS-TEST）

設定項目			設定値
監視項目ID			SYSLOG-HINEMOS-TEST
説明			Test エラー
オーナーロールID			ALL_USERS
スコープ			LinuxAgent
条件	間隔		0（選択不可）
	カレンダID		選択しない
監視			［追加］ボタンを押して**表14.5**のように設定する
	通知	通知ID	ALL_EVENT
		アプリケーション	test
収集	収集		チェックを入れない

256

表14.5 フィルタの設定

説明		Hinemos Testの検出
条件	パターンマッチ表現	.*Hinemos Test.*
	条件に一致したら処理する	選択する
	大文字・小文字を区別しない	選択する
処理	重要度	危険
	メッセージ	#[LOG_LINE]
この設定を有効にする		選択する

LinuxAgentサーバにSSHでログインし、図14.3のコマンドを実行してください。

図14.3 loggerコマンド

```
# logger Hinemos Test
```

［監視履歴］パースペクティブの［監視履歴［イベント］］ビューに「危険」でイベントが出力されることを確認してください。

Hinemosマネージャに送信されてきたsyslogをすべて監視する方法

SNMPTRAP監視と同様に、「Hinemosマネージャサーバに到達している」すべてのsyslogメッセージを監視する方法を紹介します。システムログの監視設定では、次の2つの監視設定を作成することで、「Hinemosマネージャサーバに到達している」すべてのsyslogメッセージを監視できます。

- 監視対象スコープが「登録ノードすべて（REGISTERED）」、かつパターンマッチ表現「.*」を指定
- 監視対象スコープが「未登録ノード（UNREGISTERED）」、かつパターンマッチ表現「.*」を指定

このいずれにもヒットしない場合は、Hinemosマネージャサーバでsyslogメッセージを受信していないことから、送信元の設定ミスまたはネットワーク上の問題が考えられます。また、「未登録ノード」にて検知した場合は、設定のとおり未登録ノードであるか、登録されているノード情報とsyslogメッセージ内のHOSTNAME部が一致していない可能性があります。

14.3 ログファイルの監視

Hinemosではログファイル監視を使用することで、さまざまなアプリケーションのログファイルに出力されるメッセージを監視できます。ログファイルには、アプリケーションの動作やエラーの状態を表すメッセージが出力されます。そのため、ログファイルを常時監視して、異常を表すメッセージが現れるとアラートを上げる、といったことが障害検知として重要です。

ここではログファイル監視の全体像を理解した後に、次の例題を行ってみましょう。

- 例題1. Apacheのアクセスログの監視
- 例題2. ファイル名に日付があるログの監視
- 例題3. ログファイルの収集蓄積

14.3.1 ログファイル監視

(1) 概要

ログファイル監視の分類と仕様をそれぞれ**表14.6**と**表14.7**に示します。

表14.6 監視の分類（ログファイル監視）

項目	分類
監視の判定方法	文字列監視
監視契機	トラップ型

表14.7 監視の仕様（ログファイル監視）

項目	仕様
監視対象	ログファイル
監視プロトコル	HTTP／HTTPS（Hinemosマネージャ・Hinemosエージェント間）
固有の設定項目	ファイル情報（ディレクトリ、ファイル名、ファイルエンコーディング）
	区切り条件（先頭パターン、終端パターン、ファイル改行コード、最大読み取り文字数）

　Hinemosのログファイル監視では、指定されたログファイル（テキストファイル）に出力されるメッセージを常時チェックし、指定の文字列（正規表現）にマッチしたら通知を行うという汎用的な機能を提供しています。ログファイル監視を利用するには、Hinemosエージェントがインストールされている必要があります。Hinemosのログファイル監視では、複数行のメッセージ、ログローテーション、日付付き／連番の付いたログファイル名に対応しています。

ログローテーションの方式について

　ログローテーションの方式にはcopytruncate方式とmv方式の2つがあり、Hinemosはこの両方の方式に対応しています。この2つのログローテーションの方式について説明します。

copytruncate方式

　対象のログファイルをローテーションする際にいったんコピーを作成します。その後に、オリジナルのファイルをtruncate（切り詰める）した後、追記していく方式です。最初のコピーのタイミングでログへの追記があると、ローテーションの際にこの追記部分がロスト（取りこぼし）します。そのため、この方式でのログローテーションは、ログへの追記がない時間帯に行うようにします。

mv方式

　対象のログファイルをローテーションする際に、オリジナルのログファイルを移動（リネーム）して過去のログファイルとし、新規にオリジナルファイルのログファイルを作成・追記する方式です。この方式でローテートされている場合、ログのロスト（取りこぼし）は発生しません。

(2) 固有の設定項目

■ファイル情報

- **ディレクトリ**
  監視対象のファイルが配置されているディレクトリを指定します。ディレクトリ末尾の「/」は付けても付けなくても動作は同じとなります。たとえば「/var/log/hoge/」ディレクトリ配下を指定する場合、「/var/log/hoge/」と指定します

- **ファイル名**
  監視対象のログファイル名を正規表現で指定します。正規表現にマッチするファイルはデフォルトで最大500ファイルまでです。連番ファイルや、日付付きのファイルを監視する場合は、連番ファイル、日付付きファイルにマッチする正規表現を指定してください。たとえばファイルのサフィックスに「hogehoge.log」が付くものすべて（hogehoge.log-20140330など）を指定する場合、「hogehoge.log.*」[注1] と指定します

- **ファイルエンコーディング**
  監視対象ログファイルのエンコーディングを入力します。UTF-8、EUC-JP、MS932をサポートしています

■区切り条件

区切り条件は、先頭パターン（正規表現）、終端パターン（正規表現）、ファイル改行コードのいずれかを設定できます。複数行のメッセージを監視する場合は、先頭パターン（正規表現）、終端パターン（正規表現）のいずれかを設定してください。

- **先頭パターン（正規表現）**
  ファイル内の情報を行として分割する先頭パターンを正規表現で指定します。たとえば、**リスト14.1**の正規表現を設定すると、「yyyy-MM-dd HH:mm:ss,fff」の文字列パターンから始まるログメッセージが1つの文字列として扱われます

リスト14.1 yyyy-MM-dd HH:mm:ss,fff の文字列パターン

```
[0-9]{4}-[0-9]{2}-[0-9]{2} [0-9]{2}:[0-9]{2}:[0-9]{2},[0-9]{1,3}
```

- **終端パターン（正規表現）**
  ファイル内の情報を行として分割する終端パターンを正規表現で指定します

- **ファイル改行コード**
  監視対象ログファイルの改行コードを「LF」、「CR」、「CRLF」から選択します。先頭パターン（正規表現）、終端パターン（正規表現）が入力されている場合は、そちらが使用されます

- **最大読み取り文字数**
  区切り条件によって抽出される文字列の最大文字数を指定します

注1　正規表現で「.*」は任意の文字列です。

図14.4 ログファイル監視

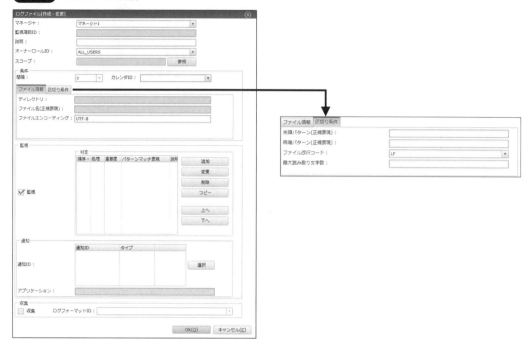

(3) 仕組み

ログファイル監視の全体的な流れは大まかに、次の2つからなります。

- HinemosエージェントがHinemosマネージャから監視設定を取得
- Hinemosエージェントのログファイル監視

■ [1] Hinemosマネージャから監視設定の取得

次のフローで監視設定をHinemosエージェントに取り込みます。

1. Hinemosクライアントからログファイル監視を設定(作成・変更)し、Hinemosマネージャへ設定情報を登録する
2. Hinemosマネージャは、Hinemosエージェントに監視設定の作成・更新があったことを知らせる
3. Hinemosエージェントは、Hinemosマネージャから監視設定の情報を取得する

また、Hinemosエージェント起動時も上記3の情報の取得が行われます。

■ [2] Hinemosエージェントのログファイル監視

次のフローでログファイルの文字列監視を行います。

1. Hinemosエージェントは、監視対象のログファイルへのログの追記を一定間隔でチェックする
2. ログが追記されていた場合、前回読み込んだ部分以降を指定したエンコードで読み込み、指定した区切り条件でメッセージを分割する
3. 行単位に分割されたメッセージに対して、監視設定に従い、1行ずつ文字列マッチングを行う
4. フィルタ条件にマッチしたメッセージをHinemosマネージャに送信する
5. Hinemosマネージャは、受信した監視結果を通知設定に従って通知する

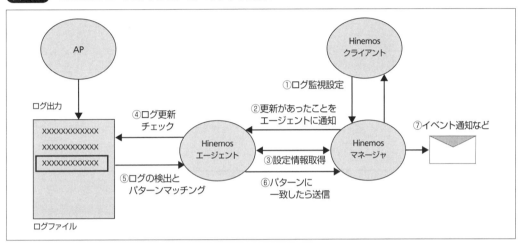

図14.5　Hinemosエージェントがログをチェックする仕組み

ログファイル監視に関する設定は、Agent.propertiesにもあります。代表的な項目は**表14.8**のとおりです。詳細は〈Hinemos ver.6.2 管理者ガイド 14 Hinemosエージェントの設定一覧〉を参照してください。

表14.8　ログファイル監視の設定（Agent.properties）

プロパティ	説明	デフォルト値
monitor.logfile.filter.maxfiles	ログファイル監視で監視できるファイルの最大数	500（ファイル）
monitor.logfile.message.length	ログファイル監視のメッセージの最大バイト数	1024（文字）
monitor.logfile.message.line	ログファイル監視のメッセージの最大行数	1024（行）

(4) 設計のポイント

■設定の単位

ログファイル監視は、1種類のログファイルに対して1つの監視設定を作成します。たとえば、次のようなものがあります。

- Apacheのerror_log
- Tomcatのcatalina.log
- PostgreSQLのpostgresql.log

第 14 章　システムログやメッセージの監視

　複数のサーバで同一ログファイルを監視する場合は、それらのサーバをまとめたスコープを作成し、そのスコープに対して1つのログファイル監視を作成すれば設定数を少なく抑えることができます。スコープをうまく活用し、必要なログの種類分だけログファイル監視を作成しましょう。

　「1種類のログファイル」と表現したのは、監視対象のログファイル名に正規表現が使えるためです。これにより、ディレクトリに作成されるファイルを個別に設定することなく一括して監視できます。また正規表現でマッチすれば、後からファイルが作成されても、監視設定を変更することなく監視できます。

■監視対象のログファイルの選定

　アプリケーションが出力するログにはさまざまな種類があります。トランザクションをすべて記録するログ、障害などの状態を出力するログなどがあります。トランザクションのログは出力が多い傾向があり、短期間に大量に出力されると、その分Hinemosエージェントの負荷が高まります。可能であれば、監視する必要がないレベルの出力(たとえばINFO)と監視したい内容のレベルの出力(たとえばERROR)で出力ファイルを分け、監視したい内容が出力されるファイルだけを監視対象とすることをおすすめします。

　なお、Hinemosに関するログをHinemosで監視すると、ログファイル監視のエラーをログファイル監視が検知して、またエラーを出力するといった無限ループが発生してしまうため、そのような設計は避けてください。

14.3.2　例題 1. Apache のアクセスログの監視

　OSSのWebサーバの中でも最も有名なApacheのログファイルとしては、HTTPアクセスを記録するaccess_logや、発生したエラーを記録するerror_logがあります。access_logはアクセス傾向の分析などで使用しますが、たとえばアクセス不可のページへのアクセス(不正アクセス)や、本来あるべきファイルが見つからないといったコンテンツの異常もHTTPステータスコードで記録されます。そして、Apache自体の異常はerror_logに出力されます。

　ここでは、LinuxAgentのノードにApacheを立てて、そのログファイルを監視してみましょう。**図14.6**に示すコマンドを実行し、Apacheをインストール、起動してください。Apacheの環境を準備するのが難しい場合は、/var/log/httpd/access_logというファイルを作成し、このファイルに直接追記して試してください。

図14.6　Apacheのインストール、起動

```
(root)# yum -y install httpd
(root)# systemctl start httpd
```

　まずaccess_logを監視してみましょう。access_logはデフォルトで/var/log/httpdに出力されます。設定を**表14.9**に示します。

14.3 ログファイルの監視

表14.9 「ログファイル監視（文字列）」の設定（**LOGFILE-APACHE-ACCESS-404**）

マネージャ			マネージャ1
監視項目ID			LOGFILE-APACHE-ACCESS-404
説明			ApacheのHTTPステータスコード404の監視
オーナーロールID			ALL_USERS
スコープ			LinuxAgent
条件	カレンダID		選択しない
	ファイル情報	ディレクトリ	/var/log/httpd
		ファイル名（正規表現）	access_log
		ファイルエンコーディング	UTF-8
	区切り条件	先頭パターン（正規表現）	（空欄）
		終端パターン（正規表現）	（空欄）
		ファイル改行コード	LF
		最大読み取り文字列	（空欄）
監視	通知		［追加］ボタンを押して**表14.10**のように設定する
		通知ID	ALL_EVENT
		アプリケーション	Apache
収集	収集		チェックを入れない

表14.10 フィルタの設定

説明		HTTPステータスコード404
条件	パターンマッチ表現	.*HTTP\/.*" 404 .*
	条件に一致したら処理する	選択
	大文字・小文字を区別しない	選択しない
処理	重要度	危険
	メッセージ	#[LOG_LINE]
この設定を有効にする		選択する

　端末からブラウザで存在しないページ「http://192.168.0.3/hoge.txt」（アクセス先の「192.168.0.3」は例です。環境に合わせて変更してください）へアクセスしてみましょう。すると、access_logに次のようなメッセージが表示されます。そしてログファイル監視がログを検知し、［監視履歴］パースペクティブの［監視履歴［イベント］］ビューにイベントが通知されます。

```
192.168.0.4 - - [20/Aug/2019:15:37:03 +0900] "GET /hoge.txt HTTP/1.1" 404 202 "-" "Mozilla/5.0
➡(Windows NT 10.0; Win64; x64) AppleWebKit/537.36 (KHTML, like Gecko) Chrome/76.0.3809.100
➡Safari/537.36"
```

　通知されない場合は、エージェントが認識されていないか、設定が誤っている可能性があります。エージェントが認識されているかは、［リポジトリ］パースペクティブの［リポジトリ［エージェント］］ビューの一覧に、監視対象サーバが表示されているかどうかで確認できます。

第14章　システムログやメッセージの監視

14.3.3　例題 2. ファイル名に日付があるログの監視

　ログファイル監視では、ファイル名に日付があるログの監視も行えます。Linux の logrotated や Java アプリケーションの log4j によるログの管理では、主に最新のログは固定パスのファイルに出力し、ローテーションの契機で日付ファイル名に変更します。このような場合は、最新のログが出力される「固定パスのファイル」だけを監視すれば問題ありません。

　しかし、一部のアプリケーションでは、常にその日の日付がファイルパスに含まれたファイルへ最新のログを出力するものがあります。これについても、正規表現を使って監視対象とすることができます。

　ログローテーションの出力ファイル名パターンごとのファイル名（正規表現）の例を**表14.11**に示します。

表14.11　ログローテーションの出力ファイル名パターンごとのファイル名の例

最新のログファイル名	古いログファイル名	ファイル名（正規表現）
hoge.log	hoge.log.1、hoge.log.2、...	hoge.log
hoge.log	hoge.log.20140330、hoge.log.20140329、...	hoge.log
hoge.log.20140331	hoge.log.20140330、hoge.log.20140329、...	hoge.log.*

　最新ログファイル名が日付となるファイル（hoge.log.20140331）の設定例を**表14.12**に示します。ログを出力するアプリケーションを用意するのは難しいため、ここでは設定だけを紹介します。

表14.12　「ログファイル監視（文字列）」の設定（**LOGFILE-DAILYFILENAME**）

マネージャ			マネージャ 1
監視項目ID			LOGFILE-DAILYFILENAME
説明			ファイル名に日付があるログの監視
オーナーロールID			ALL_USERS
スコープ			LinuxAgent
条件	カレンダID		選択しない
	ファイル情報	ディレクトリ	/var/log/
		ファイル名（正規表現）	hoge.log.*
		ファイルエンコーディング	UTF-8
	区切り条件	先頭パターン（正規表現）	（空欄）
		終端パターン（正規表現）	（空欄）
		ファイル改行コード	LF
		最大読み取り文字列	（空欄）
監視	通知		［追加］ボタンを押してフィルタを設定する（設定内容は省略）
		通知ID	ALL_EVENT
		アプリケーション	dailyfile
収集	収集		チェックを入れない

264

ファイルの追記

　ログファイル監視は、指定したファイルに「追記」されたログを監視します。ログファイル監視の動作を確認するために、ファイルへのログの追記をユーザが行う場合もあるでしょう。ここでは「追記」にならない例を紹介します。

リダイレクト「>」

　リダイレクト「>>」ではなく「>」を使用すると、正確には追記ではなく前のファイルを上書きしてログを書き込むことになります。

viコマンドやその他エディタツールでの編集

　エディタツールを使ってファイルの最後に文字を追加した場合、文字を「追記」したと思いがちですが、たとえばviコマンドでは、編集中はtmpファイルを作成し、保存時にそのファイルを元のファイルに上書きします。一般的なエディタツールはこのように動作するものが多いため、エディタツールでの編集は実際には「追記」になりません。

14.4　Windowsイベントの監視

　Hinemosでは、Windowsイベント監視を使用することで、Windowsイベントの内容を監視できます。WindowsイベントにはOSに関するログやWindowsで動作するサービスのログなど、多様なログが出力されます。Windowsイベント監視を使用すれば、さまざまな障害を検出できます。

　ここではWindowsイベント監視の全体像を理解した後に、次の例題を行ってみましょう。

- 例題1. eventcreateコマンドで作成したWindowsイベントを監視する

14.4.1　Windowsイベント監視

（1）概要

　Windowsイベント監視の分類と仕様をそれぞれ**表14.13**と**表14.14**に示します。

表14.13　監視の分類（Windowsイベント監視）

項目	分類
監視の判定方法	文字列監視
監視契機	トラップ型

第 14 章　システムログやメッセージの監視

表14.14　監視の仕様（Windowsイベント監視）

項目	仕様
監視対象	Windowsイベント
監視プロトコル	HTTP/HTTPS（Hinemosマネージャ・Hinemosエージェント間）
固有の設定項目	イベントレベル
	イベントログ
	イベントソース
	イベントID
	タスクのカテゴリ
	キーワード

　Windowsイベント監視では、指定したWindowsイベントに対して文字列マッチングし、条件に一致した場合に通知させることができます。

(2) 固有の設定項目

　Windowsイベント監視の固有の設定項目は、必須の項目と任意の項目の2種類があります。

■イベントレベル（必須項目）

　監視するイベントレベルを「重大」「警告」「詳細」「エラー」「情報」の5種類から選択します。Windowsイベントの「レベル」に対応します。

■イベントログ（必須項目）

　監視するイベントログの種類を指定します。アプリケーションは「Application」、セキュリティは「Security」というように、イベントログの名前を指定します。「,（カンマ）」区切りで複数指定することもできます。この名前はイベントビューアの対象のイベントログのプロパティで表示される「フルネーム」に対応します。

■イベントソース

　監視するイベントソースの種類を指定します。未記入の場合は、すべてのイベントソースを対象とします。「,（カンマ）」区切りで複数指定することもできます。Windowsイベントの「ソース」に対応します。

■イベントID

　監視するイベントIDの種類（数値）を指定します。未記入の場合は、すべてのイベントIDを対象とします。「,（カンマ）」区切りで複数指定することもできます。Windowsイベントの「イベントID」に対応します。

■タスクのカテゴリ

　監視するタスクのカテゴリの種類（数値）を指定します。未記入の場合は、すべてのタスクのカテゴリを対象とします。「,（カンマ）」区切りで複数指定することもできます。Windowsイベントの「タスクのカテゴリ」に対応します。

14.4 Windows イベントの監視

■キーワード

監視するキーワードの種類（数値、文字列）を指定します。未記入の場合は、すべてのキーワードを対象とします。「,（カンマ）」区切りで複数指定することもできます。Windows イベントの「キーワード」に対応します。このキーワードに設定する値は、**表14.15**を参考にしてください。

表14.15 Windowsイベント監視の既定のキーワード

項目	キーワード（文字列）	キーワード（数値）
失敗の監査	Audit Failure	4503599627370496
	FailureAudit	―
成功の監査	Audit Success	9007199254740992
	SuccessAudit	―
クラシック	Classic	36028797018963968
相関のヒント	Correlation Hint	18014398509481984
応答時間	Response Time	281474976710656
SQM	SQM	2251799813685248
WDIコンテキスト	WDI Context	562949953421312
WDI 診断	WDI Diag	1125899906842624

図14.7 Windowsイベント監視

第14章　システムログやメッセージの監視

（3）仕組み

　Windowsイベント監視は、HinemosエージェントがWindows Event Log APIを利用して定期的に
Windowsイベントログを取得します。取得したログをHinemosエージェントが解析し、条件に一致し
ていればHinemosマネージャへ送ります。

　APIにより、監視を実行するたびにイベントログのブックマークをファイルに記録します。次回の監
視では、記録されたブックマーク以降のイベントログを取得対象として監視が動作します。ブックマー
クは次のファイルに保存されます。このファイルへの読み書きが行えないと、監視は正常に動作しません。

> ［Hinemosエージェントのインストールディレクトリ］\var\run\winevent-［監視項目ID］-［イベントログ名］
> ➡-bookmark.xml

　Windowsイベント監視においては、Forwarded Eventsの監視はできません。イベントログの出力元で
監視してください。

　なお、Windowsイベントのローテートのタイミングに出力されたログを取りこぼしなく監視したい場
合は、エージェントサーバのWindowsイベントログのプロパティで、［イベントを上書きしないでログをアー
カイブする］を選択します。

（4）設計のポイント

■設定の単位

　Windowsイベント監視は、Windowsの管理対象ノード専用の監視機能です。Windows Serverを集め
たスコープを作成して、Windows Server OS共通の監視設定を1つにまとめるとよいでしょう。

■監視対象のイベントログ

　基本的には「Application」と「System」を監視し、監査の用途がある場合は「Security」を監視すれば、
Windows Serverの主要なイベントを監視できます。それ以外に要件がある場合は、必要に応じて追加
します。たとえばログインを監視したいときは、イベントログとして「Security」、キーワードとして「Audit
Success」と「Audit Failure」を設定します。

■監視対象のイベントログのレベル

　イベントレベルについてはマイクロソフト社が定義を公開しています。たとえば、システム管理者が
すぐに対処する必要があるイベントのイベントレベルは「重大」です。障害検知という観点では、「重大」「エ
ラー」「警告」のイベントをすべて検知するとよいでしょう。

14.4.2　例題1. eventcreate コマンドで作成した Windows イベントを監視する

　Windowsイベント監視の動作を確認してみましょう。まず、「Application」のイベントログの監視設
定を作成してみます。設定を**表14.16**に示します。

268

14.4　Windows イベントの監視

表 14.16　「Windows イベント監視（文字列）」の設定（**WINEVENT-AP-TEST**）

マネージャ					マネージャ 1
監視項目 ID					WINEVENT-AP-TEST
説明					Test エラー
オーナーロール ID					ALL_USERS
スコープ					WindowsAgent
条件	カレンダ ID				選択しない
	チェック設定	イベントレベル	重大		チェックを入れる
			警告		チェックを入れる
			詳細		チェックを入れる
			エラー		チェックを入れる
			情報		チェックを入れる
		イベントログ			Application
		イベントソース			（空欄）
		イベント ID			（空欄）
		タスクのカテゴリ			（空欄）
		キーワード			（空欄）
監視	通知				［追加］ボタンを押して**表 14.17**のように設定する
		通知 ID			ALL_EVENT
		アプリケーション			test
収集	収集				チェックを入れない

表 14.17　フィルタの設定

説明		Hinemos Test の検出
条件	パターンマッチ表現	.*Hinemos Test.*
	条件に一致したら処理する	選択する
	大文字・小文字を区別しない	選択する
処理	重要度	危険
	メッセージ	#[LOG_LINE]
この設定を有効にする		選択する

設定後に WindowsAgent のコマンドプロンプトで**図 14.8**のコマンドを実行してください。

図 14.8　**eventcreate** コマンドの実行

```
> eventcreate /ID 999 /L application /SO hinemos /T INFORMATION /D "Hinemos Test"
```

パターンマッチ表現「.*Hinemos Test.*」にヒットしたイベントが通知されることを確認できます。

269

14.5　ログデータの収集

　ログファイル監視を含む文字列監視では、監視した文字列を収集してDBに蓄積することもできます。蓄積した文字列データは、検索や、検索結果のダウンロード、外部ツールへの転送などが行えます。ここでは文字列データの収集・蓄積を行うための設定方法について説明します。収集したデータを利用する方法は「第5部　収集・蓄積」を参照してください。
　ここではログデータの収集の設定方法を理解した後に、次の例題を行ってみましょう。

- 例題1. ログファイルの収集蓄積

14.5.1　文字列データの収集とログフォーマット

(1) 収集に関する設定項目

　文字列データの収集の仕様を**表14.18**に示します。

表14.18　文字列データの収集の仕様

項目	仕様
収集可能な監視	文字列監視
収集に必要となる設定項目	収集（有効／無効）
	ログフォーマットID

　文字列データを収集するには、文字列監視の監視設定に対して、収集を「有効」にする必要があります。また、文字列を単純に蓄積するだけでなく、データを抽出して「日時」や「タグ」に分類して蓄積したい場合は、ログフォーマットIDを指定します。

(2) ログフォーマットの設定

図14.9　ログフォーマット

ログフォーマットの設定監視設定は、パースペクティブの［監視設定［ログフォーマット］］ビューで行えます。Hinemosインストール直後は、あらかじめサンプルとしてApacheのアクセスログとエラーログ、システムログ(syslog)のログフォーマットが設定されています。設定を作成する際はそれらを参考にしてください。

ログフォーマットの設定は「日時抽出」と「タグ抽出」で構成されます。

■日時抽出

ログファイルに出力される日時を「文字列パターン（正規表現）」で抽出し、抽出した文字列を「日時フォーマット」で解釈して、日時として蓄積します。

文字列パターン（正規表現）では、抽出する日付部分の文字列を()で囲む必要があります。日時フォーマットの形式については、`https://docs.oracle.com/javase/jp/8/docs/api/java/text/SimpleDateFormat.html`を参照してください

デフォルトで登録されている「LOGFORMAT_APACHE_ACCESSLOG」の日付抽出は**表14.19**のようになっています。ログに出現する「08/Sep/2019:17:17:31 +0900」の部分を文字列パターン（正規表現）で抽出し、日付として解釈するための日時フォーマットが指定されています。

表14.19　Apacheのアクセスログの抽出

Apacheの出力ログ	192.168.0.3 - - [08/Sep/2019:17:17:31 +0900] "POST /login.php HTTP/1.1" 302 - "-" "Internet Explorer 11.0"
文字列パターン（正規表現）	\[((([0-9]{2}/[a-zA-Z]{3}/[0-9]{1,4}:[0-9]{2}:[0-9]{2}:[0-9]{2} [0-9\+-]{5}))\]
日時フォーマット	dd/MMM/yyyy:HH:mm:ss Z

■タグ抽出

- キー
  タグを一意に識別するIDを指定します
- バリュータイプ
  抽出した文字列をどのような値として解釈するか（文字列、数値、真偽値）を指定します
- ログ内のメッセージをキーに登録する／ログのメタ情報をキーに登録する
  抽出した文字列をそのまま蓄積するか、抽出した文字列があった場合にメタ情報と判断し、指定した値として蓄積するかを選択します
- 文字列パターン(正規表現)
  ログからタグを抽出するための正規表現を記載します。［ログ内のメッセージをキーに登録する］の場合は、抽出する部分を()で囲む必要があります
- バリュー
  ［ログのメタ情報をキーに登録する］の場合に、蓄積する値を指定します

14.5.2　例題1. ログファイルの収集蓄積

Hinemosにあらかじめ登録されているログフォーマットID「LOGFORMAT_APACHE_ACCESSLOG」を使って、Apacheのアクセスログを収集してみましょう。

1.「14.3.2　例題1. Apacheのアクセスログの監視」で設定した監視設定「LOGFILE-APACHE-ACCESS-404」

第 14 章　システムログやメッセージの監視

を開く
2. ログファイル[作成・変更]ダイアログの一番下にある[収集]にチェックを入れる
3. [収集]の右にあるログフォーマットIDを「LOGFORMAT_APACHE_ACCESSLOG」に設定し、[OK]ボタンをクリックしてダイアログを閉じる
4. 端末からブラウザを使ってWebページにアクセスする

これで、アクセスログの出力内容がHinemosエージェントからHinemosマネージャに転送され、DBに蓄積されます（監視設定の文字列フィルタに該当する／しないに関わらず転送されています）。
蓄積されたデータを確認してみましょう。

1. [収集蓄積]パースペクティブを開く
2. [収集蓄積[スコープツリー]]ビューから、ログファイル監視を設定したノードをダブルクリックする
3. [検索[マネージャ1<LinuxAgent>]]ビューの[検索]ボタンをクリックする

アクセスしたログが検索結果に出力されることを確認できます。
期間やキーワードを指定して検索することもできます。検索結果一覧から任意の行をダブルクリックしてみてください。すると収集蓄積[レコードの詳細]が表示され、あらかじめ定義されているフォーマットに沿ってタグが設定されていることがわかります。このタグを使って、たとえばキーワードに「LAST_RESPONSE_STATUS=404」と入力して検索すれば、指定したステータスコードだけを検索できます。

14.6　ログ件数の監視

本章でいままで説明してきたログファイルの監視は、追記されたログの内容に特定の文字列が含まれていた場合に通知するというものでした。一方、ここで解説するログ件数監視では、特定の文字列が何回以上出現した場合に通知するといったことを監視できます。これにより、たとえばWebページのアクセス数が増えた場合に通知したり、特定のキーワードが大量に出力された場合に何らかの処理を行ったりということが可能になります。
ここではログ件数の監視の全体像を理解した後に、次の例題を行ってみましょう。

● 例題1. ApacheへのアクセスでHTTPステータスコード404となった件数を監視する

14.6.1　ログ件数監視

ログ件数監視の分類と仕様をそれぞれ**表14.20**と**表14.21**に示します。

（1）概要

表14.20　監視の分類（ログ件数監視）

項目	分類
監視の判定方法	数値監視
監視契機	ポーリング型

272

表14.21 監視の仕様（ログ件数監視）

項目	仕様	
監視対象	文字列データの収集値	
監視プロトコル	―	
固有の設定項目	監視項目ID（チェック設定）	
	キーワード	
	カウント方法	
	イベントID	
	タスクのカテゴリ	
	キーワード	

　ログ件数監視は、監視周期内に蓄積された文字列監視とSNMPTRAP監視で収集された文字列データから、特定の条件に一致したデータ件数を算出します。算出した値を閾値判定して通知を行います。

■ (2) 固有の設定項目

監視項目ID（チェック設定）

　データ件数の集計を行う文字列監視かSNMPTRAP監視の監視項目IDを指定します。指定する監視項目は事前に収集を有効にし、ログフォーマットでタグ抽出されている必要があります。

■キーワード

　収集したデータに対して監視する条件を指定します。

　いずれかのタグの値に含まれているログ件数を監視したい場合は、キーワードに値だけを指定します。指定したタグの値に含まれているログ件数を監視したい場合は、「タグ＝値」のように、タグとイコール（＝）の後にキーワードを指定します。

　また、部分一致検索、除外検索、複数条件の一致による検索も可能です。部分一致検索は、SQL準拠の％を使用して指定します。除外検索は、値の先頭にハイフン(-)を付加します。これは値だけを指定する場合でも、タグと値を指定する場合でも使用できます。複数条件をAND／OR条件として指定する場合は、キーワードを空白で区切って複数指定し、［AND］か［OR］のラジオボタンを選択します。

　それぞれの検索条件と指定例を**表14.22**に示します。

表14.22 検索条件とキーワードの指定例

検索条件		キーワードの指定例
いずれかのタグの値として含まれているログの監視		WARN
指定したタグの値に含まれているログの監視		PRIORITY=WARN
部分一致検索	前方一致	error%
	中間一致	%error%
	後方一致	%error
除外検索		PRIORITY=-WARN
複数条件による検索		HOSTNAME=LinuxAgent PRIORITY=WARN

キーワードを指定するときには、次の点に注意してください。

- 説明した以外の方法でイコール(=)を使用すると無視される。たとえば、「hoge=error=error」は「hoge=errorerror」と解釈される
- キーワードに空白、イコール(=)、ハイフン(-)を含めたい場合、対象の文字列をダブルクォート(")で囲む必要がある。"hoge error"、"hoge=error"、"-hoge" のように指定する
- ダブルクォート(")、バックスラッシュ(\)は、バックスラッシュ(\)でエスケープする。\"error\"、\\error\\のように指定する

■カウント方法

[すべて]を選択すると、タグに関わらずキーワードで指定した条件に一致した件数が出力されます。[タグで集計]を選択すると、指定したタグの値ごとの件数が出力されます。たとえば、タグXの値がA、B、B、Cという4つのデータがあった場合を考えてみましょう。[すべて]を選択した場合の監視結果は取得値が4になります。一方、[タグで集計]を選択してタグXを指定すると、監視詳細がそれぞれA、B、Cの3件のイベント通知があり、AとCの取得値が1、Bの取得値が2になります。

図14.10　ログ件数監視

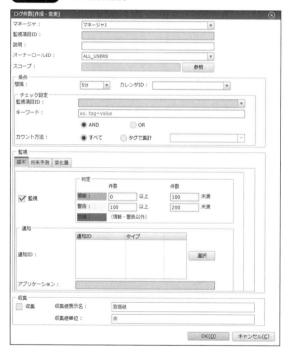

(3) 仕組み

ログ件数監視では、「間隔」に指定された期間のDBに蓄積された文字列データから、指定された条件に該当するデータをカウント方法に従って集計します。集計された件数に対して閾値判定を行い、通知を行います。

14.6　ログ件数の監視

(4) 設計のポイント

　ログ件数監視は、指定したキーワードのログが何件出力されたかを監視する機能ですが、監視のパターンマッチ表現に一致しないログや、通知によって抑止されたログも収集されているため、たとえば通知が抑止したログも含めて何件出力されたかを監視することもできます。

　ログを収集する場合は、そのすべての内容がHinemosの内部DBに蓄積されるので、ディスク容量を多く確保する必要があります。また、何らかのトラブルによりログが大量に出力された場合は、DBの使用サイズが急激に増加する可能性があります。ディスク空き容量には十分注意してください。

14.6.2　例題1. ApacheへのアクセスでHTTPステータスコード404となった件数を監視する

　「14.5.2　例題1. ログファイルの収集蓄積」で設定したApacheのアクセスログの収集を使って、HTTPステータスコード404となった件数を監視してみましょう。設定を**表14.23**に示します。

表14.23　「ログ件数監視（数値）」の設定（**LOGCOUNT-APACHE-ACCESS-404**）

マネージャ				マネージャ1
監視項目ID				LOGCOUNT-APACHE-ACCESS-404
説明				404の件数
オーナーロールID				ALL_USERS
スコープ				LinuxAgent
条件	間隔			1分
	カレンダID			選択しない
	チェック設定	監視項目ID		LOGFILE-APACHE-ACCESS-404
		キーワード		LAST_RESPONSE_STATUS=404
		キーワード	AND／OR	AND
		カウント方法		すべて
監視	基本	監視		チェックを入れる
		判定	情報（件数）	「0」以上「10」未満
			警告（件数）	「10」以上「20」未満
		通知	通知ID	ALL_EVENT
			アプリケーション	Apache
収集	収集			チェックを入れない

　端末からブラウザで存在しないページ「http://192.168.0.3/hoge.txt」（アクセス先の「192.168.0.3」は例です。環境に合わせて変更してください）へ何度かアクセスしてみましょう。少し経つと、［監視履歴］パースペクティブの［監視履歴［イベント］］ビューにイベントが通知され、メッセージにアクセスした件数が出力されることを確認できます。

275

第**4**部 監視・性能

第**15**章

高度な監視

第 15 章　高度な監視

　本章では、これまで説明してきた監視機能とは異なり、複数の監視結果から障害を判定する高度な監視機能を解説します。1つ目は相関係数監視です。2つの数値監視の結果（収集値）の相関から障害を判定する監視機能であり、相関係数を閾値として使用します。もう1つは、収集値統合監視です。数値監視や文字列監視の2つ以上の監視結果を元に、正常か異常かを判定します。これらの監視機能を、例題を用いて解説していきます。

15.1　相関係数監視

　IT システムにおいても、相関を持つリソース値があります。たとえば、ロードバランサの処理するリクエスト数が増えると、AP サーバの CPU 使用率が上がる、といったものです。これは、CPU 使用率が高い状態であっても当然の状況です。しかし、AP サーバの CPU 使用率が上がったにも関わらず、ロードバランサの処理するリクエスト数が減っているとすると、システム全体としてスローダウンが起きていると考えられます。こういった相関が崩れた状況を検知すれば、大規模な障害発生前の異常をいち早く知ることができます。

　ここでは相関係数監視の全体像を理解した後に、次の例題を行ってみましょう。

● 例題1. CPU 使用率とメモリ使用率の相関関係を監視する

15.1.1　相関係数監視

（1）概要

　相関係数監視の分類と仕様をそれぞれ**表 15.1** と**表 15.2** に示します。

表15.1　監視の分類（相関係数監視）

項目	分類
監視の判定方法	真偽値監視
監視契機	ポーリング型

表15.2　監視の仕様（相関係数監視）

項目	仕様
監視対象	数値監視の収集値
監視プロトコル	—
固有の設定項目	収集値表示名
	対象収集期間（分）
	参照先スコープ
	参照先収集値表示名

　あるデータの異常は、他のデータとの関係性から気づけることがあります。相関係数を使うと、関係性の崩れから将来的な異常をいち早く察知できます。Hinemos では相関係数監視機能を使用することで、

278

2つのデータの相関係数を算出して相関関係を監視し、通知できます。

相関を監視する2つのデータとしては、数値監視の収集値を用います。そのため相関係数監視機能を利用する際は、相関を持つ2つのデータについて、数値監視として［収集］を有効にしておく必要があります。そして、この2つの数値監視を「収集値表示名」と「参照先収集値表示名」で指定します。

(2) 固有の設定項目

■収集値表示名

相関係数を求める対象である一方の収集値表示名を指定します。

■対象収集期間（分）

相関係数の計算に使用する過去の収集値の対象期間を指定します。

■参照先スコープ

相関係数を求める対象であるもう一方のスコープを選択します。

■参照先収集値表示名

相関係数を求める対象であるもう一方の収集値表示名を指定します。

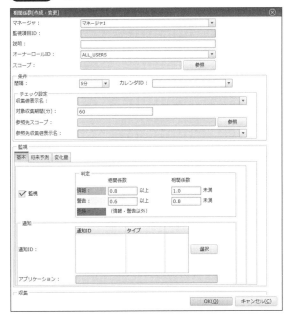

図15.1　相関係数監視

(3) 仕組み

■処理フロー

監視間隔ごとに、「収集値表示名」と「参照先収集値表示名」で指定したデータの相関係数を計算して、

閾値判定を行います。

■相関係数の計算方法

まず、相関係数を求める算出式は図15.2のとおりです。

> **図15.2** 相関
>
> 2つのデータの相関がどれだけあるかを示す指数を相関係数と呼びます。時刻t_iにx_iとy_iが取得される場合、データ$x_1, x_2, ..., x_n$と$y_1, y_2, ..., y_n$との相関係数rは次の式で求めることができます（$\bar{x}$は$x_1, x_2, ..., x_n$の平均を表します）。
>
> $$r = \frac{\sum_{i=1}^{n}(x_i - \bar{x})(y_i - \bar{y})}{\sqrt{\sum_{i=1}^{n}(x_i - \bar{x})^2}\sqrt{\sum_{i=1}^{n}(y_i - \bar{y})^2}}$$
>
> このrは−1から+1までの値をとり、rの絶対値が大きいほどxとyは関係性があるといえます。

ここで、「収集値表示名」と「参照先収集値表示名」で指定したデータ（xとyとします）の監視間隔（収集の間隔）が異なった場合に、どのように算出するかを解説します。ポイントとなるのは、次の2点です。

- データ$x_1, x_2, x_3..., x_n$とデータ$y_1, y_2, y_3..., y_n$の平均値
  これは非常にシンプルで、xとyのデータともに「対象収集期間」で指定した期間の平均値を用います。たとえば、「対象収集期間」が60分の場合は、過去60分の収集値を用いて平均値を計算します
- データ$x_1, x_2, x_3..., x_n$とデータ$y_1, y_2, y_3..., y_n$の各プロットの決定方法（図15.3）
  これは監視間隔における平均値を使用します。たとえば、「対象収集期間」が60分で監視間隔が5分の場合、60÷5 = 12なので、各々12個のプロット（$x_1, x_2, x_3..., x_{12}$と$y_1, y_2, y_3..., y_{12}$）が必要になります。そして、各々のプロットを次のように決定します
  - xに1分間隔の収集値がある場合、5分ごとに平均値を算出して$x_1, x_2, x_3..., x_{12}$を決定する
  - yに5分間隔の収集値がある場合、その値をそのまま$y_1, y_2, y_3..., y_{12}$とする

図15.3 相関係数時系列

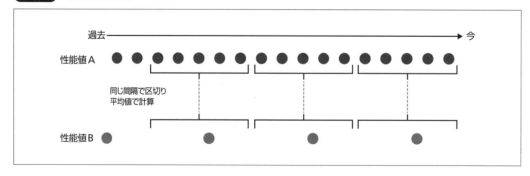

つまり、相関係数監視の監視間隔で過去のデータを分割し、その平均値を相関係数の計算に利用する、ということになります。

なお、双方とも過去に有効な収集値が不足している場合は、通知されません。

正の相関と負の相関

ある性能値Aの値の上昇・下降に合わせて、次のような挙動があったとします。

- 性能値Aの上昇時に上昇、Aが下降時に下降する性能値B
- 性能値Aの上昇時に下降、Aが下降時に上昇する性能値C
- 性能値Aの変化とは関係なく変化する性能値D

このとき、性能値AとBの関係を「正の相関」、AとCの関係を「負の相関」、AとDの関係を「相関なし」と呼びます（図15.4）。

図15.4 相関

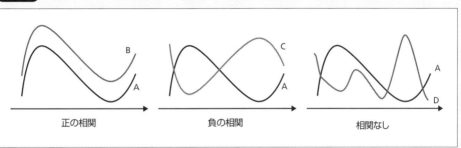

たとえば、次のようなものがあります。

- 正の相関
  ロードバランサの処理数とAPサーバのCPU使用率
- 負の相関
  スイッチのCPU使用率とPING応答時間

(4) 設計のポイント
■相関係数監視の設計

　ITシステムにおいて、事前に具体的なデータの相関とその閾値を設定することは困難です。また、相関の崩れが、障害やその兆候を意味しないこともあります。そのため、相関係数の監視は、ITシステムの運転試験後やサービス開始後のデータを分析して、ターゲットを決定することが重要です。

　Hinemosの収集蓄積機能には、収集値を外部のビッグデータ基盤などに転送する機能があります。これにより、Hinemosで収集・蓄積したデータを元に、より詳細なデータ分析を行い、その結果をHinemosの監視設定にフィードバックすることができます。

■閾値の設定

　相関係数の目安としては、絶対値が0.7以上のとき強い相関があると判断できます。そのため、CPU使用率とメモリ使用率の関係といった単純なものであれば、監視設定としては0.7以上のときに「危険」

第 15 章　高度な監視

の判定を出すように設定するとよいでしょう。ただし、具体的な数値については、要件や監視する内容
から判断してください。

15.1.2 　例題 1. CPU 使用率とメモリ使用率の相関関係を監視する

　通常運用時は CPU 使用率が上がればメモリ使用率も上がる状況で、メモリ使用率は変化がないのに
CPU 使用率だけが突発的に上昇した場合を検知してみます。

　なお、本例題では stress コマンドを使用します。インストールされていない場合は事前にインストー
ルを行ってください。

　まず CPU 使用率（**表15.3**）とメモリ使用率（**表15.4**）の監視設定を作成します。

表15.3　「リソース監視（数値）」の設定（RESOURCE-0001）

マネージャ				マネージャ 1
監視項目ID				RESOURCE-0001
説明				CPU 使用率
スコープ				LinuxAgent
条件	間隔			30 秒
	カレンダID			選択しない
	チェック設定	監視項目		CPU 使用率
		収集時は内訳のデータも合わせて収集する		チェックを入れない
監視	基本	監視		チェックを入れる
		判定	情報（プロセス数）	「0」以上「60」未満
			警告（プロセス数）	「60」以上「90」未満
		通知	通知ID	ALL_EVENT
	通知	アプリケーション		test
収集	収集			チェックを入れる

表15.4　「リソース監視（数値）」の設定（RESOURCE-0002）

マネージャ				マネージャ 1
監視項目ID				RESOURCE-0002
説明				メモリ使用率
スコープ				LinuxAgent
条件	間隔			30 秒
	カレンダID			選択しない
	チェック設定	監視項目		メモリ使用率（実メモリ）
		収集時は内訳のデータも合わせて収集する		チェックを入れない
監視	基本	監視		チェックを入れる
		判定	情報（プロセス数）	「0」以上「60」未満
			警告（プロセス数）	「60」以上「90」未満
		通知	通知ID	ALL_EVENT
	通知	アプリケーション		test
収集	収集			チェックを入れる

そして、CPU使用率とメモリ使用率の相関関係を監視する相関係数監視設定(**表15.5**)を作成します。

表15.5 「相関係数監視（数値）」の設定（CORRELATION-0001）

マネージャ			マネージャ1
監視項目ID			CORRELATION-0001
説明			CPU使用率とメモリ使用率の相関
スコープ			LinuxAgent
条件	間隔		30秒
	カレンダID		選択しない
	チェック設定	収集値表示名	CPU使用率（RESOURCE-0001）
		対象収集期間（分）	60
		参照先スコープ	LinuxAgent
		収集先収集値表示名	メモリ使用率（実メモリ）（RESOURCE-0002）
監視	基本	監視	チェックを入れる
		判定　情報（相関係数）	「0.3」以上「1.0」未満
		判定　警告（相関係数）	「-0.5」以上「0.3」未満
		通知　通知ID	ALL_EVENT
	通知	アプリケーション	test
収集	収集		チェックを入れる

次に、設定したスコープ上で、CPU使用率とメモリ使用率が同時に上昇する**図15.5**のコマンドを実行します。--vm-bytesの値は使用するメモリの量を指定します。環境(搭載メモリ)に合わせて変更してください。

図15.5 stressコマンドによるCPUとメモリの負荷

```
stress -c 2 -m 1 --vm-bytes 5000000000 --vm-hang 0
```

相関係数監視で設定したCPU使用率とメモリ使用率の2つの数値が同じように上昇するので、相関係数は1に近づき、重要度は「情報」になります。

stressコマンドはCtrl + Cで終了してください。

続いて、設定したスコープ上で、CPU使用率は上昇するがメモリ使用率は変化がない**図15.6**のコマンドを実行します。

図15.6 stressコマンドによるCPUの負荷

```
stress -c 2
```

時間の経過とともに相関係数は－1に近づき、いずれ重要度は「情報」から「警告」、さらに待つと「危険」になります。

第 15 章　高度な監視

15.2　収集値統合監視

　1つ1つは軽微なエラーであっても、それが複数個揃った場合は非常に大きな障害を生じる可能性があります。しかし、軽微なエラーをすべて監視していると、日々膨大な監視イベントが発生して、その確認だけで運用業務が忙殺されます。そこで、複数の条件を満たしたときに初めて障害または障害でない、と判断することが運用効率化につながります。たとえば、Webサーバの停止を検知した場合、一定の時間内に復旧(起動)が確認できれば障害ではない、復旧しなければ障害、と判定するといったものです。
　ここでは収集値統合監視の全体像を理解した後に、次の例題を行ってみましょう。

- 例題1. CPU使用率とメモリ使用率が同時に高騰したことを検知する

15.2.1　収集値統合監視

(1) 概要

　収集値統合監視の分類と仕様をそれぞれ**表15.6**と**表15.7**に示します。

表15.6　監視の分類（収集値統合監視）

項目	分類
監視の判定方法	数値監視
監視契機	ポーリング型

表15.7　監視の仕様（収集値統合監視）

項目	仕様
監視対象	数値監視／文字列監視の収集値
監視プロトコル	—
固有の設定項目	チェック設定 タイムアウト（分）
	チェック設定 判定条件
	判定条件（対象ノード／収集値種別／演算子／収集値表示名／判定／判定値／ AND・OR）
	チェック設定 収集の順序を考慮しない
	メッセージ

　Hinemosでは収集値統合監視を使うことで、複数の監視結果(データ)を組み合わせて監視できます。これにより、1つのデータだけでは重要度を正しく判断できない場合に、障害のレベルをより正確に把握できます。
　複数のデータを組み合わせる際の条件では順序も考慮できるため、大きく次の2種類の監視が定義できます。

- 複数の事象が指定された順序で発生したかを監視
- 複数の事象がまとめて発生したかを監視

15.2 収集値統合監視

また、収集値統合監視では、数値監視で収集された収集値、および文字列監視で収集された収集データ（文字列）を使用して監視を行います。そのため、判定条件で使用する数値監視や文字列監視は、［収集］を有効にし、事前に収集値および収集データ（文字列）を収集する必要があります。

(2) 固有の設定項目

■チェック設定 タイムアウト（分）
収集値統合監視のタイムアウト時間を指定します。

■チェック設定 判定条件
収集値統合監視の判定条件を設定します。［追加］ボタンをクリックして、判定条件［作成・変更］ダイアログから条件を指定します。

- 対象ノード
  監視設定のスコープを使用する：通知先スコープを判定対象とする場合に選択します
  スコープ：判定対象のノードを選択します
- 収集値種別
  判定対象の監視種別として［数値］または［文字列］のいずれかを選択します
- 収集値表示名
  判定対象の収集値表示名を選択します。指定した対象ノードにおいて、あらかじめ［収集］が有効な監視設定が設定されている必要があります
- 判定
  判定で使用する比較演算子を選択します。文字列監視の場合は、等号［=］だけを選択できます
- 判定値
  判定で比較する値を指定します
- AND/OR
  判定値のAND/OR条件を指定します。収集値種別で［文字列］を選択した場合に、判定値で使用します

■チェック設定 収集の順序を考慮しない
判定条件一覧の表示順に従って判定を行うかどうかを指定します。表示順に従う場合はチェックを入れません。

■メッセージ

- OK
  判定条件に一致した場合に通知するメッセージを指定します
- NG
  判定条件に一致しない場合に通知するメッセージを指定します

図15.7 収集値統合監視

(3) 仕組み

収集値統合監視では、次のアルゴリズムで判定を行います(**図15.8**)。

① 各監視タイミングで監視間隔の2倍分さかのぼり、その期間に1つ目の判定条件を満たすものがあるか検索する
② 条件を満たす場合、③へ進み、すべての条件を満たすか判定に進む。1つ目の条件を満たさない場合はOKもNGも通知しない
③ 1つ目の条件を満たした場合は、そこからタイムアウト期間内にすべての条件を満たすものがあるか検索する。すべて満たせばOK、1つでも満たさなければNGとして通知される

図15.8 収集値統合監視の判定

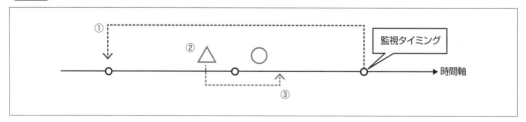

また、[収集の順序を考慮しない]が有効の場合、はじめに判定条件の1つに合致する収集値が検知さ

れてからタイムアウトで指定された時間内に、他のすべての判定条件に合致する収集値が検知された場合はOK、そうでない場合はNGと判定されます。どの判定条件にも合致しない場合は通知されません。

(4) 設計のポイント

■収集値統合監視の設計

相関係数監視と同様に、事前に設計することが難しい機能です。まずは実際に運用を行ってみて、軽微なエラーの組み合わせで重大な障害を発生するケースを突き止めます。その事実をHinemosにフィードバックすれば、次回以降の監視を効率的に行うことができます。

■文字列監視の設定

判定条件に文字列監視を使用する場合は、ログフォーマット機能を使用して収集データ（文字列）から「タグ」により、具体的な値を指定する必要があります。

たとえば、ApacheアクセスログのHTTPステータスコードの部分を判定条件として指定したい場合、まずログフォーマットにより、StatusCodeというタグでログの該当部分を抽出できるようにします。そして判定条件では、StatusCode=404といった指定を行います。

収集値統合監視のユースケース

収集値統合監視は、一定時間内の複数の監視結果に基づいて通知できます。これにより、たとえば次のような監視をすることが可能になります。

- 特定のノードでサーバ起動ログを出力した後、5分以内にサービスが起動しない場合に通知する
- 特定のノードにおいて、10分間の間にCPU使用率が90%を超え、かつメモリ使用率が80%を超えた場合に通知する
- 複数のWebサーバのうち、1台障害が発生した場合は「警告」、全体で障害が発生した場合は「危険」で通知する
- 特定のプロセスが終了した場合、指定した時間内に起動すれば「正常」で通知する
- 数値Aが30未満かつ数値Bが50未満なら「情報」、数値Aが80以上、数値Bが80以上の場合は「危険」で通知する

このように、さまざまな組み合わせによって柔軟な監視設定ができます。

15.2.2　例題1. CPU使用率とメモリ使用率が同時に高騰したことを検知する

CPUリソースを十分に使ってメモリに空きがある状態は問題なし、CPUリソースもメモリリソースも使い切ってしまっている状態は問題ありとして監視してみます。

なお、本例題ではstressコマンドを使用します。インストールされていない場合は事前にインストールを行ってください。

まずCPU使用率（**表15.8**）とメモリ使用率（**表15.9**）の監視設定を作成します。

第 15 章　高度な監視

表15.8　「リソース監視（数値）」の設定（RESOURCE-0001）

マネージャ				マネージャ 1
監視項目ID				RESOURCE-0001
説明				CPU使用率
スコープ				LinuxAgent
条件	間隔			30秒
	カレンダID			選択しない
	チェック設定	監視項目		CPU使用率
		収集時は内訳のデータも合わせて収集する		チェックを入れない
監視	基本	監視		チェックを入れる
		判定	情報（プロセス数）	「0」以上「60」未満
			警告（プロセス数）	「60」以上「90」未満
		通知	通知ID	ALL_EVENT
			アプリケーション	test
収集	収集			チェックを入れる

表15.9　「リソース監視（数値）」の設定（RESOURCE-0002）

マネージャ				マネージャ 1
監視項目ID				RESOURCE-0002
説明				メモリ使用率
スコープ				LinuxAgent
条件	間隔			30秒
	カレンダID			選択しない
	チェック設定	監視項目		メモリ使用率
		収集時は内訳のデータも合わせて収集する		チェックを入れない
監視	基本	監視		チェックを入れる
		判定	情報（プロセス数）	「0」以上「60」未満
			警告（プロセス数）	「60」以上「90」未満
		通知	通知ID	ALL_EVENT
			アプリケーション	test
収集	収集			チェックを入れる

そして、CPU使用率とメモリ使用率を使って収集値統合監視（**表15.10**）を作成します。

15.2 収集値統合監視

表15.10 「収集値統合監視（真偽値）」の設定（COMPOUND-0001）

マネージャ				マネージャ1
監視項目ID				COMPOUND-0001
説明				CPU使用率とメモリ使用率の同時高騰監視
スコープ				LinuxAgent
条件		間隔		5分
		カレンダID		選択しない
	チェック設定	タイムアウト（分）		3
		判定条件		表を参照
		判定条件	収集の順序を考慮しない	チェックを入れない
		メッセージ	OK	問題なし
			NG	問題あり
監視	基本	監視		チェックを入れる
		判定	OK	情報
			NG	危険
		通知	通知ID	ALL_EVENT
			アプリケーション	test
収集	収集			チェックを入れる

判定条件は**表15.11**のように設定します。

表15.11 「判定条件［作成・変更］」の設定（COMPOUND-0001）

		説明	CPU使用率
1	条件	対象ノード	監視設定のスコープを使用する
		収集値種別	数値
		収集値表示名	CPU使用率（RESOURCE-0001）
		判定	>
		判定値	80
		AND/OR	AND（選択不可）
		説明	メモリ使用率
2	条件	対象ノード	監視設定のスコープを使用する
		収集値種別	数値
		収集値表示名	メモリ使用率（RESOURCE-0002）
		判定	<
		判定値	80
		AND/OR	AND（選択不可）

　次に、設定したスコープ上で、CPU使用率とメモリ使用率が同時に上昇する**図15.9**のコマンドを実行します。--vm-bytesの値は使用するメモリの量を指定します。環境（搭載メモリ）に合わせて変更してください。

289

第 15 章　高度な監視

図15.9　stressコマンドによるCPUとメモリの負荷

```
stress -c 2 -m 1 --vm-bytes 5000000000 --vm-hang 0
```

しばらく待つと収集した値が蓄積されます。判定条件である「CPU使用率が80%以上、かつメモリ使用率80%以下」に一致しないため、収集値統合監視はNGと判定され、COMPOUND-0001のイベント通知のメッセージとして「問題あり」と表示されます。

stressコマンドはCtrl + Cで終了してください。

続いて、設定したスコープ上で、CPU使用率は上昇するがメモリ使用率は変化がない**図15.10**のコマンドを実行します。

図15.10　stressコマンドによるCPUの負荷

```
stress -c 2
```

しばらく待つと、判定条件である「CPU使用率が80%以上、かつメモリ使用率80%以下」に一致するため、収集値統合監視はOKと判定され、COMPOUND-0001のイベント通知のメッセージとして「問題なし」と表示されます。

290

第**4**部 監視・性能

第**16**章

監視のカスタマイズ

第 16 章　監視のカスタマイズ

本章では、ユーザがHinemosによって任意の監視を簡易に実現する方法を紹介します。これを実現するベースの機能は、SNMP監視、カスタム監視、カスタムトラップ監視の3つです。どんなときにどの監視を選ぶとよいかは、本章末尾のコラム「カスタマイズ用の監視の選び方」を参考にしてください。

16.1　SNMP 監視

ITシステムにおける古典的な仕組みの1つがSNMPです。サーバだけでなく、ネットワーク機器やストレージ装置などあらゆる機器に対応しています。Hinemosでは、このプロトコルを使った汎用的な監視の仕組みを用意しています。

ここではSNMP監視の全体像を理解した後に、次の例題を行ってみましょう。

● 例題1. ネットワークインターフェースのUp/Downを監視する

16.1.1　SNMP 監視

（1）概要

SNMP監視の分類と仕様をそれぞれ**表16.1**と**表16.2**に示します。

表16.1　監視の分類（SNMP監視）

項目	分類
監視の判定方法	数値監視／文字列監視
監視契機	ポーリング型

表16.2　監視の仕様（SNMP監視）

項目	仕様
監視対象	サーバやネットワーク機器のリソース値
監視プロトコル	SNMP
固有の設定項目	OID
	計算方法

HinemosではSNMP監視を使用することで、指定したOIDのSNMPポーリングにより取得した値に対し、数値および文字列の監視ができます。SNMPで取得した文字列は、正規表現のパターンマッチによる監視が可能です。

SNMP監視（数値）で監視可能な型は、次のとおりです。

● Integer32
● Counter32
● Counter64
● Gauge32
● OCTET STRING（取得値が実数値に変換可能である場合だけ）

（2）固有の設定項目
■OID

SNMPでポーリングする際のOIDを指定します。MIBシンボル名は指定できません。

292

■計算方法

取得した値に対する計算方法を指定します。[何もしない]を選択すると、取得した値をそのまま閾値判定します。[差分を取る]を選択すると、取得した値と前回取得した値の差分値を閾値判定します。

図16.1 SNMP監視（数値）

図16.2 SNMP監視（文字列）

(3) 仕組み

Hinemosマネージャから監視対象サーバへSNMPポーリングを行い、取得した値を監視します。処理の流れはリソース監視と同様ですが、SNMP監視はOIDを直接指定して監視できるところに違いがあります。

(4) 設計のポイント

■単一のOIDで判定可能か計算が必要か

OIDに紐付くレスポンスが数値の場合、単一のOID（値そのままか差分か）の結果で閾値判定が可能か、または目的の収集データであるかを考えます。計算が必要な場合は、リソース監視にマスタを登録することで、ユーザ定義のリソース監視の監視項目を使って監視や収集を行います。OIDに紐付くレスポンスが文字列の場合、考慮が必要な点は特にありません。

 SNMP監視で重要度が「不明」になってしまうとき

SNMPは非常にシンプルな仕組みです。そのため、監視設定を行ったときに動作がうまくいかず「不明」の通知が出ても、簡単に確認ができます。押さえるべきなのは次の2点です。

データ型の確認

「(1)概要」で説明したように、監視可能な型には制限があります。実際にSNMPポーリングを行って確認してみましょう（図16.3）。

図16.3 snmpwalkコマンドによる値の取得

```
(root) # snmpwalk -On -c public -v 2c localhost .1.3.6.1.6.3.15.1.1.1.0
.1.3.6.1.6.3.15.1.1.1.0 = Counter32: 0
```

OIDの確認

OIDを確認する際は、snmpwalkコマンドではなくsnmpgetコマンドを使用します。snmpwalkコマンドを使うと、配下のOIDまでwalkして取得するため、あたかも値の取得が成功したように見えますが、よく見ると1つ下の階層のOIDが取得されているだけのケースもあります（図16.4）。

図16.4 snmpgetコマンドによる値の取得

```
(root) # snmpwalk -On -c public -v 2c localhost .1.3.6.1.6.3.15.1.1.1
.1.3.6.1.6.3.15.1.1.1.0 = Counter32: 0
(root) # snmpget -On -c public -v 2c localhost .1.3.6.1.6.3.15.1.1.1
.1.3.6.1.6.3.15.1.1.1 = No Such Instance currently exists at this OID
```

16.1.2　例題1. ネットワークインターフェースのUp/Downを監視する

通常、ネットワークインターフェースの監視はPing監視で行いますが、例としてSNMPで取得可能な「1.3.6.1.2.1.2.2.1.7.(ifIndex)」を監視してみます。インターフェースがUpであれば「1」を、Downであれば「2」が格納されます。なお、Hinemosマネージャから監視対象サーバへのネットワーク疎通が取れ

ないと監視はできないため、その経路とは別のインターフェースを監視することが前提になります。

今回は、インターフェース番号(ifIndex)が3と仮定します。設定を**表16.3**に示します。

表16.3 「SNMP監視（数値）」の設定

マネージャ			マネージャ1
監視項目ID			SNMP-NWIF
説明			ネットワークインターフェースの監視
オーナーロールID			ALL_USERS
スコープ			LinuxAgent
条件	間隔		1分
	カレンダID		選択しない
	チェック設定	OID	1.3.6.1.2.1.2.2.1.7.3
	チェック設定	計算方法	何もしない
監視	基本	監視	チェックを入れる
		判定 情報（応答時間（ミリ秒））	「1」以上「2」未満
		判定 警告（応答時間（ミリ秒））	「2」以上「2」未満
		通知 通知ID	ALL_EVENT
		通知 アプリケーション	test
収集	収集		チェックを入れない

次に、ネットワークインターフェースをダウンさせて（**図16.5**）、重要度が「危険」になることを確認します。デバイス名(ens192)は環境に合わせてください。

図16.5 ifdownコマンドによるネットワークインターフェイスのダウン

```
ifdown ens192
```

インターフェースをアップさせると（**図16.6**）、重要度が「情報」になると思います。

図16.6 ifupコマンドによるネットワークインターフェイスのアップ

```
ifup ens192
```

16.2 カスタム監視

特定のミドルウェアやネットワーク機器などに対して、特定のコマンドを実行した結果を監視したいといった要件も出てきます。監視を実行するだけのスクリプトの実装までは簡易ですが、業務カレンダと連動して監視を有効化・無効化したり、障害を検知した際の通知の仕組みを集約したりといったことを、作りこみで実施するのは困難です。カスタム監視では、Hinemosからコマンド・スクリプトを実行し、その結果を関しすることで、これを簡易に実現します。

ここではカスタム監視の全体像を理解した後に、次の例題を行ってみましょう。

● 例題1. デバイスごとのディスクビジー率を監視する

16.2.1 カスタム監視

(1) 概要

カスタム監視の分類と仕様をそれぞれ**表16.4**と**表16.5**に示します。

表16.4 監視の分類（カスタム監視）

項目	分類
監視の判定方法	数値監視／文字列監視
監視契機	ポーリング型

表16.5 監視の仕様（カスタム監視）

項目	仕様
監視対象	コマンド／スクリプトの実行結果
監視プロトコル	HTTP/HTTPS（Hinemosマネージャ・Hinemosエージェント間）
固有の設定項目	指定したノード上でまとめてコマンド実行
	実効ユーザ
	コマンド
	タイムアウト
	計算方法

　Hinemosでは、カスタム監視を使用することで、ユーザが定義したコマンドやスクリプトを定期的に実行して、その結果を監視できます。

■「コマンドを実行するノード」と「管理対象スコープ」

　カスタム監視で指定したコマンドを実行するのは、Hinemosエージェントです。管理対象がネットワーク機器のようなHinemosエージェントをインストールできない環境であっても監視できるように、「コマンドを実行するノード」と「管理対象スコープ」を分けて指定することもできます（**図16.7**）。

図16.7 コマンドを実行するノードと管理対象スコープ

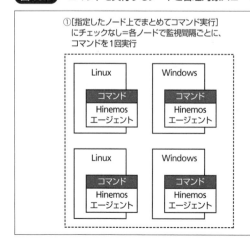
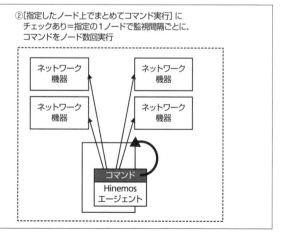

■コマンドの出力結果のフォーマット（数値の場合）

カスタム監視（数値）の場合、標準出力は**リスト16.1**のようなフォーマットになっている必要があります。

リスト16.1 出力結果のフォーマット

```
KEY_1,VALUE_1
KEY_2,VALUE_2
KEY_3,VALUE_3
```

KEY は半角カンマ(,)および改行を含まない256文字以下の文字列(Windows版エージェントは MS932、その他のエージェントはUTF-8)、VALUE は0および64ビット倍精度浮動小数点数値(正の値は4.9e-324〜1.7976931348623157e+308、負の値は-1.7976931348623157e+308〜-4.9e-324)でなければなりません。

(KEY, VALUE)のペア(1行)を1つの監視対象として閾値判定が行われます。(KEY, VALUE)のペアをOS標準の改行コード(Windows版エージェントはCRLF、その他のエージェントはLF)で複数行に区切ることで、一回のコマンドで複数行の(KEY, VALUE)のペアを監視することもできます。

KEYが通知情報の監視詳細に該当し、VALUEが同じ閾値で判定されます。そのため、複数行の(KEY, VALUE)があった場合には、一度に最大で行数分の通知が行われます。

リスト16.1のフォーマットを満たさないと「不明」の重要度として通知されます。

シンプルなフォーマットなので、スクリプトなどを組む場合も簡易に実現できるでしょう。

■コマンドの出力結果のフォーマット（文字列の場合）

カスタム監視（文字列）の場合、標準出力全体を1つの文字列としたうえでパターンマッチング処理が行われます。複数行にわたって出力があった場合も、改行を含む1つの文字列として扱われます。

（2）固有の設定項目

■指定したノード上でまとめてコマンド実行

コマンドの実行単位を指定します。チェックを入れると、1つのHinemosエージェントでコマンドを実行し、対象スコープの各ノードの情報を取得します。チェックを入れないと、対象スコープの各ノードでそれぞれコマンドを実行します。

■実効ユーザ

コマンドを実行するユーザを指定します。

■コマンド

実行するコマンドを指定します。コマンドにはノードプロパティを埋め込むことができます。

■タイムアウト

コマンド実行後、タイムアウトとするまでの時間（ミリ秒）を指定します。タイムアウトすると「不明」の重要度として通知されます。

■計算方法

取得した値に対する計算方法を指定します。[何もしない]を選択すると、取得した値をそのまま閾値判定します。[差分を取る]を選択すると、取得した値と前回取得した値の差分値を閾値判定します。

図16.8 カスタム監視（数値）

図16.9 カスタム監視（文字列）

16.2 カスタム監視

(3) 仕組み

カスタム監視(数値)は、次のような動作を行います。

1. Hinemos クライアントでカスタム監視を設定する
2. Hinemos マネージャから Hinemos エージェントに設定情報を送信する
3. 定義されたコマンドを Hinemos エージェントが監視間隔ごとに実行する
4. Hinemos エージェントがコマンドの実行結果(標準出力)を KEY と VALUE に分割し、Hinemos マネージャにそのペア(KEY, VALUE)を送信する
5. Hinemos マネージャは受信したペア(KEY, VALUE)の VALUE に対して閾値判定を行う

カスタム監視(文字列)は、次のような動作を行います。

1. Hinemos クライアントでカスタム監視を設定する
2. Hinemos マネージャから Hinemos エージェントに設定情報を送信する
3. 定義されたコマンドを Hinemos エージェントが監視間隔ごとに実行する
4. Hinemos エージェントがコマンドの実行結果(標準出力)を送信する
5. Hinemos マネージャは受信した実行結果に対して文字列判定を行う

いずれの場合においても、[指定したノード上でまとめてコマンド実行]の有効/無効によって、コマンドが実行されるノードが変わります。

(4) 設計のポイント

■同一の収集値単位で集約

カスタム監視は複数のデータを同一の閾値で判定したり、同一の収集値単位で収集したりするため、1回の実行で同じ単位のデータを扱えるようにコマンドを設計すると効率的です。たとえば、ネットワーク機器のポート単位のネットワーク流量や、ディスクごとのディスクビジー率といった、デバイス単位の情報は適切です。

16.2.2 例題 1. デバイスごとのディスクビジー率を監視する

ディスクビジー率は SNMP で値を取得できないため、Hinemos のリソース監視では監視できません。代わりにカスタム監視を使って、iostat コマンドを定期的に実行して監視してみます。設定を**表 16.6** に示します。

第 16 章　監視のカスタマイズ

表16.6　「カスタム監視（数値）」の設定

マネージャ				マネージャ1
監視項目ID				SNMP-NWIF
説明				ネットワークインターフェースの監視
オーナーロールID				ALL_USERS
スコープ				LinuxAgent
条件	間隔			1分
	カレンダID			選択しない
	チェック設定	指定したノード上でまとめてコマンド実行		チェックを入れない
		実効ユーザ		エージェント起動ユーザ
		コマンド		iostat -dx | grep -v CPU | grep -v : | sed -e '/^$/d' | awk '{print $1 "," $NF}'
		タイムアウト		1000
		計算方法		何もしない
監視	基本	監視		チェックを入れる
		判定	情報（取得値）	「0」以上「50」未満
			警告（取得値）	「50」以上「80」未満
		通知	通知ID	ALL_EVENT
			アプリケーション	test
収集	収集			チェックを入れない

監視が動作すると、デバイスごとにディスクビジー率の監視結果が出力されると思います。

16.3　カスタムトラップ監視

定期的な監視ではなく、イベントが発生したタイミングでトラップ的にデータをHinemosに投げ込みたいことがあるでしょう。Hinemosでは、カスタムトラップ監視を使うことで、Hinemosに送信されてきたデータに対して閾値監視や収集・蓄積を行うことができます。

ここではカスタムトラップ監視の全体像を理解した後に、次の例題を行ってみましょう。

● 例題1. コマンドを実行してカスタムトラップ監視で検知する

16.3.1　カスタムトラップ監視

(1) 概要

カスタムトラップ監視の分類と仕様をそれぞれ**表16.7**と**表16.8**に示します。

表16.7　監視の分類（カスタムトラップ監視）

項目	分類
監視の判定方法	数値監視／文字列監視
監視契機	トラップ型

表16.8　監視の仕様（カスタムトラップ監視）

項目	仕様
監視対象	JSON形式のトラップ
監視プロトコル	HTTP/HTTPS
固有の設定項目	キーパターン
	計算方法

300

Hinemosではカスタムトラップ監視を使用することで、JSON形式で送信されるリクエストをHinemosマネージャで受信し、監視を行うことができます。受信したリクエストのJSONに含まれる値に対して、次の2種類の監視方法があります。

- JSONに含まれる特定の数値に対する閾値監視
- JSONに含まれる特定の文字列に対するパターンマッチ処理

■受信可能な JSON の形式

Hinemosマネージャに送信するJSONは、「FacilityID」と「DATA」のペアのオブジェクトで構成する必要があります。

- 数値の場合
  「TYPE」の値に「NUM」を指定し、「MSG」には任意の数値を指定します。複数のデータを1つのJSONメッセージに含めることができます。**リスト16.2**は2個のデータを含めた例です

リスト16.2 数値の場合の JSON 形式リクエスト

```
{
  "FacilityID":"送信元のファシリティID",
  "DATA":[
    {
      "DATE":"yyyy-MM-dd HH:mm:ss",
      "TYPE":"NUM",
      "KEY":"キーパターン1",
      "MSG":"任意の数値1"
    },{
      "DATE":"yyyy-MM-dd HH:mm:ss",
      "TYPE":"NUM",
      "KEY":"キーパターン2",
      "MSG":"任意の数値2"
    }
  ]
}
```

- 文字列の場合
  「TYPE」の値に「STRING」を指定してください。複数のデータを1つのJSONメッセージに含めることができます。**リスト16.3**は2個のデータを含めた例です

リスト16.3 文字列の場合の JSON 形式リクエスト

```
{
  "FacilityID":"送信元のファシリティID",
  "DATA":[
    {
      "DATE":"yyyy-MM-dd HH:mm:ss",
```

301

```
      "TYPE":"STRING",
      "KEY":"キーパターン1",
      "MSG":"任意の文字列1"
    },{
      "DATE":"yyyy-MM-dd HH:mm:ss",
      "TYPE":"STRING",
      "KEY":"キーパターン2",
      "MSG":"任意の文字列2"
    }
  ]
}
```

受信可能なJSON形式のキー一覧を**表16.9**に示します。なお、必須項目がどれか1つでも欠けると、Hinemosマネージャは JSON 形式で送信されるリクエストを処理しません。

表16.9 受信可能なJSON形式のキー一覧

キー	用途	説明	必須／任意
FacilityID	ファシリティ ID	リポジトリに登録されているノードのファシリティ ID を指定します。指定しない場合は、JSONリクエストを送信した機器のIPアドレスとリポジトリ機能に登録されているノードを照らし合わせてファシリティ IDを特定します	任意
DATA	JSONオブジェクト	この単位が監視対象になります	必須
DATE	日付	フォーマットは、yyyy-MM-dd HH:mm:ssだけです。指定しない場合は、Hinemosマネージャが受信した日時が代入されます	任意
TYPE	メッセージのデータ型	NUMかSTRINGを指定します	必須
KEY	監視対象を識別するキーパターン	監視設定のキーパターンとこの値のパターンマッチ処理を行い、一致した場合にこのKEYの属するJSONオブジェクトが監視対象となります	必須
MSG	監視対象の数値または文字列	この値に対して、数値監視または文字列監視が行われます	必須

(2) 固有の設定項目

■キーパターン

「KEY」の値に対する文字列マッチングを行うための正規表現を入力します。

■計算方法

取得した値に対する計算方法を指定します。[何もしない]を選択すると、取得した値をそのまま閾値判定します。[差分を取る]を選択すると、取得した値と前回取得した値の差分値を閾値判定します。

16.3 カスタムトラップ監視

図 16.10 カスタムトラップ監視（数値）

図 16.11 カスタムトラップ監視（文字列）

第16章　監視のカスタマイズ

■（3）仕組み

カスタムトラップ監視は次のような動作を行います。

1. JSON形式のリクエストをHinemosマネージャが受信する
2. キーパターンと「KEY」の値を比較し、監視対象のJSONオブジェクトを判定する
3. 「MSG」の値に対して閾値判定またはパターンマッチング処理を行う

■（4）設計のポイント

■ファシリティID単位で集約

　カスタムトラップ監視で受信するメッセージは、ファシリティID単位で集約できます。そのため、当該JSONメッセージを送信するコマンド・スクリプトは、同一ファシリティIDで監視したい情報ごとに用意すると効率的です。

16.3.2 　例題1. コマンドを実行してカスタムトラップ監視で検知する

　Linuxでは、curlコマンドを使ってJSON形式のメッセージを送信できます。実行環境にcurlコマンドがない場合は、yumなどでインストールしてください。
　curlコマンドを使ってマネージャへメッセージを送信し、検知することを確認してみましょう。設定を**表16.10**に示します。

表16.10　「カスタムトラップ監視（数値）」の設定（CUSTOMTRAP-0001）

マネージャ			マネージャ1
監視項目ID			CUSTOMTRAP-0001
説明			テストトラップの監視
スコープ			LinuxAgent
条件	間隔		0（選択不可）
	カレンダID		選択しない
	キーパターン		test
	計算方法		何もしない
監視	基本	監視	チェックを入れる
		判定　情報（取得値）	「1」以上「2」未満
		判定　警告（取得値）	「2」以上「3」未満
		通知　通知ID	ALL_EVENT
		通知　アプリケーション	test
収集	収集		チェックを入れない

　監視設定を作成したら、**図16.12**のコマンドを実行してみてください。

図16.12　curlコマンドによるJSON形式のメッセージの送信

```
curl -H "Accept: application/json" -H "Content-type: application/json" -X POST -d "{\"DATA\":[{\"TYPE
➡\":\"NUM\",\"KEY\":\"test\",\"MSG\":\"1\"}]}" http://マネージャのIPアドレス:8082/
```

「情報」の重要度で通知されたと思います。「MSG」の値を2に変えて実行すると、「警告」の重要度で通知されます。

 カスタマイズ用の監視の選び方

カスタマイズ用の3つの監視機能の特徴を簡単にまとめてみます。

- **SNMP監視**
 ポーリング型
 実装：不要
 ネットワーク経路の考慮：不要(リソース監視とプロセス監視と同じSNMP)
- **カスタム監視**
 ポーリング型
 実装：必要(「KEY, VALUE」形式で標準出力するコマンド・スクリプト)
 ネットワーク経路の考慮：不要(Hinemosエージェントの通信)
- **カスタムトラップ監視**
 トラップ型
 実装：必要(JSONメッセージを出力・送信するコマンド・スクリプト)
 ネットワーク経路の考慮：必要

第**4**部 監視・性能

第**17**章

性能機能

第17章　性能機能

　第10章から第16章までででは、監視結果に対して通知を行う機能について説明しました。また、第12章では将来予測と変化量に対して通知を行う機能を説明しました。監視結果に応じて通知する機能は非常に重要です。しかし、あらかじめ想定している通知以外の観点で、将来的に異常が起きる可能性があるか解析することも重要です。具体的な例を挙げると、システムの数ヵ月分の性能データを収集しておき、傾向を観察することにより、「このシステムにはリソースに余裕があるのか？」「システムの負荷は増加傾向にあるのか？」そして増加傾向にある場合は「何ヵ月後ぐらいにシステムの性能限界を迎えるのか？」といったことを定期的に調査する必要があります。

　本章では、システムの性能データを蓄積し、現在の性能分析や将来の予兆検知などを行うための基盤となる「性能機能」について説明します。将来予測と変化量に関する性能グラフについては「12.2　将来予測と変化量の監視」を参照してください。

17.1　性能機能の概要

　性能機能とは、監視機能で収集した監視結果、ジョブ機能で実行されたジョブの実行時間を性能データとして蓄積して、Hinemosクライアントにグラフを表示したり、性能データが記録されたCSVファイルのダウンロードを行ったりすることで性能データを可視化し、性能分析や予兆検知を可能にするものです。

- 性能データの蓄積
- 性能データのグラフ表示
- 性能データのCSVダウンロード

17.1.1　監視の性能データ

　監視の性能データを可視化するためには、「監視機能」で性能データを収集する設定を行う必要があります。具体的には、監視設定のダイアログの中で、［収集］にチェックを入れると性能データが蓄積されるようになります。

　監視設定単位で収集が行われ、監視設定単位でグラフ表示やCSVダウンロードが可能になります。たとえば監視設定の監視間隔が5分間隔なら、5分間隔の性能データがHinemosの内部データベースに蓄積されます。性能データは、監視設定の［収集］が有効な場合に収集され続けます。

　性能データを収集できる監視は、監視設定の作成時に表示される「監視種別ダイアログ」で名前に「（数値）」が付いている「数値監視」となります。「数値監視」に関する詳細は、「10.1　監視・性能の全体像」を参照してください。

　「数値監視」で収集できる性能データは**表17.1**のとおりです。

表17.1 収集可能な監視の性能データ

監視種別	収集可能な性能データ
HTTP監視（数値／シナリオ）	応答時間（ミリ秒）
PING監視（数値）	応答時間（ミリ秒）
SNMP監視（数値）	応答時間（ミリ秒）
SQL監視（数値）	SQLの取得結果
サービス・ポート監視（数値）	応答時間（ミリ秒）
リソース監視（数値）	監視対象のリソース（CPU使用率など）
カスタム監視（数値）	指定したコマンドの結果の値
カスタムトラップ監視（数値）	受信したトラップの値
プロセス監視（数値）	プロセス数
ログ件数監視（数値）	ログ件数
相関係数監視（数値）	収集値の相関係数
JMX監視	監視対象のJVMの値（実行中のスレッド数など）

通常、1つの監視設定では1つの性能データが収集されます。例外として、リソース監視とカスタム監視、カスタムトラップ監視では、1つの監視設定で複数の性能データを収集できます。リソース監視では、監視対象のリソースに対する内訳およびデバイス別の情報を性能データとして収集できます。また、カスタム監視ではコマンドの実行結果、カスタムトラップ監視ではトラップの受信内容の「KEY」単位に性能データが収集されます。リソース監視とカスタム監視、カスタムトラップ監視の詳細については「第12章　リソース状況の監視」「第16章　監視のカスタマイズ」を参照してください。

17.1.2　ジョブの性能データ

ジョブの性能データを可視化するための設定は特に必要ありません。ジョブの実行時に**表17.2**の実行時間が収集されます。

表17.2 収集可能なジョブの性能データ（概要）

ジョブの種類	収集可能な性能データ
ジョブユニット、ジョブネット、参照ジョブネット	ジョブユニット、ジョブネットごとの実行時間
コマンドジョブ、参照ジョブ、監視ジョブ	ノードごとの実行時間

収集される性能データのサマリ単位（サマリタイプ）

収集された性能データは、実際に収集された値（ローデータ）とは別に、時間／日／月単位の平均値／最小値／最大値のサマリデータも蓄積します。デフォルトの保存期間はそれぞれ、ローデータは1週間、時間単位のサマリデータは1ヵ月、日単位のサマリデータは1年、月単位のサマリデータは5年となっています。これにより、ディスクの使用量を節約しつつ、過去のデータを確認することが可能になります（ただし、過去になるにつれて、確認できる性能データの粒度は粗くなっていきます）。Hinemosマネージャサーバのディスク容量と、性能データを確認したい期間・粒度を考慮したうえで、保存期間を検討してください。保存期間の変更方法については、「31.1　履歴情報の削除」を参照してください。

それでは、実際にデータの収集を行い、性能機能でどのように確認できるのか実践していきましょう。

第 17 章　性能機能

17.2 性能グラフ

本節では次の例題を行い、実際に収集したデータの性能グラフを確認する手順を見ていきます。

- 例題 1. リソース監視結果の性能グラフ表示
- 例題 2. ジョブ実行結果の性能グラフ表示
- 例題 3. 性能情報のダウンロード

17.2.1 例題 1. リソース監視結果の性能グラフ表示

それでは、リソース監視を使って数値監視の性能グラフを確認する手順を実践していきましょう。

前節で説明したとおり、性能グラフは1つの監視設定で1つの性能データを扱うものと複数の性能データを扱うものがあります。

リソース監視は「内訳」（CPU使用率の場合、CPU使用率（システム）、CPU使用率（ユーザ）など）と「デバイス別」（ファイルシステムの場合、「C:」や「D:」など）の複数の性能データを扱います。詳細については「第12章　リソース状況の監視」を参照してください。

内訳を含む性能データ

ここではCPU使用率を例に内訳を収集して、グラフを表示する方法を説明していきます。リソース監視で**表17.3**のように設定してください（記載のない項目はデフォルトのままとしてください）。

表17.3　内訳データを収集するリソース監視の設定（RES001）

監視ID	RES001
スコープ	REGISTERED
間隔	30秒
監視項目	CPU使用率
収集時は内訳のデータも合わせて収集する	チェックを入れる
監視	チェックを入れない
アプリケーション	CPU
収集	チェックを入れる

収集を開始してからある程度時間が経ったら、[性能]パースペクティブを開きます。[性能［一覧］]パースペクティブからスコープツリーで「REGISTERED」を選択してください。

それでは、収集値の内訳について説明していきます。収集値表示名に次の項目が表示されていることを確認してください、

- CPU使用率（RES001）
- CPU使用率（ユーザ）（RES001）
- CPU使用率（システム）（RES001）
- CPU使用率（Niceプロセス）（RES001）
- CPU使用率（入出力待機）（RES001）

リソース監視の設定時に[収集時は内訳のデータも合わせて収集する]にチェックを入れており、CPU使用率には内訳データが存在するため、CPU使用率だけでなく、その内訳の項目（ユーザ、システムなど）も選択できるようになっています。Ctrlキーを押しながらすべての項目を選択し、「サマリタイプ」を[ローデータ]とし、[種別で折り返し]にチェックを入れて、[適用]ボタンをクリックしてください。図17.1のように、選択したすべてのグラフが表示されます。

図17.1 収集したデータと内訳データの表示

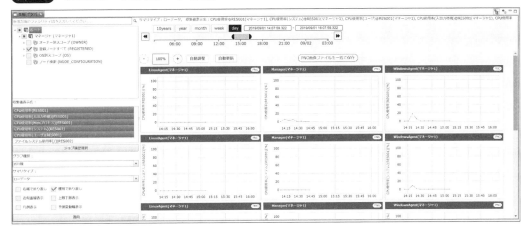

次に、スコープツリーでManagerを選択し、「サマリタイプ」を[ローデータ]とし、[右端で折り返し]にチェックを入れて、[適用]ボタンをクリックしてください。

折れ線グラフ内の●にカーソルを当てると収集値が表示されます。これでCPU使用率と内訳のグラフを確認してみると、CPU使用率と内訳の合計が一致していることを確認できます。

デバイス別の性能データ

デバイス別の収集値についても、1つの監視設定で複数の収集値を取得することができます。ここでは、ファイルシステム使用率を例に説明します。

すべてのファイルシステム使用率を収集する設定は**表17.4**のとおりです（記載のない項目はデフォルトのままとしてください）。

表17.4 全デバイスデータを収集するリソース監視の設定（RES002）

監視ID	RES002
スコープ	REGISTERED
間隔	30秒
監視項目	ファイルシステム使用率 [*ALL*]
監視	チェックを入れない
収集	チェックを入れる

[ファイルシステム使用率[/]]や[ファイルシステム使用率[/var]]といった個々のファイルシステムの

収集項目を選ぶのではなく、[ファイルシステム使用率[*ALL*]]を選ぶことで、監視対象のスコープに含まれるノードのすべてのファイルシステム使用率を収集できます。なお、ここで指す「すべて」とはノードプロパティに登録されているすべてのデバイスとなります。そのため、デバイスを追加しても、ノードプロパティにデバイスの情報が登録されていない場合などは、そのデバイスの情報は収集されないので注意してください。

こちらについても、「内訳を含む性能データ」と同様の手順でグラフが表示されることを確認してください。

簡易な性能分析

　Hinemosでは、HTTP監視やサービス・ポート監視といったサービスレイヤの性能データから、個々のサーバ機器やネットワーク機器のリソース情報といったインフラのレイヤの性能データまで、さまざまな性能データを扱えます。

　Hinemosクライアントでは、これらの性能データを一度に表示できます。たとえば、Webサーバの応答が遅い場合に、実は同時刻のデータベースサーバのディスクI/Oが高くなっているといったことを一目で確認できるようになります。そうすると、SQLチューニングの実施や、処理速度の速いディスク装置への変更準備などの対策を打てるようになります。

17.2.2　例題 2. ジョブ実行結果の性能グラフ表示

ここでは実行したジョブの実行時間を性能グラフで確認する手順を実践していきます。

まずは、「2.6　ジョブを実行してみよう」を参考に**表17.5**～**表17.8**のジョブを設定してください。

表17.5　ジョブユニットの設定

項目名	設定値
ジョブID	1701_perform
ジョブ名	1701_性能

表17.6　ジョブネット（1701_perform配下）の設定

項目名	設定値
ジョブID	170101_jobnet_perform
ジョブ名	1170101_ジョブネット_性能

表17.7　コマンドジョブ（170101_jobnet_perform配下）の設定

項目名	設定値1	設定値2
ジョブID	17010101_sleep_linux	17010102_sleep_win
ジョブ名	17010101_sleep_linux	17010102_sleep_win
スコープ	LINUX	WINDOWS
起動コマンド	sleep 10	ping 127.0.0.1 -n 11

17.2 性能グラフ

表17.8 スケジュール実行契機の設定

項目名	設定値1
実行契機ID	SCH_1701_perform
実行契機名	SCH_1701_perform
ジョブID	1701_perform
スケジュール設定	「毎時」「00」分から「01」分ごとに繰り返し実行

[ジョブ履歴]パースペクティブで、ジョブが定期的に実行され、正常に実行されることを確認してください。

それでは、性能グラフでジョブの実行時間を確認してみましょう。

[性能]パースペクティブを開き、スコープツリーから「Manager」を選択してください。そして収集値表示名の選択をすべて解除し(Ctrlキーを押しながらクリック)、[ジョブ履歴選択]をクリックしてください。表示されたダイアログに次の項目が表示されることを確認できます。

- ジョブ実行履歴[1701_perform:1701_perform]
- ジョブ実行履歴[1701_perform:1701_jobnet_perform]
- ジョブ実行履歴(ノード)[1701_perform:170101_sleep_linux]

選択したスコープのマネージャ、ノードで実行された実行時間が表示されます。スコープツリーで「WindowsAgent」を選択すると、「ジョブ実行履歴(ノード)[1701_perform:170101_sleep_linux]」の代わりに「ジョブ実行履歴(ノード)[1701_perform:170102_sleep_windows]」が表示されることを確認できます。

それでは、スコープツリーで「REGISTERED」を選択し、「サマリタイプ」を[ローデータ]とし、[右端で折り返し]にチェックを入れ、[適用]ボタンをクリックしてください。実行時間のグラフが表示されます。

「NO DATA」というグラフがいくつか表示されるので、性能グラフの表示に失敗したのでは?と思われるかもしれませんが、そうではありません。性能グラフでは選択した実行時間と選択したスコープの組み合わせを表示するため、実際に実行されることのない組み合わせは「NO DATA」で表示されるのです。

具体的なグラフの見方としては、「ジョブ実行履歴」の後ろに(ノード)の表記がない実行時間(ジョブユニット、ジョブネット)については、グラフのタイトルが「(マネージャ)」となっているグラフを確認します。「ジョブ実行履歴(ノード)」の表記がある実行時間については、グラフのタイトルが「ノード名(マネージャ)」となっているグラフを確認してください。なお、実行時間のタイトルが見切れている場合はカーソルを当てることで、タイトルを確認できます。

313

図 17.2　ジョブ実行時間の性能グラフ

17.2.3　例題 3. 性能情報のダウンロード

　ここまでは収集値をグラフ表示する方法について説明してきました。しかし、収集値を加工したい場合や、Hinemosで用意されているグラフ以外で表示したい場合もあるでしょう。そのような場合を想定して、収集値をCSVファイルとしてダウンロードする方法が用意されています。

　収集値をCSV形式でダウンロードする手順は次のとおりです。

1. [性能]パースペクティブの「性能[一覧]」の右上にある「ダウンロード」アイコンをクリックする
2. 「性能[エクスポート]」画面が表示されるので、[エクスポート]ボタンをクリックする。[ヘッダを出力]にチェックを入れると、CSVの先頭の行に列名を付けることができる
3. 「エクスポート処理は成功しました」と表示され、ZIPファイルがダウンロードされる

　ZIPファイルには、表示しているグラフに含まれるノードすべての収集値が含まれます。ZIPファイルを解凍すると、ノード単位、性能データ単位（内訳単位）のCSVファイルを取得できます。**リスト17.1**に[ヘッダを出力]にチェックを入れた場合のCSVファイルの例を示します。

リスト 17.1　CSVの内容例（ヘッダ出力）

```
ファシリティID : Manager
サマリタイプ   : ローデータ
最古収集時刻   : 2019/08/25 07:03:37.100
最新収集時刻   : 2019/09/01 12:48:37.051

時刻,CPU使用率(RES001)
2019/08/25 07:03:37.100,6.1574197
```

```
2019/08/25 07:08:37.019,2.381513
2019/08/25 07:13:37.038,1.0007724
2019/08/25 07:18:37.017,1.9422044
2019/08/25 07:23:37.025,1.8112038
...
```

　長期間蓄積した収集値をダウンロードする場合は、タイムアウトが発生し、CSVのダウンロードに失敗することがあります。そのような場合は、Hinemosクライアントのタイムアウトの設定値を変更することで対応できます。この設定値は、Hinemosクライアントのメニューバーから［クライアント設定］→［設定］をクリックしてPreferencesダイアログを開き、左のツリーの「性能」をクリックして、「性能データダウンロード待ち時間（分）」を変更することで設定できます。

第5部 収集・蓄積

第18章

収集・蓄積の概要

第18章　収集・蓄積の概要

本章では、Hinemosの3大機能の1つである収集・蓄積の機能について説明します。Hinemosがどのようなデータを収集・蓄積し、それらをどのように活用できるかを解説します。

18.1 収集・蓄積の全体像

収集蓄積機能では、サーバやネットワーク機器のパフォーマンス情報などをはじめとしたシステムのインフラ情報だけでなく、ミドルウェア、アプリケーション、携帯端末／IoT端末など多種多様な機器に関する情報を収集し、蓄積します。

収集対象となるデータのカテゴリは次のとおりです。

- 収集データ(文字列)………文字列監視で扱うデータ
- 収集データ(バイナリ)……バイナリ監視で扱うデータ
- 収集データ(数値)…………数値監視で扱うデータ

収集設定は、監視機能の設定ダイアログで行います。各監視機能の設定ダイアログの下部にある[収集]にチェックを入れると収集が有効になります(**図18.1**)。対象データによっては、ユーザが表示名や単位を指定します。監視機能の詳細は「第4部　監視・性能」を参照してください。

図18.1　収集の有効化

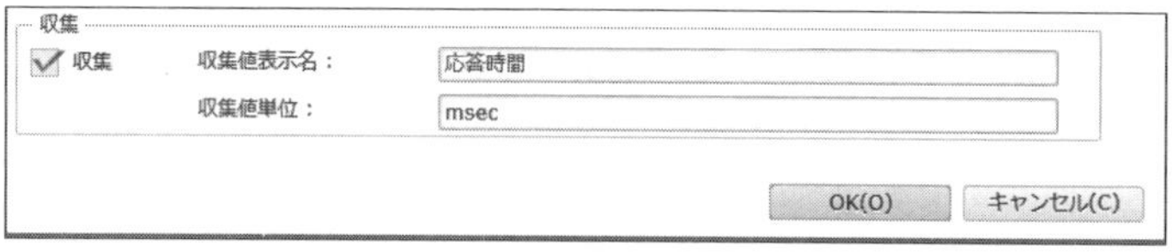

収集		
☑ 収集	収集値表示名：	応答時間
	収集値単位：	msec

OK(O)　　キャンセル(C)

また、次のデータも収集・蓄積の対象データとして扱われます。

- イベント履歴……イベント通知を行った結果、[監視履歴[イベント]]ビューに表示される内容
- ジョブ履歴………ジョブを実行した結果、[ジョブ履歴[一覧]]ビュー、[ジョブ履歴[ジョブ詳細]]ビュー、[ジョブ履歴[ノード詳細]]ビューに表示される内容

図 18.2 収集・蓄積の概要

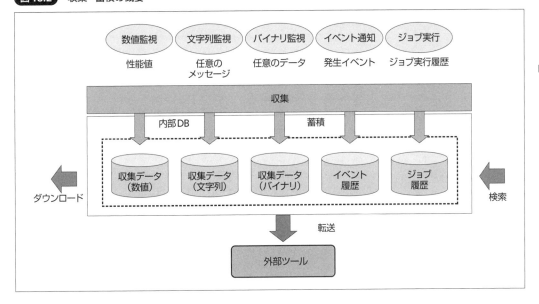

18.2 収集・蓄積の機能

収集蓄積機能は、次の機能からなります。

■収集

監視機能と通知機能のインターフェースを使って収集する対象を指定します。

■蓄積

収集したデータを、Hinemosの内部データベースに蓄積します。蓄積されたデータは、保存期間（日）を指定して、古いデータを削除する運用が必要になります。詳細は第31章で解説します。

■検索・ダウンロード

収集・蓄積したデータは、Hinemosクライアントから検索したり、グラフ表示したり、ダウンロードすることができます（**表18.1**）。

表18.1　収集データの検索とダウンロード

カテゴリ	検索	ダウンロード
収集データ（文字列）	[収集蓄積［検索］] ビュー	[収集蓄積［検索］] ビュー
収集データ（バイナリ）	[収集蓄積［検索］] ビュー	[収集蓄積［検索］] ビュー
収集データ（数値）	[性能［グラフ］] ビュー	[性能［グラフ］] ビュー
イベント履歴	[監視履歴［イベント］] ビュー	[監視履歴［イベント］] ビュー
ジョブ履歴	[ジョブ履歴［一覧］] ビュー	―

第18章　収集・蓄積の概要

　収集データ（数値）はCSV形式のファイル以外に、グラフの画像ファイルもダウンロードできます。ジョブ履歴はデータ構造が複雑なため、Hinemosクライアントからのダウンロードはできませんが、別途提供されているエクスポートスクリプトを利用することで、ジョブ履歴をCSVファイル形式で出力できます。

　エクスポートスクリプトは内部データベースからデータを出力するツールで、Hinemosカスタマーポータルから入手できます。エクスポートスクリプトが出力するデータは次のとおりです。

- イベント履歴
- ジョブ実行履歴
- 性能データ
- ログ収集データ
- バイナリ収集データ

　収集データ（バイナリ）については、第19章、第20章で解説します。収集データ（数値）の使い方は、第17章を参照してください。ここでは、収集データ（文字列）について簡単に検索・ダウンロードをする方法を紹介します（**図18.3**）。

図18.3　収集データ（文字列）の検索・ダウンロード画面

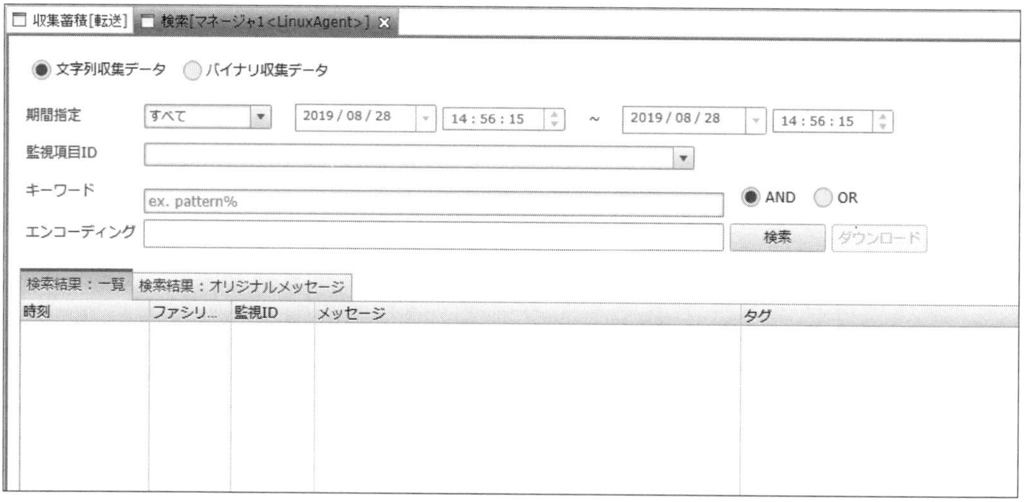

　まず、[収集蓄積]パースペクティブを表示してください。[収集蓄積[スコープツリー]]ビューに表示されているスコープ、またはノードをダブルクリックすると、選択したスコープ、またはノードに対して検索可能なビューが表示されます。

　収集データ（文字列）を検索したい場合は、ダイアログ上の[文字列収集データ]が選択されていることを確認してください。後は、必要な期間、監視項目ID、検索したいキーワードを指定して[検索]ボタンをクリックします。キーワードでは、SQLのように「%」を使うことで、前方一致、中間一致、後方一致が可能です。

　検索結果はCSV形式でダウンロードできます。選択の有無に関わらず、[検索]ボタン横の[ダウンロード]ボタンをクリックすると、「表示している」検索結果すべてがダウンロードされます。個別にダウンロー

ドしたい場合は対象の行をダブルクリックし、[収集蓄積[レコードの詳細]]ダイアログの[ダウンロード]ボタンをクリックします。

■転送

収集・蓄積したデータはFluentdなどの外部ツールに転送して、さまざまなログサービスやビッグデータサービスに活用できます。詳細は第21章で解説します。

第**5**部 収集・蓄積

第**19**章

バイナリデータの収集

第19章　バイナリデータの収集

本章では、バイナリデータの収集を実現するバイナリファイル監視について解説します。バイナリデータ収集において指定すべきデータ構造と設定方法を、例題を用いて解説していきます。

19.1 バイナリデータ収集の仕組み

Hinemosの管理対象サーバ上のバイナリファイルを監視・収集できます。追記型のバイナリファイル（アプリケーションログなど）だけでなく、イベント契機で出力されるバイナリファイル（Javaの OutOfMemory時に出力されるヒープダンプなど）にも対応しています。

バイナリファイルの収集は、バイナリファイル監視を使用します。バイナリファイル監視のアーキテクチャはログファイル監視と同様で、Hinemosエージェントが動作するサーバ上のバイナリファイルを監視・収集します。ログファイル監視との大きな違いは、どのようなバイナリファイルかというデータ構造の定義が必要になることです。

本章では、追記型のバイナリファイルの収集について紹介します。追記型のバイナリファイルでは、どのように追記されるか（増分）を指定する必要があり、「時間区切り」と3つのデータ構造の定義がデフォルトで用意されています。

- 時間区切り
- pacct
- pcap
- wtmp

「時間区切り」以外のデータ構造は、次の項目を指定することで、さまざまな形式のバイナリファイルに対応します。

- ファイルヘッダサイズ
- レコード(固定長／可変長)
- レコードサイズ
- レコードヘッダサイズ
- サイズ位置
- サイズ表現バイト長
- タイムスタンプ
- タイムスタンプ位置
- タイムスタンプ種類
- エンディアン方式

324

19.2 バイナリデータ収集の実施

19.2 バイナリデータ収集の実施

　今回は、デフォルトで用意されているpacctのデータ定義を使用して、Linuxの各アカウントのコマンド実行履歴を記録するpsacctのバイナリログを監視・収集してみます。psacctパッケージがインストールされていない場合は、**図19.1**のようにRPMパッケージをインストールしてください。インストールすると、/var/account/pacctファイルが作成されます。

図19.1 psacctのインストールと起動

```
(root) # yum install psacct
(root) # systemctl enable psacct
(root) # systemctl start psacct
```

　バイナリファイル監視は、[バイナリファイル[作成・変更]]ダイアログで設定します。[監視設定]パースペクティブの[監視設定[一覧]]ビューで[作成]ボタンをクリックして、[監視種別]ダイアログで[バイナリファイル監視(バイナリ)]を選択し、[次へ]ボタンをクリックしてください。
　表示された[バイナリファイル[作成・変更]]ダイアログで、**表19.1**と**表19.2**のとおり設定します。

表19.1 バイナリファイル監視設定

監視項目ID	BINARY_PSACCT_01
スコープ	LinuxAgent
収集方式	増分のみ
データ構造	pacct
ディレクトリ	/var/account
ファイル名	pacct
監視	チェック
通知ID	ALL_EVENT
アプリケーション	BINARY_PSACCT_01
収集	チェック

表19.2 バイナリファイル監視設定の判定

検索文字列	rm
条件に一致したら処理する	チェック
重要度	危険
メッセージ	#[BINARY_LINE]

　pacctのデータ構造については、ダイアログ横の[詳細設定]ボタンをクリックしてください。**図19.2**のようなダイアログでデータ構造の定義が確認できます。

第 19 章　バイナリデータの収集

図19.2　pacct：詳細設定

```
pacct：詳細設定                          □  ⊗
ファイルヘッダ サイズ ：   [0                          ]
レコード ：             ◉固定長    ○可変長
レコードサイズ ：         [64                         ]
レコードヘッダ サイズ ：   [                          ]
サイズ位置 ：            [                          ]
サイズ表現バイト長 ：      [                          ]
タイムスタンプ ：         ☑
タイムスタンプ位置 ：      [25                         ]
タイムスタンプ種類 ：      [協定世界時からの経過秒のみ        ▼]
リトルエンディアン方式 ：    ☑


                    [   OK(O)   ]  [  キャンセル(C)  ]
```

19.3　バイナリデータ収集の確認

　それでは、psacctのバイナリログに記録されるコマンド実行履歴の中で、rmコマンドが実行されたことが監視できることを確認してみましょう。LinuxAgentノードにログインして、**図19.3**のようなコマンドを実行してください。

図19.3　rmコマンドの実行

```
(root) # touch hoge
(root) # rm hoge
```

　しばらくすると、［監視履歴］パースペクティブの［監視履歴［イベント］］ビューで、rmコマンドが実行されたことを確認できます。
　次に、収集したpsacctのバイナリログをHinemosクライアントからダウンロードしてみましょう。［収集蓄積］パースペクティブの［収集蓄積［スコープツリー］］ビューで、LinuxAgentノードを選択してダブルクリックしてください。すると、［検索［マネージャ1<LinuxAgent>］］ビューが表示されます（**図19.4**）。

19.3　バイナリデータ収集の確認

図19.4　[検索［マネージャ1<LinuxAgent>]］ビュー

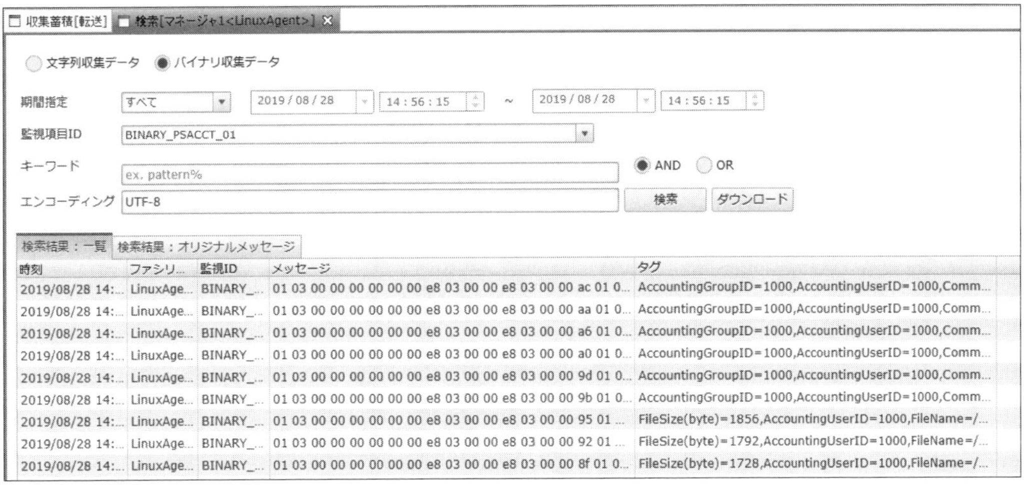

　ラジオボタンで［バイナリ収集データ］を、［監視項目ID］で「BINARY_PSACCT_01」を選択して、［検索］ボタンをクリックしてください。BINARY_PSACCT_01で取得した全バイナリログが検索結果として表示されます。

　選択の有無に関わらず、［検索］ボタン横の［ダウンロード］ボタンをクリックすると、「表示している」全検索結果がダウンロードされます。個別にダウンロードしたい場合は対象の行をダブルクリックし、［収集蓄積［レコードの詳細］］ダイアログの［ダウンロード］ボタンをクリックしてください。

第5部　収集・蓄積

第20章

パケットキャプチャ

本章では、パケットキャプチャを実現するパケットキャプチャ監視について解説します。Hinemosのパケットキャプチャを実現する仕組みと、収集したパケットキャプチャを活用するまでの流れを、例題を用いて解説していきます。

20.1　パケットキャプチャの仕組み

Hinemosの管理対象サーバのネットワークパケットをキャプチャできます。キャプチャしたデータはpcapファイルとして、Wiresharkなどで解析可能な形でHinemosクライアントから取得（ダウンロード）できます。

本章では、実際にパケットキャプチャを実施して、pcapファイルをダウンロードする手順を紹介します。取得したパケットに対しての監視も可能ですが、高度な設定となるため本書では割愛します。

パケットキャプチャはHinemosエージェントが行います。Hinemosエージェントが動作するサーバのすべてのネットワークカードからパケットを取得します。指定のパケット数がたまったらダンプファイルを出力（.pcap）し、このダンプファイルに対して監視・収集を実行する仕組みです。

HinemosマネージャとHinemosエージェントの動作するサーバ間のパケットは、監視や収集の対象外となる点に注意してください。

パケットキャプチャの一時ファイル

Hinemosエージェントは、自身の動作するサーバのすべてのネットワークカードからパケットを取得して、指定のディレクトリに.pcap形式のダンプファイルを出力します。このディレクトリは、次のHinemosプロパティで変更できます。

- monitor.binary.packetcapture.directory
  パケットキャプチャ監視ダンプファイル出力ディレクトリ（デフォルト：％％HINEMOS_AGENT_HOME％％/var/run/pcap_dump）

このフォルダに出力されるダンプファイルは、一時ファイルとして保存され、一定の時間が経過すると削除されます。より詳細な動作としては、まず指定のダンプファイル最大サイズまでキャプチャが記録されると、次の新しいダンプファイルが生成されます。そして、ダンプファイル最大サイズを迎えるたびに新しいダンプファイルが作成され続け、指定の保存期間が過ぎると削除されることになります。

このような動作のため、大量のパケットキャプチャを行う場合は、ダンプファイルのサイジング、または次のパラメータのチューニングが必要です。

- monitor.binary.packetcapture.maxdumpsize
  ダンプファイル最大サイズ（バイト、デフォルト：1Gバイト）
- monitor.binary.packetcapture.dumpstorageperiod
  ダンプファイル保持期間（時間、デフォルト：24時間）

1時間に1Gバイトのパケットキャプチャを行う場合、デフォルトでは24時間保存されるため、Hinemosエージェントの動作するサーバに約24Gバイトのディスク容量を確保する必要があります。

20.2 パケットキャプチャの実施

　LinuxAgentノードに対して、別のLinuxサーバからSNMPポーリングを行い、そのパケットを取得してみます。まずパケットキャプチャ監視を設定することで、パケットキャプチャを実施します。パケットキャプチャ監視の設定は、他の監視設定と同様の手順です。

　[監視設定]パースペクティブの[監視設定[一覧]]ビューで[作成]ボタンをクリックして、[監視種別]ダイアログで[パケットキャプチャ監視(バイナリ)]を選択してください。表示された[パケットキャプチャ[作成・変更]]ダイアログに、**表20.1**のとおり設定してください。ここで指定するフィルタは、BPF(Berkeley Packet Filter)の文法に従って記載します。

表20.1 パケットキャプチャ監視設定

監視項目ID	PCAP_SNMP_01
スコープ	LinuxAgent
フィルタ	port 161
プロミスキャスモード	チェックを外す
監視	チェックを外す
収集	チェック

　必要な項目を入力した後、[OK]ボタンをクリックします。これだけでパケットキャプチャの設定は完了です。

20.3 パケットキャプチャの確認

　パケットキャプチャを取得するため、LinuxAgentノードへSNMPポーリングをしてみます。ManagerノードやLinuxAgentノード以外のLinuxサーバから**図20.1**のコマンドを何回か実行してみてください。

図20.1 LinuxAgentへのsnmpwalk

```
(root) # snmpwalk -c public -v 2c 192.168.0.3 .1
```

　パケットキャプチャの確認やダウンロードは、バイナリファイル監視と同様に[収集蓄積]パースペクティブから行います。

　[収集蓄積]パースペクティブの[収集蓄積[スコープツリー]]ビューでLinuxAgentノードを選択してダブルクリックしてください。すると、[検索[マネージャ1<LinuxAgent>]]ビューが表示されます。

第 20 章　パケットキャプチャ

図20.2　［検索［マネージャ 1 ＜ LinuxAgent ＞］］ビュー

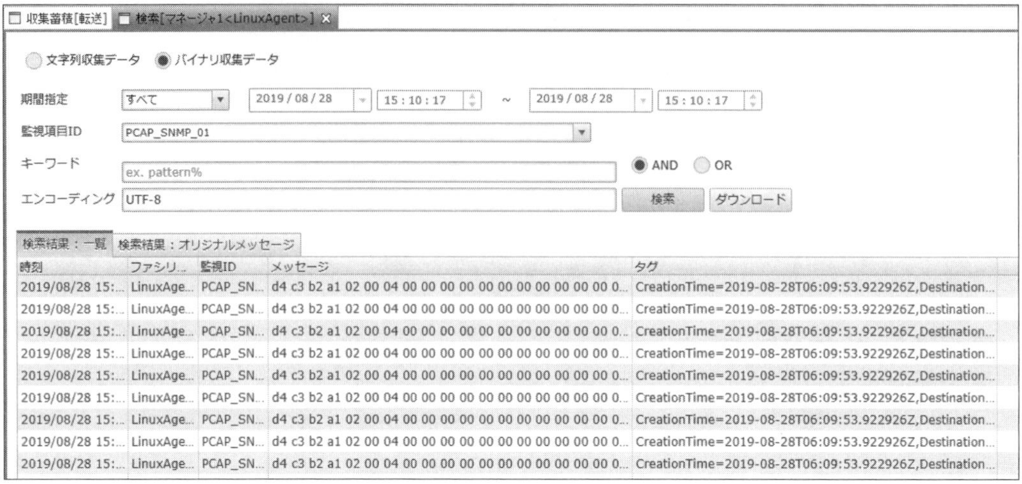

　ラジオボタンで［バイナリ収集データ］を、［監視項目ID］で「PCAP_SNMP_01」を選択して、［検索］ボタンをクリックしてください。PCAP_SNMP_01で取得した全パケットが検索結果として表示されます。
　選択の有無に関わらず、［検索］ボタン横の［ダウンロード］ボタンをクリックすると、「表示している」全検索結果がダウンロードされます。個別にダウンロードしたい場合は対象の行をダブルクリックし、［収集蓄積［レコードの詳細］］ダイアログの［ダウンロード］ボタンをクリックします。
　ファイルはzip形式でダウンロードされます。

● ダウンロードファイル例
20190713143921_PCAP_SNMP_01_fe80-0-0-0-1b24-8444-78b9-e1f-ens192_2019-07-13-14-31-13-462.zip

　ダウンロードしたファイルを解凍するとpcapファイルになります。Wiresharkがインストールされている環境であれば、このファイルをダブルクリックすることで、PC上でパケットキャプチャの解析が可能となります。

● パケットキャプチャファイル例
LinuxAgent_PCAP_SNMP_01_PCAP_SNMP_01_fe80-0-0-0-1b24-8444-78b9-e1f-ens192_2019-07-13-14-31-13-462.pcap

第5部　収集・蓄積

第21章

ビッグデータ基盤への連携

第 21 章　ビッグデータ基盤への連携

　本章では、収集したデータをFluentdを介して、ElasticsearchとKibanaを使ったビッグデータ基盤に連携する具体的な方法を解説していきます。

21.1　ビッグデータ基盤への連携例

　Hinemosで収集・蓄積した次のデータを、Fluentdを経由してビッグデータ基盤などの外部システムに転送できます。

- 収集データ(文字列)
- 収集データ(数値)
- イベント履歴
- ジョブ履歴

　Fluentdはさまざまなログサービス／ビッグデータサービスと連携するプラグインやエージェントを用意しているため、Hinemosをゲートウェイとして管理対象システムのさまざまなデータをログサービス／ビッグデータサービスに格納し、分析などに容易に活用できます。Fluentdのプラグインやエージェントにより、たとえば主要なクラウドサービスで次のようなことが実現できます。

- Amazon Web Servicesのサービス
  - Amazon S3へのログアップロード
  - Amazon CloudWatch Logsへログの格納
- Microsoft Azureのサービス
  - Azure Event Hubsへの連携
- Google Cloud Platformのサービス
  - Stackdriver Loggingへのログの格納

　他にも、ユーザが簡易にビッグデータ基盤を構築するのに使用するElasticsearchとの連携が可能です。このElasticsearchに蓄積されたログデータを可視化するKibanaと組み合わせることにより、ログデータ分析を容易に行えるようになります。

　一般にビッグデータ基盤は、ユーザのアクセス履歴を使った行動分析などの業務分析で利用するイメージが強いですが、Hinemosを介してシステムの監視結果やジョブ実行履歴、パフォーマンスデータをビッグデータ基盤に連携することで、「ITシステム運用の最適化」という別の視点での活用法が見えてきます。

21.2　Fluentd を使った Elasticsearch と Kibana との連携

　本節では、ElasticsearchとKibanaを使ったビッグデータ基盤にHinemosを連携する構築手順と設定例(図21.1)を紹介します。

図21.1 ElasticsearchとKibanaとの連携

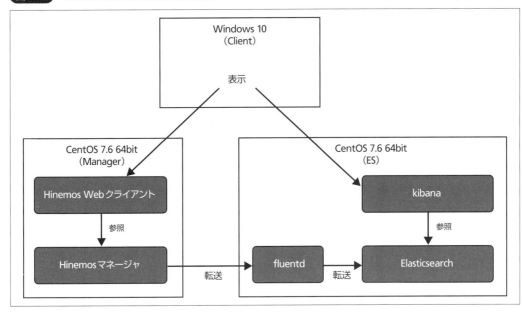

　Hinemos以外に使用するRPMパッケージおよびFluentdプラグインは、2019年7月現在の最新版である次のバージョンを対象とします。

- td-agent-3.4.1-0.el7.x86_64.rpm
- fluent-plugin-forest-0.3.3.gem
- fluent-plugin-elasticsearch-3.5.4.gem
- elasticsearch-7.3.0-x86_64.rpm
- kibana-7.3.0-x86_64.rpm

　説明を簡易にするため、Elasticsearch、Kibana、Fluentdを、新規のCentOS 7のサーバ1台に構築します。

21.2.1　Elasticsearchのセットアップ

　まず、ElasticsearchのRPMパッケージをインストールし、サービスの有効化とサービス起動を行います（**図21.2**）。

図21.2 Elasticsearchのインストールとサービス有効化と起動

```
(root) # rpm -ivh elasticsearch-7.3.0-x86_64.rpm
(root) # systemctl enable elasticsearch.service
(root) # systemctl start elasticsearch.service
```

第 21 章　ビッグデータ基盤への連携

デフォルト設定では、127.0.0.1:9200、127.0.0.1:9300で待ち受けしますので、**図21.3**のコマンドで起動していることを確認します。

図21.3　Elasticsearch の起動確認

```
(root) # ps -ef | grep elasticsearch
elastic+ 14937    1 99 16:41 ?        00:02:16 /usr/share/elasticsearch/jdk/bin/java -Xms1g -Xmx1g
… (中略) …
root     15093 14811  0 16:42 pts/0   00:00:00 grep --color=auto elasticsearch
(root) # ss -antl | grep -e :9200 -e :9300
LISTEN   0     128       ::ffff:127.0.0.1:9200                    :::*
LISTEN   0     128       ::1:9200                     :::*
LISTEN   0     128       ::ffff:127.0.0.1:9300                    :::*
LISTEN   0     128       ::1:9300                     :::*
```

21.2.2　Kibana のセットアップ

次に、KibanaのRPMパッケージをインストールします(**図21.4**)。

図21.4　Kibanaのインストール

```
(root) # rpm -ivh kibana-7.3.0-x86_64.rpm
警告: kibana-7.3.0-x86_64.rpm: ヘッダー V4 RSA/SHA512 Signature、鍵 ID d88e42b4: NOKEY
準備しています...              ################################# [100%]
更新中 / インストール中...
   1:kibana-7.3.0-1            ################################# [100%]
```

デフォルトでは、127.0.0.1で待ち受けとなるため、リモート接続を受け付けるようにKibanaの設定ファイル /etc/kibana/kibana.ymlに**リスト21.1**の内容を追記します。IPアドレスは、Kibanaを導入するサーバのIPアドレスです。

リスト21.1　Kibanaの設定ファイル

```
server.host: <IPアドレス>
```

その後、サービスの有効化とサービス起動を行います(**図21.5**)。

図21.5　Kibanaのサービス有効化と起動

```
(root) # systemctl enable kibana.service
Created symlink from /etc/systemd/system/multi-user.target.wants/kibana.service to /etc/systemd/system/
➡kibana.service.
(root) # systemctl start kibana.service
```

この設定により、<IPアドレス>:5601で待ち受けしますので、**図21.6**下のコマンドで起動していることを確認します。

21.2 Fluentd を使った Elasticsearch と Kibana との連携

図21.6 Kibana の起動確認

```
(root) # ps -ef | grep kibana
kibana   15170     1 99 16:47 ?        00:00:07 /usr/share/kibana/bin/../node/bin/node --no-warnings
➡--max-http-header-size=65536 /usr/share/kibana/bin/../src/cli -c /etc/kibana/kibana.yml
root     15183 14811  0 16:47 pts/0    00:00:00 grep --color=auto kibana
(root) # ss -atnl | grep :5601
LISTEN    0      128    192.168.0.5:5601                    *:*
```

また、ブラウザから Kibana をインストールしたサーバの IP アドレスに対して、http://<IP アドレス>:5601/ にアクセスすると、Kibana の画面が表示されることが確認できます。

これで、Fluentd が転送する先のビッグデータ基盤の準備ができました。これから、Hinemos マネージャが転送するデータを受け付ける Fluentd の構築を行います。

21.2.3 Fluentd のセットアップ

Fluentd の RPM パッケージと Fluentd プラグインをインストールします（**図21.7**）。

図21.7 Fluentd のインストール

```
(root) # rpm -ivh td-agent-3.4.1-0.el7.x86_64.rpm
(root) # /usr/sbin/td-agent-gem install --local fluent-plugin-forest-0.3.3.gem
(root) # /usr/sbin/td-agent-gem install --local fluent-plugin-elasticsearch-3.5.4.gem
```

次に、Fluentd の設定ファイル /etc/td-agent/td-agent.conf に**リスト21.2**の内容を追記します。source タグ部は Fluentd が 8888 ポートで待ち受ける設定、match hs.*.** 部は Fluentd が Elasticsearch へ転送する設定になります。

リスト21.2 Fluentd の設定ファイル

```
<source>
    @type http
    port 8888
</source>

<match hs.*.**>
    type forest
    subtype elasticsearch
    <template>
        host 127.0.0.1
        port 9200
        time_key_exclude_timestamp false
        logstash_format false
        type_name ${tag_parts[1]}
        index_name ${tag_parts[2]}.${tag_parts[3]}.${tag_parts[4]}
        flush_interval 5s
    </template>
</match>
```

337

第21章　ビッグデータ基盤への連携

準備ができたので、Fluentdのサービス有効化と起動を行います（**図21.8**）。

図21.8 Fluentdのサービス有効化と起動

```
(root) # systemctl enable td-agent.service
Created symlink from /etc/systemd/system/multi-user.target.wants/td-agent.service to /usr/lib/systemd/
➡system/td-agent.service.
(root) # systemctl start td-agent.service
```

td-agent.confの設定により *:8888 で待ち受けしていることを確認します（**図21.9**）。

図21.9 Fluentdの起動確認

```
(root) # ps -ef | grep td-agent
td-agent 15489    1  0 16:59 ?        00:00:00 /opt/td-agent/embedded/bin/ruby /opt/td-agent/
➡embedded/bin/fluentd --log /var/log/td-agent/td-agent.log --daemon /var/run/td-agent/td-agent.pid
td-agent 15494 15489 13 16:59 ?        00:00:00 /opt/td-agent/embedded/bin/ruby -Eascii-8bit:ascii-
➡8bit /opt/td-agent/embedded/bin/fluentd --log /var/log/td-agent/td-agent.log --daemon /var/run/td-
➡agent/td-agent.pid --under-supervisor
root     15506 14811  0 16:59 pts/0    00:00:00 grep --color=auto td-agent
(root) # ss -atnl | grep :8888
LISTEN   0     128       *:8888                  *:*
```

以上で、Hinemosの転送機能でデータを転送する先のビッグデータ基盤の環境の準備が整いました。それでは、Hinemosの転送設定を行ってみましょう。

21.2.4　Hinemos の転送設定

［収集蓄積］パースペクティブの［収集蓄積［転送］］ビューで［作成］アイコンをクリックして、［転送設定［作成・変更］］ダイアログを表示させます。

表21.1の設定でイベント履歴を転送してみます。

表21.1 イベント履歴の転送設定

転送設定	TRANSFER_EVENT_01
転送データ種別	イベント履歴
転送先種別ID	fluentd
URL	http://<IPアドレス>:8888/hs.string.TRANSFER_EVENT_01.#[FACILITY_ID].#[YEAR].#[MONTH].#[DAY]
転送間隔	リアルタイム転送にチェック
この設定を有効にする	チェックを入れる

IPアドレスはFluentdの動作するサーバのIPアドレスを指定してください。これで［監視履歴［イベント］］ビューに蓄積されるデータが、Fluentdを経由してElasticsearchに蓄積され、Kibanaにより可視化できるようになります。td-agent.confと上記のURLで指定したとおり、ファシリティIDと年月日の単位でElasticsearchのインデックスが作成されます。

第6部 自動化

第22章
自動化の概要

第22章　自動化の概要

Hinemosの3大機能の1つである自動化の機能は、HinemosをOSSの統合運用管理と言わしめる重要な機能です。本章では、Hinemosの自動化に関する機能をどのように活用できるかを解説します。

22.1　自動化の全体像

Hinemosの自動化では、構築の自動化・業務の自動化・運用の自動化を実現する手段を用意しています。

- 構築の自動化
  サーバ上のOSの設定やミドルウェアのインストールおよび設定といった一連の作業を定型化し、複数環境に対し一括実行できる機能を提供します
- 業務の自動化
  サーバ間をまたぐ処理フロー（ジョブネット）の一元管理を実現する機能[注1]を提供します
- 運用の自動化
  運用手順書（Runbook）の自動化（Automation）を支援し、人が行う確認・判断作業を含む運用ワークフローを実現します

22.2　自動化の機能

Hinemosの自動化に関する機能は、次の機能からなります。

22.2.1　環境構築機能（構築の自動化）

OS上の定型的な初期構築・環境変更の作業を定型化・一括実行できます。頻繁なOS初期セットアップや定期的なバージョンアップ作業などを効率的に実現します。詳細は、第23章で解説します。
環境構築機能では次の機能を提供します。

- GUIによる環境構築の管理：環境構築を画面操作で登録・変更・削除・実行することができます。スコープを指定することで、スコープに登録されているすべてのノードに対して一括で処理を行えます。次の処理をスコープ単位で実行できます
  - ファイル配布
  - コマンド実行
- それぞれの処理を実行する前に、その処理が必要かチェックし、必要なノードに対してのみ処理を実行できます

環境構築機能では、SSHまたはWinRMでサーバへのファイル配布やコマンド実行を行いますので、サーバへのHinemosエージェントの導入は不要です。

注1　いわゆる、ジョブ管理製品に相当する機能。

340

22.2.2 ジョブ機能（業務の自動化）

複数のサーバをまたぐ一連の処理フロー（ジョブネット）を一元管理します。詳細は、第24章で解説します。ジョブ機能では主に次の機能を提供します。

- GUIによるジョブ管理
  - ジョブの登録・変更・削除
  - ジョブの実行
  - ジョブの開始、中断、停止、再開
  - 実行中のジョブの進捗状況の確認
- きめ細かなジョブの制御
  - 引数付きコマンドの実行
  - ジョブ実効ユーザの指定
  - ジョブの連続実行
  - ジョブ実行条件の指定
  - ジョブの同時実行制御
  - ジョブ実行対象の指定

ジョブ機能では、サーバに導入されたHinemosエージェントによりコマンドを実行します。

22.2.3 Runbook Automation（運用の自動化）

Hinemosに手順書を登録することで運用自動化を実現します。ジョブ機能と同一インターフェースで提供します。詳細は、第25章で解説します。

Runbook Automation（運用の自動化）の機能として、ジョブ機能では次のものを提供します。

- ユーザの承認を待ち合わせるジョブ
  - 承認者依頼先への承認依頼のメール通知
  - 承認者による承認、却下
  - ジョブ実行者への承認結果のメール通知

承認依頼および承認結果のメール通知を利用するためには、メール通知に利用するメールサーバ（SMTPサーバ）の設定が必要です。

第**6**部 自動化

第**23**章

構築の自動化

第23章 構築の自動化

本章では、構築の自動化について説明します。Hinemosで構築の自動化をどのように実現し活用できるかを解説します。

23.1 Hinemosによる構築自動化の概要

Hinemosによる構築自動化は、環境構築機能を利用することで実現できます。環境構築機能では、OS上の定型的な初期構築・環境変更の作業を定型化・一括実行し、OSの頻繁な初期セットアップや定期的なバージョンアップ作業などを効率的に実現します(図23.1)。

図23.1 構築自動化の概要

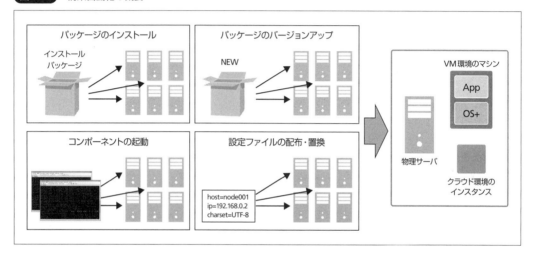

Hinemosによる構築自動化(環境構築機能)には次の特徴があります(図23.2)。

- 特徴1：エージェントレス

  Hinemosエージェントは導入不要です。Hinemosエージェントのインストールも本機能で実現できます
- 特徴2：置換配布

  ファイル配布時にリポジトリ情報を利用して置換配布できます
- 特徴3：差分確認

  ファイル配布時に既存ファイルとの差分を確認できます

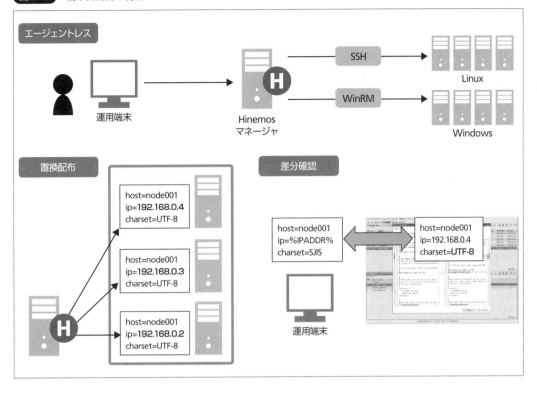

図23.2 構築自動化の特徴

23.2 環境構築の構成

環境構築機能は次の要素で構成されています。

23.2.1 環境構築設定

環境構築を行うスコープなどを設定します。環境構築設定は複数の環境構築モジュールから構成され、環境構築モジュールを順番に実行することで、環境構築を実現します。

23.2.2 環境構築ファイル

ファイル配布モジュールで配布するファイルです。配布前に、Hinemosマネージャにあらかじめ登録します。

23.2.3 環境構築モジュール

環境構築のための具体的な処理を指します。環境構築モジュールには次のものがあります。

ファイル配布モジュール

　環境構築に必要なrpmファイルや設定ファイルなどを、Hinemosマネージャから各ノードに配布するモジュールです（図23.3）。ファイル配布時にファイルの内容を書き換えることや、ファイル配布前に変更される内容をチェックすることができます。

図23.3　ファイル配布モジュールの動作時のイメージ

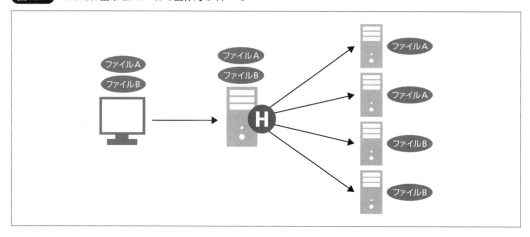

コマンドモジュール

　環境構築に必要なコマンド（rpmやserviceなど）を実行するモジュールです（図23.4）。実行前にコマンドの実行が必要かチェックすることができます。

図23.4　コマンドモジュールの動作時のイメージ

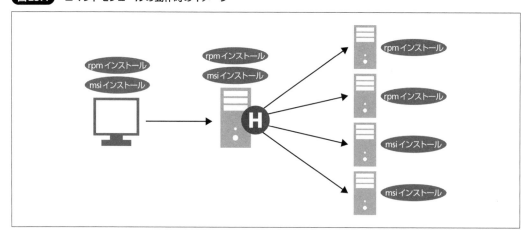

参照環境構築モジュール

環境構築設定から、別の環境構築設定を実行するモジュールです（**図23.5**）。

図23.5 参照環境構築モジュールの動作時のイメージ

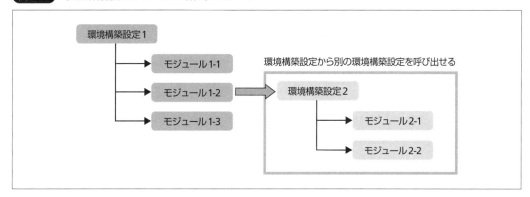

23.3 環境構築の実行方法

環境構築機能には、環境構築の実行方法として次の2つがあります。

- 手動実行
  Hinemosクライアントの実行ボタンをクリックして環境構築を実行する方法です。環境構築を即時に実行する最も簡単な方法です
- 環境構築通知
  通知の一種として環境構築を実行する方法です。たとえば、監視設定に環境構築通知を設定すると、システムの異常を検知したときに、障害を復旧するための処理を環境構築として実行する、といったことが実現できます。詳細は、「7.6　自動復旧などを実行する「ジョブ通知」「環境構築通知」」を参照してください

23.4 例題1. Webサーバの構築

本節では、Webサーバの構築を例に環境構築機能の利用方法を解説します。本例題では、「23.2　環境構築の構成」で説明したコマンドモジュールとファイル配布モジュールを使って、**図23.6**のようなWebサーバの構築処理を実現してみます。

図23.6 Webサーバの構築処理フロー　図

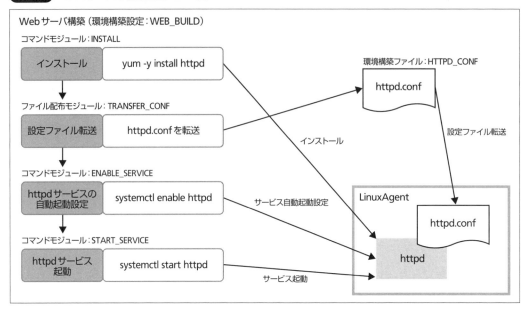

本例題の環境では、Linuxサーバ上へのWebサーバの構築にApacheを利用します。

23.4.1　環境構築機能を利用するための前提条件

「Hinemos ver.6.2 ユーザマニュアル」の「10.3　機能利用の前提条件」を参照し、SSHを利用してHinemosマネージャから管理対象ノード（LinuxAgent）にログインし、コマンドが実行できることを確認します。併せて、LinuxAgentのノードプロパティのSSHに、コマンド実行確認で使用したログイン情報を設定します（**図23.7**）。

図23.7　LinuxAgentのノードプロパティのSSH設定

23.4.2 環境構築設定の登録

(1) 環境構築設定

［環境構築[構築・チェック]］ビューのビューアクションの[作成]ボタンをクリックします。［環境構築[作成・変更]］ダイアログ(**図23.8**)が表示されますので、**表23.1**の設定を登録します。

表23.1 環境構築設定

構築ID	WEB_BUILD
構築名	Webサーバ構築
スコープ	固定値、LinuxAgent

図23.8 ［環境構築[作成・変更]］ダイアログ

(2) コマンドモジュールの設定

［環境構築[構築・チェック]］ビューで作成したWEB_BUILDを選択した状態で、［環境構築[モジュール]］ビューのビューアクションの[作成]ボタンをクリックします。モジュール選択ダイアログが表示されますので、コマンドモジュールを選択します。［環境構築[コマンドモジュールの追加・変更]］ダイアログ(**図23.9**)が表示されますので、**表23.2**～**表23.4**の設定を登録します。

第 23 章　構築の自動化

図23.9　［環境構築［コマンドモジュールの追加・変更］］ダイアログ

環境構築［コマンドモジュールの追加・変更］

モジュールID：
モジュール名：
実行方法：　　　　　　● SSH　　　　　　　○ WinRM

☐ 実行前にチェックコマンドで確認する
　（チェックコマンドのリターンコードが0の場合は実行コマンドをスキップ）
☐ 実行コマンドのリターンコードが0以外の場合、後続モジュールを実行しない

実行コマンド：

戻り値の変数名：

チェックコマンド：

☑ この設定を有効にする

　　　　　　　　　　　　　　　　　　登録　　　キャンセル(C)

表23.2　コマンドモジュール1の設定

モジュールID	INSTALL
モジュール名	インストール
実行方法	SSH
実行コマンド	yum -y install httpd

表23.3　コマンドモジュール2の設定

モジュールID	ENABLE_SERVICE
モジュール名	httpdサービスの自動起動設定
実行方法	SSH
実行コマンド	systemctl enable httpd

表23.4　コマンドモジュール3の設定

モジュールID	START_SERVICE
モジュール名	httpdサービス起動
実行方法	SSH
実行コマンド	systemctl start httpd

　コマンドモジュール1によって、Apache（httpd）がLinuxAgentにインストールされます。コマンドモジュール2によって、httpdサービスの自動起動設定が有効化されます。コマンドモジュール3によって、httpdサービスが起動されます。

（3）環境構築ファイルの設定

　［環境構築［ファイルマネージャ］］ビューのビューアクションの［作成］ボタンをクリックします。［環境構築ファイル［作成・変更］］ダイアログ（**図23.10**）が表示されますので、**表23.5**の設定を登録します。

表23.5　環境構築ファイルの設定

ファイルID	HTTPD_CONF
ファイル名	httpd.conf

図23.10　［環境構築ファイル［作成・変更］］ダイアログ

環境構築ファイル［作成・変更］

マネージャ：　　　　　マネージャ1
ファイルID：
ファイル名：　　　　　　　　　　　　　　　…
オーナーロールID：　　ALL_USERS

　　　　　　　　　　　OK(O)　　キャンセル(C)

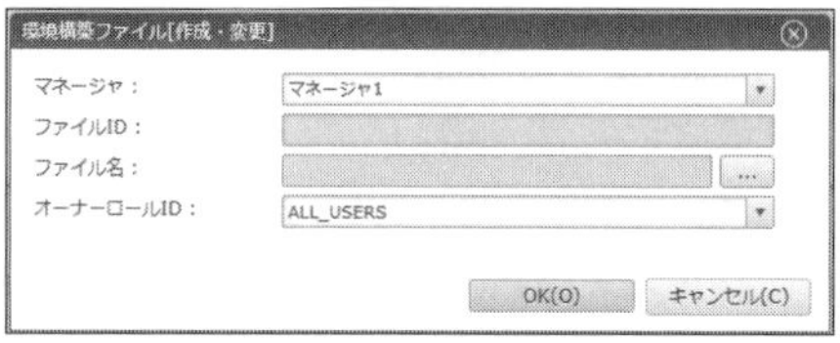

　この設定で指定するファイルは、事前にhttpdの設定ファイル「/etc/httpd/conf/httpd.conf」をデフォルトの状態から**リスト2.1**、**リスト2.2**に示す箇所を変更して作成しておきます。

リスト2.1　変更前のhttpd.conf

```
#ServerName www.example.com:80
```

リスト2.2　変更後のhttpd.conf

```
ServerName %IP_ADDRESS%:80
```

23.4 例題 1. Web サーバの構築

(4) ファイル転送モジュールの設定

[環境構築[構築・チェック]]ビューで作成したWEB_BUILDを選択した状態で、[環境構築[モジュール]]ビューのビューアクションの[作成]ボタンをクリックします。モジュール選択ダイアログが表示されますので、ファイル配布モジュールを選択します。[環境構築[ファイル配布モジュールの追加・変更]]ダイアログ(**図23.11**)が表示されますので、**表23.6**の設定を登録します。

図23.11 [環境構築[ファイル配布モジュールの追加・変更]]ダイアログ

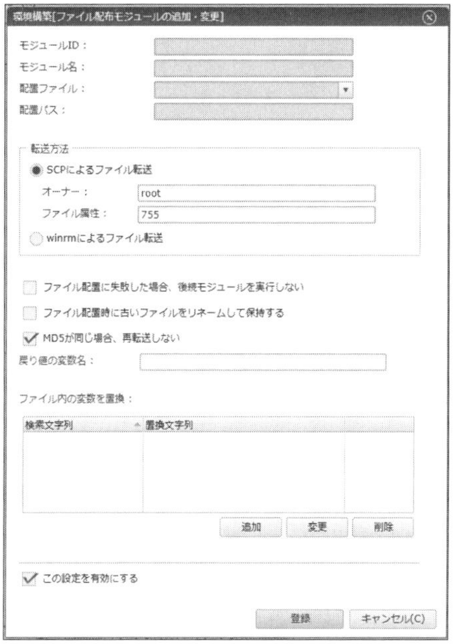

表23.6 ファイル転送モジュールの設定

モジュールID	TRANSFER_CONF
モジュール名	設定ファイル転送
配置ファイル	HTTPD_CONF
配置パス	/etc/httpd/conf/
転送方法	SCPによるファイル転送、オーナー：root、ファイル属性：644
ファイル内の変数を置換	検索文字列：%IP_ADDRESS%、置換文字列：#[IP_ADDRESS]

このファイル転送モジュールによって、httpdの設定ファイルがHinemosマネージャから転送されます。転送の際に設定ファイルの文字列"%IP_ADDRESS%"がノード変数"#[IP_ADDRESS]"に置き換えられます。

(5) 環境構築モジュールの実行順序指定

[環境構築[モジュール]]ビューで作成した4つの環境構築モジュールの実行順序を指定します。ビューアクションの[上へ]ボタンと[下へ]ボタンをクリックして、実行順序が次のとおりになるように変更します。

1. INSTALL
2. TRANSFER_CONF
3. ENABLE_SERVICE
4. START_SERVICE

23.4.3　Web サーバの構築確認

　[環境構築[構築・チェック]]ビューで作成したWEB_BUILDを選択し、ビューアクションの[実行]ボタンをクリックして実行します。確認ダイアログが表示されますので、[確認ダイアログを表示せずに、全モジュールを実行する。]をチェックせずに実行します。1つの環境構築モジュールの実行が完了すると確認ダイアログが表示されますので、実行結果を確認し、問題がなければ[次]ボタンをクリックして次の環境構築モジュールを実行します。

　各環境構築モジュールの実行結果例は、図23.12～図23.15のとおりとなります。

図23.12　コマンドモジュールINSTALLの実行結果

図23.13　ファイル転送モジュールTRANSFER_CONFの実行結果

図23.14　コマンドモジュールENABLE_SERVICEの実行結果

図23.15　コマンドモジュールSTART_SERVICEの実行結果

　Webブラウザから「http://192.168.0.3」にアクセスし、ページが表示されることを確認します。
以上により、環境構築機能を利用してWebサーバを構築できることが確認できると思います。

23.5 例題 2. 仮想マシンの構築

本節では、仮想マシンの構築を例題として環境構築機能の利用方法を解説します。

本例題では、「23.2 環境構築の構成」で説明したコマンドモジュールとファイル配布モジュールを使って、図23.16のような仮想マシンの構築処理を実現してみます。

図23.16 仮想マシンの構築処理フロー 図

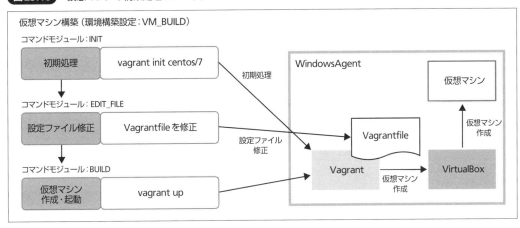

本例題の環境として、Windowsサーバ上に仮想化ソフトウェアとしてVirtualBoxを導入し、仮想マシンの管理ツールとしてVagrantを利用します（**表23.7**）。

表23.7 利用ソフトウェア一覧

ソフトウェア	バージョン	入手先URL
VirtualBox	6.0.10	https://www.virtualbox.org/
Vagrant	2.2.5	https://www.vagrantup.com/

23.5.1 VirtualBox および Vagrant のインストール

それぞれのインストーラを入手先URLからダウンロードして、管理対象ノード（WindowsAgent）上でインストーラを実行し、インストーラの画面表示に従ってインストールします。その際、インストーラの画面上で設定変更は不要です。

VirtualBoxおよびVagrantのインストールが終わったら、管理対象ノードを再起動します。

管理対象ノードにVagrant専用のフォルダ「C:¥Vagrant¥」を作成しておきます。以降、管理対象ノードをWindowsAgentとして記載します。また、管理対象ノード上でVirtualBoxを動作させるため、管理対象ノード上は仮想マシンではなく物理マシンでなければなりませんので注意してください。

23.5.2 環境構築機能を利用するための前提条件

「Hinemos ver.6.2 ユーザマニュアル」の「10.3 機能利用の前提条件」を参照し、WinRMを利用してHinemosマネージャから管理対象ノードにログインし、コマンド実行ができることを確認しま

す。その際に使用するアカウントは、VirtualBoxを操作するアカウントとしてください。併せて、WindowsAgentのノードプロパティのWinRMに、コマンド実行確認で使用したログイン情報を設定します（図**23.17**）。

図23.17 WindowsAgentのノードプロパティのWinRM設定

23.5.3 環境構築設定の登録

(1) 環境構築設定

Hinemosクライアントの環境構築パースペクティブを開きます。［環境構築［構築・チェック］］ビューのビューアクションの［作成］ボタンをクリックします。［環境構築［作成・変更］］ダイアログが表示されますので、**表23.8**の設定を登録します。

表23.8 環境構築設定

構築ID	VM_BUILD
構築名	仮想マシン構築
スコープ	固定値、WindowsAgent
変数1	VM_NAME、TEST
変数2	VM_IP、192.168.56.100
変数3	VM_HOSTNAME、TEST

この設定の各変数は、構築する仮想マシンに設定されますので、任意の値に変更できます。

- VM_NAME：VirtualBox上の仮想マシン名
- VM_IP：仮想マシンに設定されるIPアドレス（VirtualBoxのホストオンリーアダプタに付与される）
- VM_HOSTNAME：仮想マシンに設定されるホスト名

23.5 例題2. 仮想マシンの構築

(2) コマンドモジュールの設定

[環境構築[構築・チェック]]ビューで作成したVM_BUILDを選択した状態で、[環境構築[モジュール]]ビューのビューアクションの[作成]ボタンをクリックします。モジュール選択ダイアログが表示されますので、コマンドモジュールを選択します。[環境構築[コマンドモジュールの追加・変更]]ダイアログが表示されますので、**表23.9~表23.11**の設定を登録します。

表23.9 コマンドモジュール1の設定

モジュールID	INIT
モジュール名	初期処理
実行方法	WinRM
実行コマンド	mkdir C:¥Vagrant¥#[VM_NAME] && cd C:¥Vagrant¥#[VM_NAME] && vagrant init centos/7

コマンドモジュール1によって、vagrantにて仮想マシンを作成するための初期設定が行われます。

表23.10 コマンドモジュール2の設定

モジュールID	EDIT_FILE
モジュール名	設定ファイル修正
実行方法	WinRM
実行コマンド	**リスト2.3**を参照（改行して記載していますが、設定時は改行しないで1行として設定します）

リスト2.3 EDIT_FILEの実行コマンド

```
cd C:¥Vagrant¥#[VM_NAME] &&
powershell -Command "Get-Content .¥Vagrantfile | % { $_ -replace '^end',''} | Set-Content
➡.¥Vagrantfile1" &&
powershell -Command "Write-Output '  config.vm.hostname = """#[VM_NAME]"""' | Add-Content
➡.¥Vagrantfile1" &&
powershell -Command "Write-Output '  config.vm.network """private_network""", ip: """#[VM_IP]"""' |
➡Add-Content .¥Vagrantfile1" &&
powershell -Command "Write-Output '  config.vm.provider """virtualbox""" do |vb|' | Add-Content
➡.¥Vagrantfile1" &&
powershell -Command "Write-Output '    vb.name = """#[VM_HOSTNAME]"""' | Add-Content .¥Vagrantfile1"
➡&&
powershell -Command "Write-Output '  end' | Add-Content .¥Vagrantfile1" &&
powershell -Command "Write-Output 'end' | Add-Content .¥Vagrantfile1" &&
powershell -Command "Get-Content .¥Vagrantfile1 | Set-Content .¥Vagrantfile"
```

コマンドモジュール2によって、vagrantの初期設定で作成された設定ファイル（Vagrantfile）に、仮想マシン名、IPアドレスやホスト名の設定が追記されます。

表23.11 コマンドモジュール3の設定

モジュールID	BUILD
モジュール名	仮想マシン作成・起動
実行方法	WinRM
実行コマンド	cd C:¥Vagrant¥#[VM_NAME] && vagrant up

コマンドモジュール3によって、vagrantにて仮想マシンが作成され、仮想マシン名、IPアドレスやホスト名が設定されて仮想マシンが起動されます。

(3) 環境構築モジュールの順序設定

[環境構築[モジュール]]ビューで作成した3つのコマンドモジュールの実行順序を、ビューアクションの[上へ]ボタンと[下へ]ボタンをクリックして、実行順序が次のとおりになるように変更します。

1. INIT
2. EDIT_FILE
3. BUILD

23.5.4 仮想マシンの構築確認

[環境構築[構築・チェック]]ビューで作成したVM_BUILDを選択し、ビューアクションの[実行]ボタンをクリックして実行します。確認ダイアログが表示されますので、[確認ダイアログを表示せずに、全モジュールを実行する。]をチェックせずに実行します。1つの環境構築モジュールの実行が完了すると確認ダイアログが表示されますので、実行結果を確認し、問題がなければ[次]ボタンをクリックして次の環境構築モジュールを実行します。

各環境構築モジュールの実行結果例は、**図23.18**～**図23.20**のとおりとなります。

図23.18 コマンドモジュールINITの実行結果

図23.19 コマンドモジュールEDIT_FILEの実行結果

図23.20 コマンドモジュールBUILDの実行結果

VirtualBoxの操作アカウントでWindowsAgentにログインし、VirtualBoxを起動して仮想マシンが作成・起動されていることを確認します。SSHクライアントを使って仮想マシンにログインできることを確認します。仮想マシンには**表23.12**の初期アカウントでログインできます。

表23.12 ログインアカウント

ユーザ	パスワード
root	vagrant
vagrant	vagrant

その際に、次のフォルダの秘密鍵を利用する必要がありますので注意してください。

C:¥Vagrant¥#[VM_NAME]¥.vagrant¥machines¥default¥virtualbox¥private_key

以上により、環境構築機能を利用して仮想マシンを構築できることが確認できます。

第**6**部　自動化

第**24**章

業務の自動化

第24章 業務の自動化

本章では、業務の自動化について説明します。Hinemosで業務の自動化をどのように実現し、活用できるかを解説します。

24.1 Hinemosによる業務自動化の概要

一日一回、ある時刻に特定のファイルをバックアップしたいということはないでしょうか。解決策として、手動で定期的にバックアップを実行するという案もありますが、作業を忘れる可能性もありますし、何より手動では作業ミスが発生することがあります。このような作業を自動化するためのソフトウェアとして、UNIX系OSのcrondやWindowsのタスクスケジューラが挙げられます。しかし、crondなどで実行しているバックアップが毎回成功する保証はありません。たとえば、ディスク使用率が100%になっていた、バックアップファイルにロックがかかっていたといった理由で、バックアップが失敗する可能性もあります。そのため、バックアップの成功可否を確認する必要があります。

このようなことを容易に解決する機能が、Hinemosのジョブ機能です。ジョブ機能を使うと、定期的に複数のサーバ上で処理(スクリプト、コマンドなど)を順番に実行できます。UNIX系OSのcrondやWindowsのタスクスケジューラの高機能版と考えてください(図24.1)。crondやタスクスケジューラとの違いは主に次の3点です。

- その1:管理を一箇所に集約
  crondやタスクスケジューラは、1つのサーバ上での処理(スクリプト、コマンドなど)の制御を行うものです。複数サーバに跨がった処理をさせる場合は、複雑な設定や作り込みを施す必要があります。Hinemosのジョブでは、これらの処理を1つの管理画面(Hinemosクライアント)で設定できます。また、それぞれのサーバで実行結果を確認するのではなく、1つの管理画面だけで確認できることも大きなメリットです
- その2:監視機能と連動
  Hinemosの大きな特徴として、監視機能とジョブ機能といった運用に必要な機能が1つのパッケージで提供されていることが挙げられます。このような特徴を持っているため、Hinemosのジョブ機能は監視機能や通知機能と連動させることができます
- その3:ユーザの作り込みを簡略化
  Hinemosのジョブ機能では、さまざまな高度な処理を実行できます。いずれもスクリプトで作り込めば実現できないこともありませんが、Hinemosのジョブ機能を用いると、設定ボタンを数回クリックするだけで容易に実現できます

図24.1 ジョブとcrond、タスクスケジューラと手動実行

24.2 ジョブ機能のパースペクティブ

Hinemosでジョブ機能を用いる場合は、[ジョブ設定]パースペクティブと[ジョブ履歴]パースペクティブを用います。[ジョブ設定]パースペクティブにはジョブの設定系のビュー、[ジョブ履歴]パースペクティブにはジョブの結果閲覧系のビューが含まれます。

まず、設定系のビューとしては次のビューが挙げられます。これらは主に、システム運用前の環境構築時にSEが利用する画面です。

- [ジョブ設定[一覧]]ビュー
  ジョブの定義を設定します。実行するコマンドやスクリプト、ジョブの実行順序を設定できます。ジョブユニット、ジョブネット、コマンドジョブ、参照ジョブ、ファイル転送ジョブといったものが作成できます
- [ジョブ設定[実行契機]]ビュー
  スケジュール実行やファイルの変化を検知して実行する方法などの定義が設定できます
- [ジョブ設定[スケジュール予定]]ビュー
  スケジュール実行されるジョブを時間ごとに一覧で確認できます
- [ジョブ設定[同時実行制御]]ビュー
  ジョブ同時実行制御キューの一覧を表示します。ジョブ同時実行制御キューの作成、変更、削除を行うことができます
- [ジョブ設定[同時実行制御ジョブ一覧]]ビュー
  [ジョブ設定[同時実行制御]]ビューで選択したジョブ同時実行制御キューと関連付けられているジョブを一覧で確認できます

結果閲覧系のビューとしては次のビューが挙げられます。これらは主に、システム運用中にオペレータが利用する画面です。

- [ジョブ履歴[一覧]]ビュー
  ジョブの実行契機ごとに追加されるジョブの実行履歴です。ジョブ実行契機ごとの状態(待機、実行中、終了など)や終了状態(正常、警告、異常)を確認できます。ジョブの実行履歴は「ジョブセッション」と呼びます
- [ジョブ履歴[ジョブ詳細]]ビュー
  [ジョブ履歴[一覧]]ビューで選択した実行履歴について、そのときに実行したジョブと、それぞれのジョブの状態が表示されます。複数のジョブを含むジョブネットを実行した場合、[ジョブ履歴[一覧]]ビューにはそのジョブネットしか追加されませんが、[ジョブ履歴[一覧]]ビューで確認したい履歴をクリックすれば、[ジョブ履歴[ジョブ詳細]]ビューでジョブネットに含まれるジョブをすべて閲覧できます
- [ジョブ履歴[ノード詳細]]ビュー
  [ジョブ履歴[ジョブ詳細]]ビューで選択したジョブについて、その中でどのノードで実行したかと、それぞれのノード単位での状態が表示されます。ジョブをスコープに対して実行すると、そのスコープに含まれるノードすべてにおいてジョブが実行されます。[ジョブ履歴[ジョブ詳細]]ビューにはノードごとの情報は表示されませんが、[ジョブ履歴[ジョブ詳細]]ビューで表示されているジョブ

第24章　業務の自動化

をクリックすれば、[ジョブ履歴[ノード詳細]]ビューでノードごとの実行状態を確認できます

● [ジョブ履歴[ファイル転送]]ビュー

[ジョブ履歴[ジョブ詳細]]ビューのジョブをクリックすると[ジョブ履歴[ノード詳細]]ビューに情報が表示されますが、[ジョブ履歴[ジョブ詳細]]ビューでファイル転送ジョブをクリックすると[ジョブ履歴[ファイル転送]]ビューに転送されるファイル名が表示されます

● [ジョブ履歴[同時実行制御]]ビュー

ジョブ同時実行制御キューの一覧を表示します。それぞれのジョブ同時実行制御キューで同時実行されているジョブの数を確認できます

● [ジョブ履歴[同時実行制御状況]]ビュー

[ジョブ履歴[同時実行制御]]ビューで選択したジョブ同時実行制御キューに関して、キューに登録されているジョブを一覧表示します

結果閲覧系のビューについては、後ほど使ってみながら説明していきます。

24.3　ジョブ入門

本節では、簡単なジョブの作り方と実行方法について説明していきます。本節を読めば基本的なジョブの使い方はマスターできます。応用的なジョブの使い方については24.4節以降を参照してください。

24.3.1　ジョブの登録と手動実行

ここでは一番単純な、単一のジョブを動作させる例を紹介します。Hinemosでジョブ機能を利用する場合は、[ジョブ設定]パースペクティブおよび[ジョブ履歴]パースペクティブから操作します。まず、Hinemosクライアントのメニューで[パースペクティブ]→[パースペクティブ表示]をクリックし、「パースペクティブ一覧」を表示します。ジョブ設定およびジョブ履歴を選択して、[OK]ボタンをクリックしてください。**図24.2**、**図24.3**に示すように、ジョブ登録やジョブ履歴を閲覧可能な[ジョブ設定]パースペクティブと[ジョブ履歴]パースペクティブが表示されます。

24.3 ジョブ入門

図24.2 [ジョブ設定] パースペクティブ

図24.3 [ジョブ履歴] パースペクティブ

ジョブの登録

まずは、[ジョブ設定[一覧]]ビューを利用してジョブを登録します。**図24.4**からわかるように、ジョブはツリー構造となっています。

Windowsのエクスプローラと同じようなイメージです。Windowsのファイルに相当するのが「ジョブ」(「コマンドジョブ」、「ファイル転送ジョブ」や「参照ジョブ」)です。

Windowsのフォルダに相当するのが「ジョブネット」です。最上位のジョブネットはジョブユニットという名前となり、少し特殊なジョブネットとなります。ジョブユニットでは、ジョブネットの機能に加えて、ジョブの閲覧権限(オーナーロール/オブジェクト権限)を設定することができます。ジョブ定義やジョブ実行履歴の閲覧権限については、第9章を参照してください。また、ジョブユニットでは待ち条件を設定できません(待ち条件については24.3.3節を参照してください)。

図24.4 ジョブやジョブネットの例

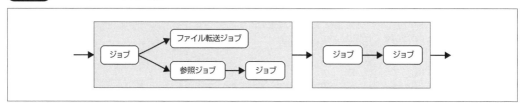

ジョブの種別を**表24.1**に示します。

表24.1 ジョブ種別

ジョブ種別	説明
ジョブユニット	ジョブをグルーピングするもの。最上位のジョブネットとなり、ジョブの閲覧権限が設定可能
ジョブネット	ジョブやジョブネットをグルーピングするもの
コマンドジョブ	コマンドやスクリプトを実行するもの
ファイル転送ジョブ	ファイルを転送するジョブ。コマンドジョブと異なり、コマンドではなくファイル名を指定して利用する。ファイル転送ジョブは、内部ではscpコマンドを利用している(Windows環境では利用不可)
参照ジョブ	1つのジョブを繰り返し利用したい場合に用いる。参照するジョブと同一の設定(実行するスクリプトや実効ユーザなど)で動作させることができる
監視ジョブ	システムやアプリケーションに出力されたログや、監視対象ノードのステータスなどの監視を実行するもの。監視ジョブの結果により、後続のコマンドジョブなどの実行制御を可能とする
承認ジョブ	ユーザの承認を待ち合わせるもの。人の判断により、後続のコマンドジョブなどの実行制御を可能にする(承認ジョブについては第25章を参照)

まず、「2.6.1 ジョブの登録と手動実行」を参照して、「01_ジョブユニット」「0101_ジョブネット」「010101_ジョブ」を作成してください。

「2.6.1 ジョブの登録と手動実行」におけるジョブ登録では、「010101_ジョブ」の起動コマンドとして「hostname」を指定しました。これはジョブ実行時に実行されるコマンドを指定するものですが、スクリプト名も指定することができます。なお、スクリプト名を記述する場合は、スクリプト名だけでなく絶対パスも記述してください(**リスト24.1**)。

リスト24.1　スクリプトの記述例

```
良い例  /opt/hoge/test.sh
悪い例  test.sh
```

環境変数とカレントディレクトリ

　ジョブの実行時には、起動コマンドに記述されたコマンドやスクリプトが実行されます。このコマンドやスクリプトの実行時の環境変数は、crondやタスクスケジューラと同様に、OSのデーモン、サービスとしてのHinemosエージェントの環境変数を引き継ぎます。そのため、OSにログインするユーザの環境変数と異なり、OS上で手動では実行できたが、Hinemosのジョブとしては環境変数に差分があって実行が失敗する、というケースも考えられます。

　実行時の環境変数は、起動コマンドに次のコマンドを指定してジョブを実行すれば表示できますので、事前に確認してみましょう。

- Windows：env
- Linux：export

　これはHinemosに限った話ではありませんが、コマンドやスクリプトのポータビリティの観点から、環境固有の環境変数に影響されないようなスクリプトを用意しておくことをおすすめします。
　なお、コマンドジョブでは環境変数を設定することができます。詳細については24.20節で解説します。

ジョブの変更

　登録済みのジョブを変更する場合は、ジョブの変更前にまずジョブユニットを編集モードにする必要があります。［ジョブ設定［一覧］］ビューの「01_ジョブユニット」を右クリックして、ジョブを編集モードに変更します（図24.5）。ジョブユニットが編集モードになっていないと、ジョブの変更ダイアログを開いてもジョブを変更できないので注意してください。

　なお、1つのジョブユニットを、複数のクライアントで同時に編集モードにすることはできません。編集モードによって、ジョブユニットを変更できるユーザを1人に制限し、マルチユーザからのジョブ定義の同時編集によるトラブルを回避します。

図24.5　ジョブの編集モード

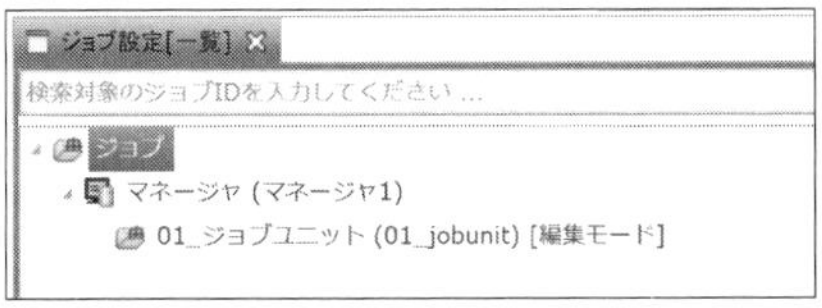

ジョブ実行

　「2.6.1　ジョブの登録と手動実行」を参照して、ジョブを実行してください。

24.3.2　ジョブのスケジュール実行

ジョブを利用する場面では、自動的にジョブを実行することが多いでしょう。この実行するタイミングをHinemosでは「実行契機」と呼び、次の3種類の実行契機が用意されています。

- スケジュールに従って実行する「ジョブスケジュール」
- ファイルの変更を検知してジョブを実行する「ファイルチェック」
- ジョブ変数の値を直接入力して手動でジョブを実行する「マニュアル実行契機」

ここでは、ジョブを定期的に実行するジョブスケジュール機能について説明します（ファイルチェックについては「24.5　ファイルの変更検知によるジョブ実行」を参照してください）。

ジョブスケジュールでは、定期的に実行するタイミング（時刻）と実行するジョブの2つを登録します。利用するのは、[ジョブ設定[実行契機]]ビュー（**図24.6**）です。

図24.6　[ジョブ設定[実行契機]]ビュー

[ジョブ設定[実行契機]]ビューでスケジュール作成ボタンをクリックします。すると**図24.7**のような画面が表示されます。

図24.7　ジョブスケジュールの作成画面

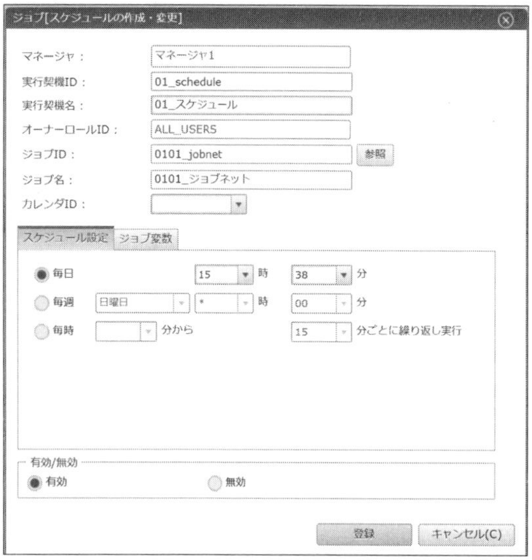

まず、実行契機IDと実行契機名を入力します。ここでは、実行契機IDに「01_schedule」、実行契機名に「01_スケジュール」と入力します。次に、実行するジョブを選択します。ここでは先ほど作成した「0101_ジョブネット」を選択します。最後にスケジュール設定(実行タイミング)を決めます。現在の時刻の数分後の時刻を入力します。たとえば現在時刻が15:35であれば、プルダウンから[15]時[38]分と選択します。入力が完了したら[登録]ボタンをクリックします。設定値を**表24.2**に示します。

表24.2 ジョブスケジュールの設定

項目名	設定値
実効契機 ID	01_schedule
実効契機名	01_スケジュール
ジョブID	0101_jobnet
スケジュール設定	毎日 15時38分

スケジュールを作成したら、15:38まで待ちます。15:38になったら、[ジョブ履歴[一覧]]ビューから、ジョブが実行されたことを確認しましょう。**表24.2**の設定であれば、毎日15:38にジョブが実行されます。特定の曜日だけジョブを実行したい、もしくは、営業日だけジョブを実行したい、といった要件があれば、カレンダ機能と組み合わせることで実現できます。詳細は、第8章を参照してください。

ジョブスケジュールには「毎時X分からY分ごとに繰り返し実行」という短い周期で実行する方法もあります。たとえば、0分から5分ごとに実行するように設定した場合、ジョブスケジュールの登録時刻(もしくは有効にした時刻)が10:12:22とすると、**表24.3**の時刻にジョブが実行されます。

表24.3 ジョブの実行時刻

10:15:00
10:20:00
10:25:00
10:30:00
10:35:00
10:40:00
(以下略)

また、3分から10分ごとに実行するように設定した場合、ジョブスケジュールの登録時刻(もしくは有効にした時刻)が15:14:34とすると、**表24.4**の時刻にジョブが実行されます。

表24.4 ジョブの実行時刻

15:23:00
15:33:00
15:43:00
15:53:00
16:03:00
16:13:00
(以下略)

第 24 章　業務の自動化

スケジュール予定の確認

　[ジョブ設定[スケジュール予定]]ビューを利用すれば、将来、どのタイミングでジョブが実行される予定であるのか確認できます。**表24.2**の設定の例であれば、毎日15:38に実行される予定ということを確認できます。

　一日の初めに、当日に実行されるジョブ一覧を確認したいといったケースは多いでしょう。しかし、複数のスケジュールを大量に設定した場合は、実行される日付や時刻を[ジョブ設定[実行契機]]ビューで確認するのは困難です。当日のジョブ予定を確認するには**図24.8**の[ジョブ設定[スケジュール予定]]ビューを利用します。

図24.8　スケジュール予定

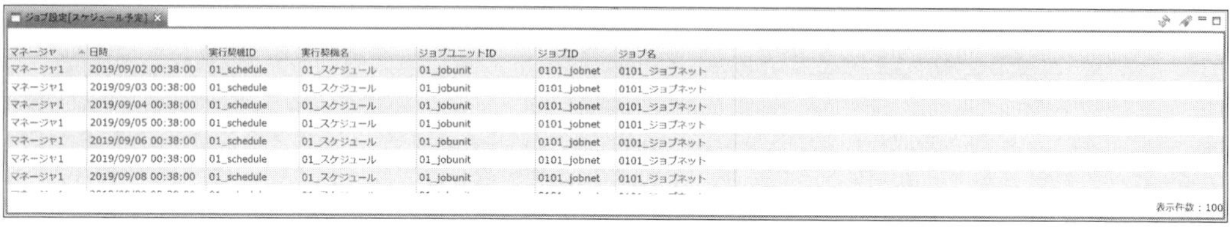

　この節で説明したジョブスケジュールでは、毎時実行や毎日実行など、例外なく定期的に実行する設定方法しか登録できません。しかし、営業日だけ実行したい場合や、第2月曜日だけ実行したい場合など、例外的に実行したい場合もあるでしょう。Hinemosでは、そのような設定方法もできます。詳細は、「第8章　カレンダ」を参照してください。

24.3.3　複数ジョブの順次実行

　ここまでは基本的なジョブの使い方を説明してきました。しかし、ここまでの内容であれば、UNIX系のcrondやWindowsのタスクスケジューラでも同様のことが実現できます。

　ここでは、crondやタスクスケジューラでは実現が困難な、複数のジョブを複数のサーバで順番に実行する方法を説明していきます。初めに設定の概要を説明します。

1. 3つのジョブを登録します
2. LinuxAgentサーバで1つ目のジョブを実行して正常終了したら、WindowsAgentサーバで2つ目のジョブを実行します
3. LinuxAgentサーバで1つ目のジョブを実行して異常終了したら、2つ目のジョブを実行せずに、WindowsAgentサーバで3つ目のジョブを実行します

ジョブの遷移を**図24.9**に示します。

368

図 24.9 ジョブ遷移

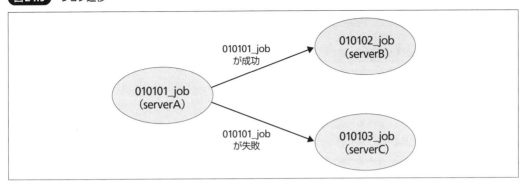

下準備として、LinuxAgentサーバに**リスト24.2**のスクリプトを配置します。このスクリプトはランダムで成功（success）または失敗（failure）します。

リスト24.2 サンプルスクリプト test.sh

```
#!/bin/bash

if [ `expr $RANDOM % 2` -eq 0 ]; then
  echo success
  exit 0
fi
echo failure
exit 1
```

この test.sh を LinuxAgent サーバの /root/ に保存します。保存したら**図 24.10**のように数回実行して、successやfailureが出力されることを確認してください（この図とは結果が異なっていても問題ありません）。

図 24.10 test.sh の実行確認

```
# chmod u+x test.sh
# ./test.sh
success
# ./test.sh
failure
```

次に、Hinemosクライアントからジョブを構築していきますが、その前にHinemosでジョブを順番に実行させる方法を簡単に説明します。Hinemosでジョブを順番に実行させる際は、後続ジョブの「待ち条件」として先行ジョブを登録します。先行ジョブが終わるまで待ち、先行ジョブが終わったら後続ジョブが動作し始める、という仕組みです。

それでは、先ほど作成した「0101_ジョブネット」を修正していきます。まず「01_ジョブユニット」を右クリックし、［編集モード］を選択して編集モードにしてから、「010101_ジョブ」を右クリックして［変更］を選択し、「010101_ジョブ」の［ジョブ［コマンドジョブの作成・変更］］ダイアログを開きます。**表24.5**を参考に、先ほど作成したスクリプトのパスを起動コマンドに記入します。

第 24 章　業務の自動化

表24.5　ジョブの設定

項目名	設定値
ジョブID	010101_job
ジョブ名	010101_ジョブ
スコープ	LinuxAgent
起動コマンド	/root/test.sh

　起動コマンドにスクリプトを登録するときは、絶対パスを記述するようにしましょう。なお、絶対パスで記述しなかった場合は、Hinemosエージェントが動作しているディレクトリからの相対パスとなります。Hinemosエージェントが動作しているディレクトリは、Linuxの場合は「/opt/hinemos_agent/var/log」となり、Windowsの場合は「C:¥Windows¥system32」となります。

　「0101_ジョブネット」を右クリックして［ジョブの作成］を選択し、「010102_ジョブ」と「010103_ジョブ」を作成します。設定する情報は**表24.6**のとおりです。

表24.6　ジョブの設定

項目名	設定値（010102_ジョブ）	設定値（010103_ジョブ）
ジョブID	010102_job	010103_job
ジョブ名	010102_ジョブ	010103_ジョブ
スコープ	WindowsAgent	WindowsAgent
起動コマンド	echo 010102	echo 010103
待ち条件	010101_job（正常）	010101_job（異常）

　次にジョブを実行する順番を設定します。まずは、「010101_ジョブ」（先行ジョブ）の後に「010102_ジョブ」（後続ジョブ）を実行するための設定を登録します。Hinemosでは実行順番を「待ち条件」として登録します。先ほども述べたように、「待ち条件」は後続ジョブに設定しなければなりません。誤って先行ジョブに登録しないように注意してください。

　「010102_ジョブ」を右クリックして［変更］を選択し、「010102_ジョブ」のジョブ［コマンドジョブの作成・変更］ダイアログを開きます。そして待ち条件グループの［追加］ボタンをクリックし、「待ち条件：010102_ジョブ（010102_job）」ダイアログを表示します。ここで、名前は「ジョブ（終了状態）」のまま、ジョブIDに「010101_ジョブ」を指定し、終了状態として［正常］を選択します（待ち条件には、同一階層のジョブだけを指定可能です）。**図24.11**のように設定したら、［OK］ボタンをクリックして待ち条件を確定させます。判定対象一覧に追加されたことを確認してから、ジョブ［コマンドジョブの作成・変更］ダイアログの［OK］ボタンをクリックして、「010102_ジョブ」を確定します。同様に「010103_ジョブ」の設定を変更し、待ち条件を登録します。待ち条件はジョブIDに「010101_ジョブ」を指定し、終了状態として［異常］を選択します。

　「010102_ジョブ」と「010103_ジョブ」の設定が終わったら、［登録］ボタンをクリックし、Hinemosマネージャに対してジョブ設定を登録します。登録後は、**図24.12**のようなジョブツリーになります。

370

図24.11 ジョブの待ち条件　　図24.12 ジョブツリー

　では、さっそくジョブを実行してみます。「0101_ジョブネット」を右クリックして、[実行]を選択します。実行後に[ジョブ履歴[一覧]]ビューを閲覧すると、「0101_ジョブネット」の実行結果が追加されており、それをクリックすると、[ジョブ履歴[ジョブ詳細]]ビューで「010101_ジョブ」の他にもう1つのジョブ（「010102_ジョブ」もしくは「010103_ジョブ」のいずれか）が実行されているはずです。「0101_ジョブネット」を複数回実行して、「010102_ジョブ」と「010103_ジョブ」のいずれかが実行されることを確認します。
　ここではジョブに対して待ち条件を指定することでジョブを順番に実行させましたが、ジョブネットにも待ち条件を指定することができます。ジョブネットに待ち条件を指定して、複雑なジョブネットを構築してみてください。

ジョブIDの付与

　同一階層にあるジョブやジョブネットは、ジョブIDの名前順に整列します。そのため、先行ジョブのジョブIDが前になるように、ID付与規則を決めるようにしましょう。
　また、複雑なジョブの場合は、特定のジョブがどのジョブネット配下にあるのか、わからなくなる場合があります。
　ここで、下の階層のジョブが上の階層のジョブネット名の一部を引き継ぐようにジョブIDを付与すれば、どのジョブネットに属すジョブかわかります。今回の例でもこのように名前を決めているので、「010102_ジョブ」は「0101_ジョブネット」の配下にあるということが先頭の数字から判断でき、「010102_ジョブ」が「01_ジョブユニット」の2つ下の階層にあることもジョブIDだけを見て即時にわかります。

　これで基本的なジョブの使い方についての説明は終わりです。しかし、Hinemosのジョブ機能には、まだまだ高度な使い方がいくつも用意されています。
　次は、それらの高度なジョブの使い方について説明します。

24.4　ジョブ機能の全体像

　Hinemosのジョブ機能にはさまざまな機能が備わっており、エンタープライズ向けの大規模なジョブや、細やかな条件に従って動作する複雑なジョブ制御が可能となっています。
　本章の以降の節では、これらの機能について説明していきます。
　まず、Hinemosのジョブ機能の全体像を簡単に説明します。

第24章　業務の自動化

24.4.1　ジョブの実行方法

Hinemosでは、ジョブの実行方法として、次の5つがあります。

- 手動実行

  手動実行には2種類の方法があります

  - 即時実行

    Hinemosクライアントの[実行]ボタンをクリックして、ジョブを実行する方法です。ジョブを即時に実行する一番簡単な方法です。詳細は24.3.1節を参照してください

  - マニュアル実行

    ジョブを手動実行する際に、ジョブ変数の値を直接入力して実行する方法です。ジョブ変数の値を変更してジョブを実行したい際に利用される方法となります

- スケジュール実行

  指定したスケジュールの日時に沿ってジョブを実行する方法です。システム運用の自動化を行う際に利用される方法となります。詳細は24.3.2節を参照してください

- ジョブ通知

  通知の一種としてジョブを実行する方法です。たとえば、監視設定にジョブ通知を設定することで、システムの異常を検知した際に障害を復旧する処理をジョブとして実行する、といったことが実現できます。詳細は7.7節を参照してください

- ファイルチェック

  ファイルの変更を検知してジョブを実行する方法です。詳細は24.5節を参照してください

24.4.2　ジョブの状態

　ジョブは、「待機」「実行中」「終了」などさまざまな状態を取ります。Hinemosには、**図24.13**のステータス遷移図のとおり、さまざまな状態が定義されています。

　本章の前半を読まれた方は、「待機」や「実行中」や「終了」についてはご理解いただけたと思いますが、ここでは、「スキップ」や「保留」といった状態について説明します。詳細は24.6節と24.7節を参照してください。

24.4.3　ジョブの制御

　[ジョブ[コマンドジョブの作成・変更]]ダイアログ（**図24.14**）を開くと、[開始遅延]や[終了遅延]といった、多くのタブが用意されていることに気づくでしょう。

24.4 ジョブ機能の全体像

図 24.13 ステータス遷移図

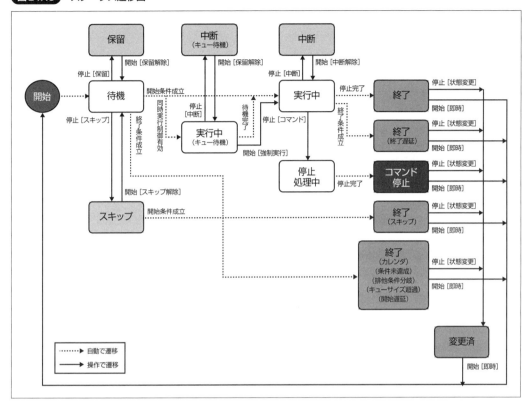

図 24.14 [ジョブ [コマンドジョブの作成・変更]] ダイアログ

Hinemosのジョブ機能では、単純にジョブを実行するだけではなく、さまざまな制御ができます。具体的には、次の制御が可能となっています。

- 開始遅延
- 終了遅延
- 多重度
- ジョブ優先度
- ジョブ同時実行制御

開始遅延や終了遅延は、想定の時間までにジョブが開始もしくは終了しない場合に、通知や実行中止を行う機能です。多重度とは、同一のノードで実行可能なジョブ数のことであり、これを制限できます。ジョブ優先度とは、複数のノードの中で、どのノードでジョブを優先的に実行するかの優先度のことであり、これを制御できます。また、ジョブ同時実行制御とは、ジョブをグループ化して、グループ内で同時に実行するジョブ数を制御する機能です。複雑なジョブネットを組んだ際に、どの後続ジョブを実行させるのかといった、細かい制御も可能です。

これらの機能については、24.9節～24.12節で説明します。

24.4.4　大規模なジョブネット

大規模なジョブネットを構築する際には、次の3項目について知っておく必要があります。

- さまざまなジョブネットの構成
- 複雑なジョブネットの終了判定
- ジョブ構築の設計

ジョブネットやジョブの構成についてはすでに説明してきましたが、具体的にどのようなジョブを組めるかイメージを持っておくと、スムーズにジョブを組めるようになります。また、ジョブ機能には実行状態と終了状態という2つの概念があります。これらを正確に理解することで、より柔軟性のあるジョブを構築できます。

なお、Hinemosのジョブ機能は非常に多機能ですが、きちんとした設計をしないと、複雑怪奇なジョブが構築されてメンテナンス性が下がってしまいます。そのため、ジョブ構築の設計についても学んでおく必要があります。

これらの詳細については24.13節～24.15節を参照してください。

24.4.5　他機能との連携

Hinemosはワンパッケージで監視とジョブの機能を併せ持っています。そのため、それぞれの機能は容易に連携可能となっています。24.15節ではカレンダ機能との連携、24.16節では監視機能との連携について説明します。

以降の節では、実際にそれらの機能を使っていきます。ここで、以降の節で何度も再利用するジョブネットを登録しておきます。**表24.7**のとおり「02_ジョブユニット」を構築してください。ジョブ機能の動作を確認するために、sleepコマンドを実行する簡単なジョブを利用して説明します。

表24.7 02_ジョブユニットの設定

ジョブID	02_jobunit
ジョブ名	02_ジョブユニット

「02_ジョブユニット」の配下に「0201_ジョブネット」(**表24.8**)を作成します。

表24.8 0201_ジョブネットの設定

ジョブID	0201_jobnet
ジョブ名	0201_ジョブネット

「0201_ジョブネット」の配下に「020101_ジョブ」(**表24.9**)、「020102_ジョブ」(**表24.10**)、「020103_ジョブ」(**表24.11**)を作成します。

表24.9 020101_ジョブの設定

ジョブID	020101_job
ジョブ名	020101_ジョブ
スコープ	LinuxAgent
起動コマンド	sleep 60

表24.10 020102_ジョブの設定

ジョブID	020102_job
ジョブ名	020102_ジョブ
スコープ	LinuxAgent
起動コマンド	sleep 60
待ち条件	020101_job (終了状態は「*」とします)

表24.11 020103_ジョブの設定

ジョブID	020103_job
ジョブ名	020103_ジョブ
スコープ	LinuxAgent
起動コマンド	sleep 60
待ち条件	020102_job (終了状態は「*」とします)

「0201_ジョブネット」を実行して、ジョブが020101、020102、020103の順番に実行されていることを確認してください。

第24章　業務の自動化

24.5　ファイルの変更検知によるジョブ実行

「24.3.2　ジョブのスケジュール実行」では、スケジュールに基づいてジョブを実行させる方法について説明しました。Hinemosのジョブ機能では、ファイルの変更を検知してジョブを実行させることもできます。この機能はファイルチェック機能と呼びます。

具体的には、次の3つの契機でジョブを実行させることができます。

● ファイルの作成
● ファイルの削除
● ファイルの変更(タイムスタンプ変更、またはファイルサイズ変更)

複数のシステム間で連携する際にファイルの転送(到着)を契機にバッチジョブを実行する、といったケースで利用できます。

実際に、ファイルの変更を契機にジョブが実行されることを確認してみましょう。[ジョブ設定]パースペクティブの[ジョブ設定[実行契機]]ビューからファイルチェック作成ボタンをクリックして、[ジョブ[ファイルチェックの作成・変更]]ダイアログ(**図24.15**)を開き、**表24.12**のとおり登録してください。

図24.15　[ジョブ[ファイルチェックの作成・変更]]ダイアログ

表24.12　「01_ファイルチェック」の設定

実行契機ID	01_filecheck
実行契機名	01_ファイルチェック
ジョブID	0201_jobnet
スコープ	LinuxAgent
ディレクトリ	/root/
ファイル名 (正規表現)	test.*
チェック種別	変更(ファイルサイズ変更)

この設定は、LinuxAgentノードにおいて/root/ディレクトリのtest.*(test.txt、test_2.sh、test_3.pyなど)ファイルのファイルサイズが変更された場合に、「0201_jobnet」を動作させます。ファイル名については、正規表現が利用できます。ここでは、任意の文字列を表す「.*」を使用しています(「*」はワイルドカードではなく、Javaの正規表現の繰り返しを表します)。

ジョブが動作するのは、このダイアログで設定したスコープではなく、ジョブに設定されているスコープとなることに注意してください。

376

それでは、test.txtファイルに文字列を追加してファイルサイズを変更させて、「0201_jobnet」が実行されることを確認してみましょう。LinuxAgentにコンソール(Tera TermやPuTTyなど)でログインして、**図24.16**のコマンドを実行してください。

図24.16 ファイルサイズの変更

```
(root)# cd /root/
(root)# touch test.txt
（上記コマンドの実行後、10秒程度待ってから、次のコマンドを実行してください）
(root)# echo hoge >> test.txt
```

実行後、[ジョブ履歴[一覧]]ビューから「0201_jobnet」が実行されていることを確認してください。ファイルチェック機能からジョブが実行されている場合は、**図24.17**のように、[ジョブ履歴[一覧]]ビューの実行契機種別の列が「ファイルチェック」となります。この点についても確認してください。

図24.17 実行契機種別（ファイルチェック）

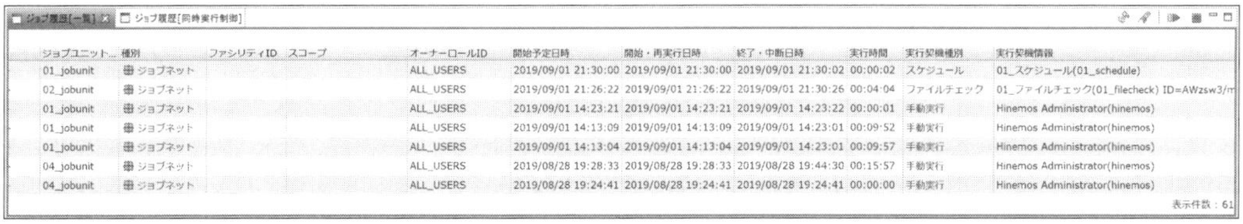

ジョブ履歴[一覧]　ジョブ履歴[同時実行制御]

ジョブユニット...	種別	ファシリティID	スコープ	オーナーロールID	開始予定日時	開始・再実行日時	終了・中断日時	実行時間	実行契機種別	実行契機情報
01_jobunit	ジョブネット			ALL_USERS	2019/09/01 21:30:00	2019/09/01 21:30:00	2019/09/01 21:30:02	00:00:02	スケジュール	01_スケジュール(01_schedule)
02_jobunit	ジョブネット			ALL_USERS	2019/09/01 21:26:22	2019/09/01 21:26:22	2019/09/01 21:30:26	00:04:04	ファイルチェック	01_ファイルチェック(01_filecheck) ID=AWzsw3/m
01_jobunit	ジョブネット			ALL_USERS	2019/09/01 14:23:21	2019/09/01 14:23:21	2019/09/01 14:23:22	00:00:01	手動実行	Hinemos Administrator(hinemos)
01_jobunit	ジョブネット			ALL_USERS	2019/09/01 14:13:09	2019/09/01 14:13:09	2019/09/01 14:23:01	00:09:52	手動実行	Hinemos Administrator(hinemos)
01_jobunit	ジョブネット			ALL_USERS	2019/09/01 14:13:04	2019/09/01 14:13:04	2019/09/01 14:23:01	00:09:57	手動実行	Hinemos Administrator(hinemos)
04_jobunit	ジョブネット			ALL_USERS	2019/08/28 19:28:33	2019/08/28 19:28:33	2019/08/28 19:44:30	00:15:57	手動実行	Hinemos Administrator(hinemos)
04_jobunit	ジョブネット			ALL_USERS	2019/08/28 19:24:41	2019/08/28 19:24:41	2019/08/28 19:24:41	00:00:00	手動実行	Hinemos Administrator(hinemos)

表示件数：61

ファイルチェック機能では、Hinemosエージェントが10秒に1回ファイルをチェックしています。この実行間隔は、/opt/hinemos_agent/conf/Agent.propertiesファイルで変更できます。変更する際には**リスト24.3**のコメントアウトを外してください。

リスト24.3 ファイルチェック間隔の変更

```
## interval [msec] between file checks
#job.filecheck.interval=10000
```

24.6 ジョブのスキップ

ジョブネットを実行する際に、一部のジョブだけをスキップして実行しない場合もあるでしょう。例として、「020101_ジョブ」(バックアップファイル作成)、「020102_ジョブ」(バックアップファイルをバックアップ装置Aに転送)、「020103_ジョブ」(バックアップファイルをバックアップ装置Bに転送)を順番に実行するジョブネット「0201_ジョブネット」を毎日定刻に実行するジョブスケジュールを組んでいるとします。ある期間だけ、バックアップ装置Aが故障しており、「020102_ジョブ」は実行せず、「020101_ジョブ」と「020103_ジョブ」は実行したいという場合、ジョブのスキップ機能を利用することで実現できます。

では、実際にスキップジョブを組んでみましょう。**表24.13**のとおり、ジョブを変更してください。**図24.18**のようになります。

表24.13　020101ジョブの設定

スキップ	チェック

図24.18　ジョブのスキップ設定

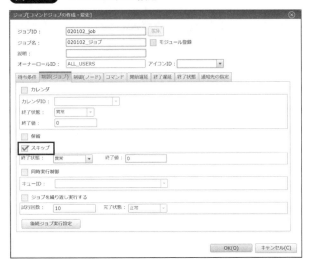

「0201_ジョブネット」を実行すると、図24.19、図24.20のように状態遷移します。「020102_ジョブ」については、「スキップ」から「終了(スキップ)」へと遷移しており、実際にはコマンドが実行されません。

ジョブネット実行時は、[スキップ]のチェックを入れた「020102_ジョブ」はスキップの状態となります(図24.19)。

図24.19　ジョブのスキップ（状態1）

「020102_ジョブ」の待ち条件が満たされると、「スキップ」から「終了(スキップ)」へと遷移して終了し、後続ジョブである「020103_ジョブ」が実行中になります(図24.20)。

図24.20　ジョブのスキップ（状態2）

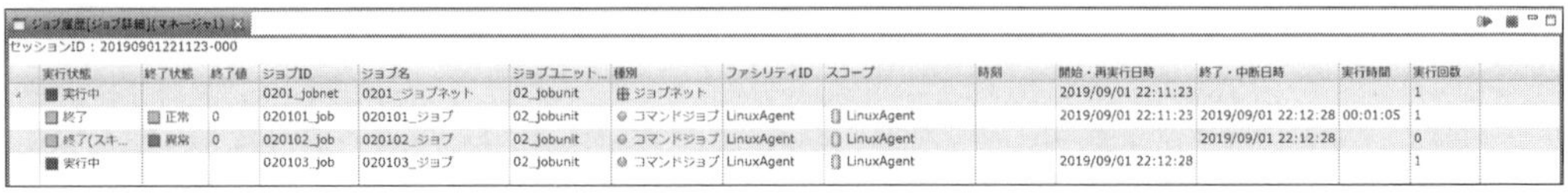

このように、任意のジョブをスキップして後続ジョブを実行させることができます。

もちろん「020102_ジョブ」を削除しても同様の挙動を実現できます。しかし、「020102_ジョブ」を削除してしまうと、後続ジョブの「020103_ジョブ」の待ち条件を「020102_ジョブ」から「020101_ジョブ」に変更する必要があります。また元の設定に戻したい場合に、「020102_ジョブ」を再度登録しなければなりません。スキップ設定であれば、[スキップ]のチェックを外すだけですぐに元に戻せます。

なお、図24.20ではスキップした際の終了状態が「異常」になっていますが、ジョブのスキップの設定時に、スキップ後の終了状態として「正常」「警告」「異常」のいずれかを指定できます。

24.7 ジョブの保留

ジョブの実行を途中で止めて保留させることもできます。たとえば、別システムのA業務が終わってから「020102_ジョブ」を実行したいが、「020101_ジョブ」はあらかじめ実行しないとバッチ処理が間に合わないため、A業務が終わってからオペレータが手動で後続ジョブの「020102_ジョブ」を実行させたい、といった要件の際には、保留という操作が有効です。

では、実際に保留設定と保留解除を実践してみましょう。

先ほどのジョブを再利用します。「020102_ジョブ」だけを変更してください。変更部分だけを**表24.14**に示します。

表24.14 020102_ジョブの設定

スキップ	チェックを解除

実際に設定すると、**図24.21**のようになります。

図24.21 ジョブの保留設定

第 24 章　業務の自動化

変更したら、「0201_ジョブネット」を実行します。図24.22、図24.23の状態遷移のとおり、「020101_ジョブ」が終了しても「020102_ジョブ」は実行されず、保留状態で止まっていることを確認できます。

図24.22　ジョブの保留（状態1）

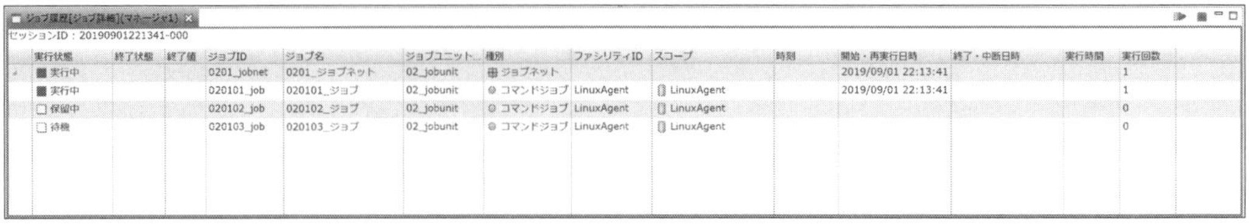

図24.23　ジョブの保留（状態2）

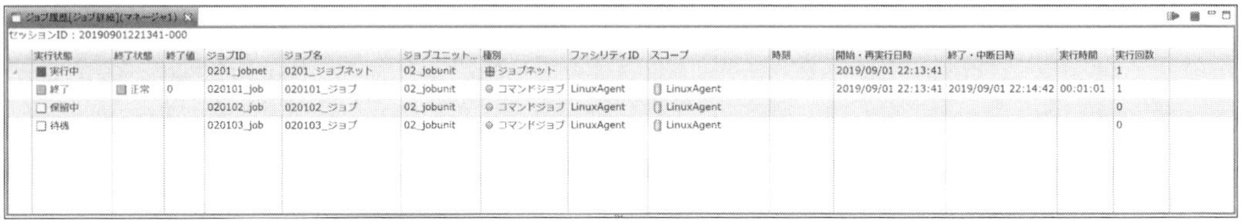

ここで「020102_ジョブ」を右クリックして［開始］を選択してください。［ジョブ［開始］ダイアログ］が表示されるので、［開始［保留解除］］を選択して、［OK］ボタンをクリックします（図24.24）。

図24.24　保留解除

保留を解除すると、「020102_ジョブ」が実行中になることを確認できるでしょう。

保留とスキップは似たような処理ですが、保留の場合はジョブが終了しません。そのため、後続ジョブも実行されません。一方、スキップの場合はジョブが終了するので、後続ジョブが実行されます。

24.8　実行中のジョブに対する操作

ここまでは、実行前のジョブに対してスキップや保留を設定する方法を説明してきましたが、実行中のジョブネットに対してもスキップや保留を設定できます。また、失敗したジョブを再実行したり、実行中のジョブを強制的に終了させたりすることもできます。

まずは、先ほど設定した「020102_ジョブ」の保留を解除して再登録してください。

次に「0201_ジョブネット」を実行します。図24.25のように「020102_ジョブ」が待機状態になってい

るときに、このジョブを右クリックして[停止]を選択してください。

図24.25 待機ジョブの停止

すると[ジョブ[停止]]ダイアログが表示されるので、[停止[保留]]を選択して[OK]ボタンをクリックしてください（**図24.26**）。そして、「020102_ジョブ」が保留状態に遷移したことを確認してください。

図24.26 [ジョブ[停止]]ダイアログ

このように、実行中のジョブに対する操作が可能です。次は、終了したジョブを再実行させてみます。終了している「020101_ジョブ」を右クリックして、[開始]を選択してください。ジョブ[開始]ダイアログが表示されるので、[開始[即時]]を選択して、[OK]ボタンをクリックしてください（**図24.27**）。

図24.27 [ジョブ[開始]]ダイアログ

「020101_ジョブ」が再度実行されたことが確認できるでしょう。

このように、実行中のジョブに対してさまざまな操作ができます。なお、現在のジョブの状態に応じて可能な操作は異なります。可能な操作はジョブのステータス遷移図を見るとわかるので、24.4節の**図24.13**のステータス遷移図を参照してください。実線で示された矢印がユーザ操作です。たとえば、「待

第 24 章　業務の自動化

機」の状態からは、［停止［保留］］と［停止［スキップ］］の操作ができることがわかります。

よく利用する例をいくつか説明します。

- 異常終了したジョブの再実行

  後続ジョブの待ち条件として、先行ジョブの正常終了が設定されている場合を想定します。先行ジョ
  ブが異常終了してしまった場合は、後続ジョブが実行されないので、障害を取り除いて再度先行ジョ
  ブを実行します。再度ジョブを実行する場合は、次のように操作します

  - 先行ジョブを右クリックして［開始［即時］］を選択

    先行ジョブが再度実行され、正常終了した場合は、後続ジョブが動き出します

- 実行前のジョブのスキップ

  終了までに時間のかかるジョブネットを想定します。ジョブネットの中に含まれるジョブが順
  番に終わっていきますが、想定している時刻に終わりそうもありません。そのような場合は、
  実行していないジョブ（待機状態のジョブ）の中で、必ずしも実行する必要のないジョブをスキッ
  プします。スキップさせるためには、次の操作をします

  - 待機中のジョブを右クリックして［停止［スキップ］］を選択

    そのジョブの順番が来てもスキップされます。ジョブネット全体として、早く終了させること
    ができます

24.9　開始遅延

　開始遅延は、指定した条件の時間内などにジョブが起動できなかったときに検知する仕組みです。検
知した場合には、通知をしたり、開始遅延が設定されたジョブを終了に遷移させたり（つまり実行しない）
といったことができます。

　たとえば、バックアップをする先行ジョブと、再起動処理（クリーンアップのための再起動であり、
必須ではない処理）を行う後続ジョブという例で利用方法を説明します。バックアップをする先行ジョ
ブの実行が想定よりも長くなった結果、再起動処理を行う後続ジョブの開始が遅れてしまい、システム
に影響を与えてしまう場面を考えます。このようなときに後続ジョブを実行したくない場合に、開始遅
延を利用します。開始遅延を使えば、指定した条件の時間内に後続ジョブが起動できなかったことを検
知し、後続ジョブの起動を中止できます。

　バックアップ処理は、前日の処理数が多い場合などにはよく処理時間が長くなります。念のためサー
ビスの再起動処理を実施しているが、実施しなくても大丈夫だろうという状況であれば、バックアップ
処理が延長した場合は、サービスの再起動処理をスキップすることが望まれます。

　では、実際に設定してみましょう。

　先ほどのジョブを再利用します。**表24.15**と**表24.16**に変更部分だけを示します。

表24.15　020101_ジョブの設定

起動コマンド	sleep 120

表24.16　020102_ジョブの設定

開始遅延	セッション開始後の時間（分）：1
操作	停止［スキップ］

24.9　開始遅延

「020102_ジョブ」は**図24.28**のようになります。

図24.28　ジョブの開始遅延設定

設定が終わったら、［登録］ボタンをクリックしてから「0201_ジョブネット」を実行します。「020101_ジョブ」は1分以内に終了しないため、「020102_ジョブ」の開始遅延が検知され、開始遅延の操作が実施されて「020102_ジョブ」が「終了(開始遅延)」状態に遷移する様子を確認できるでしょう(**図24.29**)。この場合、「020101_ジョブ」は実行され、「020102_ジョブ」は実行されません。

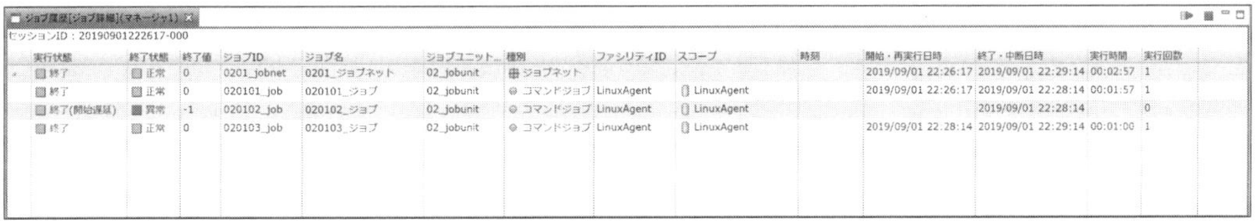

図24.29　終了(開始遅延)

次に、開始遅延の注意点について説明します。それは、開始遅延は毎時毎分0秒に、待機中のジョブに対してチェック(開始遅延の条件を判定する処理)が動作するということです。そのため、**表24.16**のように「ジョブセッション開始後の時間：1(分)」と設定した状態であっても、1分以上経過してから後続ジョブが実行されることがあります。例を**図24.30**に示します。この図では、ジョブセッション開始後1分を過ぎた状態で後続ジョブが開始していますが、開始遅延チェックでは検知されません。

383

第24章　業務の自動化

図24.30　開始遅延チェックの注意点

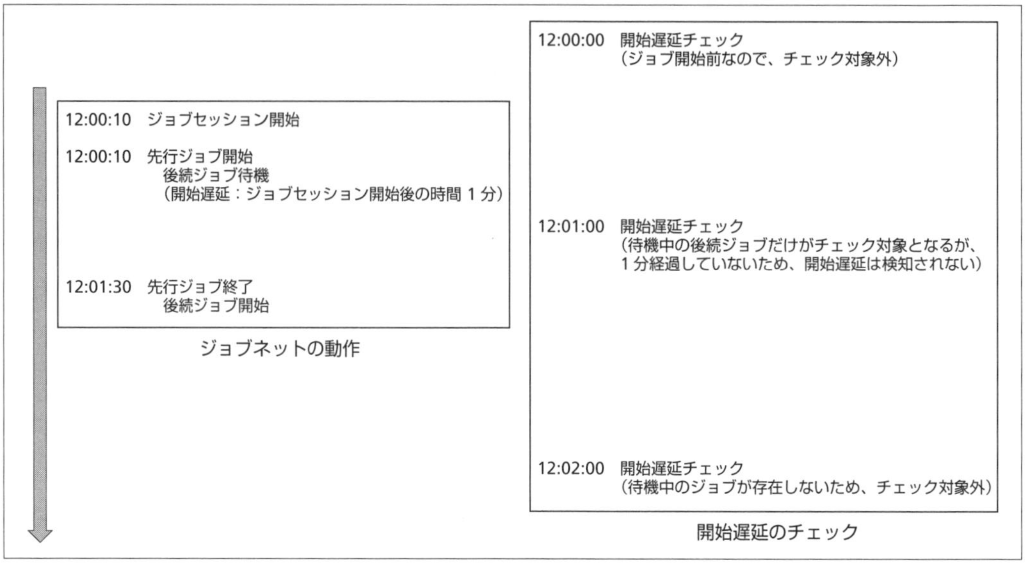

12:00:10	ジョブセッション開始
12:00:10	先行ジョブ開始 後続ジョブ待機 （開始遅延：ジョブセッション開始後の時間1分）
12:01:30	先行ジョブ終了 後続ジョブ開始

ジョブネットの動作

12:00:00	開始遅延チェック （ジョブ開始前なので、チェック対象外）
12:01:00	開始遅延チェック （待機中の後続ジョブだけがチェック対象となるが、 1分経過していないため、開始遅延は検知されない）
12:02:00	開始遅延チェック （待機中のジョブが存在しないため、チェック対象外）

開始遅延のチェック

24.10 終了遅延

　終了遅延は、実行しているジョブが指定した時間内などに終了しなかったときに検知する仕組みです。開始遅延と同様に、検知した場合には、通知をしたり、終了遅延が設定されたジョブを終了に遷移させたりといったことができます。

　たとえば、先行ジョブが想定よりも長時間動作してしまい、その終了を待つ時間的猶予がないことから、やむをえず後続ジョブを実行させたい場合に、終了遅延を設定します。

　先ほどのジョブを再利用します。**表24.17**と**表24.18**に変更部分だけを示します。

表24.17　020101_ジョブの設定

起動コマンド	sleep 120
終了遅延	ジョブ開始後の時間（分）：1
操作	名前：停止［状態指定］ 終了状態：異常 終了値：-1

表24.18　020102_ジョブの設定

| 起動コマンド | sleep 60 |
| 開始遅延 | チェックを外す（開始遅延を無効にする） |

　「020101_ジョブ」は**図24.31**のようになります。

24.10 終了遅延

図24.31 ジョブの終了遅延設定

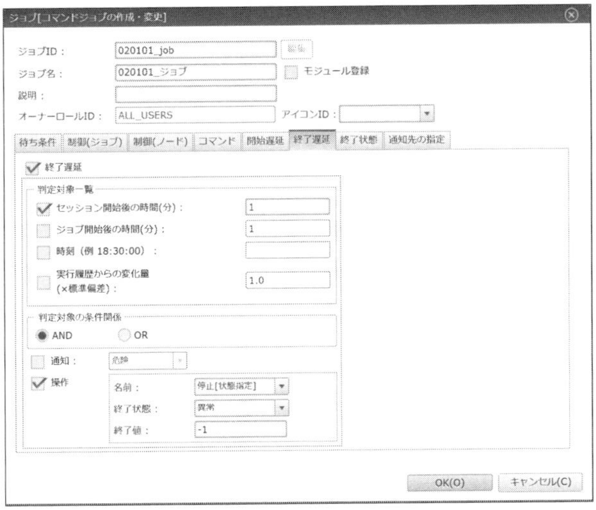

設定が終わったら、[登録]ボタンをクリックしてから「0201_ジョブネット」を実行します。「020101_ジョブ」は1分以内に終了しないため、「020101_ジョブ」の終了遅延が検知され、終了遅延の操作が実施されて「020101_ジョブ」が「終了(終了遅延)」状態に遷移する様子を確認できるでしょう(**図24.32**)。

図24.32 終了(終了遅延)

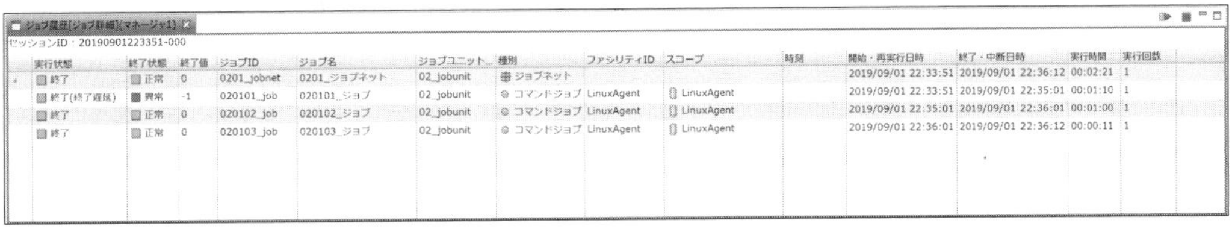

先ほどの開始遅延の場合は、開始遅延を設定されたジョブは実行されませんでしたが、今回の終了遅延の場合は、終了遅延が設定されたジョブと後続ジョブの両方が実行されます。開始遅延は想定した時間に開始できない場合に通知したり、開始を諦めたりする(実行しない)ための仕組みである一方、終了遅延は想定した時間に終了しない場合に通知させたり、強制的に終了させて後続ジョブを実行させたりするための仕組みです。開始遅延と終了遅延の差をしっかりと理解して利用してください。

開始遅延と同様に、終了遅延の注意点について説明します。

終了遅延でも毎時毎分0秒に1回だけチェックが動作します。そのため、「ジョブセッション開始後の時間:1(分)」と設定した状態であっても、1分以上経過してから終了遅延チェックが動作することがあります。例を**図24.33**に示します。この図では、ジョブセッション開始後1分を過ぎた時点でも先行ジョブが実行中となっており、終了遅延チェックで検知されません。

第 24 章　業務の自動化

図24.33　終了遅延チェックの注意点 1

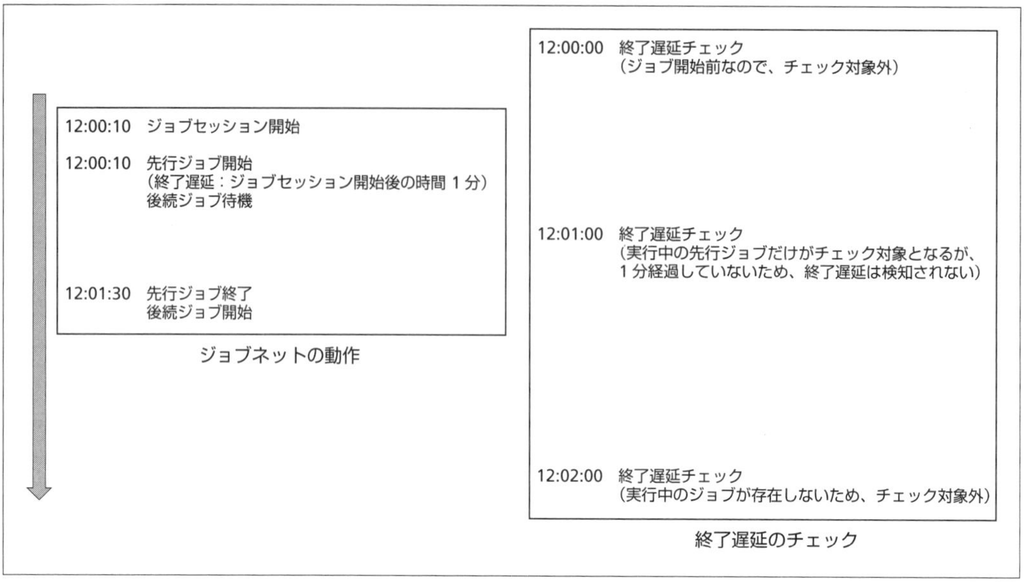

12:00:00　終了遅延チェック
　　　　　（ジョブ開始前なので、チェック対象外）

12:00:10　ジョブセッション開始

12:00:10　先行ジョブ開始
　　　　　（終了遅延：ジョブセッション開始後の時間 1 分）
　　　　　後続ジョブ待機

12:01:00　終了遅延チェック
　　　　　（実行中の先行ジョブだけがチェック対象となるが、
　　　　　1 分経過していないため、終了遅延は検知されない）

12:01:30　先行ジョブ終了
　　　　　後続ジョブ開始

ジョブネットの動作

12:02:00　終了遅延チェック
　　　　　（実行中のジョブが存在しないため、チェック対象外）

終了遅延のチェック

　もう 1 つ注意点があります。終了遅延は「実行中」のジョブだけをチェック対象とします。実行中でなければ終了遅延のチェック対象とはなりません。例を**図24.34**に示します。

図24.34　終了遅延チェックの注意点 2

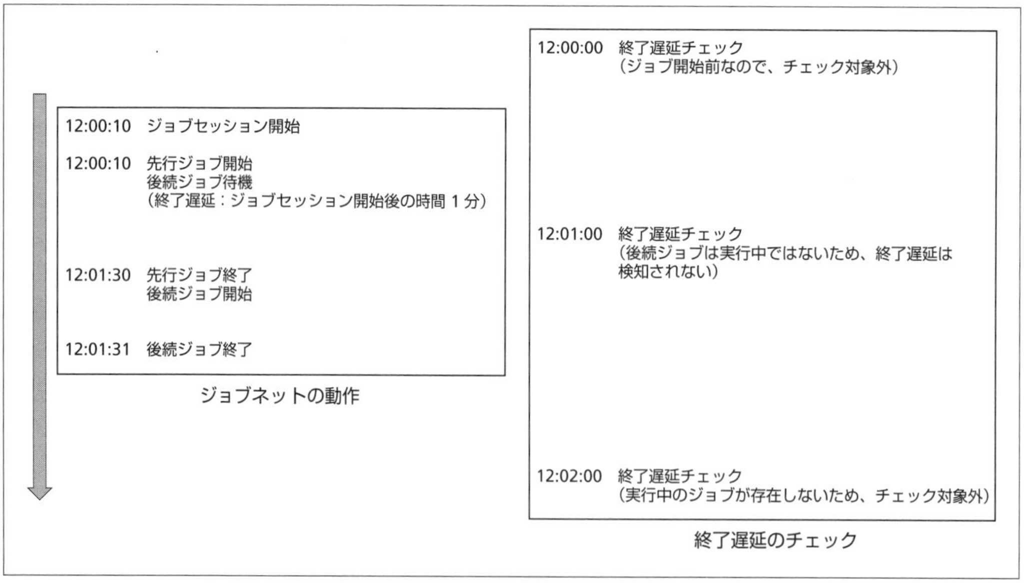

12:00:00　終了遅延チェック
　　　　　（ジョブ開始前なので、チェック対象外）

12:00:10　ジョブセッション開始

12:00:10　先行ジョブ開始
　　　　　後続ジョブ待機
　　　　　（終了遅延：ジョブセッション開始後の時間 1 分）

12:01:00　終了遅延チェック
　　　　　（後続ジョブは実行中ではないため、終了遅延は
　　　　　検知されない）

12:01:30　先行ジョブ終了
　　　　　後続ジョブ開始

12:01:31　後続ジョブ終了

ジョブネットの動作

12:02:00　終了遅延チェック
　　　　　（実行中のジョブが存在しないため、チェック対象外）

終了遅延のチェック

この例では、終了遅延を設定した後続ジョブが実行中になるのは12:01:30～12:01:31だけとなり、その時間帯に1分に1回行われる終了遅延チェックが動作しないため、終了遅延を検知できません（開始遅延であれば、「待機」の状態がチェック対象となるので、12:02:00の時点で検知可能です）。

24.11 多重度と同時実行制御

24.11.1 多重度制御

ジョブの多重度制御は、同一Hinemosエージェント上の実行中のジョブ数を制限する仕組みです。実行中のジョブ数がHinemosで設定した多重度を上回る場合は、ジョブを待機／終了させることができます。この機能により、Hinemosエージェント上で多数のジョブが動作することを制限し、Hinemosエージェントの動作するサーバリソースの使用量を抑制できます。

多重度が上限に達したときに実行されるジョブの処理としては、「待機」と「停止」の2種類を選択できます。

「待機」の場合は、同時に実行しているジョブ数が多重度の上限に達すると、それ以降のジョブは「待機」の状態となります。実行中のジョブが終わり、同時に実行しているジョブ数が減ると、待機状態のジョブが「実行中」に遷移します。

図24.35は多重度制限を2にして、上限に達したときの挙動を「待機」にした場合の例です。ジョブ1とジョブ2は多重度制限にかからないため、すぐに実行できますが、ジョブ3は多重度制限にかかり、すぐには実行できません。ジョブ1が終了すると、多重度が1に下がるので、ジョブ3は「実行中」に遷移できます。同様にジョブ4も多重度制限にかかり、すぐには実行できませんが、ジョブ2が終了するとジョブ4も「実行中」に遷移できます。

図24.35 多重度制限の例（待機）

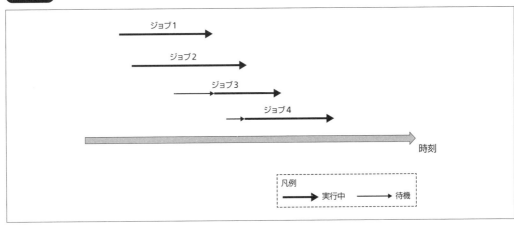

「停止」を指定した場合は、同時に実行しているジョブ数が多重度の上限に達すると、上限を超えたジョブは停止となり、実行されません（図24.36）。

図24.36 多重度制限の例（停止）

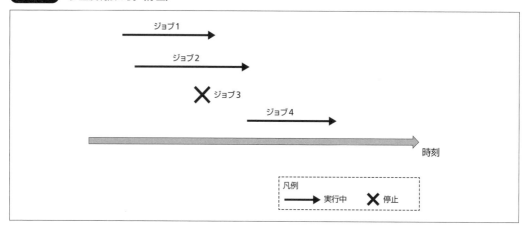

24.11.2 同時実行制御

　ジョブの同時実行制御は、ジョブ同時実行制御キューとの関連付けによりジョブをグループ化して、グループ内で同時に実行するジョブの数を制限する仕組みです。

　ジョブ同時実行制御キューと関連付けられていないジョブは、開始条件（カレンダ、待ち条件）を満たすと「実行中」に遷移します。一方、ジョブ同時実行制御キューと関連付けられたジョブは、開始条件を満たしてもすぐに「実行中」には遷移せず、ジョブ同時実行制御キューに登録されて「実行中（キュー待機）」に遷移します。

　「実行中（キュー待機）」のジョブは、キュー登録時刻順に自動でキューから取り出され、「実行中」に遷移します。ただし、同時に「実行中」へ遷移できるジョブの数は、ジョブ同時実行制御キューに設定されている同時実行可能数に制限されます。ジョブ同時実行制御キューから取り出されて「実行中」となったジョブが「実行中」の次の状態（「終了」状態など）へ遷移すると、新しく「実行中（キュー待機）」のジョブがキューから取り出され、「実行中」に遷移します。この動作は、「実行中（キュー待機）」のジョブがなくなるまで繰り返されます。

　ジョブ同時実行制御キューは、ジョブの多重度と組み合わせて利用できます。Hinemosマネージャは、まず、ジョブ同時実行制御キューによりグループ化したジョブの中で、「実行中（キュー待機）」から「実行中」へ遷移可能なジョブの数を制限します。次に、「実行中（キュー待機）」から「実行中」へ遷移したジョブについて、ノード単位で同時に実行するジョブ（起動コマンド）の数をジョブの多重度に従って制限します。

　「待機」の設定をした場合のジョブの実行状態を確認してみましょう。「020101_ジョブ」を**表24.19**のように設定してください。

表24.19 020101_ジョブの設定

起動コマンド	sleep 120
終了遅延	チェックを外す（終了遅延を無効にする）

　LinuxAgentノードの設定は**表24.20**のとおりとしてください。

表24.20　LinuxAgentノードの設定

ジョブ多重度	3

図**24.37**のようになります。なお、デフォルトのジョブ多重度は0となっていますが、これはジョブ多重度が無制限ということを意味します。

図24.37　ジョブ多重度の設定

「020101_ジョブ」を5回実行させてください。実行させた後、[ジョブ履歴[ノード詳細]]ビューでジョブの実行状態を確認してください。「020101_ジョブ」が3回「実行中」に遷移し、2回は「待機」の状態となっていることがわかります。「020101_ジョブ」が終わると、待機中のジョブが順番に「実行中」に遷移します。

また、ジョブが実行中のときに、[リポジトリ]パースペクティブの[リポジトリ[エージェント]]ビューを見てください。「ジョブ多重度」列は「run=3,wait=2」のようになり、実行状態がわかります（図**24.38**）。

図24.38　[リポジトリ[エージェント]]ビュー

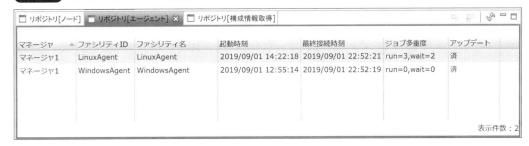

第 24 章　業務の自動化

次に、ジョブの同時実行制御と紐付けた場合の実行状態を確認してみましょう。[ジョブ設定[同時実行制御]]ビューで、同時実行制御キューを**表24.21**の設定で登録してください。

表24.21　020101_キューの設定

キューID	020101_queue
キュー名	020101_キュー
同時実行可能数	5

実際に設定すると、**図24.39**のようになります。

図24.39　ジョブ同時実行制御の設定（キュー）

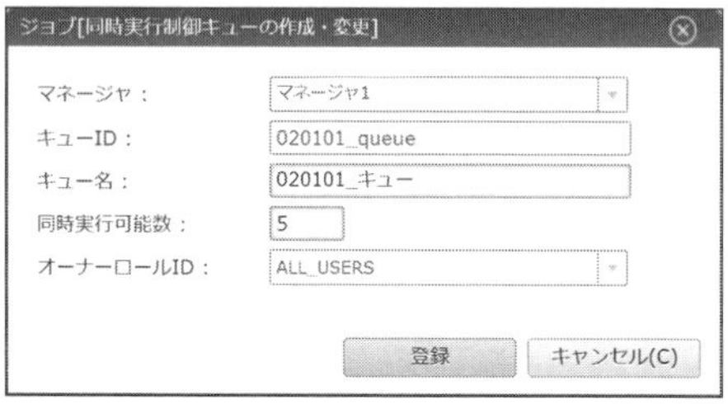

「020101_ジョブ」は**表24.22**のとおりに設定してください。

表24.22　020101_ジョブの設定

同時実行制御	020101_キュー（020101_queue）

実際に設定すると、**図24.40**のようになります。

図24.40　ジョブ同時実行制御の設定（ジョブ）

「020101_ジョブ」を10回実行させてください。実行させた後、[ジョブ履歴[ノード詳細]]ビューでジョブの実行状態を確認してください。「020101_ジョブ」が3回「実行中」に遷移し、2回は「待機」の状態となっていることがわかります。

[ジョブ履歴[同時実行制御履歴]]ビューで「020101_キュー」を選択し、[ジョブ履歴[同時実行制御状況]]ビューを確認してください。「実行中」のセッションが5件、「実行中(キュー待機)」のセッションが5件となっていることがわかります。「020101_ジョブ」が終わると、待機中のジョブが順番に「実行中」に遷移し、「実行中(キュー待機)」のセッションも順番に「実行中」に遷移します。

24.12 ジョブ優先度

ノードごとに優先度を設定すると、優先度の高いノードでジョブを実行させることができます。優先度が高いノードでジョブが実行できなかった場合や、ジョブの実行結果が異常であった場合に、次に優先度の高いノードでジョブを実行させることもできます。

図24.41の左側の例では、一番優先度の高いノードAでジョブが実行されて正常終了しているので、他のノードでは実行されません。右側の例では、一番優先度の高いノードAでジョブが実行されますが、異常終了しているので、二番目に優先度の高いノードBでジョブが実行されます。ノードBではジョブが正常終了しているので、ノードCではジョブは実行されません。

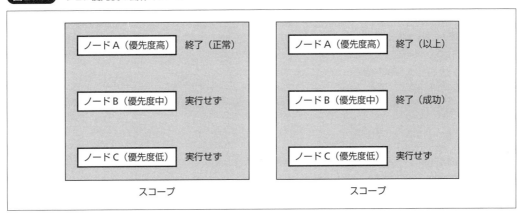

図24.41 ジョブ優先度の動作イメージ

ジョブ優先度はノードに設定します。ジョブ優先度を変更するには、[リポジトリ]パースペクティブの[リポジトリ[ノード]]ビューで[変更]ボタンをクリックして、ノード[作成・変更]ダイアログを開きます(図24.42)。表24.23のとおり設定してください。ノード優先度は数字が大きいノードが優先されます。

第24章 業務の自動化

図24.42 ジョブ優先度の設定

表24.23 ジョブ優先度の設定

LinuxAgent	ジョブ優先度16
Manager	ジョブ優先度10
WindowsAgent	ジョブ優先度5

次に、**表24.24**〜**表24.26**のジョブを設定してください。

表24.24 020101_ジョブの設定

スコープ	HinemosSystem
スコープ処理	正常終了するまでノードを順次リトライ
起動コマンド	ifconfig

表24.25 020102_ジョブの設定

スコープ	HinemosSystem
スコープ処理	正常終了するまでノードを順次リトライ
起動コマンド	ipconfig.exe

表24.26 020103_ジョブの設定

スコープ	HinemosSystem
スコープ処理	正常終了するまでノードを順次リトライ
起動コマンド	ipconfig.exe

スコープ処理はノード優先度の高いノードから順次実行し、成功すれば終了します。失敗した場合は、順番にノード優先度の高いノードで実行され、成功すれば終了します。ifconfigはLinux用のコマンドであり、Windowsで実行すると失敗します。逆にipconfig.exeはWindows用の実行ファイルであり、Linuxで実行すると失敗します。

「020101_ジョブ」の実行結果は**図24.43**のとおりです。一番優先度の高いLinuxAgentでifconfigコマンドを実行し、成功して終了します。

図24.43 020101_ジョブの実行結果（ノード詳細）

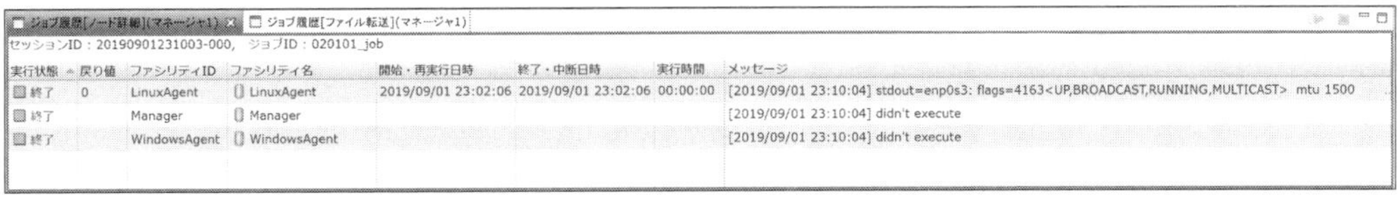

「020102_ジョブ」の実行結果は**図24.43**のとおりです。一番優先度の高いLinuxAgentでipconfig.exeを実行しますが失敗します。正常終了するまで順次優先度の高いノードでリトライするようになっているので、次に優先度の高いManagerでipconfig.exeを実行し、再び失敗します。最後にWindowsAgentでipconfig.exeを実行し、成功して終了します。

図24.44 020102_ジョブの実行結果（ノード詳細）

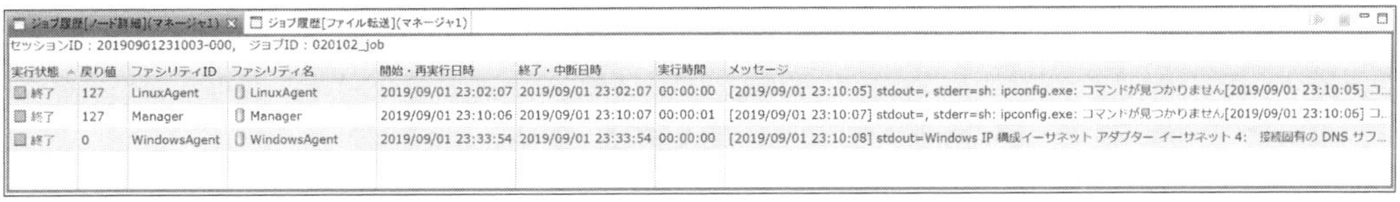

「020103_ジョブ」の実行結果は「020102_ジョブ」と同様です。

24.13 ジョブネットのさまざまな構成

Hinemosでは、待ち条件を利用してさまざまなジョブネットを組むことができます。本節では、ジョブネットの構成をいくつか紹介します。

24.13.1 バックアップと再起動

DBサーバでバックアップを取得して、ログ管理サーバに転送してから、Webサーバ、APサーバ、DBサーバを順番に再起動する例です（**図24.45**）。

図24.45 バックアップ再起動ジョブネット

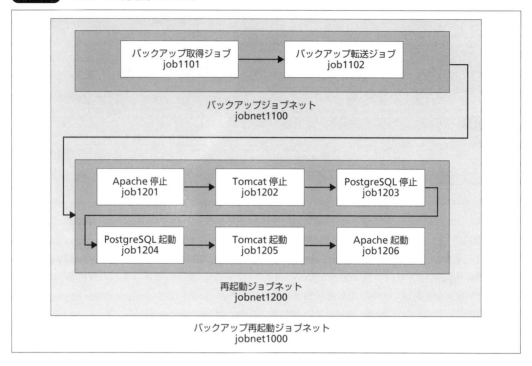

待ち条件や終了遅延の設定例は**表24.27**のとおりです。

表24.27 バックアップ再起動ジョブネットの待ち条件と終了遅延の設定

設定をするジョブ	待ち条件	終了遅延
バックアップジョブネット (jobnet1100)	なし	ジョブセッション開始後の時間30分、停止
バックアップ取得ジョブ (job1101)	なし	なし
バックアップ転送ジョブ (job1102)	job1001（正常終了）	なし
再起動ジョブネット (jobnet1200)	job1100（*）	なし
Apache 停止 (job1201)	なし	なし
Tomcat 停止 (job1202)	job1201（正常終了）	なし
PostgreSQL 停止 (job1203)	job1202（正常終了）	なし
PostgreSQL 起動 (job1204)	job1203（正常終了）	なし
Tomcat 起動 (job1205)	job1204（正常終了）	なし
Apache 起動 (job1206)	job1205（正常終了）	なし

　後続ジョブの待ち条件には先行ジョブを登録します。バックアップ転送ジョブは、先行ジョブが成功していない場合には実行しても意味がないため（転送するファイルが作成されていないため）、待ち条件は成功時だけと設定します。同様に、Tomcat停止ジョブなども、先行ジョブが成功した場合にだけ実行する設定とします。再起動ジョブネットの待ち条件には「*」を指定します。これにより、バックアップジョブネットが終了さえすれば、成功であっても失敗であっても、再起動ジョブネットは実行されます。再

起動運用は、バックアップの成功有無に関わらず実行する必要があるので、このように設定します。

終了遅延は、バックアップジョブネットにだけ設定します。この設定により、バックアップが長時間(30分)終わらない場合は、バックアップを中断して終了に遷移して、再起動ジョブネットを実行させることができます。

このバックアップ再起動ジョブネットを週次や月次で動作させるようにジョブスケジュールを設定しておきます。

24.13.2 商品情報アップデート

商品情報をアップデートする例です(**図24.46**)。Webサーバを閉塞状態(ユーザが利用できない状態)にしてから、商品情報をアップデートするものとします。

図24.46 商品情報アップデートジョブネット

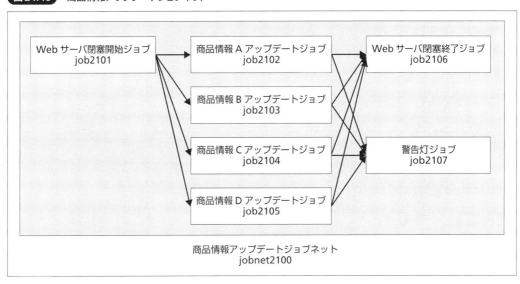

待ち条件の設定例は**表24.28**のとおりです。

表24.28 商品情報アップデートジョブネットの待ち条件の設定

設定をするジョブ	待ち条件
Webサーバ閉塞開始ジョブ (job2101)	なし
商品情報AアップデートWebサーバ閉塞開始 (job2102)	job2101 (正常終了)
商品情報BアップデートWebサーバ閉塞開始 (job2103)	job2101 (正常終了)
商品情報CアップデートWebサーバ閉塞開始 (job2104)	job2101 (正常終了)
商品情報DアップデートWebサーバ閉塞開始 (job2105)	job2101 (正常終了)
Webサーバ閉塞終了ジョブ (job2106)	job2101 (正常終了) and job2102 (正常終了) and job2103 (正常終了) and job2104 (正常終了)
警告灯ジョブ (job2107)	job2101 (異常終了) or job2102 (異常終了) or job2103 (異常終了) or job2104 (異常終了)

第 24 章　業務の自動化

　Web サーバが閉塞した状態で商品情報をアップデートするため、商品情報アップデートジョブの待ち
条件にはいずれも Web サーバ閉塞開始ジョブを設定します。Web サーバの閉塞終了は、商品情報のアッ
プデートが終了するまで待つ必要があるので、Web サーバ閉塞終了ジョブの待ち条件には、すべての商
品情報アップデートジョブを設定します。また、商品情報アップデートジョブのいずれかが正常に終了
しない場合は、Web サーバ閉塞終了ジョブを実行できない状態となり、サービスが開始できません。そ
のため、商品情報アップデートジョブのいずれかが失敗した場合は、警告灯ジョブを実行します。

　この例では、4 つの商品情報アップデートジョブを並列に動作させて、すべての商品情報のアップデー
トにかかる時間を短くしています。ただし、ジョブの並列度が上がることで高負荷になり、他の問題が
発生する可能性もあります。そのような場合は、ジョブの多重度を制限し、並列度が上がりすぎないよ
うに調整することもできます。

24.14 複雑なジョブネットの終了判定

　複雑なジョブネットを扱う場合に、必ず知っておくべきことがあります。それは、ジョブネットの終
了判定の仕様です。

　ジョブネットに複数のジョブが含まれていて、成功するジョブや失敗したジョブが含まれている場合に、
ジョブネット全体では成功になるのか、それとも失敗になるのか。この仕様について、しっかり理解し
ておく必要があります。

24.14.1 ジョブ（単一ノード）の終了判定

　まずは、1 ノードだけでジョブが実行される場合の終了判定について説明します。ジョブの終了判定は、
ジョブ[コマンドジョブの作成・変更]ダイアログの[終了状態]タブ（**図 24.47**）に従って行われます。

図 24.47　[終了状態] タブ

　次の順番で終了状態や終了値が決定されます。

396

- 処理1. ジョブで指定したコマンド(スクリプト)の返り値が決まる
- 処理2. 返り値から、[終了状態]タブの終了値の範囲に従って、終了状態が決まる
- 処理3. 終了状態から、[終了状態]タブの終了値に従って、終了値が決まる

[終了状態]タブがデフォルトの状態であれば、コマンドの返り値が0の場合は、終了値の範囲が0-0に含まれるので、終了状態は正常、終了値は0となります。

また、コマンドの返り値が1の場合は、終了値の範囲が1-1に含まれるので、終了状態は警告、終了値は1となります。

コマンドの返り値が2の場合は、終了状態は異常、終了値は-1となります。

終了状態や終了値は[ジョブ履歴[ジョブ詳細]]ビューに表示されます。

24.14.2 ジョブ(複数ノード)の終了判定

次に、複数のノードが含まれるスコープに対してジョブを実行する例で説明します。複数のノードでジョブを実行すると、コマンドは複数実行されることになるので、コマンドの返り値は複数になります。このとき、その中で最も重要度が高い終了状態が採用されます。重要度が最も高いのは「異常」、最も低いのは「正常」です。

スコープに対してジョブを実行した場合の終了判定は次のとおりです。

- 処理1. ジョブで指定したコマンド(スクリプト)の返り値が複数決まる
- 処理2. 複数の返り値から、[終了状態]タブの終了値の範囲に従って終了状態が決まり、最も重要度の高い終了状態が採用される
- 処理3. 終了状態から、[終了状態]タブの終了値に従って、終了値が決まる

単一ノードの場合とは、処理2が異なっています。

24.14.3 ジョブネットの終了判定

それでは、ジョブネットの終了判定について説明します。ジョブネットの場合は、ジョブと異なりコマンド(スクリプト)を実行しません。そのため、終了判定に使われる値は、コマンドの返り値ではなく、ジョブネットに含まれるジョブの終了値です。ここで重要なのは、ジョブネットに含まれるすべてのジョブの終了値ではなく、後続ジョブが存在しないジョブの終了値だけがジョブネットの終了判定に利用されるという点です。

図24.48の場合は、ジョブ3とジョブ5だけがジョブネットの終了判定に利用されます。

図24.48 後続ジョブが存在しないジョブ

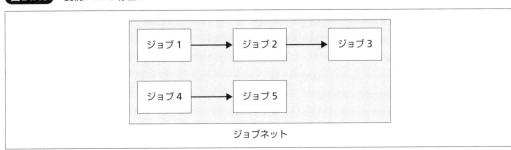

後続ジョブが存在しないジョブが複数存在する場合は、ジョブの終了値は複数になりますが、その中で最も重要度が高い終了状態が採用されます。

ジョブネットの終了判定は次のとおりです。

- 処理1. ジョブネットに含まれるジョブやジョブネットなどの終了値が決まる
- 処理2. 複数の終了値から、後続ジョブが存在しないものだけを抽出する
- 処理3. [終了状態]タブの終了値の範囲に従って終了状態が決まり、最も重要度の高い終了状態が採用される
- 処理4. 終了状態から、[終了状態]タブの終了値に従って、終了値が決まる

繰り返しになりますが、後続ジョブが存在しないジョブの終了値だけがジョブネットの終了判定に利用されます。そのため、後続ジョブが存在するジョブが終了していない状態(「待機」や「実行中」)であっても、後続ジョブが存在しないジョブがすべて終了していれば、ジョブネット自体は「終了」に遷移します。

 ジョブの設計

Hinemosのジョブ機能は非常に自由度が高く、ジョブを構築する人によって多種多様なジョブを組むことができます。それはメリットでもありますが、設計次第では統一性がなくなってしまい、ジョブの可読性が落ちてしまうというデメリットにもなります。そのため、まずHinemosのジョブ機能で実現できることの特徴を正しくとらえ、自分たちの運用にあったジョブの設計方針を設定し、その方針に従って設計を進めていくことが重要になります。このコラムでは、よく利用されるジョブの設計の考え方を紹介します。

ジョブユニットの使い方

ジョブユニットはジョブネットと異なり、オーナーロールおよびオブジェクト権限を設定できます。そのため、ジョブユニットは可視範囲を設定するフォルダとして利用します。

ジョブの実行単位

ジョブ機能では、手動実行、ジョブスケジュール、ジョブファイルチェックなど、複数の方法でジョブを実行できます。ジョブツリーで選択できるジョブはすべて実行可能となっていますが、ここに制約を付けることでジョブの可読性が高まります。たとえば、次のような2つの制約を設けます(**図24.49**)。

- ジョブユニットの1つ下の階層だけを実行可能とする
- それ以外のジョブは原則として手動実行やジョブスケジュールの対象としてはならない

この制約を付けることで、業務バッチやリカバリ処理用バッチなどさまざまなジョブの単位が、ジョブユニットの1つ下の階層を確認すればよいことになります。

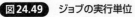

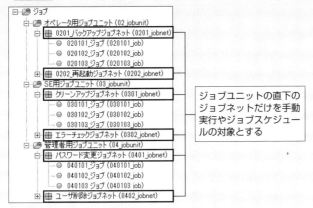

ジョブとスクリプトの範囲

100ステップのスクリプトがあったとしましょう。「100ステップのスクリプトを1つのジョブとして登録」する方法もありますし、スクリプトの100ステップを分解して、「1ステップのスクリプトを100ジョブ登録」する方法もあります。どちらの方法をとっても、そのサーバ上では同一の100ステップの処理が行われます。しかし、両者にはメリットとデメリットが存在します。

- **100ステップのスクリプトを1ジョブとして登録**

  ジョブの中の処理ロジックがすべてスクリプト内で閉じているため、Hinemosを介さずユーザが手動で簡易に実行できます。たとえば、スクリプトの動作確認はTera Termなどのコンソールから実施できるので、動作確認は非常に容易です。しかし、Hinemosを介して実行した場合に、スクリプト内の実行状況の確認が難しいため、スクリプト内の実行状況をログファイルに出力するなどの工夫が必要です。また、ネットワーク障害などでHinemosからジョブを起動できない場合でも、対象サーバにログインして手動でスクリプトを実行すればよいため、耐障害性に優れています

- **1ステップのスクリプトを100ジョブとして登録**

  個々の処理は1つ1つ別のジョブになっているため、「参照ジョブ」を利用して他の箇所で再利用したり、ジョブが途中で中断した場合に該当処理だけを途中から再実行したりといったことも容易です。しかし、ジョブの中の処理ロジックがすべてスクリプト内で閉じていないので、Hinemosを介して処理を実行する必要があります。たとえば、スクリプトの動作確認をするには、ユーザがHinemosに登録されている処理ロジックを1つ1つ理解し、手動で実行する必要があります

このように、正常運用の場合ではなく、動作確認時や障害発生時などのジョブの再実行の観点でそれぞれに特徴があります。デメリットに見える部分でも、運用要件に従うと必要な設計という場合もあります。

動作確認の容易さと、障害発生時などのジョブの再実行時のオペレーションミスの防止を最大の目的にする場合は、次のような2つの制約を設けます。

- ジョブの中の処理ロジックは可能な限りスクリプト内で閉じて、再実行可能なスクリプトとする
- 複数のサーバに跨がった処理の場合だけ、複数のジョブを用意する

第24章　業務の自動化

24.15 カレンダ機能との連携

ジョブでは、日程を考慮して実行の有無を決めることができます。たとえば、「同じジョブネット内にあるジョブでも月末だけは実行したくない」「毎月の最初の営業日だけジョブをスケジュール実行したい」といったケースにも対応できます。カレンダ機能については、「第8章　カレンダ」を参照してください。

ジョブにカレンダを設定する箇所は次の2つが存在します。

● ジョブスケジュール[作成・変更]ダイアログ
● ジョブ[作成・変更]ダイアログ(ジョブネット、コマンドジョブ、ファイル転送ジョブ、監視ジョブ、承認ジョブ)

設定箇所によって挙動が異なるので、特徴を理解して使い分ける必要があります。

まずは「ジョブスケジュール」にカレンダを設定した場合の挙動を説明しましょう。カレンダは**表24.29**のように設定します。

表24.29 毎週月曜日稼動のカレンダ設定

カレンダID	monday
カレンダ名	毎週月曜日稼動
有効期間(開始)	2017/1/1 00:00:00
有効期間(終了)	2020/1/1 00:00:00
カレンダ詳細	毎週、月曜日

ジョブスケジュールは**表24.30**のように設定します。

表24.30 02_スケジュールの設定

実行契機ID	02_schedule
実行契機名	02_スケジュール
ジョブID	0201_ジョブネット
カレンダID	monday
スケジュール設定	毎日 [13] 時 [00] 分

実際に設定すると、**図24.50**のようになります。

400

24.15　カレンダ機能との連携

図24.50　ジョブスケジュールにカレンダを設定

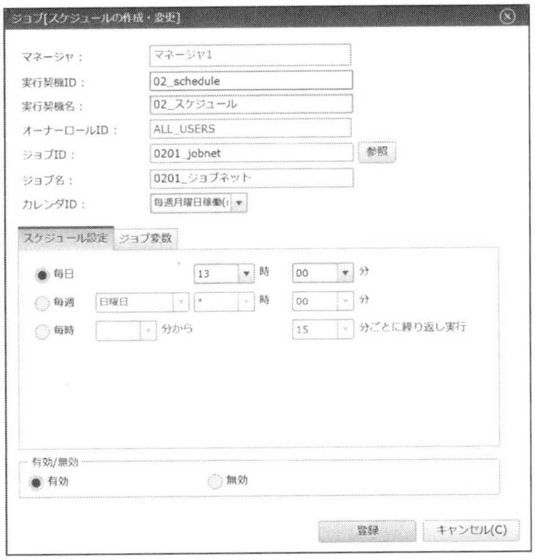

　この設定でジョブ設定[スケジュール予定]を参照してください。**図24.51**のように、「0201_ジョブネット」が毎週月曜日だけ実行されることを確認できます。

図24.51　[ジョブ設定［スケジュール予定]] ビュー（月曜日だけ実行）

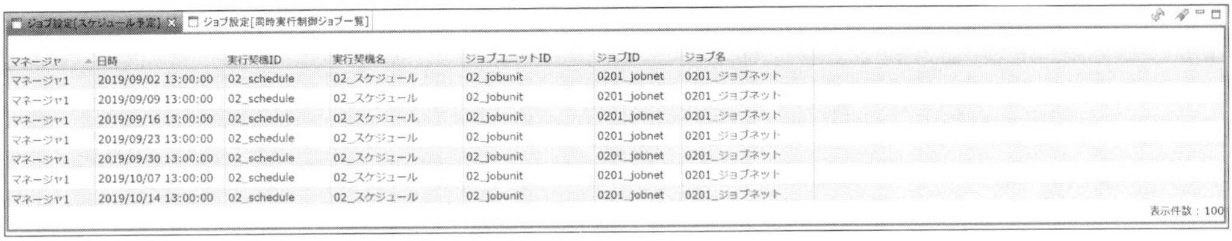

　次はジョブ[コマンドジョブの作成・変更]ダイアログでカレンダを設定してみます。設定値を**表24.31**および**表24.32**に示します。

表24.31　020101_ジョブの設定

カレンダ	カレンダ01

表24.32　020102_ジョブの設定

待ち条件	020101_ジョブ

　「020101_ジョブ」は**図24.52**のようになります。

第 24 章　業務の自動化

図 24.52　ジョブにカレンダを設定

この状態で「0201_ジョブネット」を手動実行すると、月曜日であれば「020101_ジョブ」「020102_ジョブ」の順番に動作します。月曜日以外であれば、「020101_ジョブ」が実行されず、後続ジョブの「020102_ジョブ」だけが実行されます。

このように、ジョブスケジュールにカレンダを設定すると、ジョブネットそのものの動作の有無を決めることができます。また、ジョブにカレンダを設定すると、ジョブネット自体は動作しますが、ジョブネット内部のジョブの動作の有無を決めることができます。

最後に、ジョブに設定したカレンダが想定どおりに動作しているか確認してみましょう。カレンダ設定は、Hinemos マネージャの「OS のシステム時刻」とは独立した「Hinemos 時刻」を見て実行するかどうかを判断します。そのため、カレンダが想定どおりに動作することを確認するには、「OS のシステム時刻」がカレンダで設定した時刻になるまで待つ必要はありません。「Hinemos 時刻」を変更すれば確認できるのです。そこで、ここでは「Hinemos 時刻」を変更する方法を説明します。Hinemos マネージャの「Hinemos 時刻」を変更する手順は次のとおりです。

1. Hinemos 時刻の変更

   Hinemos クライアントにて[メンテナンス]パースペクティブを開き、[メンテナンス[Hinemos プロパティ]]ビューにてプロパティ「common.time.offset」を選択して[変更]ボタンをクリックします。[Hinemos プロパティ設定[作成／変更]]ダイアログで「値」を変更し、[OK]ボタンをクリックします

2. Hinemos のマネージャの停止

   (root)# service hinemos_manager stop

3. Hinemos の PostgreSQL の起動

   (root)# service hinemos_pg start

4. スケジューラリセットスクリプト(hinemos_reset_scheduler.sh)の実行

   (root)# /opt/hinemos/sbin/mng/hinemos_reset_scheduler.sh

5. Hinemos の PostgreSQL の停止

   (root)# service hinemos_pg stop

6. Hinemosマネージャの起動

    (root)# service hinemos_manager start

なお、「Hinemos時刻」は次の計算式で算出されます。

    「Hinemos時刻」＝「OSのシステム時刻」＋「common.time.offset」の値

「Hinemos時刻」を「OSのシステム時刻」の1日前の時刻にしたい場合は、**リスト24.4**のようにプロパティへ設定します。

リスト24.4 1日前の時刻にしたい場合の設定例

```
common.time.offset=-86400000
```

プロパティ「common.time.offset」には「OSのシステム時刻」からの差分の値をミリ秒で指定するため、**リスト24.4**では1日分の時間として24×60×60×1000の値を設定（過去の場合は負数）しています。

手順に従って「Hinemos時刻」を変更し、月曜日にして「0201_ジョブネット」を実行してください。「020101_ジョブ」と「020102_ジョブ」が順番に実行されることを確認してください。次は手順に従って「Hinemos時刻」を変更し、火曜日にして「0201_ジョブネット」を実行してください。「020101_ジョブ」が実行されず、「020102_ジョブ」が実行されることを確認してください。

カレンダの注意点についても説明しておきます。カレンダの判定は、ジョブにスケジュールの設定をしても、そのジョブが実行される時刻を基準に行われるのではなく、ジョブセッションの開始時刻を基準として行われます。**表24.33**〜**表24.35**の例で説明します。

表24.33 カレンダ02の設定

09:00:00 〜 11:00:00	稼動
11:00:00 〜 14:00:00	非稼動

表24.34 020102_ジョブの設定

待ち条件	020101_ジョブ
カレンダ	カレンダ02

表24.35 ジョブの開始時刻と終了時刻

0201_ジョブネット	10:00:00に実行
020101_ジョブ	10:00:00に実行、12:00:00に終了
020102_ジョブ	12:00:00に実行、13:00:00に終了

この「0201_ジョブネット」の例では、たとえ「020102_ジョブ」の実行の開始時刻がカレンダの非稼動の時間帯になっていたとしても、ジョブセッションの開始時刻（ここでは「0201_ジョブネット」の開始時刻）がカレンダの稼動時間帯であれば、「020102_ジョブ」は実行されます。

24.16 監視結果からのジョブ実行

監視機能とジョブ機能を連携させると、監視対象における障害の発生を検知して、ジョブを実行することができます。たとえば、監視対象であるWebサーバに障害のメッセージが出力されたことを検知して、ジョブとして登録したWebサーバの再起動を自動的に実行することが可能です。

第24章 業務の自動化

　監視機能とジョブ機能を連携させるには、「ジョブ通知」を利用します。これにより、監視結果をジョブという形で通知させます。

　なお、Hinemosのジョブは、手動実行、スケジュール実行、ファイルチェック実行、ジョブ通知の4種類の方法で起動させることができます。今回説明するジョブ通知が最後の実行方法となります。

　では例として、システムログ監視でメッセージを検知して、「0201_ジョブネット」を実行させます。初めにジョブ通知を設定します。**表24.36**のとおり設定してください。

表24.36 ジョブ通知の設定

通知ID	job001
同じ重要度の監視結果が「x」回以上連続した場合に初めて通知する	1
重要度変化後の二回目移行の通知	常に通知する
ジョブ実行スコープ	固定スコープ（LinuxAgent）
重要度（情報）	［通知］にチェックを入れる ジョブID：020101_job
重要度（警告）	［通知］にチェックを入れる ジョブID：020101_job
重要度（危険）	［通知］にチェックを入れる ジョブID：020101_job
重要度（不明）	［通知］にチェック ジョブID：020101_job

　実際に設定すると、**図24.53**のようになります。

図24.53 ジョブ通知

次にシステムログ監視を設定します。**表24.37**のように設定してください。

表24.37 システムログ監視の設定

監視項目ID	system001
スコープ	LinuxAgent
監視	チェックを入れる
判定	パターンマッチ表現「.*test.*」 条件に一致したら処理する 重要度：危険
通知	job001

実際に設定すると、**図24.54**のようになります。

図24.54 システムログ監視

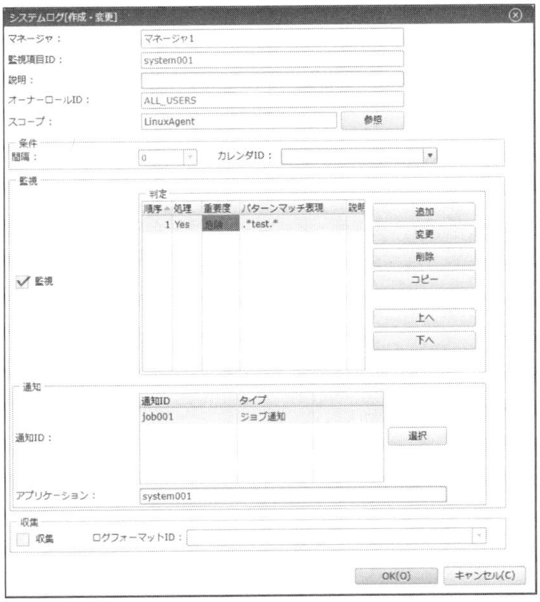

LinuxAgentノードで**図24.55**のコマンドを実行してシステムログに「test」を出力し、Hinemosに検知させます。そして、[ジョブ履歴[一覧]]ビューで「020101_ジョブ」が実行されたかどうかを確認してください。

図24.55 testメッセージをシステムログに出力

```
(root)# logger test
```

なお、ジョブ通知から実行されたジョブは、**図24.56**のように実行契機種別が「監視連動」となります。この点についても確認してください。

図24.56　実行契機種別（監視連動）

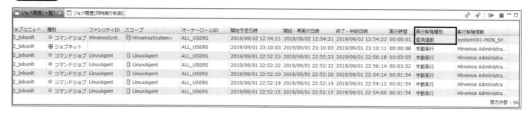

「7.6　自動復旧などを実行する「ジョブ通知」「環境構築通知」」にもジョブ通知の説明と例題がありますので、こちらも併せて参照してください。

24.17 スクリプトを配布してのコマンドジョブ実行

コマンドジョブでは、コマンドジョブ実行時にマネージャからノードに対してスクリプトを配布して実行することができます。

ここでは(Hinemos ver.6.2 ユーザマニュアル 9.16 スクリプトを利用したジョブ実行)に記載されたコマンドジョブサンプル(sleep.sh)を配布して実行できることを確認します。

「020101_ジョブ」を**表24.38**のとおりに設定してください。

表24.38　020101_ジョブの設定

起動コマンド	#[SCRIPT] start 120
スクリプト配布	マネージャから配布
スクリプト名	sleep.sh
エンコーディング	UTF-8
スクリプト	コマンドジョブサンプル (sleep.sh)

スクリプト配布の設定は**図24.57**のようになります。

図24.57　スクリプト配布

「020101_ジョブ」を実行してください。スクリプト配布によるコマンドジョブ実行時に、Hinemosエージェントでは、ファイル名が「<セッションID>_<ジョブID>_<スクリプト名の設定値>」、ファイル内容が「<スクリプトの設定値>」である一時ファイルを[Hinemosエージェントのインストールディレクトリ]のscriptディレクトリ配下に作成して実行します。そこで、図24.58のコマンドを実行して、LinuxAgentサーバにスクリプトが作成されて実行されていることを確認してください。

図24.58 スクリプトの配布および実行の確認

```
(root)# ps -ef | grep sleep.sh
root      1506  1237  0 13:06 ?        00:00:00 /bin/sh /opt/hinemos_agent/scri
```

24.18 コマンドジョブ終了時の変数の利用

コマンドジョブでは、コマンドの標準出力の一部を切り出してジョブ変数に設定するか、固定値のジョブ変数を設定して利用することができます。

ここでは、コマンドの標準出力から一部を切り出してジョブ変数に設定する場合の動作を確認します。「020101_ジョブ」を**表24.39**のとおりに設定してください。

表24.39 020101_ジョブの設定

起動コマンド		echo testSampletest
ジョブ終了時の変数設定	名前	SAMPLE
ジョブ終了時の変数設定	値	test(.*)test
ジョブ終了時の変数設定	標準出力から取得(正規表現)	チェックを入れる

コマンド終了時のジョブ変数の設定は**図24.59**のようになります。

図24.59 コマンド終了時のジョブ変数の設定

次に、「020102_ジョブ」を**表24.40**のとおりに設定してください。

表24.40 020102_ジョブの設定

起動コマンド	echo #[SAMPLE:LinuxAgent]

「0201_ジョブネット」を実行してください。実行後、[ジョブ履歴[ノード詳細]]ビューでジョブの実行状態を確認してください。図24.60に示すように、「020102_ジョブ」のメッセージに「stdout=Sample」と出力されていることを確認できます。

「020101_ジョブ」のコマンドの標準出力から抽出した文字列 "Sample" がジョブ変数 SANPLE:LinuxAgentに格納され、「020102_ジョブ」のコマンドによってそのジョブ変数に格納された値が出力されています。

図24.60 ［ジョブ履歴［ノード詳細］］ビュー

24.19 ジョブ変数を待ち条件に利用

ジョブネットや各種ジョブの待ち条件にはジョブ変数を設定できます。

24.18節で紹介したジョブ変数（コマンドの標準出力の一部を切り出して設定されたもの）を待ち条件に設定して、動作を確認してみましょう。

まず、「020101_ジョブ」と「020102_ジョブ」を24.18節と同じように設定してください。

「020102_ジョブ」の待ち条件を**表24.41**のとおりに設定してください。

表24.41 020102_ジョブの設定

待ち条件	判定値1	#[SAMPLE:LinuxAgent]
	判定条件	＝（文字列）
	判定値2	Sample

実際に設定すると、**図24.61**のようになります。

図24.61 ジョブ変数を用いた待ち条件の設定

「0201_ジョブネット」を実行してください。実行後、［ジョブ履歴［ノード詳細］］ビューでジョブの実行状態を確認し、「020102_ジョブ」が実行されていることを確認してください。

次に、「020102_ジョブ」の待ち条件の判定値2を "Sample" 以外の文字列に変更して、再び「0201_ジョ

ブネット」を実行してください。「020102_ジョブ」が実行されないことを確認できます。
「020101_ジョブ」のコマンドの標準出力を使って設定されたジョブ変数SANPLE:LinuxAgentを待ち条件に利用できることを確認できたでしょう。

24.20 コマンドジョブでの環境変数の利用

コマンドジョブでは、ノードに対して発行されるコマンドで利用する環境変数を設定することができます。「020101_ジョブ」に環境変数を設定し、環境変数を利用したコマンドにて動作を確認してみましょう。「020101_ジョブ」を**表24.42**のとおりに設定してください。

表24.42 020101_ジョブの設定

起動コマンド		echo $TEST
環境変数	名前	TEST
環境変数	値	testSampletest

環境変数の設定は**図24.62**のようになります。

図24.62 環境変数の設定

「020101_ジョブ」を実行してください。実行後、[ジョブ履歴[ノード詳細]]ビューでジョブの実行状態を確認してください。「020101_ジョブ」のメッセージに「stdout=testSampletest」と出力されていることを確認できるはずです。
「020101_ジョブ」のコマンドで環境変数TESTが利用され、出力が環境変数TESTに格納された値となったことを確認できました。

24.21 参照ジョブ／参照ジョブネット

参照ジョブは、同一ジョブユニットに属する定義済みのその他コマンドジョブ(もしくはファイル転送ジョブ、承認ジョブ、監視ジョブ)を参照する形で設定できるジョブです。参照ジョブネットは、参照ジョブと同等の機能を持つジョブネットであり、参照先がジョブネットとなるものです。

それぞれ、待ち条件、参照する各種ジョブ／ジョブネットを定義するだけで、参照先のジョブ／ジョブネットの各種設定情報に基づいたジョブを登録、実行できます。ジョブユニット、参照ジョブ、参照ジョブネットは、参照先として設定できません。待ち条件の設定に関しては、コマンドジョブの作成と同じ手順で設定できます。

「020101_ジョブ」を参照して、参照ジョブの動作を確認してみましょう。

「0201_ジョブネット」の配下に、参照ジョブとして「020104_ジョブ」を作成してください（**表24.43**、**図24.63**）。

表24.43 020104_ジョブの設定

ジョブID	020104_job
ジョブ名	020104_ジョブ
参照	ジョブツリーから選択 ジョブユニットID：02_jobunit ジョブID：020101_job
待ち条件	020103_job（終了状態は「*」とします）

図24.63 参照ジョブ設定

また、「020101_ジョブ」を**表24.44**のとおりに設定してください。

表24.44 020101_ジョブの設定

起動コマンド	echo 020101_job

「0201_ジョブネット」を実行してください。実行後、[ジョブ履歴[ジョブ詳細]]ビューでジョブの実行状態を確認し、「020103_ジョブ」の実行後に「020104_ジョブ」が実行されることを確認してください。

次に、[ジョブ履歴[ノード詳細]]ビューでジョブの実行状態を確認してください。「020104_ジョブ」のメッセージに「stdout=020101_job」と出力されていることを確認できます。

「020104_ジョブ」が「020101_ジョブ」を参照して実行されたことが確認できました。

24.22 セッション横断ジョブを待ち条件に利用

ジョブネットや各種ジョブの待ち条件にセッション横断ジョブを利用することで、異なるジョブセッションで実行されたジョブを待ち条件として指定できます。

異なるジョブセッションで実行された「020101_ジョブ」を待ち条件に指定した「020201_ジョブ」を作成して動作を確認してみましょう。

「02_ジョブユニット」の配下に「0202_ジョブネット」(**表24.45**)を作成します。

表24.45 0202_ジョブネットの設定

ジョブID	0202_jobnet
ジョブ名	0202_ジョブネット

「0202_ジョブネット」の配下に「020201_ジョブ」(**表24.46**)を作成します。

表24.46 020201_ジョブの設定

ジョブID		020201_job
ジョブ名		020201_ジョブ
スコープ		LinuxAgent
起動コマンド		sleep 60
待ち条件	名前	セッション横断ジョブ(終了状態)
	ジョブID	020101_job
	値(終了状態)	*
	ジョブ履歴範囲(分)	5

「020201_ジョブ」の待ち条件の設定は**図24.64**のようになります。

図24.64 待ち条件の設定

「020101_ジョブ」が過去5分間実行されていない状態で「0202_ジョブネット」を実行してください。実行後、[ジョブ履歴[ジョブ詳細]]ビューでジョブの実行状態を確認し、「020201_ジョブ」の実行状態

第 24 章 業務の自動化

が「待機」になっていることを確認してください。

　次に、「020101_ジョブ」を実行してください。[ジョブ履歴[ジョブ詳細]]ビューで、「020101_ジョブ」
の終了後、「020201_ジョブ」の状態が「実行中」に遷移することを確認してください。

　「020201_ジョブ」が「020101_ジョブ」の実行を待ってから実行されたことが確認できました。

　セッション横断ジョブでは、ジョブ履歴内に指定した先行ジョブの実行履歴が出力されることを待ち
合わせます。その際に、ジョブ履歴範囲で指定した時間、過去履歴をさかのぼって該当のジョブ履歴が
あるかどうか判定を行います。そして、1つでも該当のジョブ履歴が存在する場合は条件を満たしたと
判定します。

24.23 監視ジョブの利用

　システムやアプリケーションに出力されたログや、監視対象ノードのステータスなどを監視するジョ
ブを作成できます。コマンドを設定する代わりに、あらかじめ登録された監視設定を指定することで、
監視対象ノードに対して監視結果を1度だけ取得できます。待ち条件や終了値などはコマンドジョブと
同じように設定できます。監視ジョブを利用すると、ジョブネットの中で監視結果によるコマンドジョ
ブの実行制御を実現できます。

　ここでは、システムログ監視でメッセージを検知する監視ジョブを作成して、動作を確認してみましょう。

　システムログ監視を**表24.47**のとおり設定してください。

表24.47 システムログ監視の設定

監視項目ID	system001
スコープ	LinuxAgent
監視	チェックを入れる
判定	パターンマッチ表現「.*test.*」 条件に一致したら処理する 重要度：正常
通知	なし

　次に「0201 ジョブネット」配下に**表24.48**の監視ジョブを作成してください。

表24.48 020105_ジョブの設定

ジョブID		020105_job
ジョブ名		020105_ジョブ
スコープ		LinuxAgent
監視設定		system001
待ち条件	名前	セッション横断ジョブ（終了状態）
	ジョブID	020101_job
	値（終了状態）	*
	ジョブ履歴範囲（分）	5

　「020105_ジョブ」の設定は**図24.65**のようになります。

412

24.23　監視ジョブの利用

図24.65　システムログ監視設定

　「020105_ジョブ」を実行してください。実行されたかどうかを［ジョブ履歴［一覧］］ビューで確認し、［ジョブ履歴［ノード詳細］］ビューで「020105_ジョブ」のメッセージに「監視応答待ち」と出力されていることを確認してください（**図24.66**）。

図24.66　［ジョブ履歴［ノード詳細］］ビュー

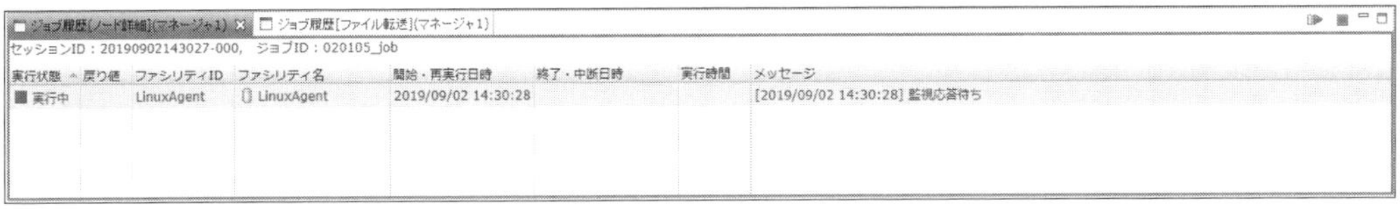

　LinuxAgentノードで**図24.67**のコマンドを実行して、システムログに「test」を出力します。［ジョブ履歴［ジョブ詳細］］ビューで「020105_ジョブ」の実行が終了し、終了状態が「正常」となることを確認してください。

図24.67　testメッセージをシステムログに出力

```
(root)# logger test
```

　監視ジョブを利用することで、ジョブでシステムログ監視を行えることが確認できました。

413

第**6**部 自動化

第**25**章

運用の自動化

第25章 運用の自動化

本章では、運用の自動化（Runbook Automation対応）について説明します。Hinemosで運用の自動化をどのように実現し、活用できるかを解説します。

25.1 Hinemosによる運用自動化の概要

Hinemosによる運用自動化は、業務自動化を実現するジョブ機能に、人による判断である「承認」という行為を含めることで実現します。承認は、ジョブ機能の「承認ジョブ」を利用して処理されます。

承認ジョブ

承認ジョブは、ユーザの承認を待ち合わせるジョブです。「人の判断が必要な手続き」をジョブとして登録できます。

承認ジョブが実行されると、依頼先として設定されている承認者にメールを送信します。承認依頼メールには、Hinemos Webクライアントの[承認]パースペクティブへのリンクアドレスが記載されています。承認者は[承認]パースペクティブの表示内容を確認して、承認または却下を選択します。承認者が承認／却下するまで承認ジョブは実行中となります。承認／却下されると承認ジョブは終了し、後続のジョブが動作します。また、承認依頼先とジョブの実行者に対して、承認結果を通知するメールが送信されます。

承認ジョブの利用イメージを**図25.1**に示します。

図25.1 承認ジョブの利用イメージ

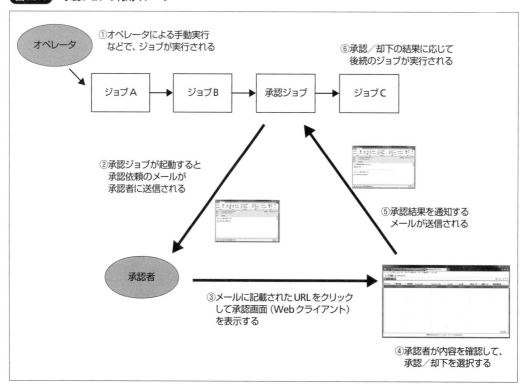

25.1 Hinemosによる運用自動化の概要

次に、Hinemosのジョブ機能を利用することで自動化が可能となる運用のユースケースを2つ紹介します。

■ユースケース1 DB障害時の情報取得と復旧

1つ目のユースケースは、**図25.2**の上のように①オペレータがDBの稼働状況を確認→②問題があった場合にDBサーバから情報取得をしてよいかシステム管理者に承認依頼→③承認されたらDB情報を取得→④DBを再起動してよいか承認依頼→⑤承認されたらDBを再起動、という定型的なワークフローです。

Hinemosのジョブ機能を利用することで、特に作り込みをする必要なく①〜⑤のワークフローをすべて自動化できます（**図25.2**の下）。

図25.2 DB障害時の情報取得と復旧の実現イメージ

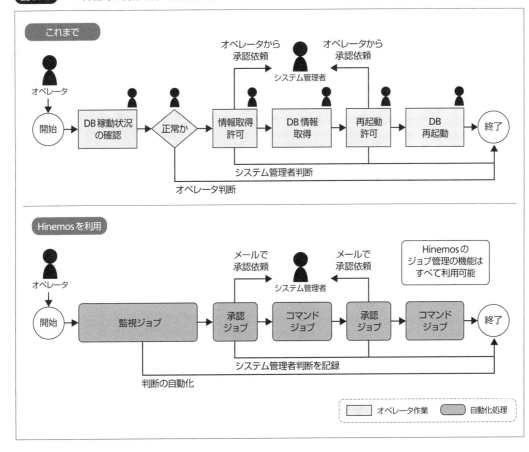

この実現イメージは、次節で例題として取り上げます。

■ユースケース2 仮想マシンの払い出し

2つ目のユースケースは、**図25.3**の上のように①オペレータが仮想マシンを払い出してよいかシステム管理者に承認依頼→②承認されたら仮想マシンを構築・起動→③仮想マシンを払い出し、システム利用者に連絡→④システム利用者は払い出された仮想マシンへのログイン確認および受領連絡、という

ワークフローです。

このワークフローも、Hinemosのジョブ機能を利用することで自動化できます（**図25.3**の下）。

図25.3 仮想マシンの払い出しの実現イメージ

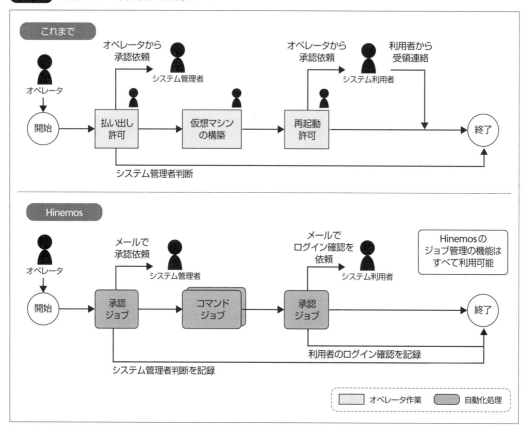

25.2 例題：DB障害時の情報取得と復旧

本節では、DB障害時の情報取得と復旧の運用自動化を例題として、承認を含めたワークフローを解説します。Linuxサーバ上に導入されたPostgreSQLに対し、前節のケース1の定型的なワークフロー（①オペレータがDBの稼動状況を確認→ ②問題があった場合にDBサーバから情報取得をしてよいかシステム管理者に承認依頼→ ③承認されたらDB情報を取得→ ④DBを再起動してよいか承認依頼→ ⑤承認されたらDBを再起動）の自動化を実現する手順を詳しく見ていきましょう。

本ケースの前提条件

LinuxAgentにPostgreSQLをインストールし、データベースを構築しておきます。承認ジョブでは承認依頼メールが送信されるため、メール通知の設定については「Hinemos ver.6.2 管理者ガイド（Linux版マネージャ）」の「5.3　メール通知」を参照してください。

25.2 例題：DB障害時の情報取得と復旧

25.2.1 PostgreSQL のインストール

手順（1）

yumコマンドを実行してPostgreSQLパッケージをインストールします。

```
(root)# yum install postgresql-server
```

手順（2）

postgresql-setupコマンドを実行してPostgreSQLを初期化します。

```
(root)# postgresql-setup initdb
```

手順（3）

postgresql.confを変更します。

```
(root)# vi /var/lib/pgsql/data/postgresql.conf

#listen_addresses = 'localhost' ——— 次のように変更
              ↓
listen_addresses = '*'
```

手順（4）

pg_hba.confを変更します。

```
(root)# vi /var/lib/pgsql/data/pg_hba.conf

以下を追記
              ↓
host    all         all         192.168.0.2/32    md5
```

手順（5）

PostgreSQL を起動します。

```
(root)# systemctl start postgresql
```

25.2.2 DB障害時の情報取得と復旧のワークフロー

DB障害時の情報取得と復旧のワークフローは**表25.1**のとおりです。このワークフローをジョブ機能で実現します。

第25章 運用の自動化

表25.1 DB障害対応のワークフロー

順序	担当者	作業
1	オペレータ	DB状態監視、異常時にDB情報取得の承認依頼
2	システム管理者	DBの情報取得の承認
3	オペレータ	DBの情報取得を実施し、取得後にDB再起動の承認依頼
4	システム管理者	DBの再起動の承認
5	オペレータ	DBの再起動を実施

ワークフローをジョブフローにしたものを**表25.2**に示します。

表25.2 DB障害対応のジョブフロー

順序	実施内容	ジョブ種別
1	DBの状態確認	監視ジョブ
2	DBの情報取得の承認依頼	承認ジョブ
3	DBの情報取得	コマンドジョブ
4	DBの再起動の承認依頼	承認ジョブ
5	DBを再起動	コマンドジョブ

25.2.3 DB障害時の情報取得と復旧のワークフローの設定手順

手順1

Hinemosクライアントで[アカウント]パースペクティブを開き、[アカウント[ユーザ]]ビューのビューアクションの[作成]ボタンをクリックし、システム管理者アカウントを**表25.3**のとおりに設定してください(**図25.4**)。

表25.3 DBシステム管理者アカウントの設定

ユーザID	SYSTEM_ADMIN
ユーザ名	システム管理者
メールアドレス	システム管理者用のメールアドレス

図25.4 [アカウント[ユーザ作成・変更]]ダイアログ

手順(2)

Hinemosクライアントで[監視設定]パースペクティブを開き、[監視設定[一覧]]ビューから[SQL[作成・変更]]ダイアログを表示させて(**図25.5**)、SQL監視を**表25.4**のとおり設定してください。

表25.4 SQL監視の設定

監視項目ID	sql001
スコープ	LinuxAgent
接続先URL	jdbc:postgresql://#[IP_ADDRESS]:5432/?loginTimeout=10&socketTimeout=30
接続先DB	PostgreSQL
ユーザID	postgres
パスワード	postgres
SQL文	SELECT 1
監視	チェックを入れる
情報	1.0、2.0
警告	1.0、2.0

図25.5 [SQL [作成・変更]] ダイアログ

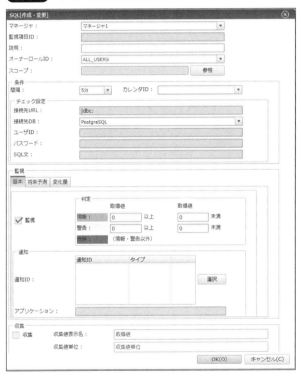

手順（3）

　Hinemosクライアントの[ジョブ設定]パースペクティブを開き、[ジョブ設定[一覧]]ビューで、次のとおり「04_ジョブユニット」「0401_ジョブネット」「040101_ジョブ」「040102_ジョブ」「040103_ジョブ」「040104_ジョブ」「040105_ジョブ」を設定してください。

　まず、04_ジョブユニットを作成します（**表25.5**）。

第 25 章　運用の自動化

表25.5 　04_ジョブユニットの設定

ジョブID	04_jobunit
ジョブ名	04_ジョブユニット

　04_ジョブユニットの配下に0401_ジョブネットを作成します（**表25.6**）。

表25.6 　0401_ジョブネットの設定

ジョブID	0401_jobnet
ジョブ名	0401_ジョブネット

　0401_ジョブネットの配下に040101_ジョブ（**表25.7**、**図25.6**）、040102_ジョブ（**表25.8**、**図25.7**）、040103_ジョブ（**表25.9**）、040104_ジョブ（**表25.10**）、040105_ジョブ（**表25.11**）を作成します。

表25.7 　040101_ジョブの設定

ジョブID	040101_job
ジョブ名	040101_ジョブ
種別	監視ジョブ
監視設定	sql001

図25.6 　［ジョブ［監視ジョブの作成・変更］］ダイアログ

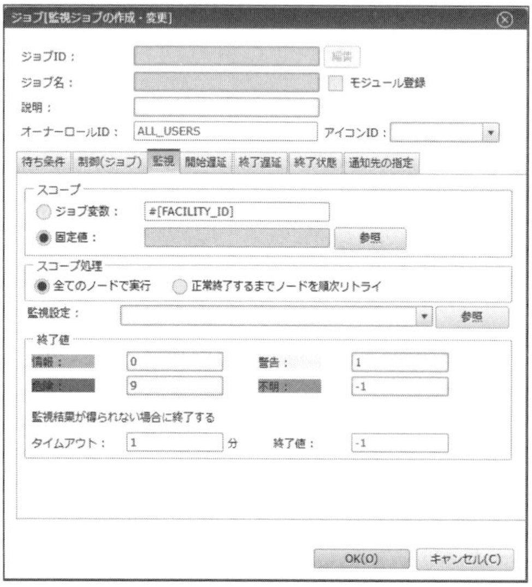

　上記監視ジョブで、DBの状態確認が実施されます。

表25.8　040102_ジョブの設定

ジョブID	040102_job
ジョブ名	040102_ジョブ
種別	承認ジョブ
承認依頼先ユーザ	SYSTEM_ADMIN
承認依頼文	DBの情報取得の承認をお願い致します。
承認依頼メール件名	【承認依頼】DB情報取得
承認依頼メール本文	http://192.168.0.2/#approval?LoginUrl=http://192.168.0.2:8080/HinemosWS/
待ち条件	040101_job（終了状態は「異常」とする）

図25.7　[ジョブ [承認ジョブの作成・変更]] ダイアログ

上記承認ジョブで、システム管理者へのDBの情報取得の承認依頼の通知と、システム管理者による承認が実施されます。

表25.9　040103_ジョブの設定

ジョブID	040103_job
ジョブ名	040103_ジョブ
種別	コマンドジョブ
スコープ	LinuxAgent
起動コマンド	tar cvzf /tmp/#[SESSION_ID].tar.gz /var/lib/pgsql/data/pg_log/*
待ち条件	040102_job（終了状態は「正常」とする）

上記コマンドジョブで、DBの情報取得が実施されます。**表25.9**の例ではPostgreSQLの動作ログを「/tmp」フォルダ配下に圧縮保存するコマンドを設定しています。

第 25 章　運用の自動化

表25.10　040104_ジョブの設定

ジョブID	040104_job
ジョブ名	040104_ジョブ
種別	承認ジョブ
承認依頼先ユーザ	SYSTEM_ADMIN
承認依頼文	DBの再起動の承認をお願い致します。
承認依頼メール件名	【承認依頼】DB再起動
承認依頼メール本文	http://192.168.0.2/#approval?LoginUrl=http://192.168.0.2:8080/HinemosWS/
待ち条件	040103_job（終了状態は「正常」とする）

　上記承認ジョブで、システム管理者へのDBの再起動の承認依頼の通知と、システム管理者による承認が実施されます。

表25.11　040105_ジョブの設定

ジョブID	040105_job
ジョブ名	040105_ジョブ
種別	コマンドジョブ
スコープ	LinuxAgent
起動コマンド	systemctl restart postgresql
待ち条件	040104_job（終了状態は「正常」とする）

　上記コマンドジョブで、DBの再起動が実施されます。

25.2.4　DB障害時の情報取得と復旧のワークフローの動作確認

　LinuxAgent上のPostgreSQLが起動された状態で、0401_ジョブネットを実行します。実行後、［ジョブ履歴［ジョブ詳細］］ビューでジョブの実行状態を確認してください。

　PostgreSQLへの監視に問題がないため、040101_ジョブの実行状態が「終了」で終了状態が「正常」となっていることを確認してください。また、040102_ジョブ、040103_ジョブ、040104_ジョブ、040105_ジョブの実行状態が「終了（条件未達成）」となって実行されていないことを確認してください（**図25.8**）。

図25.8　［ジョブ履歴［ジョブ詳細］］ビュー

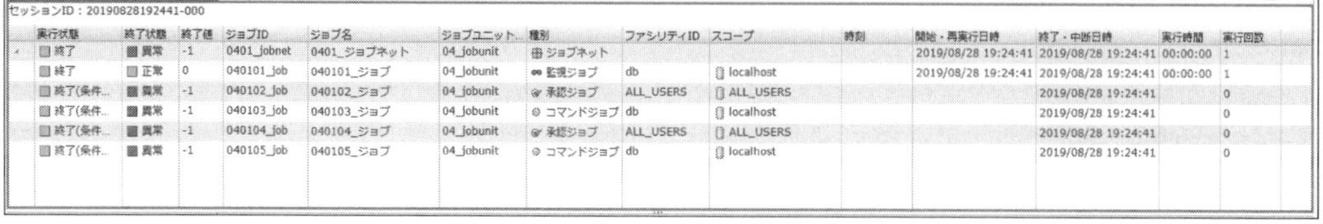

次に、LinuxAgent上のPostgreSQLが停止された状態で、0401_ジョブネットを実行します。実行後、[ジョブ履歴［ジョブ詳細］］ビューでジョブの実行状態を確認してください。PostgreSQLへの監視で異常が検知されたため、040101_ジョブの実行状態が「終了」で終了状態が「異常」となっていることを確認してください。あわせて、040102_ジョブが「実行中」となっていることを確認してください（**図25.9**）。

図25.9 ［ジョブ履歴［ジョブ詳細］］ビュー

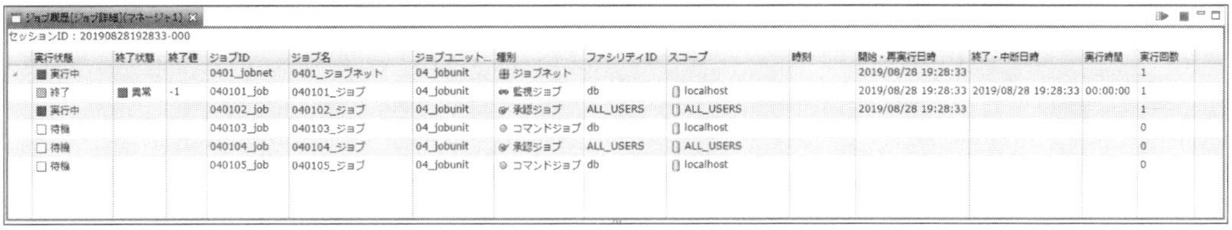

承認ジョブによるメールの受信を確認し、メールに記載された次のURLをクリックします。ブラウザにHinemos Webクライアントのログイン画面が表示されますので、システム管理者アカウントでログインすると［承認］パースペクティブと［承認［一覧］］ビューが表示されます（**図25.10**）。

- メールに記載されたURL
  http://192.168.0.2/#approval?LoginUrl=http://192.168.0.2:8080/HinemosWS/

図25.10 ［承認［一覧］］ビュー

［承認［一覧］］ビューに040102_ジョブによる承認が表示されていることを確認します。［承認［一覧］］ビューで040102_ジョブによる承認をダブルクリックし、［承認［詳細］］ダイアログの［承認］ボタンをクリックします（**図25.11**）。

第25章 運用の自動化

図25.11 ［承認［詳細］］ダイアログ

0401_ジョブネットを実行したアカウントでログインしたHinemosクライアントで、［ジョブ履歴［ジョブ詳細］］ビューでジョブの実行状態を確認してください。

［ジョブ履歴［ジョブ詳細］］ビューで040102_ジョブが正常終了し、040103_ジョブが実行されたことを確認します。また、040103_ジョブの実行後、040104_ジョブが実行され、実行中となっていることを確認します（**図25.12**）。

図25.12 ［ジョブ履歴［ジョブ詳細］］ビュー

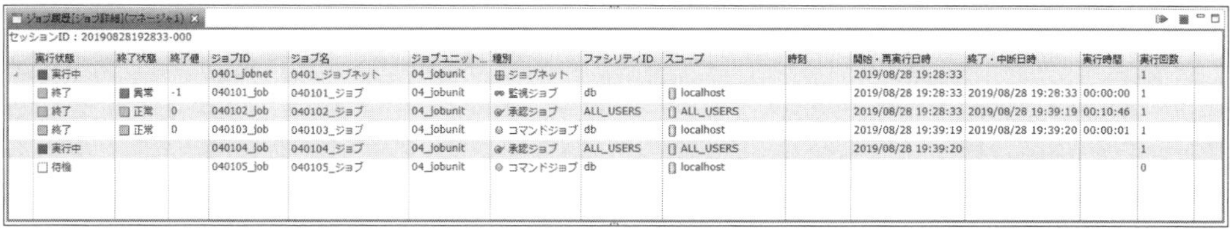

再度、システム管理者アカウントでログインしたHinemosクライアントで、［承認［一覧］］ビューに040104_ジョブによる承認が表示されていることを確認します。［承認［一覧］］ビューで040104_ジョブによる承認をダブルクリックし、［承認［詳細］］ダイアログの［承認］ボタンをクリックしてください。

426

図25.13 [承認［詳細］] ダイアログ

0401_ジョブネットを実行したアカウントでログインしたHinemosクライアントで、［ジョブ履歴［ジョブ詳細］］ビューでジョブの実行状態を確認してください。［ジョブ履歴［ジョブ詳細］］ビューで040104_ジョブが正常終了し、040105_ジョブが実行されたことを確認します（**図25.14**）。

図25.14 ［ジョブ履歴［ジョブ詳細］］ビュー

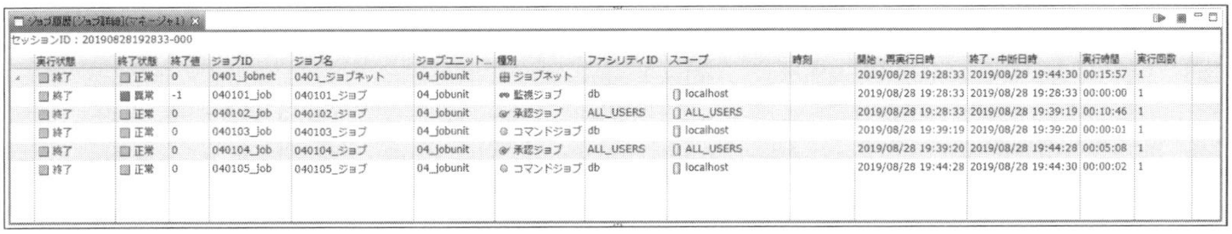

040101_ジョブだけを実行し、実行状態が「終了」で終了状態が「正常」となっていれば、DBの再起動に成功したことが確認できます。

以上により、DB障害時の情報取得と復旧のワークフローの自動化について確認できると思います。

承認ジョブの承認画面へのリンクアドレス

承認ジョブの承認画面へのリンクアドレスの設定は、次のように先にWebクライアントのIPアドレスを指定し、「LoginUrl=」にはマネージャのIPアドレスを指定します。

```
http://<WebクライアントのIPアドレス>/#approval?LoginUrl=http://<マネージャのIPアドレス>:8080/
➡HinemosWS/
```

URLの詳細については、「Hinemos ver.6.2 インストールマニュアル(Linux版マネージャ)」の「5.2.2 Hinemos Webクライアントの起動確認」を参照してください。
ミッションクリティカル機能を利用している場合は、設定が異なります。

- MasterサーバにFIP(Floating IP Address)を付与し、マネージャサーバにWebクライアントが同居している場合
  WebクライアントのIPアドレスおよびマネージャのIPアドレスとしてFIPを指定します

  ```
  http://<FIP>/#approval?LoginUrl=http://<FIP>:8080/HinemosWS/
  ```

- MasterサーバにFIP(Floating IP Address)を付与し、マネージャサーバにWebクライアントが同居していない場合
  先にWebクライアントのIPアドレスを指定し、マネージャのIPアドレスとしてFIPを指定します

  ```
  http://<WebクライアントのIPアドレス>/#approval?LoginUrl=http://<FIP>:8080/HinemosWS/
  ```

- FIPを利用せず、2つのSIPで動作し、マネージャサーバにWebクライアントが同居している場合
  WebクライアントのIPアドレスおよびマネージャのIPアドレスとしてSIPを指定することになりますが、両マネージャのSIPを指定したURLを2つ設定します

  ```
  http://<MasterサーバのSIP>/#approval?LoginUrl=http://<MasterサーバのSIP>:8080/HinemosWS/
  http://<StandbyサーバのSIP>/#approval?LoginUrl=http://<StandbyサーバのSIP>:8080/HinemosWS/
  ```

- FIPを利用せず、2つのSIPで動作し、マネージャサーバにWebクライアントが同居していない場合
  先にWebクライアントのIPアドレスを指定し、マネージャのIPアドレスとしてSIPを指定することになりますが、両マネージャのSIPを指定したURLを2つ設定します

  ```
  http://<WebクライアントのIPアドレス>/#approval?LoginUrl=http://<MasterサーバのSIP>:8080/
  ➡HinemosWS/
  http://<WebクライアントのIPアドレス>/#approval?LoginUrl=http://<StandbyサーバのSIP>:8080/
  ➡HinemosWS/
  ```

第**7**部 仮想化・クラウドの運用管理

第**26**章

仮想化・クラウド
管理の概要

第 26 章 仮想化・クラウド管理の概要

本章では、仮想化環境やクラウド環境を効率的に運用するための機能について説明します。

26.1 仮想化・クラウド管理の全体像

仮想化環境やクラウド環境を効率的に運用するため、Hinemosには次の2つの機能があります。

- クラウド管理機能
  Amazon Web Services（AWS）やMicrosoft Azure上に構築されたシステムの運用管理を効率化します。AWS版とAzure版の2つのコンポーネントに分かれています。
- VM管理機能
  VMwareやHyper-V上に構築されたシステムの運用管理を効率化します。VMware版とHyper-V版の2つのコンポーネントに分かれています。

仮想化とパブリッククラウドが台頭してきた時期の違いから、当初は別の機能としてリリースされましたが、Hinemos ver5.0からは、この2つの機能が統一化されました。対象システムの環境に合わせて、必要なコンポーネント（AWS版やVMware版など）を導入する必要があります。

クラウド管理機能とVM管理機能による仮想化・クラウド管理のコンセプトは、「柔軟に変更できるインフラの変化や特有の管理をHinemosがキャッチアップ」し、「運用者はオンプレミス環境を運用するのと変わらずに扱えるようにする」ことです。

Hinemosはリポジトリを介してインフラの変化（EC2の追加や削除など管理対象の増減）を吸収します。仮想化環境やクラウド環境特有の管理は、監視機能やジョブ機能などとシームレスに連携して実現しています。運用者がオンプレミス環境と同じような操作を行っている裏で、Hinemosはクラウドや仮想化の専用APIをコールして必要な情報を取得し、さまざまな制御を行います。

図26.1 仮想化・クラウド管理の概要

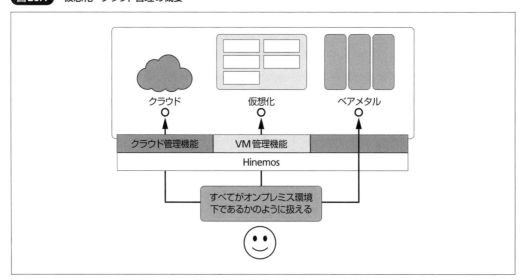

26.2 仮想化・クラウド管理の機能

クラウド管理機能とVM管理機能は、他のさまざまな機能と連携しています。それにより実現できることを次のような観点で整理してみました。

■仮想化・クラウド環境のシームレスな統合管理

仮想化・クラウド環境のアカウント情報をHinemosに登録するだけで、仮想マシンやネットワーク構成などを自動検出・追随して、Hinemosのリポジトリに自動反映します。タグを使ってサーバの種類を識別し、指定のスコープに割り当てることもできるため、オートスケールを使った環境の変化に対しても監視やジョブの設定を変更する必要がなくなります。

■プラットフォーム監視

各クラウドが提供するサービスの状態や、仮想環境のハイパーバイザ、共有ストレージといったプラットフォームの状態を監視します。これは、オンプレミス環境において物理サーバの死活を監視することに相当します。

■専用リソース監視

各クラウドが提供するサービスや仮想環境の専用のリソース値を監視します。各クラウドが提供するPaaSや、Linux／WindowsのOS上から取得できない値、その他の環境特有の情報を、リソース監視機能と同じ画面インターフェースで提供します。

■課金管理

パブリッククラウド特有の機能です。パブリッククラウドの「課金額」の監視に加え、クラウド環境の料金をリポジトリ構成に合わせて集計・算出することで、配賦管理が可能になります。

■リソース制御

「仮想マシンの起動停止」などの、仮想化・クラウド環境のリソース制御を行います。リソース制御はHinemosクライアントからのGUI操作に加え、簡易にジョブ定義を作成できるインターフェースが用意されており、容易に業務フローへ組み込むことができます。

■仮想化・クラウド環境の可用性対応

運用管理製品の多くはクライアント、マネージャ、エージェントの構成になりますが、マネージャの高可用性構成を組むには、一般的には環境制約に従う必要があります。Hinemosのミッションクリティカル機能により、どのような環境でも同一構成でのマネージャの高可用性構成が実現できます。

クラウド管理機能とVM管理機能は、AWS版、Azure版、VMware版、Hyper-V版でそれぞれ同じ画面インターフェースを提供しますが、機能充足度は仮想化・クラウド環境側の提供機能によって異なります。

第 26 章　仮想化・クラウド管理の概要

表26.1 仮想化・クラウド管理の専用パースペクティブ

パースペクティブ	説明
クラウド [サービス]	クラウドのアカウント情報を管理し、サービス状態を表示する
クラウド [コンピュート]	クラウドのコンピュートリソースを管理する
クラウド [ネットワーク]	クラウドのネットワークリソースを管理する
クラウド [ストレージ]	クラウドのストレージリソースを管理する
クラウド [課金]	クラウドの課金配賦管理を行う

　次章では、最も機能充足度の高い AWS 環境におけるクラウド管理機能の使い方をストーリベースで解説します。その後で、Azure 環境、VMware 環境、Hyper-V 環境のそれぞれについて、導入のポイントを解説します。

第**7**部 仮想化・クラウドの運用管理

第**27**章

AWSの監視と
運用自動化

第 27 章　AWS の監視と運用自動化

本章では、Amazon Web Services環境上に構築するシステムの監視と運用自動化を実現するための一連の機能を、スタートアップ的な流れで解説します。クラウド管理機能のインストールなどの環境面の準備は行われているものとします。

27.1　アカウントの登録と AWS 環境の監視

クラウド管理機能を使ううえで最初に行うのは、Hinemosにクラウドのアカウント情報を登録することです。これにより、Hinemosが自動的にクラウドのエンドポイントと通信を行い、必要な情報取得や専用の操作が行えるようになります。

AWSの場合は次のいずれかの情報が必要です。

- AWSアカウント情報
  AWSアカウントのアクセスキーとシークレットキー
- IAM(Identity and Access Management)ユーザ情報
  IAMユーザのアクセスキーとシークレットキー
- IAMロール情報(6.2.bから利用可)
  IAMロール認証がHinemosクラウド管理機能 ver.6.2.b より可能になりました

IAMユーザやIAMロールに必要となる権限は、「Hinemosクラウド管理機能 AWS版 ver.6.2 ユーザマニュアル」の「4.2.1　IAMユーザ、IAMロールに必要となる権限」を参照してください。

解説の都合上、上記の一番上の「AWSアカウント情報」を使って解説を進めます。

まず、Hinemosクライアントの[クラウド[サービス]]パースペクティブを開きます。[クラウド[ログインユーザ]]ビューのビューアクションの[登録]ボタンを展開し、Amazon Web Servicesを選択します。すると、[クラウド[ログインユーザ]- 登録・変更]ダイアログが表示されます(**図27.1**)。

図27.1　[クラウド [ログインユーザ] - 登録・変更] ダイアログ

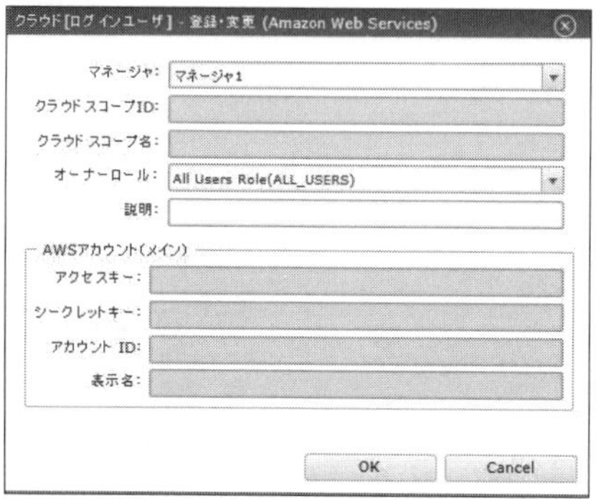

表27.1の値を入力して、[OK]ボタンをクリックしてください。[クラウド[ログインユーザ]]ビューに、登録されたアカウント情報が表示されます。アクセスキーとシークレットキーは、AWSマネジメントコンソールから今回利用するAWSアカウントのものを発行してください。

27.1 アカウントの登録と AWS 環境の監視

表27.1 AWS アカウントの登録

クラウドスコープID	CLOUD_AWS_01
クラウドスコープ名	AWSスコープ01
オーナーロール	ALL_USERS
アクセスキー	○○○○
シークレットキー	○○○○
アカウントID	AWS_ACCOUNT_01
表示名	AWSアカウント01

アカウント情報を登録すると、次のビューから、Hinemos が自動的に AWS の各種情報を取得していることがわかります。

- [クラウド[サービス状態]]ビュー
  [クラウド[ログインユーザ]]ビューで登録したアカウント情報をクリックすると表示されます（図 27.2）。これは AWS の各リージョンの各サービスの状態の情報を提供する AWS Service Health Dashboard の情報です。通常はユーザが RSS で取得する情報ですが、Hinemos は自動的にこの情報を取得しています

図27.2 [クラウド［サービス状態］] ビュー

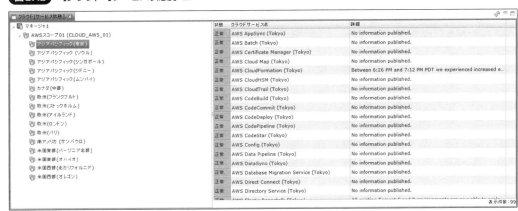

- [リポジトリ[ノード]]ビュー
  登録した AWS アカウント上にあるコンピュートリソース（EC2）などがノードとして登録されます。電源が入っているノードは、ノードプロパティの管理対象にチェックが入ります
- [リポジトリ[スコープ]]ビュー
  先ほど指定したクラウドスコープ ID、クラウドスコープ名のスコープが「パブリッククラウド（_PUBLIC_CLOUD）」スコープ配下に作成されています。オーナーロールも指定したロールになっています（図 27.3）。本スコープの配下には、リージョン、アベイラビリティゾーン、VPC といった単位でスコープが作成され、それぞれに適切なノードが登録されています

図27.3 ［リポジトリ［スコープ］］ビュー

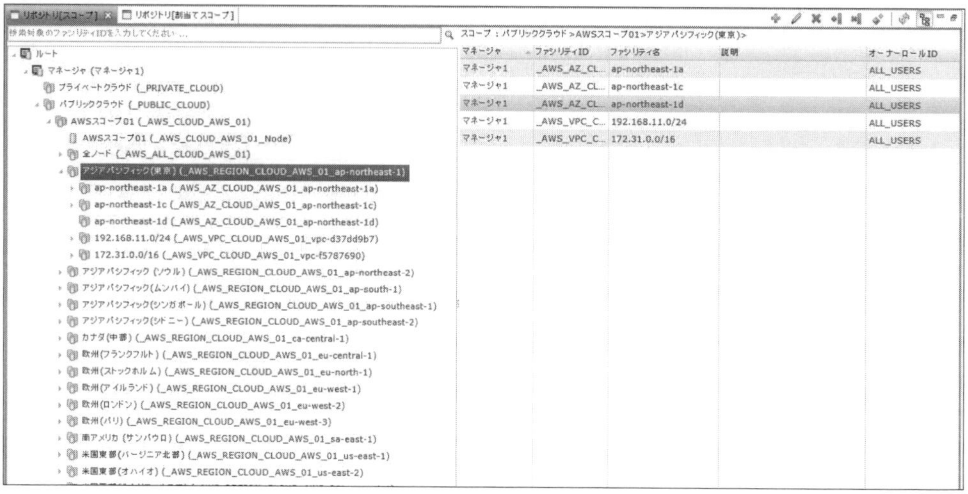

このように、アカウント情報を登録するだけで、AWSというプラットフォームの状態(サービス状態)と、その上に構築されたリソース構成がわかるようになりました。

AWSのプラットフォーム監視と大規模障害

オンプレミス環境や仮想化環境と異なり、パブリッククラウドでは、提供されるサービスが動作するプラットフォーム(サーバやネットワーク機器)をユーザは知ることができません。しかし、クラウド上に構築したシステムに何か障害が発生した場合は、そのシステムのアプリケーションの問題なのか、クラウドが提供するサービスの問題なのかを切り分ける必要があります。

これに対して、クラウドベンダは自身の提供するクラウドの状態を該当のクラウドとは別のサービスで公開しています。AWSでは、AWS Service Health Dashboardがこれに当たります。

● AWS Service Health Dashboard
https://status.aws.amazon.com/

AWS Service Health Dashboardでは、どのリージョンのどのサービスが正常なのか、または異常があるのかをRSSで確認できます。Hinemosを利用すると、これを監視する機構を作り込む必要なく、GUIの設定だけで確認・監視ができます。

［クラウド[サービス状態]］ビューでは、通常はAWSのサービス状態を表示しているだけですが、［監視設定[一覧]］ビューからクラウドサービス監視を設定することで、これを監視してイベント通知などを行うようにできます。

2019年8月23日(金)に、AWSの東京リージョンにおいてEC2などがアベイラビリティゾーン(AZ)単位で利用できなくなるという大規模障害が発生しました(**図27.4**)。HinemosはこのAWSのプラットフォーム障害も正しく検知していました。

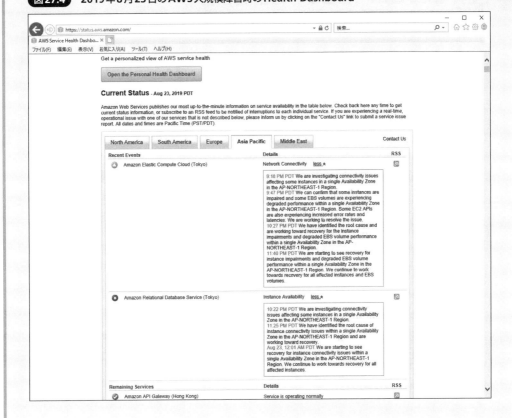

図27.4 2019年8月23日のAWS大規模障害時のHealth Dashboard

　AZ障害の対応策は、AWSの提供するPaaSであるロードバランサ（Application Load Balancer：ALB）などを利用して、リクエストを振り分けるなどのアーキテクチャが一般的でした。しかし、このALBの実体はEC2などで構築されており、本障害時点においてAZ障害にも影響があるという結果になりました。

　Hinemos自身の高可用性構成はミッションクリティカル機能で実現します。AZ障害にも対応し、ALBのようなPaaSを使用しないシンプルな構成で、監視やジョブを安全に無停止で継続できます。Hinemos自身の可用性の仕組みについては、第36章を参照してください。

 ロールごとのクラウドアカウントの切替え

　Hinemosはマルチユーザ・マルチロールでの運用が可能です。そこで、Hinemosに登録したAWSアカウント上のシステムに対する操作を、IAMユーザの権限範囲に制限したい場合に使用するのが「サブアカウント設定」です。サブアカウントを使用することで、クラウド側の権限とHinemosのロールを組み合わせた安全なユーザ管理が可能になります。

第 27 章　AWS の監視と運用自動化

27.2　EC2 とエージェントの自動検知

次に、運用自動化を行うために、システム構成を自動的に検知して管理する方法を解説します。
EC2 に対して監視やジョブを自動的に実行するためには、次のフェーズを踏む必要があります。

① リポジトリへのノード自動登録
② ノードのスコープ自動割当て
③ エージェントの自動検知

①の「リポジトリへのノード自動登録」は、Hinemos に AWS のアカウント情報を追加すると自動的に
行われることを前節で確認しました。次に必要な②「ノードのスコープ自動割当て」は、タグによりシス
テム構成を把握することで実現します。

タグや IP レンジ指定によるシステム構成の把握

EC2 を検出した後に自動的に監視やジョブを実行させたい場合、その EC2 が Web サーバなのか AP サー
バなのかといった対象の種別を知る必要があります。

Hinemos ではリポジトリに「Web サーバ」スコープを作成し、「Web サーバ」用の監視設定（たとえば
HTTP 監視など）を設定する際に実行対象を「Web サーバ」スコープとすることで、1 つの監視設定で「Web
サーバ」スコープに割り当てられているすべてのノードで監視を実行できます。この Hinemos の特徴を
利用して実現するのが、タグによるシステム構成の把握です。

AWS マネジメントコンソールから、EC2 を 1 つ選んで**表 27.2** のタグを設定してください。

表 27.2　タグ設定

キー	hinemosAssignScopeId
値	Web

また、Hinemos の［リポジトリ［スコープ］］ビューで、マネージャ直下に**表 27.3** のスコープを作成し
てください。

表 27.3　Web サーバ用スコープ

ファシリティ ID	Web
ファシリティ名	Web サーバ

しばらくすると、「Web サーバ」スコープに hinemosAssignScopeId=Web のタグを指定した EC2 のノー
ドが自動的に割り当てられます。hinemosAssignScopeId のタグの値には、自動的に割り当てたいスコー
プのファシリティ ID を指定します。カンマ区切りで複数のファシリティ ID を指定することもできます。

このように、EC2 のタグに必ずその EC2 のサーバの属性（Web サーバなど）のタグを付与する運用を
することで、Hinemos がサーバの属性を自動的に判別し、しかるべきスコープに割り当ててくれます。
Auto Scaling を使用する場合でも、同様に、スケールして追加される EC2 にサーバの属性のタグを付与
します。

これを利用することで、ユーザは「Webサーバ」スコープに「Webサーバ」の監視やジョブを、「APサーバ」スコープに「APサーバ」の監視やジョブを設定しておくだけで、実際のWebサーバやAPサーバのEC2の数に変動があっても、Hinemosが自動的に検知・割り当てし、監視やジョブを自動的に実行してくれます。

このノード自動登録時のスコープへの紐づけは、タグだけでなく、IPのレンジ指定でもできます。詳細は、「AWS版 ver.6.2 ユーザマニュアル」の「6.2.2.1 コンピュートノードに対応するノードのスコープ割当ルールを設定する」を参照してください。

Hinemosエージェントの自動検出

自動検知したEC2上でジョブの実行やログファイル監視を使用する場合、Hinemosエージェントをインストールしておく必要があります。Auto Scalingを使用する場合は、AMIにHinemosエージェントをインストールしておきます。

Hinemosエージェントには、HinemosマネージャのサーバのIPアドレスが必要ですが、この時点では決定していない場合や、AMIを違う環境でも使い回したい場合があります。このために、VM管理やクラウド管理機能の自動検知の際に、Hinemosエージェントが接続するHinemosマネージャを識別して自動設定する機能があります。

事前準備として、Hinemosマネージャから検出したいEC2（AMI）上のHinemosエージェントの設定ファイル Agent.properties に**リスト27.1**の内容を記述します。

リスト27.1 Hinemosエージェントの待ち受けモード設定

```
managerAddress=http://${ManagerIP}:8081/HinemosWS/
```

この設定でHinemosエージェントを起動すると、Hinemosエージェントは通信待機状態となります。この状態で、Hinemosマネージャによるコンピュートノード（AWSではEC2）の自動検知が動作すると、ネゴシエーションが発生し、Hinemosエージェントの接続先Hinemosマネージャの自動設定が行われます。

リソースの自動検知のチューニング

リソースの自動検知にはさまざまなチューニングパラメータがあります。

① 電源のOn/Offの状態……………xcloud.node.property.cloud.validflag.update
EC2の電源のOn/Offの状態とノードプロパティの「管理対象」を同期する／しないを指定します。

② 仮想マシン・サーバインスタンスの自動検知の無効化……xcloud.autoregist.node.instance
EC2が新規に作成されたときに自動的にノードに組み込みたくない場合は、このプロパティを無効化します。

電源がOffになったら監視でアラートを上げたいのか、監視を動作させたくないのか、といった細かい要件はAWSの使い方によって大きく変わるため、さまざまなプロパティが用意されています。他にも、EC2の削除の状態を自動でリポジトリに反映させるかどうかなどの設定もできます。詳細は、「Hinemos クラウド管理機能 AWS版 ver.6.2 ユーザマニュアル」の「11.1.1 Hinemosプロパティ」を参照してください。

第 27 章　AWS の監視と運用自動化

27.3 CloudWatch と連携したリソース監視

　Hinemos ではリソース監視の機能に、OS と Amazon CloudWatch からのリソース収集および閾値監視が集約されています。監視したい項目をプルダウンで選択するだけで、新たな操作を覚える必要はありません。また、Amazon CloudWatch から収集・蓄積したリソース値も、他と同様に Hinemos の履歴情報削除機能で任意の保存期間を指定できます。新たな AWS のサービスが提供された場合の新しい監視対象（CloudWatch のメトリクス）の追加方法もマニュアルに記載されています。

　それでは、CloudWatch と連携したリソース監視を実施してみます。リソース監視の使い方は第 17 章で解説しているので、ここではクラウド管理機能に特化したポイントを説明します。

　まず、［監視設定］パースペクティブを開き、［監視設定［一覧］］ビューから［作成］ボタンをクリックして、［監視種別］ダイアログで［リソース監視］を選択してください。リソース監視では、［スコープ］で指定した監視対象のノードが共通的に監視可能な項目を［監視項目］のプルダウンから選択できる仕様になっています。

　ここで、［スコープ］に「パブリッククラウド＞ AWS スコープ 01 ＞アジアパシフィック（東京）＞ ap-northeast-1a」など、EC2 のノードだけ、かつ 1 つ以上ノードが存在するスコープを選択してください。すると［監視項目］のプルダウンから（クラウド）と表記された項目が確認できます（**図 27.5**）。これが、CloudWatch 経由で取得する値です。後の使い方は、リソース監視と同様になります。

図27.5　［リソース［作成・変更］］ダイアログ

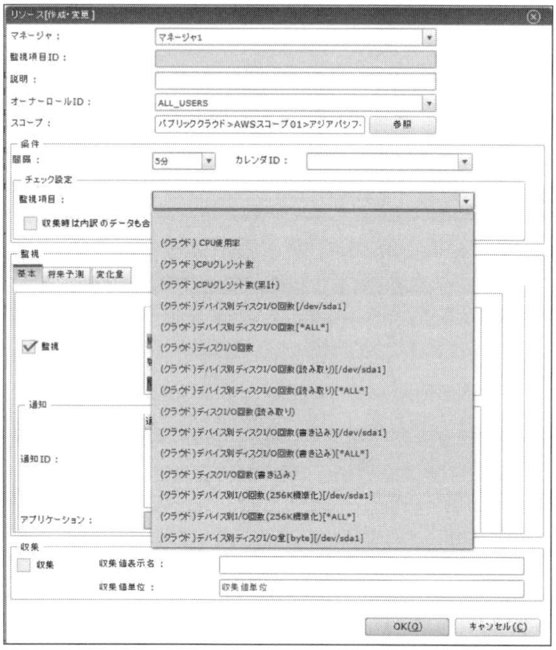

クラウドの提供するモニタリングサービス

Amazon CloudWatchに限らず、クラウドが提供するモニタリングサービスには次の特徴があります。

① 原則的にOSより中のリソースは対象外
② PaaSのモニタリングには利用が必須
③ 保存期間が固定または制限がある

上記①で扱えないリソース値は、いわゆる一般的な運用管理製品で扱うリソース値です。たとえば、ディスクI/Oなどのハードウェア的なリソースはモニタリングサービスから取得できますが、ディスク使用率は取得できません。他にも、Linux環境ではCPU使用率のsys、usr、iowaitといったレベルの項目や、メモリのキャッシュなどの項目が該当します。
　②は、まさにモニタリングサービスが必要となる理由です。
　③は忘れがちですが、15ヵ月など保存期限の仕様が決まっており、それ以上の保存の要件がある場合は、ユーザが独自にエクスポート/バックアップする必要があります。
　結論として、クラウドが提供するモニタリングサービスと一般的な運用管理製品の機能の両方が、クラウド上のリソース監視で必要になります。Hinemosでは、これをリソース監視の機能だけで両方をシームレスに扱えます。

監視項目の判定

リソース監視の「監視項目」は、対象ノードのノードプロパティの「プラットフォーム」と「サブプラットフォーム」で決定されます。AWS環境のEC2(Linux)は、次のような値が自動的に設定されます。

- プラットフォーム…………Linux(LINUX)
- サブプラットフォーム……Amazon Web Services(AWS)

これは、AWS上のLinuxサーバであることを示しているため、リソース監視ではEC2でCloudWatchから取得可能なメトリックがLinuxで取得可能な項目に追加されて選択可能になります。
　実際にAWSのエンドポイントにアクセスするには、次のノードプロパティの情報も利用します。

- クラウドサービス……………AWS
- クラウドスコープ……………CLOUD_AWS_01
- クラウドリソースタイプ……EC2
- クラウドリソース名…………(リソース名)
- クラウドロケーション………(アベイラビリティゾーン)

こういった情報をHinemosは自動検知して取得・管理し、内部で活用しています。

27.4 EC2の起動停止とジョブ連携

不要な時間帯にEC2を停止しておくことでAWSの費用を削減できます。ただ、単純にEC2をスケジュール的に停止するのでは不十分で、サービスの閉塞のための前後処理およびサービス開放に向けての前後処理といった、他サーバとの連携を含めたワークフローが必要になります。

Hinemosクラウド管理機能で扱えるリソースは、次のパースペクティブからさまざまな操作ができます。主にIaaS利用を想定しているため、コンピュート、ネットワーク、ストレージの3つからなります。

- [クラウド[コンピュート]]パースペクティブ
- [クラウド[ネットワーク]]パースペクティブ
- [クラウド[ストレージ]]パースペクティブ

[クラウド[コンピュート]]パースペクティブは次の3つのビューからなり、EC2インスタンスに対して、起動停止、サスペンド、スナップショット作成（AMI作成）など、さまざまな操作が可能です（図27.6）。

- [クラウド[構成ツリー]]ビュー
- [クラウド[コンピュート]]ビュー
- [クラウド[コンピュート世代管理]]ビュー

図27.6 [クラウド[コンピュート]] パースペクティブ

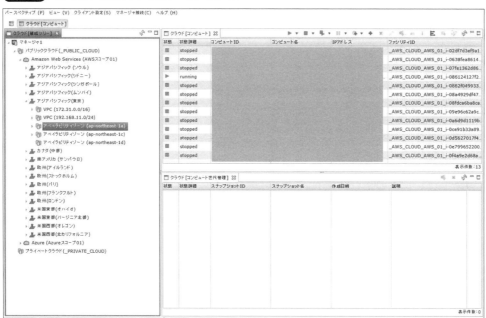

27.4　EC2の起動停止とジョブ連携

このパースペクティブで、EC2インスタンスに対するジョブを簡単に作成できます。

[クラウド[コンピュート]]ビューで起動中のEC2インスタンスを1つ選択し、ビューアクションの[パワーオフ]を選択すると、**表27.4**のメニューが表示されます。

表27.4　パワーオフのアクション

すぐに実行	ノードを指定かつ、ノードの電源がOnの場合に有効
ジョブ（ノード指定）の作成	ノードを指定した場合に有効
ジョブ（スコープ指定）の作成	常に有効

ここでは、「ジョブ（ノード指定）の作成」を指定してみましょう。すると、作成するジョブをどのジョブネット配下に作成するかを指定するダイアログが表示されます（**図27.7**）。

図27.7　ジョブネットの指定

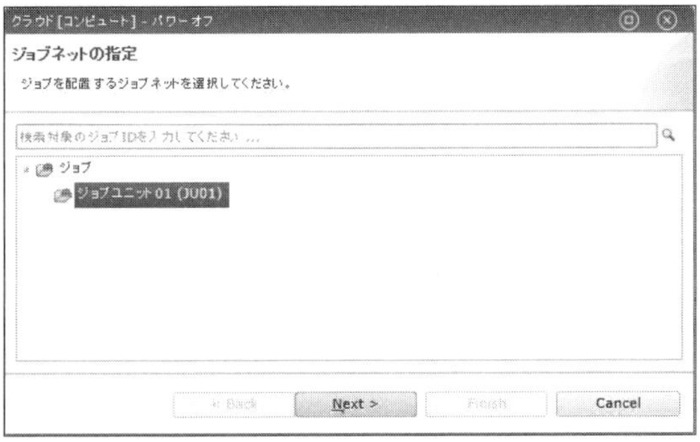

適切なジョブネットまたはジョブユニットを選択して、[Next >]をクリックすると、作成するジョブのジョブIDとジョブ名を指定するダイアログが表示されます（**図27.8**）。

図27.8　ジョブの設定

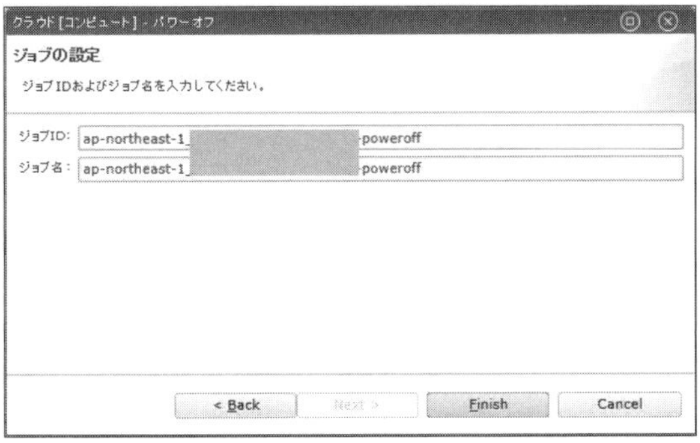

適切な値を入力して[Finish]をクリックすると、対象EC2インスタンスをパワーオフするジョブが作成されます。

443

このジョブはHinemosマネージャの動作するノードで実行するジョブとして作成されます。そのため、Hinemosマネージャ自身に相当するノードがリポジトリ上に作成されており、そのノード上でHinemosエージェントが起動している必要があります。

EC2の起動・停止を制御するメリット

パブリッククラウドの最大の特徴は、リソースを柔軟にスケールアップからスケールアウトすることが可能で、使った分だけ費用がかかる点にあります。そして、公知の事実になっていますが、オンプレミス環境のときと同じようにクラウドを使うだけでは、費用は安くならない（場合によっては高くなる）という問題があります。

その対策としては、大きく2つの方針が考えられます。

① PaaSを使用する
② EC2を使用したい時間帯だけ使用する

上記①について、IaaS上に自分で各種機能を構築するより、PaaSとして提供されているものを利用するほうが、アジリティも高く費用も一般的には低くなります。ただし、これはクラウドベンダロックインに直結するため、どこまで利用するかは慎重に考える必要があります。

上記②について、しっかりと押さえるべきはその料金体系です。主にIaaSでAWSを利用する場合の料金体系は、次のとおりです。

- EC2料金の仕組み（概算）＝インスタンス数 × インスタンスタイプ × 時間

非常にシンプルですが、具体的な例をもとに、EC2を24時間365日起動し続けた状態と比べて、部分的に停止時間を設けた場合の費用削減を見てみましょう。

例1： 土日停止できるシステムの場合
　　　5日（月〜金）/ 7日 ＝ 約70％の費用
例2： 土日停止＋平日8〜24時利用のシステムの場合
　　　（5日（月〜金）/ 7日）×（16時間 / 24時間）＝ 約50％の費用

このように、絶対値として大きな費用削減が可能になります。
最初にイメージするのはAuto Scalingの利用だと思いますが、これはスケールイン／スケールアウトする基準の設定や動作試験が難しいという問題があります。最初のうちは、スケジュール的にEC2を起動停止する設計がシンプルで良いでしょう。

27.5 AWS環境における課金配賦管理

Hinemosにおける課金管理の機能として、次の2つが提供されています。

- クラウド課金監視…………対象アカウントの全体またはサービス単位の使用料を収集し、閾値監視できます
- クラウド課金詳細監視……「ノード」や「スコープ」単位で課金状態を収集し、閾値監視できます

前者のクラウド課金監視(**図27.9**)はリソース監視のように簡易に扱える機能のため、本節では割愛します。

図27.9 クラウド課金監視

後者のクラウド課金詳細監視も、監視設定という点では非常に簡単で、指定したスコープに対して、次のターゲットの収集および閾値監視ができます。

- スコープ合計[最終確定日累積]
- スコープ合計[確定日増分(各日)]
- ノード別[最終確定日累積]
- ノード別[確定日増分(各日)]

具体例で説明すると、EC2インスタンスで構築されたWebサーバが10台があった場合、Webサーバスコープを指定すると、Webサーバ全体および個々のWebサーバに対して、日単位と最新日(正確には料金が

確定した最新日）の料金の収集や閾値監視ができます（**図27.10**）。

図27.10 クラウド課金詳細監視

課金状況を分析する際には、ユーザが見たい単位はサーバ単位だったり、サーバ種別（Webサーバや
APサーバ）だったりしますが、AWSではこれを実現するには多少の工夫が必要です。そのため本機能
については、使い方ではなく、この機能が必要になった背景と仕組みを解説します。

AWSでは詳細な課金レポートの出力を有効化すると、S3バケット上にCSVファイルとして定期的に
出力されます。これを利用すれば誰でも細かい解析が可能ですが、このCSVファイルには注意が必要です。
具体的には次のような課題があります。

- 課金される単位での出力
  1時間ごとに出力される情報が、たとえばEC2インスタンス1台であっても複数の項目として出力
  されます。
- リソース間の連携はユーザ定義が必要
  EC2インスタンスにアタッチしているEBSをセットで集計したい場合は、ユーザがそれぞれを探
  し出して算出する必要があります。アタッチしている情報はCSVファイルに出力されないため、
  タグを使うなどの工夫が必要です。

これに対して、Hinemosでは自動検知の仕組みによりリソース間の連携もリポジトリ情報に記録して
います。そのため、このCSVファイルとリポジトリ情報を組み合わせて、適切な単位での集計が可能に
なります。

446

クラウド管理機能以外のAWSへの取り組み

Hinemosはクラウド管理機能以外にも、パブリッククラウドへのさまざまな対応に取り組んでいます。たとえば、AWS環境においては次に示すものに対応しています。

- **Amazon Linux 2対応**
  AWSが提供する専用OSのAmazon Linux 2上で、Hinemosマネージャ、Hinemosエージェント、Hinemos Webクライアントのすべてのコンポーネントが動作します。Amazon Linux 2はAWSが直接提供しているため、他のOSと比べてセキュリティアップデートなどがいち早く提供されることからも、ニーズの高いOSです。
- **Amazon Corretto対応**
  AWSが提供するOpenJDKディストリビューション上で、Hinemosマネージャ、Hinemosエージェント、Hinemos Webクライアントのすべてのコンポーネントが動作します。Amazon CorrettoはOracle Javaのサポート問題をAWS上でクリアにすべく用意されたディストリビューションであり、Javaで動作するHinemosも安心して利用できます。

第7部 仮想化・クラウドの運用管理

第28章

Azureの監視と運用自動化

本章では、Microsoft Azure環境上に構築するシステムの監視と運用自動化を実現するための機能を、第27章をベースとして、Azure版クラウド管理機能の特徴的な部分を中心に解説します。前章と同様に、クラウド管理機能のインストールなどの環境面の準備は行われているものとします。

28.1 アカウントの登録とAzure環境の監視

Azureの場合は、サービスプリンシパルをHinemosにクラウドのアカウント情報として登録します。

AWSと同様に、［クラウド［ログインユーザ］］ビューのビューアクションの［登録］ボタンを展開し、［Azure］を選択すると、［クラウド［ログインユーザ］- 登録・変更］ダイアログが表示されます。**表28.1**の値を入力して、［OK］ボタンをクリックしてください。テナントID、アプリケーションID、アプリケーションキー、サブスクリプションIDの4つがサービスプリンシパルの情報になります。サービスプリンシパルについては、次のコラムで説明します。

表28.1 Azureアカウントの登録

クラウドスコープID	CLOUD_AZURE_01
クラウドスコープ名	Azureスコープ01
オーナーロール	ALL_USERS
テナントID	○○○○
アプリケーションID	○○○○
アプリケーションキー	○○○○
サブスクリプションID	○○○○
アカウントID	AZURE_ACCOUNT_01
表示名	Azureアカウント01

Azureのサービスプリンシパル

Azureに対する操作権限を絞ったアカウントがサービスプリンシパルに該当します。Azureのサービスプリンシパルは、Microsoft Azure PortalやAzure CLIで作成できます。Azure CLIでサービスプリンシパルを作成する場合は、az ad sp create-for-rbacコマンドを使用します。

- Azure CLIでAzureサービス プリンシパルを作成する
  https://docs.microsoft.com/ja-jp/cli/azure/create-an-azure-service-principal-azure-cli

クラウド管理機能を扱ううえで、サービスプリンシパルに設定すべき必要な権限は、「Hinemos クラウド管理機能 Azure版 ver.6.2 ユーザマニュアル」の「4.2.1 サービスプリンシパルが必要とする権限」を参考にしてください。

サービスプリンシパルをHinemosに登録すると、Azureの仮想マシンを自動検知してHinemosのノードとして自動的に登録します。ただし、AWSとは異なり、Azureのプラットフォーム監視には個別のセットアップが必要です。

28.2 Azure環境における提供機能と機能差分

Azure版で提供される機能は表28.2のとおりです。

表28.2 Azure版の提供機能サマリ

クラウドサービス連携	○
クラウドプラットフォーム監視	△
リソースの自動検知	○
コンピュート管理	○
ストレージ管理	×
ネットワーク管理	×
課金管理	○

Azureのプラットフォーム監視

Azureのプラットフォーム監視の情報は、Azure statusから取得します。2019年8月現在では、通常のRSSとは変わった仕様であり、何か障害イベントが発生したタイミングでRSSフィードにデータが登録されます。そのため、最新のすべての状態を管理するというより、イベント的に発生したデータを確認するという仕組みが必要です。

- Azure status
  https://status.azure.com/ja-jp/status

本書執筆時点のHinemosでは、Azureのサービス状態に関するActivity LogをActivity Log Alertで監視し、Function Appを経由して、Hinemosのカスタムトラップ監視機能で監視する手順をユーザマニュアルで提供しています。詳しくは、「Hinemos クラウド管理機能 Azure版 ver.6.2 ユーザマニュアル」の「5.1 Azureが提供する各サービスを監視する」を参照してください。

第**7**部 仮想化・クラウドの運用管理

第**29**章

VMwareの監視と
運用自動化

第29章　VMwareの監視と運用自動化

本章では、VMware環境上に構築するシステムの監視と運用自動化を実現するための機能を、第27章をベースとして、VMware版VM管理機能の特徴的な部分を中心に解説します。また、VM管理機能とクラウド管理機能の差分についても解説します。

29.1 アカウントの登録とVMware環境の監視

VMware版と、他のAWS版、Azure版、Hyper-V版との大きな違いは、Hinemosに登録するアカウント情報により管理できる構成が異なる点です。VMwareの場合は次のいずれかをアカウント情報として登録できます。

- VMware vSphere ESXiのアカウント情報
  VMwareのハイパーバイザを管理対象として登録できます。ESXiインストール時に作成したrootユーザあるいはシステム管理者ロールに属するユーザをクラウドアカウントとして利用できます
- VMware vCenter Serverのアカウント情報
  vCenter ServerおよびvCenter Serverが管理するvSphere ESXiをすべて管理対象として登録できます。vSphere Clientで権限タブに表示されるユーザをクラウドアカウントとして利用できます

VMware vCenter Serverが存在しない環境では、VMware vCenter Serverが必要となるVMware自体の機能が使えません。エンタープライズシステムでは、VMware vCenter Serverの導入はほぼ必須だと思いますので、VMware vCenter Serverを登録する前提で解説します。

AWSと同様に、[クラウド[ログインユーザ]]ビューのビューアクションの[登録]ボタンを展開し、[VMware vCenter Server]を選択すると、[クラウド[ログインユーザ]- 登録・変更]ダイアログが表示されます。**表29.1**の値を入力して、[OK]ボタンをクリックしてください。IPアドレス、プロトコルがVMware vCenter Serverへの通信設定に、ユーザ名、パスワードがVMware vCenter Serverのアカウント情報になります。

表29.1 VMwareアカウントの登録

クラウドスコープID	CLOUD_VMWARE_01
クラウドスコープ名	VMwareスコープ01
オーナーロール	ALL_USERS
IPアドレス	○○○○
プロトコル	○○○○
ユーザ名	○○○○
パスワード	○○○○
アカウントID	VMWARE_ACCOUNT_01
表示名	VMwareアカウント01

これらの情報をHinemosに登録すると、VMwareの仮想マシンを自動検知してHinemosのノードとして自動的に登録します。また、このアカウント情報の登録後に、自動的に有効となるVMwareのプラットフォーム監視は**表29.2**のとおりです。

29.2　VMware 環境における提供機能と機能差分

表29.2　VMwareのプラットフォーム監視

HostSystem.overallStatus	ハイパーバイザの状態
Datastore.overallStatus	データストアの状態
Network.overallStatus	VMネットワークの状態

29.2　VMware 環境における提供機能と機能差分

VMware版で提供される機能は**表29.3**のとおりです。

表29.3　VMware版の提供機能サマリ

クラウドサービス連携	○
クラウドプラットフォーム監視	○
リソースの自動検知	○
コンピュート管理	○
ストレージ管理	○
ネットワーク管理	△
課金管理	×

代表的な機能差分は次のとおりです。

● **VM管理機能とクラウド管理機能の差分**
VM管理機能とクラウド管理機能の大きな違いは、VM管理機能には課金管理に関する機能が存在しないことです

● **VMware版特有の機能**
VMware版では、vCenter Serverが発報するSNMPTRAPを受信できるよう、VMware社より提供されているVMware vSphere 5.0/5.1/5.5/6.0/6.5/6.7 SNMP MIBsの定義が取り込まれたSNMP監視設定を[監視設定[一覧]]ビューから利用できるようになります。これにより、vCenter Serverで検知した障害をHinemosに集約し、運用者はHinemosクライアントの画面だけ確認すればよい(異常に気づける)という効率的な運用が可能となります

455

第**7**部 仮想化・クラウドの運用管理

第**30**章

Hyper-Vの監視と
運用自動化

第 30 章　Hyper-V の監視と運用自動化

　本章では、Hyper-V 環境上に構築するシステムの監視と運用自動化するための機能を第 27 章をベースとして、Hyper-V 版 VM 管理機能の特徴的な部分を中心に解説します。

30.1　アカウントの登録と Hyper-V 環境の監視

　Hyper-V 版では、Hyper-V が動作する Windows Server のアカウント情報を登録します。VMware 環境での VMware vCenter Server に相当する機能がないため、ハイパーバイザを 1 台ずつ登録することになります。

　Hinemos に登録する Windows Server の OS アカウントとして、Administrator ユーザ以外を登録する場合は、「Hinemos VM 管理機能 Hyper-V 版 ver.6.2 ユーザマニュアル」の「4.2.1　ユーザの必要となる権限」に記載されている権限を付与したユーザである必要があります。

　また、Hinemos から Hyper-V が動作する Windows Server への通信は、Windows サービス監視と同じ WinRM のため、「Hinemos ver.6.2 管理者ガイド」の「6.5　Windows サービス監視」に記載されている内容に従い、Windows Server 側の設定が必要です。

　AWS と同様に、[クラウド[ログインユーザ]]ビューのビューアクションの[登録]ボタンを展開し、[Hyper-V]を選択すると、[クラウド[ログインユーザ]- 登録・変更]ダイアログが表示されます。**表 30.1** の値を入力して、[OK]ボタンをクリックしてください。IP アドレス、プロトコルが Hyper-V への通信設定に、ユーザ名、パスワードが Windows Server のアカウント情報になります。

表30.1　**Hyper-V アカウントの登録**

クラウドスコープ ID	CLOUD_HYPERV_01
クラウドスコープ名	HyperV スコープ 01
オーナーロール	ALL_USERS
IP アドレス	○○○○
プロトコル	○○○○
ユーザ名	○○○○
パスワード	○○○○
アカウント ID	HYPERV_ACCOUNT_01
表示名	HyperV アカウント 01

　これらの情報を Hinemos に登録すると、Hyper-V の仮想マシンを自動検知して Hinemos のノードとして自動的に登録します。また、このアカウント情報の登録後に、自動的に有効となる Hyper-V のプラットフォーム監視は、vmms（Hyper-V Virtual Machine Management）の Windows サービスの状態になります。

30.2　Hyper-V 環境における提供機能と機能差分

　Hyper-V 版で提供される機能は**表30.2**のとおりです。

表30.2　Hyper-V版の提供機能サマリ

クラウドサービス連携	○
クラウドプラットフォーム監視	○
リソースの自動検知	○
コンピュート管理	○
ストレージ管理	×
ネットワーク管理	×
課金管理	×

Hyper-Vのプラットフォーム監視

　Hyper-Vのプラットフォーム監視では、Hyper-Vの機能を提供するWindowsサービスの監視が自動で行われます。VMware環境と異なり、Hyper-Vの仮想マシンイメージはOSのファイルシステム上に配置されるvhdxファイルであり、ファイルの配置を含むシステムアーキテクチャはユーザに委ねられている範囲になります。そのため、さまざまなバリエーションを取り扱えることから、Hinemos側で構成を自動検知するには限界があります。

　さいわいHinemosは各種ハードウェア、OS、ミドルウェアを監視する基本機能を備えているので、これを活用してプラットフォーム監視の補強を行ってください。

第 **8** 部 ◆ **本格的な運用**

第**31**章

内部データベースの
メンテナンスと
バックアップ

第31章　内部データベースのメンテナンスとバックアップ

　Hinemosを長期間安定して使用するためには、Hinemosマネージャの内部データベースの定期的な
メンテナンスおよびバックアップを行う必要があります。本章では、Hinemosの運用において必要と
なる内部データベースのメンテナンスとバックアップについて説明します。

31.1　履歴情報の削除

　Hinemosマネージャでは、イベントやジョブ実行結果などの履歴情報は内部データベースに蓄えられ
ます（Linux版ではPostgreSQL、Windows版ではSQL Server）。これを長期間蓄え続けると、Hinemos
マネージャサーバのディスク容量を圧迫します。また、データベースの性質上、大量のデータが蓄積さ
れた状態ではアクセス性能が少しずつ劣化していきます。そのため、履歴削除機能を用いて、古い履歴
情報を定期的に削除する必要があります。

　履歴削除機能の対象となる情報は、監視（イベント）履歴、ジョブ実行履歴、性能実績、収集蓄積、構
成情報で、**表31.1**に示す種別が用意されています。システムの要件やサーバスペックに応じて、保存期
間やあり／なしの設定をしてください。

表31.1　履歴削除機能のメンテナンス種別

メンテナンス種別	処理内容	デフォルト設定
監視（イベント）履歴削除	イベント履歴の削除	あり
監視（イベント）確認済み履歴削除	「確認済」のイベント履歴の削除	なし
ジョブ実行 履歴削除	ジョブ実行履歴の削除	あり
ジョブ実行 終了済み履歴削除	実行状態が「終了」／「変更済み」のジョブ実行履歴の削除	なし
性能実績 収集データ削除	収集したローデータ削除	あり
性能実績 サマリデータ（時単位）削除	収集したサマリデータ（時単位）の削除	あり
性能実績 サマリデータ（日単位）削除	収集したサマリデータ（日単位）の削除	あり
性能実績 サマリデータ（月単位）削除	収集したサマリデータ（月単位）の削除	あり
収集蓄積 収集データ削除	収集した文字列データの削除	あり
収集蓄積 バイナリファイル収集デー タ削除	バイナリファイル監視で収集したバイナリデータの削除	あり
収集蓄積 パケットキャプチャ収集 データ削除	パケットキャプチャ監視で収集したバイナリデータの削除	あり
構成情報 履歴削除	構成情報取得の履歴情報の削除	なし

　履歴削除機能の設定は、［メンテナンス［履歴情報削除］］ビューから登録できます。

　［パースペクティブ］→［メンテナンス］を選択して、［OK］ボタンをクリックしてください。［メンテナ
ンス［履歴情報削除］］ビューが表示されます（**図31.1**）。

図31.1　［メンテナンス［履歴情報削除］］ビュー

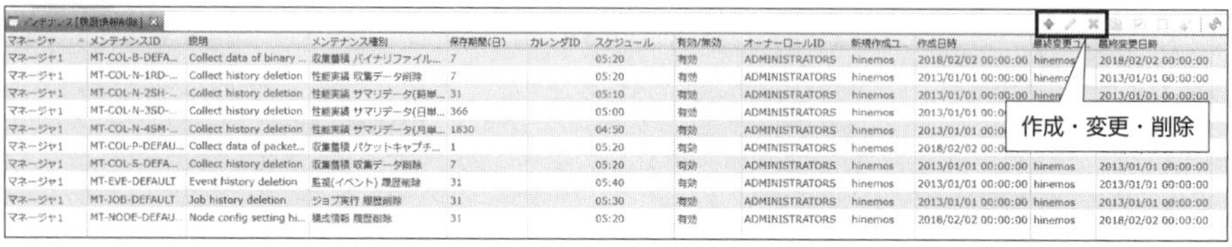

31.2　バックアップとリストア

[メンテナンス[履歴情報削除]]ビューの[作成]ボタンをクリックすると、[履歴削除[作成・変更]]ダイアログが表示され、履歴削除の設定を行うことができます(**図31.2**)。設定を変更する場合は、変更したい項目を選択し、[変更]ボタンをクリックし、[履歴削除[作成・変更]]ダイアログを表示して設定を行うことができます。

図31.2　[履歴削除［作成・変更］]ダイアログ

性能実績は、ローデータ、サマリデータ(時単位)、サマリデータ(日単位)、サマリデータ(月単位)それぞれを対象として削除できるようになっています。

過去の性能実績のローデータをすべて保管しておくと、膨大な保存領域が必要となってしまいます。一般的な運用では、過去の性能情報を確認するためにローデータが必要となることはあまりなく、時/日/月単位で要約したサマリデータを適切な期間で保存すれば十分な場合がほとんどです。システム要件に応じた履歴削除の設定により、保存領域の使用量を抑制しながら必要な性能情報データを長期間保存できるようになります。デフォルト設定では、月単位のサマリデータを使って約5年間の性能情報の推移を確認できます。

履歴情報削除機能で作成できる履歴削除の種別や処理内容、保存期間の詳細は、「Hinemos ver.6.2 ユーザマニュアル」の「11.3　履歴情報削除機能」を参照してください。

31.2　バックアップとリストア

Hinemosマネージャを動作させているサーバのOSやハードウェアの障害に対して、定期的にHinemosのバックアップを取得するのは非常に有効です。また、バックアップを取っていれば、障害時にデータが破損した際に、速やかに以前の状態に戻すことができます。

Hinemosクライアントから設定したリポジトリや監視やジョブの設定、履歴情報はすべて内部データベースに蓄積されます。そのため、Hinemosのバックアップ対象は、この内部データベースと、etcディレクトリ配下の設定ファイル(**表31.2**)になります。

463

第31章　内部データベースのメンテナンスとバックアップ

表31.2　Hinemosマネージャの設定ファイル

OS	設定ファイル
Linux	/opt/hinemos/etc/配下のファイル一式
Windows	C:¥Program Files¥Hinemos¥manager6.2¥etc¥配下のファイル一式

設定ファイル類はHinemosインストール時に設定され、後からユーザが必要に応じて編集するものです。これらはファイルの設定変更を行ったタイミングに加えて、月単位などの長いローテーション期間でファイルのバックアップを取得するだけで問題ありません。

一方、内部データベースには多くの設定と、日々増えていく履歴情報があります。そのため、この内部データベースのバックアップを定期的に取得することが重要になります。

31.2.1　内部データベースのバックアップ

Hinemosの場合は、Hinemosマネージャ動作中にバックアップを取得できます。つまり、オンラインバックアップが可能です。内部データベースのバックアップを取得するために、Hinemosマネージャを一時停止する必要はありません。バックアップの取得時間は内部データベースのサイズにもよりますが、数秒から数分かかります。

Hinemosの内部データベースのバックアップには、**表31.3**のメンテナンススクリプトが用意されています。

表31.3　Hinemosの内部データベースのバックアップスクリプト

OS	スクリプト名
Linux	hinemos_backup.sh
Windows	hinemos_backup.ps1

Linux環境でバックアップを実行する手順は**図31.3**のようになります。

図31.3　バックアップ

```
(root)# /opt/hinemos/sbin/mng/hinemos_backup.sh
input a password of Hinemos RDBM Server (default 'hinemos') : hinemos
dumping data stored in Hinemos RDBMS Server (PostgreSQL)...
  output file : /opt/hmScript/backup/hinemos_pgdump.2019-07-20_105529
successful in dumping data.
```

内部データベースのバックアップ時に作成されたファイルをダンプファイルと呼びます。ダンプファイルは**図31.3**のコマンドの実行ディレクトリにhinemos_pgdump.YYYY-MM-DD_HHmmssという名前で作成されます。名前のとおり、PostgreSQLのpgdumpコマンドを利用してバックアップを取得しています。

ダンプファイルはテキストファイルのため、テキストエディタで内容を確認できます。登録されている設定やログの量によってはサイズが大きくなり、多くのディスク容量が必要となる場合があります。ディスク容量節約のために、バックアップ取得後にgzipコマンドなどを利用して圧縮しておくとよいでしょう（**図31.4**）。

31.2 バックアップとリストア

図31.4 圧縮と展開

```
(root)# gzip hinemos_pgdump.YYYY-MM-DD_HHmmss     (圧縮)
(root)# gunzip hinemos_pgdump.YYYY-MM-DD_HHmmss.gz     (展開)
```

オンラインバックアップが可能なため、Hinemosによる運用管理業務の状況を意識せずに、cronを使って自動的にバックアップを取得できます。

たとえば、**リスト31.1**のスクリプトは、Hinemosマネージャの内部データベースのバックアップを取得して圧縮した後に、古い(31日経過した)バックアップファイルを削除するものです。負荷の低い時間帯に、このような処理で緊急時に備えたバックアップを取得できます。もちろん、同一サーバ上に配置したままだと、OSやハードウェア自体に障害が発生した際にはサーバ上のダンプファイルにアクセスできないため、定期的にバックアップサーバなどにダンプファイルを退避しましょう。

リスト31.1 cronで実行する自動バックアップスクリプトのサンプル

```
#!/bin/bash

BKDIR=/var/hinemosbkup
BKFILE_DAYS=31

# Hinemos Backup
cd ${BKDIR}
/opt/hinemos/sbin/mng/hinemos_backup.sh -w hinemos
RET=$?

if [ ${RET} -ne 0 ];
then
        logger "hinemos backup fail"
        exit 1
fi

# Compress And Move
gzip hinemos_pgdump.*
mv hinemos_pgdump.*gz ${BKDIR}/file

# Delete Old Bakcup File
find ${BKDIR}/file/ -name 'hinemos_pgdump.*' -mtime +${BKFILE_DAYS} -print0 | xargs --no-run-if-empty
➡-0 rm

logger "hinemos backup success"
exit 0
```

リスト31.1のスクリプトではhinemos_backup.shの引数でパスワードを指定しています。他にも**表31.4**のような引数を設定できます。

465

第31章 内部データベースのメンテナンスとバックアップ

表31.4 hinemos_backup.shの引数

引数	使い方
-w	PostgreSQLサーバのパスワードを設定
-s	設定データとバイナリデータ（ジョブマップのアイコンなど）だけをバックアップ
-d	設定データだけをバックアップ。分析用なのでリストアはできない
-c	gz圧縮したダンプファイルを作成（-cオプションは0～9の引数を指定する必要がある。数値は圧縮レベルを意味し、数値が大きいほど高い圧縮率となる）

31.2.2 内部データベースのリストア

Hinemosではダンプファイルを利用してHinemosマネージャに設定データを戻す場合は、リストアと呼ばれる操作をします。内部データベースのリストアには、**表31.5**のメンテナンススクリプトが用意されています。

表31.5 Hinemosの内部データベースのリストアスクリプト

OS	スクリプト名
Linux	hinemos_restore.sh
Windows	hinemos_restore.ps1

リストアはバックアップと異なり、HinemosのJavaプロセスを停止させる必要がありますので注意してください（Javaプロセスが動作しているときにリストアすると失敗します）。

Linux環境でリストアを実行する手順は**図31.5**のようになります。

図31.5 リストア

```
(root)# service hinemos_manager stop
Redirecting to /bin/systemctl stop hinemos_manager.service
(root)# service hinemos_pg start
Redirecting to /bin/systemctl start hinemos_pg.service
(root)# /opt/hinemos/sbin/mng/hinemos_restore.sh hinemos_pgdump.YYYY-MM-DD_HHmmss
input a password of Hinemos RDBM Server (default 'hinemos') :
dropping setting schema...
restoring Hinemos RDBMS Server from file (PostgreSQL)...
    input file : hinemos_pgdump.2019-07-20_110458
successful in restoring Hinemos RDBMS Server (PostgreSQL).
```

一般に、データベースのリストアはバックアップよりも非常に長い（数倍程度の）時間がかかります。これは、データのロードだけではなくインデックス構築などの処理があるためです。また、非常にサイズの大きなダンプファイルをリストアすると、Hinemosの内部データベースにも非常に大きなディスク容量が必要になります。リストアするHinemosマネージャのサーバに、最低限ダンプファイルの数倍の空き容量があることを確認してからリストアを実施してください。

Hinemosのバックアップとリストアの詳細は、「Hinemos ver.6.2 管理者ガイド」の「3.3　Hinemosマネージャのバックアップ・リカバリ」を参照してください。

466

バックアップデータのサイズ

バックアップしたダンプファイル(hinemos_pgdump.YYYY-MM-DD_HHmmss)のファイルサイズは、環境によっては非常に大きくなります。ダンプファイルのファイルサイズは**図31.6**の方法で確認できます。

図31.6 ダンプファイルのファイルサイズの確認方法

```
(root)# /opt/hinemos/sbin/mng/hinemos_backup.sh
input a password of Hinemos RDBM Server (default 'hinemos') :
dumping data stored in Hinemos RDBMS Server (PostgreSQL)...
   output file : /root/hinemos_pgdump.2019-07-20_110458
successful in dumping data.
(root)# ls -lh hinemos_pgdump.2019-07-20_110458
-rw-r--r-- 1 root root 33M  7月 20 11:04 hinemos_pgdump.2019-07-20_110458
```

設定やユーザが使用している機能によって、Hinemosのダンプファイルサイズは大きく増減します。ダンプファイルサイズに影響を与える主な設定や機能には、次のようなものがあります。

- 影響大……収集蓄積
- 影響中……性能実績、イベント履歴、ジョブ履歴
- 影響小……ジョブ・監視設定の登録数

収集蓄積実績では対象の全量が収集対象となり、内部データベースに多くのデータを蓄えるため、ダンプファイルサイズへの影響が大きくなります。

性能実績のローデータは分単位でデータを蓄えるため、長期間取得する場合はダンプファイルサイズへの影響があります。ただし、サマリデータを活用し、ローデータは必要最低限の期間だけ取得するようにすれば、影響は少なくなります。

履歴データは、実行されたジョブの数や通知されるアラートの数が多ければ影響がある場合があります。

ダンプファイルサイズを正確に見積もるためには、毎日ダンプファイルを取得して、数日間のダンプファイル増加量から見積もるとよいでしょう。なお、履歴削除機能により1ヵ月以上前のデータを削除する設定にしている場合は、最初の1ヵ月はダンプファイルのサイズは徐々に増加しますが、1ヵ月以降はファイルサイズは増加しません。

31.3 再構成

Hinemosの内部データベースは、履歴情報の蓄積や削除を繰り返していると、インデックスやテーブルのフラグメントが発生し、徐々にアクセス性能が劣化していきます。また、障害発生時のメッセージラッシュでイベントが突発的に大量に出力され、履歴削除機能によりそれらが一度にすべて削除された場合は、データファイルのフラグメントが大量に発生します。そのようなデータベースがフラグメントした状態では、アクセス性能が低下してしまいます。

第 31 章　内部データベースのメンテナンスとバックアップ

　これを防ぐため、半年もしくは1年に1回程度の頻度で、Hinemosの内部データベースの再構成を実施しましょう。Hinemosでは内部データベースの再構成のために、**表31.6**のメンテナンススクリプトが用意されています。

表31.6　Hinemosの内部データベースのメンテナンススクリプト

OS	スクリプト名
Linux	hinemos_cluster_db.sh
Windows	hinemos_cluster_db.ps1

　Linux版のHinemos内部データベースの再構成は、無停止で実施できます。Hinemosのジョブとして再構成を行うジョブを作成し、定期実行を管理するようにしましょう（**図31.7**）。

図31.7　再構成ジョブの設定例

　データベースサイズとフラグメントの状態によっては、内部データベースの再構成には数分から数十分かかることもあります。また、実行時は、インデックスの再作成などでディスク容量を必要とする場合があるため、現在の内部データベース（/opt/hinemos/var/data配下）の2倍以上のディスク容量を確保してください。実行する際はディスクの空き容量に注意してください。

　Windows版のHinemos内部データベースの再構成は、Hinemosの停止が必要となります。計画的に再構成を実施しましょう。

　Hinemos内部データベースのメンテナンスの詳細は、「Hinemos ver.6.2 管理者ガイド」の「3.1.4　データベースの再構成」を参照してください。また、他のメンテナンススクリプトについての詳細は、同管理者ガイドの「3　メンテナンス」を参照してください。

第**8**部 本格的な運用

第**32**章

ログファイルと
監査証跡

第32章　ログファイルと監査証跡

本章では、Hinemosの各コンポーネントの動作ログの管理や、Hinemosの操作ログを監査証跡として活用する方法について説明します。

32.1　Hinemosのログファイル

Hinemosの各コンポーネント（Hinemosマネージャ、Hinemosエージェント、Hinemos Webクライアント）の動作ログは、それぞれ**表32.1**に示すフォルダに出力されます。

表32.1　Hinemosのログ出力先一覧

Hinemosコンポーネント	ログの出力先
Hinemosマネージャ（Linux）	/opt/hinemos/var/log/
Hinemosマネージャ（Windows）	C:¥ProgramData¥Hinemos¥manager6.2¥log¥
Hinemosエージェント（Linux）	/opt/hinemos_agent/var/log/
Hinemosエージェント（Windows）	<Hinemosエージェントのインストールフォルダ>¥var¥log¥
Hinemos Webクライアント（Linux）	/opt/hinemos_web/var/log/
Hinemos Webクライアント（Windows）	C:¥ProgramData¥Hinemos¥web6.2¥log¥

Hinemosマネージャでは、ログイン証跡などの監査証跡となるログが出力されます。Hinemosエージェントでは、ジョブ実行時のコマンドなどのログが出力されます。

Hinemosのログファイルの詳細は、「Hinemos ver.6.2 管理者ガイド」の「12　動作ログ」を参照してください。

32.2　Hinemosマネージャのログファイル定期削除

Hinemosマネージャの各種ログはデフォルトで日次ローテートを行い、Linux版の場合はログファイルが毎日/opt/hinemos/var/log/ディレクトリ配下に作成され続けます。

Hinemosでは、最終更新日から一定の期間（31日）経過したログファイルを削除するスクリプトが用意されています。Linux版のHinemosでは、cronに削除スクリプトを登録することにより定期的にログを削除します（**図32.1**）。一方、Windows版のHinemosでは、タスクスケジューラに登録することによって定期的にログを削除します（**図32.2**）。

図32.1　Hinemosマネージャのログ定期削除の設定（**Linux**）

```
(root)# cp -p /opt/hinemos/contrib/hinemos_manager /etc/cron.daily/
```

図32.2　Hinemosマネージャのログ定期削除の設定（**Windows**）

```
C:¥WINDOWS¥SYSTEM32> schtasks.exe /create /tn "delete_logs_for_hinemos_manager" /RU "NT AUTHORITY\
➡SYSTEM" /tr "'powershell.exe' '-File' 'C:¥Program Files¥Hinemos¥manager6.2¥contrib¥hinemos_manager
➡.ps1'" /sc DAILY /st 04:00:00
```

なお、このスクリプトはオプション製品がインストールされていない状態のHinemosマネージャ向けのものです。ミッションクリティカルオプションなどのオプション製品が導入されている場合は、出力

されるログファイルの種類が増えますので、それらのログファイルを削除スクリプトに追加するように
してください。

Hinemosマネージャのログファイルの削除についての詳細は、「Hinemos ver.6.2 管理者ガイド」の「3.2
ログファイルの削除」を参照してください。

32.3 Hinemos エージェントのログファイル定期削除

Hinemosエージェントのログは、log4jの機能を利用してローテーションしています。デフォルトで
サイズ上限（20MB）が定められており、カレントログを含めて最大5世代をローテーションします。

そのため、ログの定期削除を設定する必要はありません。また、ログの長期保存などの運用要件が
ある場合は、**表32.2**の設定ファイルを修正して、ログの保存期間や出力方法を変更できます（**リスト
32.1**）。

表32.2 Hinemosエージェントのログファイル設定ファイル

OS	プロパティファイル
Linux	/opt/hinemos_agent/conf/log4j.properties
Windows	<Hinemosエージェントのインストールフォルダ>¥conf¥log4j.properties

リスト32.1 Hinemosエージェントのログ出力設定（**log4j.properties**）

```
### direct messages to file agent.log ###
log4j.appender.file=org.apache.log4j.RollingFileAppender
log4j.appender.file.MaxFileSize = 20MB ────── 最大ファイルサイズ
log4j.appender.file.MaxBackupIndex = 4 ────── 最大バックアップログファイル世代数
log4j.appender.file.Append=true
log4j.appender.file.layout=org.apache.log4j.PatternLayout
log4j.appender.file.layout.ConversionPattern=%d %-5p [%t] [%c] %m%n
...
```

Hinemosマネージャと同様に、一定の期間を経過したログファイルを削除する運用も可能です。その
場合は、ログファイル設定ファイルを**リスト32.2**のように書き換えます。

リスト32.2 Hinemosエージェントのログ出力設定（**log4j.properties**）

```
### direct messages to file agent.log ###
#log4j.appender.file=org.apache.log4j.RollingFileAppender
#log4j.appender.file.MaxFileSize = 20MB
#log4j.appender.file.MaxBackupIndex = 4
#log4j.appender.file.Append=true
#log4j.appender.file.layout=org.apache.log4j.PatternLayout
#log4j.appender.file.layout.ConversionPattern=%d %-5p [%t] [%c] %m%n

log4j.appender.file=org.apache.log4j.DailyRollingFileAppender
log4j.appender.file.Append=true
```

第 32 章　ログファイルと監査証跡

```
log4j.appender.file.DatePattern='.'yyyy-MM-dd
log4j.appender.file.layout=org.apache.log4j.PatternLayout
log4j.appender.file.layout.ConversionPattern=%d %-5p [%t] [%c] %m%n
```

　上記の変更により、ログを日付ごとにバックアップするように変更できました。また、DailyRollingFile
Appenderにはファイルの最大数を指定する設定がないため、/etc/cron.dailyにエージェントログの削除
用スクリプトを作成します。

　次の例では31日間ログを保存し、それ以前のログファイルを削除します。

図32.3　Hinemosエージェントのログ削除設定（Linux版）

```
(root)# vi /etc/cron.daily/hinemos_agent
(root)# chmod 755 /etc/cron.daily/hinemos_agent
(root)# chown hinemos:hinemos hinemos_agent
```

リスト32.3　hinemos_agentの内容

```
#!/bin/bash

# AgentLog retention period
LOGFILE_DAYS=31

HINEMOS_AGENT_LOG_DIR=/opt/hinemos_agent/var/log

find ${HINEMOS_AGENT_LOG_DIR}/ \( \
                        -name 'agent.log.*' \) \
                -mtime +$LOGFILE_DAYS \
                -print0 \
    | xargs --no-run-if-empty -0 rm
```

　Windows版の場合は、C:¥Hinemos¥scriptに**リスト32.4**の内容でhinemos_agent.ps1を作成します。

リスト32.4　hinemos_agent.ps1の内容

```
# AgentLog retention period
$LOGFILE_DAYS=31

# HinemosAgent Install Folder
$HINEMOS_LOG_DIR="C:¥Program Files (x86)¥Hinemos¥Agent6.2.2¥var¥log"

$Date = (Get-Date).AddDays( -$LOGFILE_DAYS )
Get-ChildItem $HINEMOS_LOG_DIR | ? { ($_.Name -like "agent.log.*") -and
        $_.LastWriteTime -lt $Date } | %{ Write-Host $_.Name; Remove-Item $_.FullName }
```

　このスクリプトを日次で実行するために、**図32.4**のコマンドを管理者権限で実行してタスクスケジュー
ラへ登録してください。

472

図32.4　Hinemosエージェントのログ削除設定（Windows版）

```
C:\WINDOWS\SYSTEM32> schtasks.exe /create /tn "delete_logs_for_hinemos_agent" /RU "NT AUTHORITY\SYSTEM"
➡/tr "'powershell.exe' '-File' 'C:\Hinemos\script\hinemos_agent.ps1'" /sc DAILY /st 04:00:00
```

Hinemosエージェントのログファイルの削除についての詳細は、「Hinemos ver.6.2 管理者ガイド」の「12.6 Hinemosエージェントのログ出力・ログローテーション」を参照してください。

ログローテーションのデフォルトの動作が違う理由

　Hinemosマネージャと異なり、Hinemosエージェントのログがデフォルトでローテーションで管理する方式になっているのは、まさに「エージェント」として多種多様な環境にインストールする必要があるからです。

　Hinemosマネージャは運用管理サーバとして設計をしっかり進めることができますが、いわゆる「エージェント」は、いかに手間がなく安全に導入できるかが求められます。たとえば、ログ削除運用の設定漏れがあったり、想定より大容量のログファイルが生成されたりすると、システムに多大な影響を与える可能性があります。

　一方で、正しくログ運用が行われる環境の場合は、要件に定められた保存期間のログを残すため、日単位でログを切り替え、一定の期間を経過したログファイルを削除するような設定を推奨します。

32.4　Hinemosの監査証跡

　Hinemosは統合運用管理ツールとしての特性上、Hinemosクライアントの操作を介して管理対象のサーバにアクセスできることになります。そのため、Hinemosでの運用が適切に行われていることの証跡となる操作履歴の管理が必要になります。

32.4.1　操作ログの設定

　Hinemosでは、監査証跡に利用できる操作履歴の情報を、操作ログとして記録しています。操作ログには、HinemosクライアントからのおよびWebサービスAPIを直接実行するアプリケーションからの操作がすべて記録されます。操作ログの出力先は**表32.3**のとおりです。

表32.3　Hinemosの操作ログ出力先一覧

OS	操作ログの出力先
Linux	/opt/hinemos/var/log/hinemos_operation.log
Windows	C:\ProgramData\Hinemos\manager6.2\log\hinemos_operation.log

　デフォルトでは、Hinemosクライアントからのログイン、設定の作成や変更、ジョブの実行の操作を対象としてログが記録されます。他にも、Hinemosの情報を参照した場合にログを出力するようなログレベルの設定変更もできます。

　操作ログのログレベルは、log4j.properties（**表32.4**）を変更して設定します（**リスト32.5**）。

第 32 章　ログファイルと監査証跡

表32.4　Hinemosの操作ログ設定ファイル

OS	操作ログの設定ファイル
Linux	/opt/hinemos/etc/log4j.properties
Windows	<Hinemosマネージャのインストールフォルダ>\etc\log4j.properties

リスト32.5　log4j.properties の変更箇所

```
#
# Hinemos Logging Configuration
#

log4j.rootCategory=info, manager
log4j.additivity.HinemosInternal=false

log4j.category.com.clustercontrol.HinemosManagerMain=info, boot
log4j.category.HinemosOperation=info, operation ────── 操作ログの変更箇所
log4j.category.HinemosInternal=info, internal
...
```

log4j.properties の log4j.category.HinemosOperation の priority value を変更することで、ログ出力する操作の対象を変更できます（**表32.5**）。

表32.5　操作ログの設定値

priority value	ログ出力対象の操作
info	設定、実行（デフォルト）
debug	参照、設定、実行

log4j.properties のログレベル設定の変更は、Hinemosマネージャの再起動、または60秒間隔（自動設定読込み機構）で反映されます。

操作ログの出力例を次に示します。**リスト32.6**は、Hinemos Webクライアントからログインした際の操作ログの例です。

リスト32.6　操作ログ（/hinemos_operation.log）の例 1

```
2019-07-20 16:58:18,065 INFO [HinemosOperation] (WebServiceWorkerForClient-1) [Access] Login,
➡Method=checkLogin, User=hinemos@[127.0.0.1]
```

これは、次の内容を示します。

- 機能名を [Access]（アクセス機能）として記録
- 処理内容をLogin（ログイン）として記録
- コールされたWebサービスAPIを「Method」として記録（checkLogin）
- 処理を行ったHinemosユーザとアクセス元を「User」として記録（hinemos@[127.0.0.1]）

リスト**32.7**は、［監視［イベント］］ビューで「一括確認」を実施した操作ログの例です。

リスト32.7 操作ログ（/hinemos_operation.log）の例2

```
2019-07-20 16:59:45,935 INFO [HinemosOperation] (WebServiceWorkerForClient-4) [Monitor] Confirm All
➡Started, Method=modifyBatchConfirm, User=hinemos@[127.0.0.1], FacilityID=null, Priority=Critical
➡Warning Info Unknown , Target Facility=ALL Facilities, Application=null, Message=null
2019-07-20 16:59:45,970 INFO [HinemosOperation] (WebServiceWorkerForClient-4) [Monitor] Confirm All
➡Completed, Method=modifyBatchConfirm, User=hinemos@[127.0.0.1], FacilityID=null, Priority=Critical
➡Warning Info Unknown , Target Facility=ALL Facilities, Application=null, Message=null
```

これは、次の内容を示します。各行の最初の4つのメッセージはログイン処理と同じですが、操作時のより詳細な情報が5つ目以降に出力されています。

■1行目

- 機能名を[Monitor]（監視機能）として記録
- 処理内容をConfirm All Started（一括確認開始）として記録
- コールされたWebサービスAPIを「Method」として記録（modifyBatchConfirm）
- 処理を行ったHinemosユーザとアクセス元を「User」として記録（hinemos@[127.0.0.1]）
- 一括確認を行った際の詳細な条件を記録（FacilityID=null, Priority=Critical Warning Info Unknown , Target Facility=ALL Facilities, Application=null, Message=null）

■2行目

- 機能名を[Monitor]（監視機能）として記録
- 処理内容をConfirm All Completed（一括確認完了）として記録
- コールされたWebサービスAPIを「Method」として記録（modifyBatchConfirm）
- 処理を行ったHinemosユーザとアクセス元を「User」として記録（hinemos@[127.0.0.1]）
- 一括確認を行った際の詳細な条件を記録（FacilityID=null, Priority=Critical Warning Info Unknown , Target Facility=ALL Facilities, Application=null, Message=null）

このように操作ログはHinemosへのログインや操作の履歴を記録します。操作ログを監査証跡として活用する場合は、次のような点に注意が必要です。

- Hinemos Webクライアントを利用する場合は、接続元IPがすべてHinemos WebクライアントのIPになる
- 同じユーザで同時ログインが可能

そのため、Hinemosのログインユーザを担当者ごとに用意して、「誰がログインしたのか」を操作ログから確認できるようにしておく必要があります。また、ログアウトは記録されないことも注意してください。

第 **8** 部　◆　**本格的な運用**

第**33**章

セルフチェック機能

第33章 セルフチェック機能

本章では、Hinemosマネージャの内部状態を定期的にチェックして、Hinemosマネージャの正常性を確認するセルフチェック機能について説明します。

33.1 Hinemosのセルフチェック機能とは

セルフチェック機能とは、Hinemosマネージャ自身の正常性をチェックする機能です。リソース枯渇やアプリケーション障害、パフォーマンス低下を検知するために、複数の確認対象をチェックして、結果をユーザに通知します。

セルフチェック機能の例

リソース枯渇の確認を例に説明します。Hinemosは内部データベースとして、Linux版ではPostgreSQL、Windows版ではSQL Serverを使用しています。これらのデータベースは、トランザクション処理を実行するたびにトランザクションログをディスクに書き込みますが、書き込むディスク領域が不足すると、トランザクション処理が実行できなくなります。すなわち、データベースの処理を伴うHinemosのほとんどの処理が実行できないことになってしまいます。

ディスク不足による機能不全状態に陥ると、Hinemosクライアントから接続すらできない状態となる場合もあります。このような状況を防ぐために行うのがリソース枯渇の確認で、Hinemosマネージャ自身に十分なリソースがあるかを定期的にチェックして通知します。

セルフチェック機能の設定は、Hinemosクライアントの［パースペクティブ］→［メンテナンス］を選択し、［メンテナンス［Hinemosプロパティ］］ビューから行います。

セルフチェック機能の有効化

Hinemosマネージャをインストールしたディレクトリが存在するファイルシステムの使用率の監視は、デフォルトでは無効となっています。これを有効にすることで、多くのイベント履歴やジョブ履歴の蓄積によるHinemosマネージャのインストールディレクトリの肥大化を事前に検知できます。

セルフチェック機能でファイルシステムの使用率を監視するためには、［パースペクティブ］→［メンテナンス］を選択して、［メンテナンス［Hinemosプロパティ］］ビューの中から「selfcheck.monitoring.filesystem.usage」を選択し、［Hinemosプロパティ設定［作成・変更］］ダイアログで［値］を「true」に変更して［OK］ボタンをクリックしてください。

図33.1 selfcheck.monitoring.filesystem.usageの設定

そして、「selfcheck.monitoring.filesystem.usage.list」で監視するファイルシステムと閾値を設定してください。デフォルトでは「/:50」に設定されており、「/領域が50%未満であること」が監視閾値になっています（図33.2）。閾値を50%から変更したい場合やHinemosマネージャのデータやログ領域を/領域から他に変更したい場合は、この値を変更してください。たとえば、/opt/hinemos/var/dataを別のパーティション（/data）として管理し、閾値を70%に設定する場合は「/data:70」とします。

図33.2 selfcheck.monitoring.filesystem.usage.listの設定

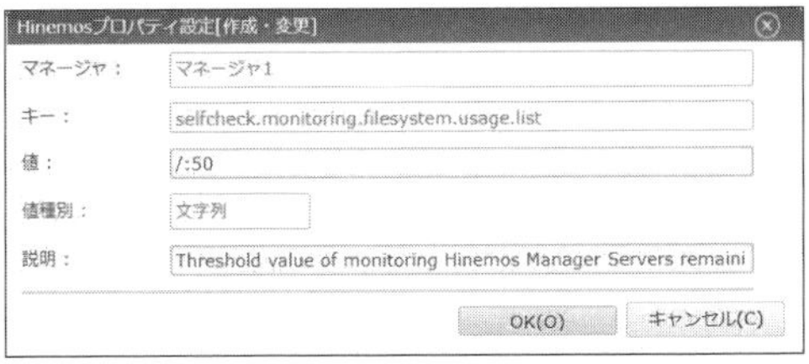

セルフチェック機能の有効化や閾値の変更に当たって、Hinemosマネージャの再起動は必要ありません。デフォルトでは150秒間隔でセルフチェック処理が動作します。このパラメータを有効にすると、Hinemosインストールディレクトリのファイルシステム使用率が50%を超えた場合にはHinemosクライアントの［監視［イベント］］ビューのHinemos内部スコープ（INTERNAL）にイベントが表示されます。その他のセルフチェック機能で正常性を確認する項目は、デフォルトで有効となっています。

たとえば、Hinemosマネージャがインストールされたファイルシステムの使用率が閾値を超えた場合は図33.3、図33.4のような警告が出力され、オリジナルメッセージ（図33.5）により、何が原因で出力された警告メッセージかを確認できます。

図33.3 セルフチェックによる警告1

図33.4 セルフチェックによる警告2

図33.5 オリジナルメッセージ

他のセルフチェック機能の設定値についての詳細は、「Hinemos ver.6.2 管理者ガイド」の「8.1　セルフチェック機能」および「表13-8　セルフチェック機能の設定値」を参照してください。

33.2　セルフチェック機能の前提条件

Hinemosのセルフチェック機能を使用するには、前提としてHinemosマネージャサーバでSNMPが動作している必要があります（**表33.1**）。

表33.1　Hinemosのセルフチェック機能の前提条件

OS	セルフチェック機能の前提条件
Linux	Hinemosマネージャサーバにnet-snmp、net-snmp-utilsがインストールされていること
Windows	HinemosマネージャサーバにSNMPサービスがインストールされていること

マネージャサーバ内の接続を行う場合、snmpdの設定ファイルの/etc/snmp/snmpd.confに127.0.0.1に対するアクセスが許可されている必要があります（デフォルトであれば、127.0.0.1へのアクセスは許可されています）。

Hinemosマネージャサーバで**図33.6**のコマンドを実行することで、アクセス許可を確認できます。

図33.6　SNMPの動作確認

```
(root)# snmpwalk -c public -v 2c 192.168.0.2 .1.3.6.1.2.1.1
SNMPv2-MIB::sysDescr.0 = STRING: Linux ip-192-168-0-2.ap-northeast-1.compute.internal 3.10.0-
➡957.1.3.el7.x86_64 #1 SMP Thu Nov 29 14:49:43 UTC 2018 x86_64
SNMPv2-MIB::sysObjectID.0 = OID: NET-SNMP-MIB::netSnmpAgentOIDs.10
```

```
DISMAN-EVENT-MIB::sysUpTimeInstance = Timeticks: (10312891) 1 day, 4:38:48.91
SNMPv2-MIB::sysContact.0 = STRING: Root <root@localhost> (configure /etc/snmp/snmp.local.conf)
```

セルフチェックとリソース監視の違い

　リソース監視によるディスク使用率監視でも、セルフチェックによるディスク使用率チェックと同様のチェックができます。内部的には両者ともSNMPを利用したチェックを行っています。ただし、通知の方法が両者で異なります。

　リソース監視の結果を通知する場合は、大量の通知が来ることを想定して、通知キューを設けています。通知キューにリソース監視の結果が格納され、通知キューに入っているものを順番に通知していく仕組みです。そのため、通知が大量に発生した場合でも通知キューが緩衝材となり、通知処理が高負荷になるのを防ぐことができます。

　一方、セルフチェック機能の場合は、通知キューを経由せずに通知します。そのため、通知キューに大量のデータが格納されている場合でも、セルフチェックによる通知は遅れることなく動作します。

　このような特性がありますので、Hinemosマネージャ自身の正常性を確認する場合は、セルフチェックで行ってください。

33.3　INTERNAL イベント

　Hinemosのセルフチェック機能で出力されたイベントは、INTERNALイベントとして通知されます。デフォルトではINTERNALイベントはHinemosクライアントの監視[イベント]だけが有効になっていますが、他にもSyslog送信、メール送信、コマンド実行での通知が用意されています。

　たとえば、メール送信でINTERNALイベントを通知したい場合は[パースペクティブ]→[メンテナンス]を選択して、[メンテナンス[Hinemosプロパティ]]ビューの中から「internal.mail」を選択し、[Hinemosプロパティ設定[作成・変更]]ダイアログで[値]を「true」に変更して[OK]ボタンをクリックしてください（図33.7）。

図33.7　INTERNALイベントのメール送信設定

　メールの送信先は「internal.mail.address」で設定してください（図33.8）。

図33.8 メールの送信先設定

メールで送信される出力レベルは「internal.mail.priority」で設定できますので、危険なINTERNALイベントが発生した場合だけメールで通知するという設定が可能になります。

INTERNALイベントについての詳細は、「Hinemos ver.6.2 管理者ガイド」の「8.2　INTERNALイベント」を参照してください。

33.4 Hinemosマネージャ死活検知

セルフチェック機能とは別に、HinemosクライアントからHinemosマネージャの死活を検知することもできます。Hinemosクライアントは、Hinemosマネージャに対して定期的に接続を試み、応答がない場合はHinemosマネージャの障害として、図33.9のようなダイアログを表示します。

図33.9 Hinemosマネージャ死活検知

セルフチェックと可用性

セルフチェック機能を使うことで、Hinemosマネージャ自身に異常が発生した際にいち早く気づくことができます。ただし、Hinemosに限らず自分自身の異常を検知する機構には限界があります。たとえば、Hinemosマネージャの障害発生時にセルフチェック機能の処理スレッドが最初にクラッシュした場合は、通知をあげることができません。

セルフチェック機能は、あくまで気づきを与えるものであり、可用性を向上したいとなると、クラスタ構成のように自分以外が監視をしてくれる仕組みを導入するしかありません。

Hinemosの可用性については、第36章を参照してください。

第**8**部 本格的な運用

第**34**章

バージョン互換性と
バージョンアップ

第 34 章 バージョン互換性とバージョンアップ

本章では、Hinemosのバージョン互換性とバージョンアップについて説明します。

34.1 Hinemos のバージョン互換性

Hinemosのバージョンには、一定期間内の不具合修正をまとめて適用したマイナーバージョン（たとえば、ver6.2.0、ver6.2.1）と、新機能の追加や仕様、構成要素が変更されるメジャーバージョン（たとえば、ver6.1、ver6.2）の2種類があります。

Hinemosのマネージャ／エージェント／クライアントはマイナーバージョン間で相互互換性があります。つまり、ver6.2.1のマネージャ／エージェント／クライアントはver6.2.0と相互互換性があります。

また、ver6.2.xのマネージャは、ver6.1.xとver6.0.xのエージェントに対して下位互換性を持っています。そのため、ver6.2.xのマネージャは、古いバージョンのエージェントを管理対象として接続できます。ただし、使用できる機能はエージェントのバージョンに依存します。たとえば、ver6.2.1の新機能である構成情報管理機能は、マネージャがver6.2.1であってもエージェントがver6.1.xの場合は使用できません。
Hinemosの下位互換性などはリリースノートで確認できます。

- Hinemosリリースノート（GitHub）
  https://github.com/hinemos/hinemos/releases

なお、過去のバージョンでは下位互換性ルールが異なる場合があります。対象となるHinemosのバージョンのリリースノートを確認してください。

 メジャーバージョン間のエージェント互換性のメリット

> Hinemosマネージャ1台で管理できるサーバ数は、バージョンが上がるにつれて増えています。そして、新しいメジャーバージョンが出た際に管理対象として新たに追加するサーバには、新しいメジャーバージョンの新機能を使いたいというケースが多いのではないでしょうか。この場合に問題となることは、すでにHinemosを導入済みの環境には「良くも悪くも」手を入れたくないという要望です。つまり、既存環境には「新機能を導入する必要はないが、Hinemosエージェントの入れ替えのようなサーバにログインする作業も実施したくない」という至極もっともな意見です。
>
> これを解決するのが、メジャーバージョン間のエージェント互換性です。Hinemosマネージャだけ新しいメジャーバージョンにバージョンアップして、すでに導入済みの環境はそのまま手を入れず、新しく管理対象とするサーバには新しいメジャーバージョンのエージェントを入れて新機能を使う、といったことが可能になります。

34.2 Hinemos マネージャのマイナーバージョンアップ

Hinemosマネージャのマイナーバージョンアップは、RPMコマンドで実行できます。実行前にバックアップを取得しておくようにしてください。

いくつかのマイナーバージョンアップでは、内部データベースの更新処理が必要となります。その場

合はスクリプトが提供されていますので、RPMコマンド実行後に適用する必要があります。

マイナーバージョンアップは、すべてのジョブのセッションが完了している状態で実施することを推奨します。

マイナーバージョンアップで内部データベースの更新などのスクリプトを実施する場合は、リリースノートにパッチの適用情報が記載されます。Hinemosカスタマーポータルで提供されるリリースノートにはバージョンアップの詳細手順も記載されているため、バージョンアップする際は活用してください（Hinemos 6.2.0からHinemos 6.2.1へマイナーバージョンアップする場合はリリースノート6.2.1(詳細)(20190517版).pdf）。

34.3　Hinemosエージェントのマイナーバージョンアップ

Hinemosエージェントのマイナーバージョンアップは、ライブラリファイルを置き換えます。エージェントアップデート機能を利用することで、簡単にアップデートが行えます。

エージェントアップデート機能とは、Hinemosマネージャのディレクトリ配下に配置されているライブラリファイルを、Hinemosクライアントからの操作によってエージェントに配布し、ファイル置き換えを行う機能です。この機能を利用するための条件として、対象のHinemosエージェントがHinemosマネージャにノードとして登録されており、起動している必要があります。

エージェントアップデート機能で使用する更新用ライブラリは、Hinemosマネージャをバージョンアップした時点でHinemosマネージャと同じバージョンに置き換わります。そのため、Hinemosマネージャをバージョンアップした後にエージェントアップデート機能を実行すれば、Hinemosエージェントをバージョンアップできます。

エージェントアップデート機能を実行するには、［パースペクティブ］→［リポジトリ］を選択し、［リポジトリ［エージェント］］ビューでアップデートを行いたいエージェントを選択して［モジュールアップデート］ボタンをクリックします。エージェントアップデート機能を実行したエージェントは、［アップデート］のステータスが「済」に変更されます（図34.1）。

図34.1　エージェントのアップデート

また、Windows版とUbuntu版のHinemosエージェントをHinemos 6.2.0から6.2.1へバージョンアップする場合は、Hinemosカスタマーポータルからダウンロードできるファイル「6.2.1_minor_versionup_contents.zip」を適用する手順が追加で必要です。

34.4　Hinemos Webクライアントのマイナーバージョンアップ

Hinemos Webクライアントのマイナーバージョンアップは、Hinemosマネージャと同様にバックアップ取得後、RPMコマンドで実行します。実行前にバックアップを取得しておくようにしてください。

第 34 章　バージョン互換性とバージョンアップ

34.5　Hinemos のメジャーバージョンアップ

　Hinemos のメジャーバージョンアップ（たとえば、ver6.1 から ver6.2 へのバージョンアップ）は、Hinemos
カスタマーポータルで提供されるバージョンアップツールを使って実施します。

　基本的な手順としては、元バージョンのマネージャのダンプファイルを取得し、バージョンアップツー
ルでデータ変換を行い、新バージョンのマネージャにリストアします。

　元バージョンによって対応しているオプション製品が異なりますので、バージョンアップ前に確認し、
対応していないオプション製品はバージョンアップ元の Hinemos からあらかじめアンインストールして
から実施する必要があります。

第8部 本格的な運用

第35章
レポート報告

第35章 レポート報告

Hinemosレポーティングを利用すると、Hinemosで蓄積しているシステム稼動情報やジョブ制御情報を稼動状況レポートとして出力できます。HinemosレポーティングはHinemosエンタープライズ機能に含まれ、サブスクリプションを購入することで利用可能になります。

本章では、Hinemosレポーティングの機能概要とレポート作成／メール配信の設定について説明します。

35.1 Hinemosレポーティングの機能概要

システム運用業務において、定期的に運用レポートを作成し、システム全体の稼動状況を報告する必要があるケースは多いと思います。Hinemosレポーティングを利用すると、この報告業務を自動化できます。Hinemosレポーティングは、月次・週次などでHinemosが運用レポートを自動作成し、それを自動でメール配信する機能を提供します。

出力されるレポートは、Hinemosで蓄積している各種の情報を、性能情報、監視情報、ジョブ情報などで分類し、わかりやすく整理した形になっています。定期的にレポートを分析することで、システムの利用状況を把握し、潜在的なリスクの発見やリソースプランニングを容易に行えるようになります。

また、レポート作成の対象をシステム単位やシステム内のグループ単位で制御することもできます。これにより、1つのHinemos上で複数のシステムを管理している場合に、システム間の独立性やセキュリティを確保しながら、管理範囲に応じた個別レポートを作成することが可能となります。

35.2 レポート作成とメール配信

レポートを定期的に自動配信するためには、次の設定を行います。

- 出力情報を定義するテンプレートセットの作成
- テンプレートセットのスケジュール設定

例として、リソース監視でCPU使用率の監視結果のレポートを自動配信する設定手順を説明します。

35.2.1 テンプレートセットの作成

［パースペクティブ］→［レポーティング］を選択し、［レポーティング［テンプレートセット］］ビューを選択して、デフォルトで設定されているテンプレートサンプルをコピーします（**図35.1**）。

図35.1 テンプレートセットの作成1

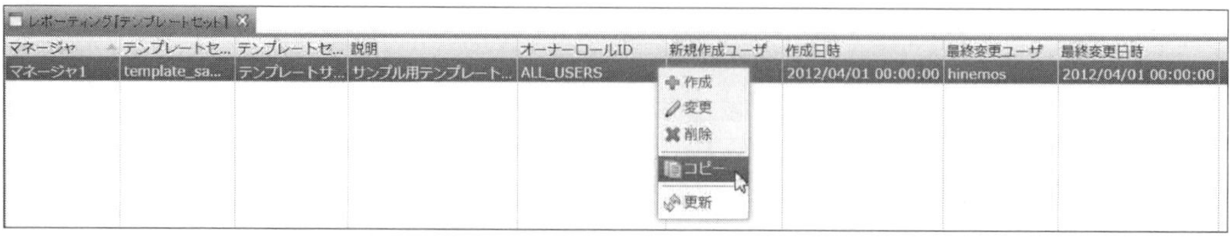

［レポーティング［テンプレートセットの作成・変更］］ダイアログで［テンプレートセットID］［テンプレートセット名］［説明］を再入力し、［テンプレートセット詳細］から必要なテンプレート以外を削除して、［OK］ボタンをクリックします(図35.2)。

今回は、表紙、目次、中表紙(縦)、性能概要、性能詳細を残しています(CPU使用率以外のリソース監視のレポートは空になります。CPU使用率だけレポートを作成したい場合は、「Hinemos ver.6.2 レポーティング テンプレートカスタマイズマニュアル」を参照してください)。

図35.2 テンプレートセットの作成2

35.2.2 スケジュールの作成

［レポーティング［スケジュール］］ビューを選択し、［作成］ボタンをクリックします(図35.3)。

図35.3 スケジュールの作成1

［スケジュールID］［説明］を入力し、［スコープ］を選択します。今回はHinemosマネージャだけをスコープにしていますが、監視やジョブと同様に複数のノードが含まれるスコープを設定することもできます。

［出力期間］を設定し、［テンプレートセットID］に前項で作成したテンプレートセットを設定します。［出力設定］と［スケジュール］を入力し、［OK］ボタンをクリックします(図35.4)。

第 35 章　レポート報告

図35.4　スケジュールの作成2

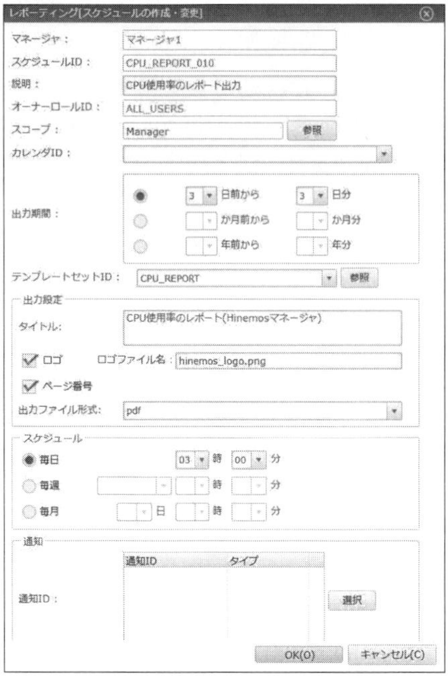

これで、設定したスケジュールでレポートが出力されるようになります。

レポート内容を確認するために即時出力したい場合は、作成した設定を右クリックして「実行」を選択します（**図35.5**）。

図35.5　レポートの出力1

レポート出力が即時実行されます（**図35.6**、**図35.7**）。意図したレポートが出力されているか確認してください。

図35.6 レポートの出力2

図35.7 レポートの出力3

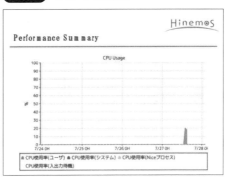

35.2.3 レポートのメール配信

レポートをメール配信する場合は、前項で作成したスケジュールに通知の設定を行います（図35.8）。

図35.8 レポートのメール配信1

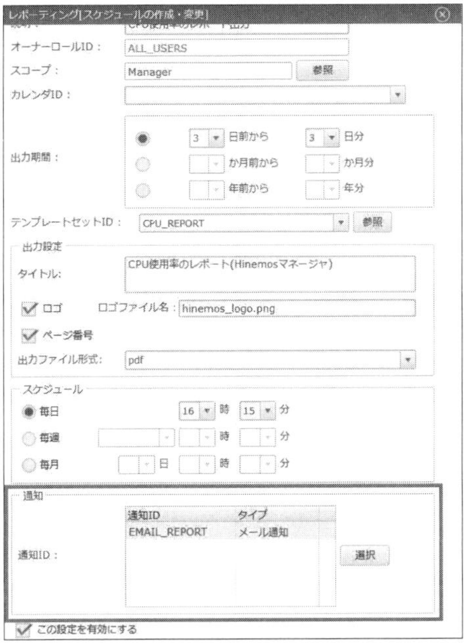

通知メールは、メールテンプレートに基づいた本文が生成され、レポートが添付されて送信されます（図35.9）。レポートの種類などがメール本文でわかるようにメールテンプレートを作成しておくとよいでしょう。

図35.9 レポートのメール配信2

　また、メール通知の説明欄に「[NOT_ATTACHED]」と記載すると、レポートを添付せずにメールが送信されます。メール通知の他にも、コマンド通知を設定することで、「レポートをFTPで送信」「ネットワークストレージにコピーを保存」などを行うこともできます。
　レポート配信の詳細は、「Hinemosレポーティング ver.6.2 ユーザマニュアル」の「6.1.1　通知機能によるレポートの配信」を参照してください。

35.2.4　レポートのサイズ

　Hinemosレポーティングを使用する場合は、出力されるレポートのサイズに注意してください。レポートのサイズは対象とする情報により大きく変化します。たとえば、多数のサーバで大量のジョブが実行されるようなシステムでジョブ情報を含むレポートを出力すると、ファイルサイズが非常に大きくなる場合があります。レポートは表35.1に示すディレクトリに格納されます。

表35.1 レポートの格納ディレクトリ

Linux版マネージャの場合	/opt/hinemos/var/report/YYYYMMDD
Windows版マネージャの場合	C:¥ProgramData¥Hinemos¥manager6.2¥report¥YYYYMMDD

注　YYYYMMDDはレポート作成実行日

　レポートの保存期間はデフォルトで7日となっています。期間が過ぎるとreport配下の日付ディレクトリごと削除されます。保存期間は、Hinemosマネージャ上にあるレポーティング用プロパティファイル（hinemos_reporting.properties）の「reporting.retention.period」パラメータを変更することで設定できます。設定の反映にHinemosマネージャの再起動は必要ありません。

 レポートテンプレートのメリットとデメリット

　Hinemosのレポーティング機能では、一般的に利用されるテンプレートがプリインストールされています。インストールしてから、出力したいレポートをテンプレートから選択して設定するだけで、ほんの数分程度で環境構築ができます。これは、他製品ではあまり見ない魅力的な機能です。
　しかし、レポート作成には一定のCPUリソースを使い、帳票作成のような処理を行うことに注意が必要です。また、多数のテンプレートを取り揃えているため、何も考えずにすべてのテンプレートを選択するとレポートのページ数は数百ページとなり、レポート作成に多くのサーバリソースを使用することになります。
　運用設計時に必要なレポートを明確化して、適切に設定することが求められます。

第**8**部 ◆ 本格的な運用

第**36**章

運用管理マネージャ
の可用性向上

第36章 運用管理マネージャの可用性向上

企業の基幹システムなど信頼性の高いシステム運用が求められる領域では、監視やジョブ管理を担う運用管理システムが停止する頻度や時間を極力抑える必要があります。

Hinemosは、ミッションクリティカル機能を利用することで、このような領域での信頼性の高いシステム運用管理を実現できます。

本章では、このHinemosのミッションクリティカル機能について説明します。

36.1　Hinemosのミッションクリティカル機能

Hinemosのミッションクリティカル機能は、2台の異なるサーバで稼動するHinemosマネージャをクラスタリングします。これにより、Hinemosマネージャのサーバのハードウェア、OS、ネットワーク、データベース、プロセスなどに障害が発生した場合でも、Hinemosによる運用を自動で継続できるようになります。

Hinemosのミッションクリティカル機能は、他のクラスタリング製品を利用するのではなく、Hinemosに最適化された独自の方式となっています。特別なハードウェアなども必要なく、Hinemosマネージャが稼動する2台のサーバ(物理サーバまたは仮想サーバ)があれば構成できます。

なお、Windows版のHinemosのミッションクリティカル機能は、Windows Server 2016 Datacenterエディションの Storage Replica(記憶域レプリカ)または共有ストレージを使用します。

36.2　ミッションクリティカル機能のアーキテクチャ

ミッションクリティカル機能の動作イメージは、図36.1のようになります。

図36.1　ミッションクリティカル機能のアーキテクチャ

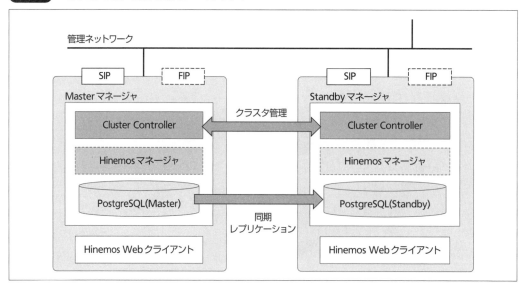

表36.1　Hinemosのミッションクリティカル機能

Hinemosコンポーネント	機能概要
Hinemosマネージャ	Hinemosの運用管理機能の中枢となるアプリケーションプロセスであり、Masterサーバだけで動作する
PostgreSQL	Hinemosの内部データベースでMaster/Standbyの両系で動作する。Masterサーバ上で主系が動作し、同期レプリケーションによってStandbyサーバにデータ同期する
Cluster Controller	ミッションクリティカル機能の管理プロセス。詳細は次のコラム参照
SIP（Static IP Address）	Master/Standbyの両系のネットワークインターフェースに付与された固定IPアドレス
FIP（Floating IP Address）	Masterに付与されるフローティングIPアドレス
Hinemos Webクライアント	Hinemosの管理クライアント

Cluster Controllerの役割

Cluster Controllerは、次のような働きをしています。

- **HA構成管理**
MasterサーバおよびStandbyサーバを決定し、再起動時には最後にMasterサーバとして停止したマネージャをMasterとして起動するように制御します。また、Master/Standbyサーバの間でハートビート通信およびステートフルセッションを用いた障害検知を行い、StandbyサーバがMasterサーバの異常を検知した場合はフェールオーバーを発動します。

- **マネージャ上のリソース管理，**
Master/Standbyサーバのプロセス制御およびFIPの付与・解除を行います。また、ネットワーク、ファイルシステム、PostgreSQL、マネージャのヘルスチェックを実施し、正常に機能しているかを判断します。

- **トラップ（受信）系監視の可用性向上**
Cluster Controllerはsyslogおよびsnmptrapの一時的な受信機構としてバッファリングしており、Hinemos Manager（JavaVM）への転送が完了するまで定期的に再送を試みます。Master/Standbyの両SIPをsyslogおよびsnmptrapの送信先として設定することにより、管理対象ノードから送信されるメッセージはマネージャサーバのフェールオーバーが生じても消失せずに監視対象となります。

ミッションクリティカル機能のアーキテクチャの詳細は、「Hinemos ver.6.2 ミッションクリティカル機能 ユーザマニュアル」の「3.3　アーキテクチャ」を参照してください。

36.3　ミッションクリティカル機能へのエージェント接続

ミッションクリティカル機能を利用したHinemosマネージャとHinemosエージェントの接続方式には、FIP方式とSIP方式の2種類があります。通常はFIP方式で、FIPに対して疎通できない環境やクラウド環境などでフローティングIPアドレスを使用できない場合はSIP方式を使用します。

FIP方式

FIP方式は、エージェントの接続先をフローティングIPアドレスに対して設定します（**リスト36.1**）。

第36章　運用管理マネージャの可用性向上

リスト36.1　FIP方式のエージェント接続

```
vi /opt/hinemos_agent/conf/Agent.properties

managerAddress=http://【フローティングIPアドレス】/HinemosWS/
```

SIP方式

　SIP方式は、エージェントの接続先をMasterマネージャおよびStandbyマネージャの両方の固定IPアドレスに対して設定します（**リスト36.2**。HinemosマネージャでOpenJDK 8を使用している場合は、バージョンが1.8.0.161以降の場合だけ使用できます）。

リスト36.2　SIP方式のエージェント接続

```
vi /opt/hinemos_agent/conf/Agent.properties

managerAddress=http://【Masterマネージャの固定IPアドレス】/HinemosWS/,http://【Standbyマネージャの固定
➡IPアドレス】/HinemosWS/
```

　ミッションクリティカル機能へのエージェント接続についての詳細は、「Hinemos ver.6.2 ミッションクリティカル機能 ユーザマニュアル」の「4.3.1　Hinemosエージェントの設定変更」を参照してください。

36.4　ミッションクリティカル機能へのクライアント接続

　クライアントからミッションクリティカル機能を利用したHinemosマネージャへログインする場合、接続URLにFIPまたはSIPを設定します（**表36.2**）。

表36.2　ミッションクリティカル機能へのクライアント接続

FIP／SIP方式	接続先URL
FIP方式	http://【フローティングIPアドレス】/HinemosWS/
SIP方式	http://【Masterマネージャの固定IPアドレス】/HinemosWS/,http://【Standbyマネージャの固定IPアドレス】/HinemosWS/

　ミッションクリティカル機能へのクライアント接続についての詳細は、「Hinemos ver.6.2 ミッションクリティカル機能 ユーザマニュアル」の「4.4.1　Hinemos Webクライアントへのアクセス方法」を参照してください。

36.5　障害発生後の復旧方法

　ミッションクリティカル機能を使用しているHinemosの環境は、Masterマネージャ／Standbyマネージャの両系運転で動作しています。Masterマネージャに障害が発生した場合は、自動でStandbyマネージャがMasterになり、以降は片系運転で運用を継続していきます。この際の動作はすべて自動で行われ、人的な操作などは必要ありません。
　片系運転されている環境を再び両系運転に戻すには、次のような手順で復旧します（Linux版のコマン

496

ドの例）。

① 障害の原因を取り除きOSが正常に動作する状態まで復旧する
② 障害が発生したサーバで図36.2のコマンドを実行し、ミッションクリティカル機能のプロセスを完全に
停止する

図36.2 ミッションクリティカル機能のプロセスの停止

```
(root)# bash /opt/hinemos/bin/hinemos_ha_kill.sh
```

③ 障害が発生したサーバで図36.3のコマンドを実行し、ミッションクリティカル機能を起動させる

図36.3 ミッションクリティカル機能のプロセスの起動

```
(root)# /opt/hinemos/bin/hinemos_ha_start.sh
```

④ 障害が発生したサーバで図36.4のコマンドを実行し、Standbyサーバとして起動していることを確認す
る（障害が発生したサーバのIPは192.168.0.31）

図36.4 ミッションクリティカル機能の状態確認

```
(root)# /opt/hinemos/bin/hinemos_ha_status.sh
Cluster Controller is running.
5025 /usr/lib/jvm/jre-1.8.0-openjdk/bin/java ... com.clustercontrol.ha.ClusterController

updated at 2019-08-03 11:28:38 +0900

[Instances]
 192.168.0.32 : MASTER
 192.168.0.31 : STANDBY (*)

[Plugins]
 ExternalNetworkMonitor : STARTED
 CustomMonitor : STARTED
 InternalNetworkMonitor : STARTED
 LoggingReloadPlugin : STARTED
 DiskMonitor : STARTED
 InstanceManager : STARTED

[Resources]
 VirtualIPAddress : STANDBY
 HinemosDB : STANDBY
 SnmpTrapForwarder : STANDBY
 SyslogForwarder : STANDBY
 ClusterEventNotifier : STANDBY
 HinemosJavaVM : STANDBY
 HinemoStatusManager : STANDBY
```

他の障害の復旧方法は、「Hinemos ver.6.2 ミッションクリティカル機能 ユーザマニュアル」の「7　障害パターンごとの動作と対処方法」を参照してください。

 クラウド環境でミッションクリティカル機能を使用する場合の注意事項

Hinemosのミッションクリティカル機能は、Amazon Web Services、Microsoft Azureでも使用できます。ただし、これらの環境で使用する場合は、次のような注意事項があります。

- Amazon Web Services

    Hinemosのミッションクリティカル機能は、Amazon Web Services（AWS）のアベイラビリティゾーン（AZ）障害にも対応すべく、MasterとStanbyのマネージャを異なるAZに配置できます。

    AWSでは、FIPは自身が存在するVPCのVPC CIDRアドレス範囲に属するものとなります。複数のVPC環境をVPCピアリング接続したり、AWS Direct Connectによって接続しているような環境では、異なるVPCに存在する管理対象ノードはそれぞれ異なるVPC CIDRアドレス範囲に属することになるため、接続できなくなってしまいます。このようなVPCをまたがるAWS環境ではFIPを利用した冗長化方式をとることができないため、利用できないクラスタソフトウェアも存在します。

    Hinemosのミッションクリティカル機能では、SIP方式によりこのような環境でも利用できます。SIP方式はMaster/Standbyの固定IPアドレスを接続先として設定するため、異なるVPC環境間での接続も可能となるからです。

- Microsoft Azure

    Microsoft AzureでHinemosのミッションクリティカル機能のFIPを利用する場合、Azure CLIによる「IP構成」の変更が必要になります。しかし、この「IP構成」の変更を実行するAzure CLIの動作の動作が遅いため、切り替えにかなり時間がかかってしまいます。

    このため、Microsoft Azure環境では、Azure CLIを実行する必要のないSIP方式とすることを推奨しています。

 仮想化環境でミッションクリティカル機能を使用する場合の注意事項

仮想化環境は物理サーバ上に複数の仮想サーバを構築することから、物理サーバに障害が発生すると、その物理サーバ上の仮想マシンすべてに影響が出てしまいます。

そのため、ミッションクリティカル機能でHinemosサーバをクラスタリングする場合は、異なる物理サーバにMasterサーバとStandbyサーバを構築する必要があります。これにより、物理サーバの障害復旧を待つことなく運用業務を継続することが可能になります。

 冗長化構成サーバに対する監視／ジョブ実行

本章で紹介したHinemosのミッションクリティカル機能でのクラスタリング構成も含め、Hinemosは冗長化構成を採用しているサーバに対して監視やジョブを実行できます。その際のポイントを紹介します。

- **冗長化構成のノード登録**

  冗長化構成の場合、監視やジョブの用途によって各サーバの物理アドレス（Active-Standbyの2台）と、冗長化構成の仮想アドレスの、合計3つのノードをHinemosのリポジトリに登録しておきます。

- **物理アドレスノードに対して実施する監視**

  物理アドレスノードは各サーバに対して実施する監視に使用します。たとえば、物理サーバに対する死活監視やサーバ固有のログに対するログ監視などです。この場合のログは、冗長化構成の共有ディスクではなくローカルディスク上に置かれている必要があります。

- **物理アドレスノードに対して実施するジョブ**

  仮想アドレスが使用できない環境やActive-Standbyの各ノードでジョブを実行したい場合に使用します。サーバがActiveのときだけコマンドを実行したい場合は、コマンドジョブのスコープにActive-Standbyの両ノードを持つスコープを設定し、コマンドジョブに設定するスクリプトにサーバがActiveのときだけコマンドを実行するように作成してください。また、上記とは逆にスクリプトをサーバがStandbyのときだけ実行するように作成すると、Standbyのときだけ実行するジョブを作ることができます。

- **仮想アドレスノードに対する監視／ジョブ**

  仮想アドレスノードのHinemosエージェントは、Activeサーバのだけで動作するように次の設定を行う必要があります。

  - クラスタアプリにHinemosエージェントの起動・停止を連動させて、サーバがActiveになった時点でHinemosエージェントを起動させ、Standbyになった時点で停止させる
  - 冗長化構成の各サーバのHinemosエージェントの設定ファイルのHOSTNAMEを <Hinemosに登録した仮想アドレスノードのノード名> で固定させる

- **仮想アドレスノードに対して実施する監視**

  仮想アドレスノードはActiveで動作しているアプリケーションに対して実施する監視に使用します。たとえば、アプリケーションのプロセス監視、Activeサーバ上で動作しているWebページに対するHTTP監視、Active-Standbyで共有するログに対するログ監視などです。Active-Standbyで共有するログに対する監視では、ログは共有ディスクに置かれている必要があります。

- **仮想アドレスノードに対して実施するジョブ**

  Activeのノードでだけジョブを実行したい場合に使用します。コマンドジョブのスコープに仮想アドレスのノードを持つスコープを設定します。仮想アドレスノードを実行スコープとして設定した場合、仮想IPアドレスの付け替え処理の前後で、両系のサーバのHinemosエージェントで同じジョブが実行される可能性があります。そのため、実行するスクリプトはサーバがActiveのときだけコマンドを実行するように作成してください。

  また、系切替動作が発生した際にジョブが実行されていると、ジョブが実行中になってしまう場合があります。このような場合に備えて、系切替動作が発生した前後ではHinemosクライアントでジョブのステータスを確認し、状況に応じて手動で再実行などの対処をしてください。

詳細は、「Hinemos ver6.2, 6.1, 6.0, 5.0, 4.1, 4.0 FAQ」の「11.1.8　冗長化構成のサーバの監視・ジョブ実行をしたい」を参照してください。

第**8**部　本格的な運用

第**37**章

運用管理マネージャ
の拡張

データセンターのような大規模な環境でHinemosを使ってシステム管理を行う場合、Hinemosマネージャにどれだけ高性能なサーバ機器を導入しても1台では対応しきれないため、複数のHinemosマネージャを導入する必要があります。また、大規模な環境ではなくても、開発環境／本番環境など複数環境のHinemosをまとめて管理すると効率的なこともあります。

このような環境規模や運用の要件により、複数のHinemosマネージャを導入して管理する際に効率的な運用を行うための方法について説明します。

37.1 マネージャの多段構成

大規模な環境を複数のHinemosマネージャで運用管理する場合は、Hinemosマネージャ間で親子関係を作り、子マネージャの情報を親マネージャに集約して管理するという方法が使えます。

Hinemosでは通知機能を使って、あるHinemosマネージャで発生したイベントを別のHinemosマネージャに通知することで、簡単にHinemosマネージャの多段構成を構築できます。理論上は何段もの多段構成が可能ですが、ここでは一番簡単な2段の構成について説明していきます。

図37.1 Hinemosの多段構成

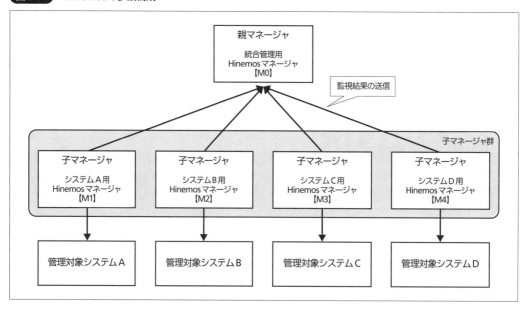

ポイントは次のとおりです。

- 管理対象システム(A～D)にそれぞれ専用のHinemosマネージャ(子マネージャM1～M4)が存在する
- 各システム用Hinemosマネージャから統合管理用Hinemosマネージャ(親マネージャM0)に監視結果を通知する

このように、システム全体の監視結果を統合管理用Hinemosマネージャ M0に集約します。そのため、システム全体の運用管理者が通常時に接続するHinemosマネージャは M0だけで済みます。また、個々のシステムの運用管理者は、対象システムを運用管理する子マネージャ(M1〜M4)にHinemosクライアントで接続し、障害の詳細状況の確認や設定などのメンテナンスを行います。

親マネージャ／子マネージャともに多段構成専用のマネージャというわけではなく、通常のHinemosマネージャです。親マネージャ／子マネージャのそれぞれの役割と利用用途を以降で説明します。

37.1.1　子マネージャ

子マネージャの役割は2つあります。通常のHinemosマネージャとして管理対象のシステムの運用管理を行うことと、その結果を親マネージャに通知することです。

各子マネージャへは通常どおりHinemosクライアントから接続します。たとえば、管理対象システムAの運用管理者は、M1のHinemosマネージャに対してHinemosクライアントを接続して、運用業務を行います。子マネージャで検知した異常については、ログエスカレーション通知を利用して、親マネージャに通知します。

個別のシステムを運用管理する設定は子マネージャに登録されているため、設定のメンテナンスなどは子マネージャに直接ログインする必要があります。

37.1.2　親マネージャ

親マネージャの役割は2つあります。子マネージャの死活状態の監視と、子マネージャが管理するシステムの異常をシステム全体を管理する運用管理者に通知することです。

子マネージャの死活状態の監視とは、子マネージャや子マネージャの動作するOSが起動しているかを監視したり、子マネージャ自身の異常(子マネージャのセルフチェック機能が検知した情報)をログエスカレーション通知で受信したりすることです。

親マネージャは、全システム(A〜D)を俯瞰して運用管理を行います。親マネージャが子マネージャの管理するシステムの障害を検知すると、警告灯の点灯やメール送信などにより、システム全体を管理する運用管理者に対してその子マネージャや子マネージャの監視するシステムの障害を通知します。

37.2　マネージャ多段構成の設定方法

Hinemosマネージャの多段構成は、Hinemosの基本機能を組み合わせて実現する仕組みのため、設定方法によりいろいろな組み方ができます。本節では、前節で示した**図37.1**のような多段構成を組むための、子マネージャ／親マネージャの設定のポイントを解説します。

37.2.1　子マネージャの設定

子マネージャでは、自身の状態を親マネージャに伝えるための設定と、子マネージャが管理するシステムの異常を親マネージャに伝えるための設定をします。前者はセルフチェック機能の設定、後者はログエスカレーション通知の設定です。いずれもsyslog送信を利用して親マネージャに情報を伝えます。

第 37 章　運用管理マネージャの拡張

セルフチェック機能の設定

セルフチェック機能はINTERNALイベントとして通知先を指定できます。［パースペクティブ］→［メンテナンス］を選択し、［メンテナンス［Hinemosプロパティ］］ビューの中から「internal.syslog」を選択し、［値］を「true」に変更して［OK］ボタンをクリックしてください（**図37.2**）。設定変更後にマネージャの再起動は必要ありません。

図37.2　セルフチェック機能の設定1

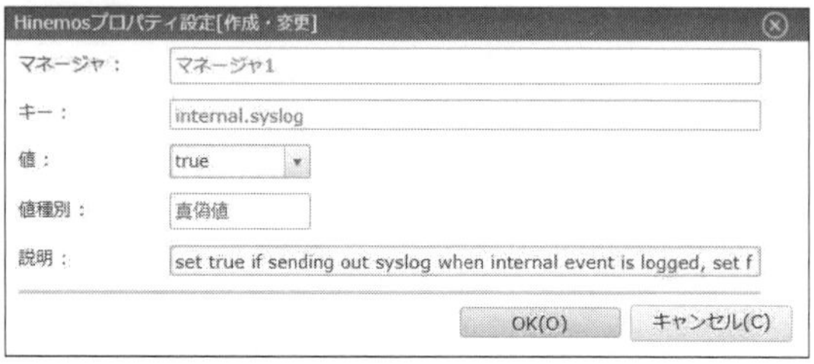

次に、「internal.syslog.host」に親マネージャのIPアドレスを設定してください（**図37.3**）。

図37.3　セルフチェック機能の設定2

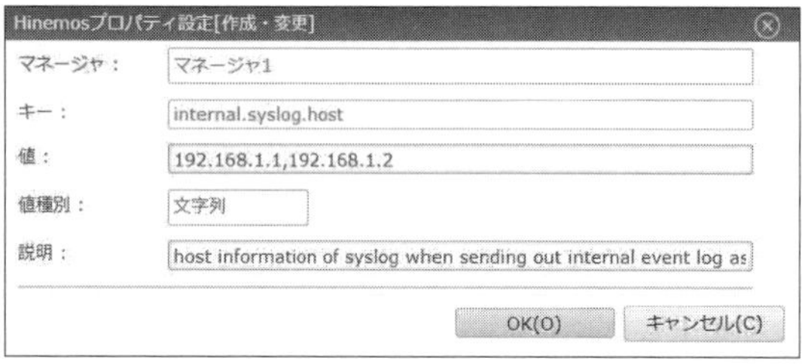

注意する点としては、セルフチェック機能は通知機能のように抑制（N回発生したら初めて通知）の機構を持っていることです。親マネージャ側でも同様に通知の抑制を行っていると二重に抑制されることになり、検知までの時間が遅くなってしまう可能性があります。抑制回数はselfcheck.alert.thresholdで設定されており、デフォルト設定では異常な状態が3回続いたときにセルフチェック機能で通知されます。

ログエスカレーション通知の設置

次に、子マネージャで行っている監視やジョブの結果を親マネージャに通知するログエスカレーション通知の設定を追加します。ここでは警告以上のイベントを通知する設定とします。このログエスカレーション通知の際に重要なのは、どの機器のイベントとしてエスカレーションするかを決めることです。

親マネージャでは、システムログ監視で子マネージャからのsyslogパケットを受信して異常を検知します。このとき、システムログ監視はsyslogパケット内のHOSTNAME部を見て、どのノードから送信されたものかを識別します。そして、子マネージャはログエスカレーション通知の際に送信するsyslogパケットのHOSTNAME部にどのような値を設定するかを指定できます。

504

そこで、たとえば子マネージャの管理対象システムの中のノードXで異常を検知したとすると、ログエスカレーションする際にはこのsyslogパケットのHOSTNAME部がノードXのHOSTNAMEとなるように設定します。そうすることで、親マネージャから見ても受信したsyslogパケットはノードXのものであると識別できるようになります（前提として、親マネージャにも子マネージャと同じノードXが登録されている必要があります）。

この設定は［パースペクティブ］→［メンテナンス］を選択し、［メンテナンス［Hinemosプロパティ］］ビューの中から「notify.log.escalate.manager.hostname」を選択して値を入力してください（**図37.4**）。

図37.4 ログエスカレーション通知の設置

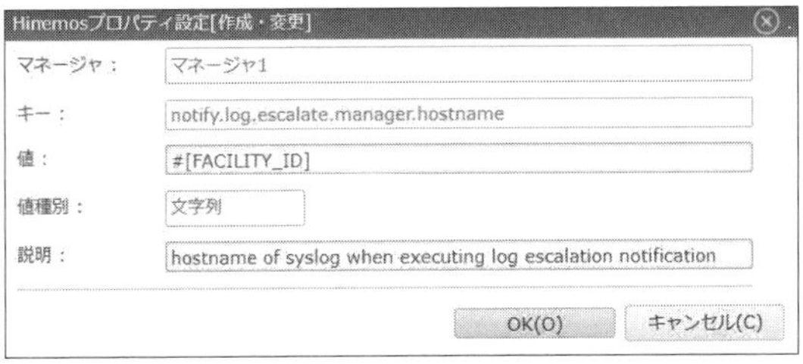

子マネージャからログエスカレーションする際にnotify.log.escalate.manager.hostnameの値を変更すると、どのようなsyslogパケットが送信されるかを**表37.1**に記載します。

表37.1 syslogホスト名（notify.log.escalate.manager.hostname）に指定できる値

Hinemosプロパティの設定値	ホスト名として埋め込まれる文字列	送信されるsyslogの内容
未定義（DEFAULT）あるいは空文字列	送信元となるマネージャサーバのノード名^{注1}を埋め込む	\<PRI\> Mmm dd hh:mm:ss hostname meessage...
半角英数字の文字列（ex.XXX）	指定された文字列をホスト名として埋め込む	\<PRI\> Mmm dd hh:mm:ss XXX message...
#[FACILITY_ID]	・組み込みスコープ^{注2}に対する通知情報の場合、送信元となるマネージャサーバのノード名を埋め込む ・その他の場合、通知対象となっているファシリティのファシリティIDを埋め込む	\<PRI\> Mmm dd hh:mm:ss facilityid message...
#[NODE]	・ノード単位の通知情報の場合、通知対象となっているノードのノード名を埋め込む ・その他の場合、送信元となるマネージャサーバのノード名を埋め込む	\<PRI\> Mmm dd hh:mm:ss nodenamemessage...

注1 hostnameコマンドの実行結果
注2 オーナー別スコープ、登録ノードすべて、未登録ノード、Hinemos内部スコープ、OS別スコープ

先ほど解説した親マネージャに子マネージャと同一ノードが登録されている場合は#[NODE]を、親マネージャ側でファシリティIDにより一律管理したい場合は#[FACILITY_ID]を、といったように運用要件に合わせて設定してください（**図37.5**）。

図37.5 notify.log.escalate.manager.hostnameによる動作の変更

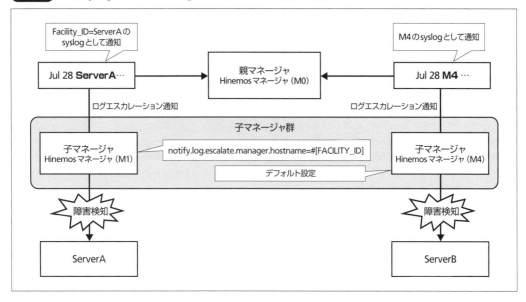

37.2.2 親マネージャの設定

親マネージャでは、子マネージャの状態の監視と、子マネージャの管理するシステムの監視の設定をします。前者はセルフチェック機能からsyslogが送信され、後者はログエスカレーション通知によりsyslogが送信されます。

いずれも子マネージャからsyslogが送信されるため、親マネージャではシステムログ監視をする必要があります。また、子マネージャの管理するシステムのノードや子マネージャ自体についても、親マネージャに登録する必要があります。

子マネージャのnotify.log.escalate.manager.hostnameの設定次第で、親マネージャ側で登録するリポジトリの構成が変わります。一番シンプルな構成は、notify.log.escalate.manager.hostname=#[NODE]を指定して、親マネージャに子マネージャと同じノードを登録しておくことです。ただし、この場合は子マネージャのリポジトリ構成が変更されると、親マネージャも併せてメンテナンスをする必要があります。

親マネージャの設定変更を最小限にする方法としては、親マネージャには子マネージャのノードだけを登録しておき、notify.log.escalate.manager.hostnameはデフォルトのまま（子マネージャのサーバのノード名が入る）にし、ログエスカレーション通知のメッセージ部分に監視対象のファシリティIDやノード名を入れることが考えられます（子マネージャのセルフチェック機能の結果を受信するため、子マネージャをノードとして登録することは必須です）。

次に、子マネージャから送信されたsyslogメッセージを検知するシステムログ監視を設定します。子マネージャ側で通知抑制が設定されている場合は、親マネージャ側では通知抑制を行わないよう注意してください。

最後に、子マネージャが動作しているOSが起動しているか、正常であるかを確認するため、子マネージャの動作するサーバのPING監視とシステムログ監視、子マネージャのプロセスの正常性の監視（プロセス監視、Webサービスに対するHTTP監視）を行います。

37.3　マルチマネージャ接続

　Hinemosクライアントには複数のマネージャに同時にログインし、複数環境のHinemosを管理するマルチマネージャ接続の機能があります。この機能を活用すれば、開発環境／本番環境など複数環境のHinemosをまとめて管理できます。

　マルチマネージャ接続機能により複数のHinemosマネージャに接続するには、Hinemosクライアントのメニューバーの[マネージャ接続]→[接続]を選択し(**図37.6**)、[ログイン先の追加]ボタンを押して、ログイン先を複数登録します。

図37.6　マルチマネージャ接続1

　このときに、マネージャ名は任意で設定できます。開発環境などわかりやすい名前で設定するとよいでしょう。また、それぞれのログインID、パスワードが同じ場合は、[同じユーザID、パスワードを利用する]にチェックを入れることにより、パスワードの入力の手間を省くことができます(**図37.7**)。

図37.7　マルチマネージャ接続2

　マルチマネージャ接続を行うと、各パースペクティブではマネージャごとにツリーが作成され、それぞれの環境の設定や履歴情報を確認できます(**図37.8**)。また、ログインしている他環境の設定をコピーすることも可能です。

図37.8　マルチマネージャ接続3

第 37 章　運用管理マネージャの拡張

　マルチマネージャ接続の詳細は、「Hinemos ver.6.2 ユーザマニュアル」の「2.6　マルチマネージャ接続」
を参照してください。

第9部 サイジングとチューニング

第38章
サイジング

本章では、Hinemosのエンタープライズシステム導入に向けてのサイジングの考え方について解説します。Hinemosの動作要件として、最低限必要となるスペックは小規模環境でも動作するように小さく設計されていますが、エンタープライズシステム導入に向けてはしっかりとしたサイジングが必要です。サイジングを行うためのスケールファクタは何か、サイジングにおける考え方を解説します。

38.1　Hinemos 各コンポーネントのサイジングの考え方

Hinemosの各コンポーネント（Hinemosマネージャ、Hinemosエージェント、Hinemos Webクライアント）のサイジングに当たり、次の2つの観点から考慮する必要があります。

- 管理対象システムが大規模な場合、Hinemosマネージャは何台必要になるか？
- Hinemosを導入するサーバのスペックは、どの程度のものが必要か？

まず本節では、Hinemosマネージャの必要台数の考え方を解説します。Hinemosを導入するサーバのスペックの考え方については、次節以降で解説します。

また、本章全体を通して、HinemosマネージャとHinemosエージェントの説明が中心となります。Hinemos Webクライアントについては、Hinemosマネージャとデータのやりとりを行っているだけのシンプルなプロセスであり、Hinemosマネージャが動作するサーバに合わせてインストールするケースが多いので、Hinemosマネージャのサイジングを検討する中で併せて検討します。

Hinemos のサイジングはマネージャが中心

Hinemosのアーキテクチャは第2章で解説しました。多くの機能はHinemosマネージャで実現しており、HinemosエージェントはHinemosマネージャからの処理リクエストを受けて実行するシンプルなプログラムです。そのため、Hinemosマネージャに対してCPU、メモリ、ディスクに関してサイジングが必要になり、規模によってはHinemosマネージャをサーバ分割して性能をカバーするということも必要です（大規模運用については、第37章を参照してください）。

Hinemosエージェント側のサーバ分割は、Hinemosエージェント自身というより、たとえばHinemosエージェントからキックするジョブの負荷などによって考えることになります。

38.1.1　Hinemos マネージャのサーバ分割を検討するケース

次のようなケースでは、Hinemosマネージャのサーバ分割の検討が必要となります。

① 複数のシステムを一括して運用管理したい
② 監視の負荷が非常に高い、または負荷が読めない
③ ジョブ数が非常に多い

38.1　Hinemos 各コンポーネントのサイジングの考え方

それぞれのケースにおける検討のポイントを1つ1つ見ていきましょう。

①複数のシステムを一括して運用管理したい場合

複数のシステムを1台のHinemosマネージャで一括して運用管理したい場合、性能要件によるサイジングを考える前に、次のようなシステム要件（もしくはシステム制約）の点検が必要です。

(1) システム間の通信が完全に独立にすべき要件がある

Hinemosマネージャは、管理対象のシステムのサーバなどの機器に対して通信可能な状態である必要があります。そのため、Hinemosマネージャが動作するサーバを介しての通信ですら許されない場合は、そもそもHinemosマネージャをシステムごとに用意するしかありません。

(2) あるシステムの運用管理の影響を他システムに与えてはいけない

● 負荷の観点

負荷の観点は、程度の問題にもなりますが、あるシステムで非常に大きな負荷が発生するような設計をしてしまい、他のシステムの運用に影響を与えてしまうという可能性はゼロではありません。運用管理の仕組み上、定常的に動作するもの（PING監視による死活監視など）と、イベント的に動作するものがあり、後者は性能評価を行うとしても現実的な試験条件の設定が難しいといった問題もあり、結果として、性能サイジングが難しいということになります。具体的には次のような例です。

● システムログ監視のようなトラップ型の監視で、大量のトラップ・メッセージが送信されてくる可能性がある
● ジョブスケジュールが毎時／日次／週次／月次／年次だけでなく、営業日／メンテナンス日だけ、月末／月初、休日振替といったものの組み合わせがある

前者はシステムログ監視は使わずログファイル監視を積極的に使うことで、後者はジョブスケジュールをシンプルになるように見なおす「設計」でシステムごとの負荷を制限することができます。しかし、それが難しい場合はシンプルにHinemosマネージャを分けることを考えます。

● 運用性の観点

筆者の感覚で比較的多いのが、運用性の問題です。Hinemosに限らず、パッケージのライセンスコストやインフラのランニングコストを下げるために、複数システムを1つのマネージャで管理することを検討するケースがあります。しかし、規模や対象システムの要件によっては、逆に運用性／メンテナンス性が下がり、余計に手間がかかって運用コストが肥大化してしまいます。たとえば、運用管理サーバのパッチ適用を含む各種メンテナンスを行う際に、同じ運用管理サーバで管理している全システムの担当者との調整が必要になるといったことが挙げられます。

②監視の負荷が非常に高い、または負荷が読めない場合

1台のHinemosマネージャで数千の監視設定を使った運用の実績はありますが、監視間隔や監視対象のシステム状態にも性能は大きく影響を受けます。SLAでよくあがるポイントは、監視の負荷がジョブに影響を与えるかどうかという点です。ソフトウェアアーキテクチャ上、完全に負荷をゼロにすることは不可能なため、それが要件としてある場合は、監視用マネージャとジョブマネージャを分けるべきです。サーバサイジングの影響もありますが、一般的なエンタープライズ用途のサーバスペックの場合では、

第38章　サイジング

1マネージャあたりの5分間隔での監視設定数は数百〜1,000程度までが目安でしょう。

③ジョブ数が非常に多い場合

「ジョブ数が非常に多い」という表現は、実は非常にあいまいです。サイジングの観点では、次のように意味を明確化する必要があります。

（1）登録するジョブ定義数が多い

登録するジョブ定義（ジョブネット、コマンドジョブなど）の数が多い場合は、次の2点でサーバリソースが必要になります。

- ジョブ定義の登録／変更
  一度にすべてのジョブ定義をインポートしようとする際は、HinemosマネージャやHinemos WebクライアントのJavaヒープサイズを大きくする必要があります。ただし、ジョブユニット単位でもインポート／エクスポートが可能なため、インポート／エクスポートする単位をジョブユニット単位にするような運用的な対応で使用するリソース負荷低減も可能です。実際に、巨大なジョブ定義になる場合はExcelの管理の都合上、定義を分けるケースが多いと思います。
- ジョブ定義の表示
  Hinemosクライアントでの画面表示にも影響があります。ただし、ジョブ定義などは表示に必要な情報だけを通信するため、急激なレスポンス遅延というのは少ないと思います。

実は単にジョブ数が多い場合の影響はこれだけで、実際の運用開始後には、次の(2)と(3)の観点の方が重要になります。

（2）一度に起動するジョブセッションが大きい

ジョブは起動する瞬間にジョブ定義をコピーして、ジョブセッション情報を生成します。このジョブセッションのサイズが大きい場合、つまり、ジョブスケジュールなどで起動するジョブネットのサイズ（ジョブネット内に含まれるジョブネット、ジョブの個数）が多い場合は、ディスクI/OおよびJavaヒープ、CPUリソースを多く使用します。逆に、上記(1)のようにジョブ定義数が多くても、起動する1つ1つのジョブセッションが小さい場合はサーバリソースをそれほど消費しません。

（3）同時に実行するジョブ数が多い

ジョブの起動のたびに、Hinemosエージェントとの通信や内部データベースへのジョブの状態の記録が発生するため、同時に実行するジョブ数が多い場合に負荷が上がります。ただし、同時に数百・数千のジョブを起動するようなケースでないと大きな性能劣化は発生しないため、あまりこの問題が発生することはないと思います。

一般的なエンタープライズ用途のサーバスペックの場合では、1マネージャあたりのジョブ定義の数は数万程度、一度に起動するジョブセッション内のジョブ数は1,000程度、一度に実行中となるジョブセッション数は100程度が上限値の目安でしょう。

38.2 CPU のサイジング

Hinemosに登録する設定数や利用する機能数により、CPUのサイジングが変わりますが、ここではプロセス構成から見たCPUコア数のサイジング方法を考えてみます。

Hinemos マネージャ

Hinemosマネージャが動作するサーバ上にHinemos Webクライアントを同居させ、また、各種の機能を使った場合に、それぞれのプロセスが動作する用のCPUの数を用意することを考えてみます。Hinemosマネージャ上で動作する主要プロセスの数だけCPUコア数を準備することで、一定の性能は確保できます。

- Hinemosマネージャ：2コア以上
  Hinemosマネージャはすべプロセスとら PostgreSQL のプロセスからなります。それぞれにCPUを用意する場合は、2コアが必要です。メイン処理を実行するJavaプロセスにおいてジョブと監視の両方を使う場合は、それぞれに1コアずつ用意することを考えます。
- Hinemos Webクライアント：1コア
  Hinemos Webクライアントの実態はTomcatです。本プロセスにも1コアを用意することを考えます。
- レポーティング機能：1コア
  Hinemosマネージャとは別のJavaプロセスとして起動します。本プロセスにも1コアを用意することを考えます。
- ミッションクリティカル機能：1コア
  ミッションクリティカル機能では、Hinemosマネージャとは別のJavaプロセスであるCluster Controllerが起動します。本プロセスにも1コアを用意することを考えます。

利用するプロセス／機能に十分なリソースを用意することを考えると、上記の例では3コア（Hinemosマネージャのすべプロセスでジョブと監視の両方を使う場合）＋1コア＋1コア＋1コア＝6コアとなります。一般的なサーバコア数（2のべき乗）で考えると、8コアのサーバを用意すれば、まずは十分であることがわかります。もちろん、監視設定数やジョブ数により、もう少し多いCPUコアを用意します。また、障害発生時は通常運用時より運用負荷が上がることがHinemosに限らず一般的（メッセージバーストなどの発生）のため、通常運用時はCPUに余裕がある状態が理想的です。そのため、8コア～16コア程度が現実的になると思います。

Hinemos エージェント

Hinemosエージェント側で動作する主な機能としては、ジョブとログファイル監視、Windowsイベント監視、カスタム監視などがあります。監視は常時動作する仕組みになりますが、ジョブはつどHinemosマネージャと通信をして、コマンドをキックするだけのシンプルな処理です。HinemosエージェントのCPUの見積もりが必要な場合は、1～2コアと想定しておけば十分です。それより、ジョブとして実行されるコマンドの処理負荷や、ログなどを出力するアプリケーション／ミドルウェアのサイジングの方が非常に重要です。

38.3 メモリのサイジング

Hinemos マネージャ

HinemosコンポーネントのほとんどはJavaアプリケーションです。それぞれにJavaヒープサイズが定義でき、その規模によって事前に用意されたJavaヒープサイズの定義をSMALLからLARGEから選択できます。そのため、Hinemosマネージャ上のHinemos関連のプロセスに必要なメモリは、次のような式で表せます。

- Hinemosの各Javaプロセスのヒープサイズ + 内部データベースのPostgresSQLの利用メモリ

これがHinemosとしての必要なメモリであり、OSが利用する領域なども加味してサイジングします。運用管理サーバは障害時のバーストに耐えるべく、平常時は安定して動作することを考えると、OSのメモリは8Gバイトから16Gバイト程度あれば安心です。

> **OSのスワップ領域は必須**
>
> Linuxのスワップ領域については、OSベンダにより推奨サイズの考え方が公開されています。Hinemosマネージャもコマンドを実行(コマンド通知やPING監視のためのfpingコマンドを実行)しますが、たとえばLinuxではプロセスのforkのタイミングで、fork元のJavaプロセスが確保しているメモリサイズと同サイズを必要とするため、2倍のメモリサイズを「物理メモリ+スワップ領域」でまかなう必要があります。メモリサイズが足りない場合は、OOM(Out Of Memory)でプロセスが強制終了させられます。物理メモリだけでは難しいため、スワップ領域でこれをカバーします。
>
> スワップ領域の推奨サイズの例は、次の資料を参照してください。
>
> - Red Hat Enterprise Linux 7 > ストレージ管理ガイド > 第15章 swap領域(表15.1 システムの推奨swap領域)
>   https://access.redhat.com/documentation/ja-jp/red_hat_enterprise_linux/7/html/storage_administration_guide/ch-swapspace

Hinemos エージェント

HinemosエージェントもJavaアプリケーションとして動作します。デフォルトで32Mバイト程度の設定です。特殊な要件がない場合は、本プロセスのメモリは無視してもよいでしょう。

38.4 ディスク容量のサイジング

Hinemosに限らず、一般的なログ管理製品の現実として「蓄積されるデータ量は収集してみないとわからない」という課題があります。保存期間だけでなく、ジョブの実行結果(標準出力や標準エラー出力のサイズ)やアプリケーション、ミドルウェアのログサイズが正確にサイジングできないのに、それを

受け付ける Hinemos のサイジングができるはずはありません。しかし、その中でも何かしらのサイジング結果を出す必要があります。まずはどんな項目を検討すべきで、それをどのように設定するかを考えてみます。

Hinemos マネージャ

- 出力するログファイル
  Hinemos コンポーネントの Java アプリケーションは、基本的に log4j でログ出力を行います。Hinemos に何か障害が発生した場合の解析を考えると、日次ローテートで、過去ログはアーカイブして保存期間を超えたものを削除するといった設定がよいでしょう。
- 内部データベース領域
  履歴データやトランザクションデータおよび、当該データのインデックスに大きな容量が必要になります。履歴削除機能で保存期間を設定します。
- 内部データベースのバックアップ／リカバリ時の一時領域
  メンテナンススクリプトを使用して出力する内部データベースのバックアップファイルの領域、リストア時に同ファイルを配置してリストアする領域、そして、リストア前に一時的に内部データベースのディレクトリのコピーなどをするならその領域も必要です。バックアップとリカバリについては、「第31章　内部データベースのメンテナンスとバックアップ」を参照してください。

非常に大規模または長期間保存の要件がない限り、50G バイトから 200G バイト程度が目安となるでしょう。なお、Hinemos カスタマーポータルから内部データベース領域のサイジングシートを入手できます。

Hinemos エージェント

- パケットキャプチャのダンプファイル容量
  パケットキャプチャ監視を使用する場合は、一時ファイルとしてダンプファイルが作成されます。キャプチャ量によってサイジングが必要になります。この動作については、「20.1　パケットキャプチャの仕組み」を参照してください。

Hinemos マネージャと同様に、出力するログファイルを日次ローテートの設定にした場合は、当該領域を確保しましょう。Hinemos マネージャとの通信やジョブで実行するコマンドの実行記録などが出力されますが、ディスクを圧迫するようなサイズではありません。

第9部 サイジングとチューニング

第39章 チューニング

第39章 チューニング

本章では、Hinemosに対してパフォーマンス問題が発生した場合のチューニング方法を解説します。

39.1 Hinemosで起こりうる性能問題とその対処法

本節では、Hinemosの各コンポーネントに関する主な性能問題の原因とチューニングの考え方を解説します。

Javaヒープ枯渇

監視設定数、ジョブ定義数などの設定数が多い場合に、HinemosマネージャおよびHinemos Webクライアントで最も発生する可能性の高い性能問題が、Javaヒープ枯渇です。Hinemosマネージャの場合はセルフチェック機能で自身のJavaヒープ枯渇を監視するため、Internalイベントでも気づくことができます。

Javaヒープ枯渇への対処は、Javaヒープサイズの拡張しかありません。これは、設定の投入やHinemosクライアントにおける描画において、絶対的なJavaヒープを使用するためです。Javaヒープサイズの拡張については、それぞれの定義ファイルに事前に用意されています。OSのメモリサイズも確認しながら、適切なサイズに変更してください（**リスト39.1**、**リスト39.2**）。なお、Javaヒープサイズの変更を反映するには再起動が必要です。設定を変更したHinemosのコンポーネントの再起動が必要です。もちろん、OSの再起動は不要です。

リスト39.1 Hinemosマネージャのヒープサイズ設定（/opt/hinemos/hinemos.cfg）

```
### JVM - Performance Tuning
# for micro systems
export JVM_HEAP_OPTS="-Xms256m -Xmx256m -XX:NewSize=80m -XX:MaxNewSize=80m -Xss256k"
# for small systems
#export JVM_HEAP_OPTS="-Xms512m -Xmx512m -XX:NewSize=160m -XX:MaxNewSize=160m -Xss256k"
# for medium systems
#export JVM_HEAP_OPTS="-Xms1024m -Xmx1024m -XX:NewSize=320m -XX:MaxNewSize=320m -Xss512k"
# for large systems
#export JVM_HEAP_OPTS="-Xms2048m -Xmx2048m -XX:NewSize=640m -XX:MaxNewSize=640m -Xss1024k"
```

リスト39.2 Hinemos Webクライアントのヒープサイズ設定（/opt/hinemos_web/hinemos_web.cfg）

```
### JVM - Performance Tuning
# for small systems
JVM_HEAP_OPTS="-Xms256m -Xmx256m -XX:NewSize=40m -XX:MaxNewSize=40m -Xss256k"
# for medium systems
#JVM_HEAP_OPTS="-Xms512m -Xmx512m -XX:NewSize=40m -XX:MaxNewSize=40m -Xss256k"
# for large systems
#JVM_HEAP_OPTS="-Xms1024m -Xmx1024m -XX:NewSize=40m -XX:MaxNewSize=40m -Xss256k"
```

Hinemosエージェントの設定ファイル（hinemos_agent.cfg）にもJavaヒープサイズの設定はありますが、これが不足するケースはそれほど多くありません。

内部データベースのフラグメンテーション

Hinemosの内部データベースでフラグメンテーションが発生すると、性能問題を起こす可能性があります。各機能の主な性能問題の原因にも関連しますが、ジョブの状態の保存やイベント履歴の参照など、ディスクI/Oの高い処理が多いため、Hinemosの内部データベースへのアクセス性能はHinemos全体の性能に大きく影響を与えます。高速なディスクを用意することでも改善になりますが、限界があります。

これを回避するには、定期的なHinemos内部データベースの再編成が必要です。この再編成については、「第31章　内部データベースのメンテナンスとバックアップ」を参照してください。

クライアント接続数の増加

Hinemos Webクライアントの同時接続数が多くなる場合は、Hinemos Webクライアントのmaximum. access.usersの値を上げて対処します（**リスト39.3**）。

リスト39.3　maximum.access.usersの値を変更（/opt/hinemos_web/hinemos_web.cfg）

```
export JVM_MAX_USER_OPTS="-Dmaximum.access.users=8"
```

この変更を行った場合は、maxThreads を hinemos_web.cfg の maximum.access.users の4倍に設定してください（**リスト39.4**）。

リスト39.4　maxThreadsの値を変更（/opt/hinemos_web/conf/server.xml）

```
<Connector port="80" protocol="HTTP/1.1"
           connectionTimeout="20000"
           redirectPort="443"
           maxThreads="32"
           />
```

39.2　監視機能のチューニング

本節では、監視機能の設定におけるチューニングのポイントを解説します。

設定集約

監視設定数は、全般的にHinemosの性能に大きく影響を与えます。同一の監視を実現する場合には、監視設定数が少なくなるような設計の方が負荷は低くなります。たとえば、100台のPING監視を行う場合に、監視対象のノードをスコープでまとめるか否かでPING監視の設定数が変わります。

次の2つのケースを考えてみます。

- ケース1
  - PING監視の設定数 = 1
  - 100ノードを1つにまとめたスコープを指定する
- ケース2
  - PING監視の設定数 = 100
  - 各PING監視の設定にノード1つずつ指定する

第39章　チューニング

この2つでは、ケース1の方が圧倒的にHinemosマネージャの負荷を低く抑えられます。

主にポーリング型の監視機能では、監視間隔のたびに監視用のスレッドプールからスレッドが監視設定単位に1つ割り当てられ監視処理を行います。ケース1では内部でfpingのコマンドが1回実行されますが、ケース2ではそれが100回実行されます。

このように、Hinemosでは設定数を集約できるスコープという仕組みを用意し、これを活用して設定数を少なくすることで、設定のメンテナンスコストだけでなく性能も改善できます。

監視間隔

ポーリング型の監視は監視間隔を指定しますが、この監視間隔は性能にダイレクトに影響します。監視の契機のたびに、値の取得(ポーリング)、監視の処理(閾値判定など)、通知が行われます。たとえば5分間隔の監視では、1分間隔の監視に比べてこれらの処理回数が単純に5倍になります。

単純にすべての監視設定の監視間隔を長くすることは要件によっては難しいため、たとえばPING監視のような基本的な死活監視を1分間隔、CPUやサービスなどの監視を5分間隔、ディスク容量などの変化の少ない監視を30分間隔といったように、重要度によって変更することで改善を図ります。

トラップ型の監視

トラップ型の監視には、システムログ監視、SNMPTRAP監視、カスタムトラップ監視などがあります。ネットワーク機器やミドルウェアが発行するsnmptrapを受けるSNMPTRAP監視や、指定のフォーマットに従ったアプリケーションが介在するカスタムトラップ監視では、現実的に性能問題は発生しないケースが多いです。しかし、ネットワーク機器が多い環境やsyslogにメッセージを直接送信するシステムにおいて、メッセージバーストを引き起こす可能性があります。

もともとシステムログ監視は、syslogしか送信できないような機器を対象に用意された監視機能です。そのため、Linuxサーバ上の/var/log/messagesなどは、Hinemosエージェント側でパターンマッチを行えるログファイル監視に集約することで、処理の負荷をエージェント側に移してマネージャ側の負荷を下げることができます。

収集

監視設定のダイアログで[収集]のチェックボックスにチェックを入れた場合は、監視で収集したデータをすべて内部データベースに蓄積します。この蓄積対象は、通知抑制で通知しないと設定したものや、文字列監視でパターンにマッチしなかったものを含むすべてのデータが対象になります。

そのため、収集を有効にするとディスク容量の肥大化とともにディスクI/Oが増えるため、収集を無効にした場合と比べて、他の処理に影響を与える可能性があります。不要なデータの収集を無効にすることで、性能を改善できます。

39.3　通知機能のチューニング

本節では、通知機能の設定におけるチューニングのポイントを解説します。

通知抑制

Hinemosの通知設定には、「初めて検知してからX回目の通知」や「一度通知したらY分間は通知しない」などの通知の抑制の仕組みがあります。これは、不要な通知を抑えることで運用の「確認」の負担を減ら

す仕組みですが、通知自体の回数を減らすことで性能を改善できます。

　通知の中でも、イベント通知とステータス通知は内部データベースに直接データを保持する仕組みのため、不要な通知の抑制はダイレクトにディスク I/O の改善につながります。他のメール通知、ログエスカレーション通知、コマンド通知、ジョブ通知、環境構築通知についても、それぞれ通信やコマンドの実行回数にダイレクトに影響します。

39.4　ジョブ機能のチューニング

　本節では、ジョブ機能の設定におけるチューニングのポイントを解説します。

セッション起動時

　ジョブは起動時にジョブセッションが生成されます。内部処理的には、内部データベースの中でジョブ定義をもとにコピーが発生します。コピー元のジョブ数が大きく(数千から数万ジョブに)なると、このコピー処理に時間がかかります。そのため、次のような改善が考えられます。

- 一度に起動するジョブセッションの中のジョブ数を抑える(起動時のコピー回数の削減)
- 同時に起動するジョブセッション数を抑える(同時コピー回数の削減)

実行中のジョブセッション数

　毎分、実行中のすべてのジョブセッションに対して、実行条件を満たしたジョブ(たとえば、時刻の待ち条件が設定されたジョブ)があるかを探索して、該当ジョブが見つかるとそのジョブを起動します。実行中のジョブセッション数が非常に多いと、その処理が毎分発生することで CPU 負荷に影響します。

コマンド実行結果サイズ

　Hinemos エージェントで実行したジョブのコマンドの実行結果(標準出力、標準エラー出力)は、コマンドの実行ごとに指定の最大バイト数までの範囲で Hinemos マネージャに送信されます。この最大バイト数は、Agent.properties の job.message.length で指定されており、デフォルト値は 1,024 です(標準出力と標準エラー出力合わせて 2K バイトとなります)。

　たとえば、job.message.length を大きく変更した環境において、この実行結果のテキストが数 M バイト〜数十 M バイトある場合や、それが複数のノードで発生するような状況の場合、これを受け取る Hinemos マネージャ側の負担になります。

　そのため、ジョブのコマンドの実行結果の中で不要なメッセージを割愛してサイズを小さくすることや、Agent.properties にジョブの実行結果(標準出力、標準エラー出力)として扱う最大バイト数(job.message.length)を制限することにより、Hinemos マネージャに送信されるメッセージサイズを抑えて性能改善を図ることができます。

索引

記号・数字

ALL 202
48時間制スケジュール 150

A

Active Directory 155
ADMINISTRATORS 155
ALL_USERS 155
Amazon CloudWatch Logs 334
Amazon Corretto 447
Amazon Linux 2 447
Amazon S3 334
Amazon Web Services 430, 434
Apache 224
AWS 430
Azure Event Hubs 334
Azure status 451

B

BCC 117

C

CC 117
CentOS 13
common.time.offset 402

copytruncate方式 258
CPU使用率 201
crond 360

D

Datastore.overallStatus 455

E

Elasticsearch 334
eventcreate 268
Excelインポート・エクスポート機能 9

F

Facility 122
FIP方式 495
firewalld 19, 29
Fluentd 334

G

GNU General Public License v2 6

H

HEADER部 123
Hinemos World 7
HinemosJRE 14

522

Hinemos エージェント 13, 340, 341, 344

Hinemos クライアント 13

Hinemos 時刻 402

Hinemos 導入事例 7

Hinemos 取扱店 7

[Hinemos プロパティ設定［作成・変更］］ダイアログ
....402, 478

Hinemos ポータルサイト 6

Hinemos マネージャ 12

HostSystem.overallStatus 455

HTTP 監視（シナリオ）... 220

HTTP 監視（数値）... 220

HTTP 監視（文字列）.. 220

Hyper-V 430, 458

Hyper-V Virtual Machine Management 458

I

ICMP.. 186

IIS... 246

INTERNAL 156

INTERNAL イベント 481

J

Java プロセスの監視... 246

JDBC ドライバ.. 234

Jira Service Desk... 134

JMX.. 246

K

Kibana 334

L

log4j 471

M

MIB... 191

Microsoft Azure 430, 450

MSG 部... 123

mv 方式... 258

MySQL.. 233

N

Network.overallStatus... 455

O

OID 190

OpenLDAP.. 155

Oracle.. 233

P

PING 監視...46, 186

PostgreSQL... 233

PRI 部... 123

523

R

RDBMS 233

Redmine 134

rsyslog 29

Runbook Automation 3, 341, 416

S

SELinux 19

ServiceNow 134

Severity 122

SIP方式 495

SMTP 117

SMTP AUTH 118

SMTPS 117

SNMP 200, 480

SNMP Service 32

snmpd 20, 29

snmptrapd 20

SNMPTRAP監視 189

SNMPv1 191

SNMPv2c 191

SNMPv3 191

SNMP監視 292, 305

SoE 2

SoR 2

SQL Server 233

[SQL［作成・変更]] ダイアログ 420

T

TO 117

V

Vagrant 353

vhdx 459

VirtualBox 353

vmms 458

VMware 430, 454

VMware vCenter Server 454

VMware vSphere ESXi 454

VM管理機能 22, 26, 430

VM・クラウド管理機能 9

W

WBEM 200

Webサーバ 220, 347

Windowsイベント 265

Windowsイベント監視 13

Windowsサービス 243

Windowsファイアウォール 32

WinRM 245, 340, 353

SSH, syslog

SSH 340, 348

Stackdriver Logging 334

syslog 99, 253

syslog（UDP/TCP） 122

索引

あ

アカウント	75
［アカウント［システム権限設定］］ダイアログ	165
［アカウント［パスワード変更］］ダイアログ	164
［アカウント［ユーザ所属設定］］ダイアログ	165
［アカウント［ユーザの作成・変更］］ダイアログ	163
［アカウント［ユーザ］］ビュー	163
［アカウント［ロール設定］］ビュー	165
［アカウント［ロールの作成・変更］］ダイアログ	164
［アカウント［ロール］］ビュー	164
アクセスログ	262
アプリケーション	182
アプリケーションID	450
アプリケーションキー	450
暗号化パスワード	204
暗号化プロトコル	204

い

［一括確認］	110
イベント	57
イベントカスタムコマンド	99
イベント通知	99, 106, 107
インシデント管理連携ツール	10, 134
インストール	12, 21, 25, 29, 35
インストールパッケージ	18
インポート・エクスポート機能	201

う

内訳	202
運用	64
運用アナリティクス	4
運用自動化	127
運用の自動化	340, 416
運用レポート	488

え

エージェント	79
エージェントアップデート機能	485
エージェント監視	13
エージェントの自動検知	438
エージェントレス	344
エンタープライズ機能	9, 21, 488

お

オートスケーリング	100
オーナー別スコープ	157
オーナーロール	154, 157
オーナーロールID	179
オープンソースソフトウェア	5
オブジェクト権限	154, 158

か

開始遅延	382
課金管理	431

課金配賦管理 445	[環境構築［作成・変更］] ダイアログ 349, 354
隔週 152	環境構築設定 345, 349, 354
確認済 107	環境構築通知 99, 131, 347
確認中 107	環境構築ファイル 345, 350
カスタム監視 13, 295, 305	[環境構築ファイル［作成・変更］] ダイアログ 350
カスタムトラップ監視 300, 305	[環境構築［ファイル配布モジュールの追加・変更］]
仮想化環境 430	ダイアログ 351
仮想マシン 353	[環境構築［ファイルマネージャ］] ビュー 350
カレンダ 75, 144	環境構築モジュール 345, 351, 356
[カレンダ［一覧］] ビュー 144	[環境構築［モジュール］] ビュー ...349, 351, 355, 356
[カレンダ［カレンダの作成・変更］] ダイアログ 144	環境変数 365, 409
[カレンダ［カレンダパターンの作成・変更］] ダイ	監査証跡 470
アログ 148	監視 180
[カレンダ［カレンダパターン］] ビュー 148	[監視［イベントの詳細］] ダイアログ 57
カレンダ機能 400	[監視［イベントのフィルタ処理］] ダイアログ 110
[カレンダ［月間予定］] ビュー 145	監視契機 176
[カレンダ［週間予定］] ビュー 147	監視項目ID 67, 179
カレンダ詳細 144	監視詳細 104
[カレンダ［詳細設定の変更］] ダイアログ 144	監視ジョブ 364, 412, 422
カレンダパターン 144	監視・性能管理機能 9
カレントディレクトリ 365	[監視設定［通知］] ビュー 100
環境構築 64	[監視設定] パースペクティブ 100
環境構築機能 340, 344, 345	[監視履歴［イベント］] ビュー 56, 99
[環境構築［構築・チェック］] ビュー	[監視履歴［ステータス］] ビュー 56, 99
.................349, 351, 352, 354, 355	[監視履歴] パースペクティブ 56
[環境構築［コマンドモジュールの追加・変更］] ダイ	
アログ 349, 355	

き

技術者認定プログラム	7
起動プロセス数	238
基本設計	64
共通基本機能	9, 74
業務の自動化	340, 360

く

区切り条件	259
組み込みスコープ	86
クラウド課金監視	445
クラウド課金詳細監視	445
クラウド環境	430
クラウド管理機能	22, 26, 430
［クラウド［構成ツリー］］ビュー	442
［クラウド［コンピュート世代管理］］ビュー	442
［クラウド［コンピュート］］パースペクティブ	442
［クラウド［コンピュート］］ビュー	442
クラウドサービス監視	436
［クラウド［サービス状態］］ビュー	435
［クラウド［サービス］］パースペクティブ	434
［クラウド［ストレージ］］パースペクティブ	442
［クラウド［ネットワーク］］パースペクティブ	442
［クラウド［ログインユーザ］-登録・変更］ダイアログ	434
［クラウド［ログインユーザ］］ビュー	434

け

警告灯の点灯	99
結合試験	64
月末	150
月末最終営業日	151
権限	154
件名	119

こ

高可用性構成	431
更新	156
構成情報管理	13
構成情報管理機能	79
構成情報の検索	93
構築の自動化	340, 344
コマンドジョブ	52, 364
コマンド通知	99, 135
コマンドモジュール	346, 349, 355
コマンドラインツール	10
コミュニティ名	190
コメント	107

さ

サーバ証明書	223
サービスプリンシパル	450
再構成	467
最終変更日時	116

サイジング	510
作成	156
サブスクリプションID	450
差分確認	344
サポートサイクル	6
参照	156
参照環境構築モジュール	347
参照ジョブ	364, 409
参照ジョブネット	409

し

死活検知	482
システム権限	154, 156
システム構成の管理	78
システム時刻	402
システムログ	253
実行	156
自動化	340
自動化機能	9
自動実行	100
自動デバイスサーチ	79
自動復旧	100
シナリオ監視	175
収集	182, 319
収集蓄積機能	9, 318
[収集蓄積 [検索]] ビュー	319
[収集蓄積 [スコープツリー]] ビュー	320

[収集蓄積 [転送]] ビュー	338
[収集蓄積] パースペクティブ	320
[収集蓄積 [レコードの詳細]] ダイアログ	321
収集値統合監視	284
収集データ（数値）	318
収集データ（バイナリ）	318
収集データ（文字列）	318
終端パターン	259
重要度	101
重要度変化後の初回通知	103
重要度変化後の二回目以降の通知	103
終了遅延	384
受信日時	112
出力日時	112, 116
手動実行	347, 372
詳細設計	64
状態	107
承認	156
[承認 [一覧]] ビュー	425
[承認 [詳細]] ダイアログ	425
承認ジョブ	364, 416, 423, 424, 428
[承認] パースペクティブ	416, 425
将来予測監視	207
ジョブ	50, 360
ジョブID	67, 371
[ジョブ [開始]] ダイアログ	380
[ジョブ [監視ジョブの作成・変更]] ダイアログ	422

ジョブ機能..341

[ジョブ[コマンドジョブの作成・変更]]ダイアログ
....369, 372

ジョブ実行..365

[ジョブ[承認ジョブの作成・変更]]ダイアログ.....423

ジョブスケジュール..366

[ジョブ設定[一覧]]ビュー 361, 364

[ジョブ設定[実行契機]]ビュー 361, 366, 376

[ジョブ設定[スケジュール予定]]ビュー.......361, 368

[ジョブ設定[同時実行制御ジョブ一覧]]ビュー.....361

[ジョブ設定[同時実行制御]]ビュー.............361, 390

[ジョブ設定]パースペクティブ.................................361

ジョブ通知......................... 99, 127, 372, 404

[ジョブ[停止]]ダイアログ 381

ジョブネット..52, 364

ジョブのスキップ..377

ジョブの設計...398

ジョブの保留...379

[ジョブ[ファイルチェックの作成・変更]]ダイア
ログ 376

ジョブ変数..407, 408

ジョブマップ機能... 9

ジョブ優先度...391

ジョブユニット 50, 364

[ジョブ履歴[一覧]]ビュー 361, 367

[ジョブ履歴[ジョブ詳細]]ビュー 361, 425

[ジョブ履歴[同時実行制御状況]]ビュー................362

[ジョブ履歴[同時実行制御]]ビュー 362

[ジョブ履歴[ノード詳細]]ビュー 361

[ジョブ履歴]パースペクティブ....................361

[ジョブ履歴[ファイル転送]]ビュー...........362

真偽値監視..175, 181

す

数値監視..175, 180

スクリプト...406

スケジュール実行..366, 372

スコープ................................43, 68, 78, 179

スコープ自動割当て...438

スコープツリー 69, 78

ステータス遷移図..373

ステータス通知..99, 113

スワップIO..201

せ

性能機能...308

セキュリティレベル..204

セッション横断ジョブ 411

セミナー... 7

セルフチェック機能...478, 503

線形回帰...208

前後日..149

先頭パターン...259

そ

相関	280
相関係数監視	278
操作ログ	470
即時実行	372

た

ダイアログ	43
ダウンロード	106
タグ抽出	271
多次元回帰（2次）	208
多次元回帰（3次）	208
他システム／他製品と連携	100, 119, 124, 134
多重度	387
多段構成	502
単体試験	64

ち

置換配布	344
蓄積	319
チューニング	518

つ

通知	75, 182
通知 ID	103
［通知（イベント）［作成・変更］］ダイアログ	108
［通知（環境構築）［作成・変更］］ダイアログ	132

［通知（コマンド）［作成・変更］］ダイアログ	136
［通知（ジョブ）［作成・変更］］ダイアログ	128
［通知（ステータス）［作成・変更］］ダイアログ	114
通知の抑制	103
通知変数	102
［通知（ログエスカレーション）［作成・変更］］ダイアログ	125

て

ディスクビジー率	299
データベース	233
テナント ID	450
デバイスサーチ	44, 79
デバイス別ディスク IO 回数	201
転送	321
転送設定	338
［転送設定［作成・変更］］ダイアログ	338
テンプレートセット	488

と

統合運用管理ソフトウェア	2
同時実行制御	387, 388
トラップ型／イベントドリブン型の監視	176
トラップ監視	175
トレーニングコース	7

な

内部データベース...463

に

日時抽出...271

認証パスワード...204

ね

ネットワーク情報量..201

ネットワークパケット.....................................330

の

ノード... 43, 78

ノードサーチ...79

ノード自動登録...438

ノードプロパティ.................44, 78, 348, 354

ノードマップ機能... 9

[ノードマップ［構成情報のダウンロード］] ダイアログ
....95

[ノードマップ［ノードの検索処理］] ダイアログ.......94

は

バージョンアップ..484

バージョンアップツール 10, 486

バージョン互換性..484

バージョン表記... 5

パースペクティブ...40

バイナリ監視

バイナリ監視..175

バイナリデータ 324

バイナリファイル..324

バイナリファイル監視....................................... 13

[バイナリファイル［作成・変更］] ダイアログ........325

ハイパーバイザ..454

パケットキャプチャ..330

パケットキャプチャ監視................................... 13

[パケットキャプチャ［作成・変更］] ダイアログ.....331

パケット数...201

パスワード...155

バックアップ...463

パフォーマンス問題..518

判定方法...175

ひ

ビュー..41

ビューアクション..42

ビュータイトル..41

ビューフッタ..42

ビューヘッダ..42

標準出力...407

ふ

ファイアウォール..65

ファイルエンコーディング 259

ファイル改行コード..259

531

ファイルシステム使用率	201	
ファイルチェック	366, 372, 376	
ファイル転送ジョブ	364	
ファイル転送モジュール	351	
ファイルの削除	376	
ファイルの作成	376	
ファイルの変更	376	
ファイル配布モジュール	346	
ファシリティ	79	
ファシリティ ID	67, 79	
不明	294	
フラグメント	467	
振り替え	151	
振り替え間隔	152	
振り替え上限	152	

へ

変化量監視 213

編集 Excel 66

ほ

ポーリング型／定期実行型の監視 176

保留解除 380

本文 119

ま

マイナーバージョン 484

マイナーバージョンアップ 484

マイナーバージョン番号 5

マシン構成の管理 78

マニュアル実行 372

マニュアル実行契機 366

マルチマネージャ接続 507

み

未確認 107

ミッションクリティカル機能 9, 428, 494

め

メール通知 99

メールテンプレート 119

メジャーバージョン 484

メジャーバージョンアップ 486

メジャーバージョン番号 5

メニュー 40

メモリ使用率 201

［メンテナンス［Hinemos プロパティ］］ビュー 402

［メンテナンス］パースペクティブ 402

メンテナンス用スクリプト集 10

も

文字列監視 175, 180

ゆ

ユーザ	154
ユーザ名	204
ユーティリティツール	10

ら

ライセンス	6

り

リストア	463
リソース監視	200
リソースプランニング	488
リポジトリ	75, 78
[リポジトリ [エージェント]] ビュー	88
[リポジトリ [構成情報取得設定の作成・変更]] ダイアログ	90
[リポジトリ [構成情報取得]] ビュー	90
[リポジトリ [スコープの作成・変更]] ダイアログ	85
[リポジトリ [スコープ]] ビュー	84
[リポジトリ [ノードサーチ]] ダイアログ	79
[リポジトリ [ノードの作成・変更]] ダイアログ	80
[リポジトリ [ノードの選択]] ダイアログ	86
[リポジトリ [ノード]] ビュー	79
[リポジトリ [プロパティ]] ビュー	93
履歴削除機能	462
リンクアドレス	428

れ

レポーティング	488
レポート機能	9

ろ

ロードアベレージ	201
ロール	154
ログイン	39
ログエスカレーション通知	99, 122, 503
ログ件数	272
ログファイル	257, 470
ログファイル監視	13
ログフォーマット	270

わ

割当て	78

著者紹介

澤井　健（さわい　たけし）（NTTデータ先端技術株式会社）

　1978年生まれ、富山県高岡市出身。株式会社NTTデータに入社後、PostgresForestやHinemosの企画・開発に携わる。普段は、宝塚を初めとするさまざまなミュージカル・舞台にお金と時間を注ぎ込んでいる。

倉田　晃次（くらた　こうじ）（NTTデータ先端技術株式会社）

　1984年生まれ、神奈川県川崎市出身。NTTデータ先端技術株式会社に入社後、サーバやDBの設計構築、Hinemosを中心にさまざまな運用管理製品に携わる。Hinemosが株式会社NTTデータからNTTデータ先端技術株式会社に移管された後、Hinemos担当へ異動し、現在は導入支援を中心に活動している。

設楽　貴洋（しだら　たかひろ）（株式会社アトミテック）

　1977年生まれ、神奈川県横浜市出身。制御・計測機器メーカー（アズビル株式会社、旧株式会社山武）に入社後、工場やビルなどの制御システムの開発・導入支援に携わる。Hinemosには2005年のver.1.0.0リリース時から携わり、株式会社アトミテックに入社後の現在は、Hinemosの保守・導入支援を中心に活動している。一児の父で、音楽好き。車と芝生をいじることを趣味としている。

石崎　智也（いしざき　ともや）（株式会社アトミテック）

　1983年生まれ、富山県富山市出身。システム開発会社（北陸コンピュータ・サービス株式会社）に入社後、オペレータ、システム開発、インフラ構築などの業務に携わる。2017年にアトミテックに入社。以降、Hinemosの開発に携わっている。フェレットと猫とお酒が好き。在宅時はたいていお酒を飲みつつ、フェレットと猫を愛でている。

小泉　界（こいずみ　かい）（株式会社アトミテック）

　1990年生まれ、埼玉県入間市出身。株式会社アトミテックに入社後、Hinemosの保守サポートや開発を中心に携わっている。趣味でヴィオラを弾いていて、年に数回アマチュアオーケストラでの演奏にも参加している。

阪田　義浩（さかた　よしひろ）（株式会社クニエ）

　1970年生まれ、北海道函館市出身。システムインテグレータ（株式会社電通国際情報サービス）、ハードウェアベンダ（デル株式会社）を経て、株式会社クニエ（旧ザカティーコンサルティング株式会社）に入社。2010年にHinemosと出会い、以降Hinemosのソリューション開発やコンサルティングに取り組んでいる。

石黒　淳（いしぐろ　じゅん）（株式会社クニエ）

　1980年生まれ、千葉県市原市出身。ソフトウェア開発会社（株式会社KSK）、ソフトウェアベンダ（ビトリア・テクノロジー株式会社）を経て、株式会社クニエに入社。クニエに入社後、Hinemosに関するコンサルティングや導入支援などに携わっている。

執筆協力者

内山　勇作（NTTデータ先端技術株式会社）

南　温夫（NTTデータ先端技術株式会社）

杉本　圭佑（NTTデータ先端技術株式会社）

村井　栄王（NTTデータ先端技術株式会社）

中島　洋祐（NTTデータ先端技術株式会社）

岩上　新之介（NTTデータ先端技術株式会社）

北出　壮（NTTデータ先端技術株式会社）

カバーデザイン●轟木亜紀子（トップスタジオデザイン室）

本文デザイン●徳田久美（トップスタジオデザイン室）

編集・本文レイアウト●株式会社トップスタジオ

担当●池本 公平

Software Design plus シリーズ

改訂 Hinemos 統合管理 [実践] 入門

2019 年 11 月 27 日　初 版　第 1 刷発行

著　者　澤井健、倉田晃次、設楽貴洋、石崎智也、
　　　　小泉界、阪田義浩、石黒淳

発行者　片岡 巖
発行所　株式会社技術評論社
　　　　東京都新宿区市谷左内町 21-13
　　　　電話　03-3513-6150　販売促進部
　　　　　　　03-3513-6170　雑誌編集部
印刷／製本　日経印刷株式会社

定価はカバーに表示してあります。

本書の一部または全部を著作権法の定める範囲を越え、無断で複写、
複製、転載、あるいはファイルに落とすことを禁じます。

©2019　澤井健、倉田晃次、設楽貴洋、石崎智也、小泉界、
　　　　阪田義浩、石黒淳

造本には細心の注意を払っておりますが、万一、乱丁（ページの
乱れ）や落丁（ページの抜け）がございましたら、小社販売促進
部までお送りください。送料小社負担にてお取り替えいたします。

ISBN978-4-297-11059-8　C3055
Printed in Japan

本書に関するご質問につきましては、記載されている内容に関す
るものに限定させていただきます。本書の内容と直接関係のないご
質問につきましてはお答えできません。
　また、お電話での直接の質問は受け付けておりません。ご質問は、
弊社ホームページ（https://book.gihyo.jp/）の本書籍の質問コー
ナーからお送りいただくか、FAX あるいは書面にて、下記までお送
りください。
　また、ご質問の際には『書籍名』と『該当ページ番号』、『お客様
のマシンなどの動作環境』、『e-mail アドレス』を明記してください。

【宛先】
〒162-0846
　東京都新宿区市谷左内町 21-13
　株式会社 技術評論社 雑誌編集部
　改訂 Hinemos 統合管理 [実践] 入門質問係
　FAX：03-3513-6179
※FAX 番号は変更されていることもありますので、ご確認のうえ
ご利用ください。

■技術評論社 Web
　https://book.gihyo.jp/

　お送りいただきましたご質問には、できる限り迅速にお答えをす
るように努力しておりますが、場合によってはお答えするまでに、
お時間をいただくこともございます。回答の期日をご指定いただい
ても、ご希望にお応えできかねる場合もございます。あらかじめご
了承ください。
　なお、ご質問の際に記載いただいた個人情報は、質問の返答以外
の目的には使用いたしません。